全国水利行业“十三五”规划教材(职业技术教育)
“互联网+”创新型教材
中国水利教育协会策划组织

水工建筑物

主　编　张竞超
副主编　赵　辰　孟秀英　乔连朋
　　　　卢治元　赵鲁斌　刘力奂
主　审　张海娥

黄河水利出版社
·郑州·

内 容 提 要

本书是全国水利行业"十三五"规划教材,是根据中国水利教育协会职业技术教育分会高等职业教育教学研究会制订的水工建筑物课程标准编写完成的。本书共10个学习项目,主要内容包括认识水工建筑物、水利枢纽工程、重力坝、拱坝、土石坝、水闸、河岸溢洪道、水工隧洞与坝下涵管、渠系中的主要水工建筑物、过坝建筑物等。

本书为高职高专院校水利水电类专业教材,可供水利类相关专业、中等专业学校相应专业教学使用,也可供水利水电工程技术人员学习参考。

图书在版编目(CIP)数据

水工建筑物/张竟超主编. —郑州:黄河水利出版社,2020.1

全国水利行业"十三五"规划教材. 职业技术教育

ISBN 978-7-5509-2422-2

Ⅰ.①水… Ⅱ.①张… Ⅲ.①水工建筑物-高等职业教育-教材 Ⅳ.①TV6

中国版本图书馆CIP数据核字(2019)第126044号

组稿编辑:王路平　电话:0371-66022212　E-mail:hhslwlp@163.com

出 版 社:黄河水利出版社　网址:www.yrcp.com

地址:河南省郑州市顺河路黄委会综合楼14层　邮政编码:450003

发行单位:黄河水利出版社

发行部电话:0371-66026940、66020550、66028024、66022620(传真)

E-mail:hhslcbs@126.com

承印单位:河南承创印务有限公司

开本:787 mm×1 092 mm　1/16

印张:22.75

字数:530千字　印数:1—3 100

版次:2020年1月第1版　印次:2020年1月第1次印刷

定价:60.00元

前 言

本书是贯彻落实《国家中长期教育改革和发展规划纲要(2010~2020年)》、《国务院关于加快发展现代职业教育的决定》(国发〔2014〕19号)、《现代职业教育体系建设规划(2014~2020年)》、《水利部 教育部关于进一步推进水利职业教育改革发展的意见》(水人事〔2013〕121号)、《关于公布全国水利行业"十三五"规划教材名单的通知》(水教协〔2016〕16号)等文件精神,在中国水利教育协会精心组织和指导下,由中国水利教育协会职业技术教育分会组织编写的全国水利行业"十三五"规划教材。本套教材以学生能力培养为主线,反映当今水利行业发展和职业教育教学改革的成果,适当增加了二维码链接,具有鲜明的时代特点,体现了实用性、实践性、创新性的特色,是一套水利高职教育精品规划教材。

本书根据高职教育人才培养模式和基本特点,按"项目导向,任务引领"进行课程项目化建设。课程内容以项目为载体,把岗位职业能力所需要的知识、技能和素质融入教学情景之中,以岗位能力培养为主线,按人才的递进式成长,构建基本素质、专业技能和岗位能力的课程体系,实现人才培养的实践性、开放性和职业性,建成工学结合、理实一体的特色教材。课程内容与职业标准对接,重点突出专业技能、注重学生职业能力培养等要求。本书结合编者多年的教学经验,在编写过程中力求层次清楚、内容精炼,重点突出水利专业特色;还注重基本概念、基本理论和基本计算方法在解决实际工程问题中的应用,以培养强化学生的工程意识。在编排上符合学生的认知规律,具有很强的逻辑性和条理性。本书共分十个项目,每个项目开篇指明项目知识目标和技能目标,明确知识要求及技能要求。在编写过程中,本书以求新、求准、实用为原则,以常见的主要水工建筑物设计案例为载体,实现了知识目标与技能目标的对接,并将近期相关的新技术、新工艺、新材料及先进的优化设计手段融入教材中,注重实训,使学生通过学习能不断提高其思考问题、解决问题的能力,强化其实践操作能力。

本书编写人员及编写分工如下:河南水利与环境职业学院乔连朋编写项目一、项目二;河南水利与环境职业学院孟秀英编写项目三;云南水利水电职业学院卢治元编写项目四、项目七;河南水利与环境职业学院赵辰编写项目五、项目九;河南水利与环境职业学院张竟超编写项目六;山东水利职业学院赵鲁斌编写项目八;湖南水利水电职业技术学院刘力奂编写项目十。本书由张竟超担任主编,负责全书统稿;由赵辰、孟秀英、乔连朋、卢治元、赵鲁斌、刘力奂担任副主编;由安徽水利水电职业技术学院张海娥教授担任主审。

本书在编写过程中,参考并引用了有关院校编写的教材和科研单位的文献资料,得到了兄弟院校的大力支持和帮助，在此一并表示感谢！

由于编写水平有限及编写时间仓促，书中难免存在错误和疏漏之处，欢迎广大师生及读者批评指正。

编　者

2019 年 10 月

本书互联网全部资源二维码

目　录

项目1　认识水工建筑物

习近平总书记在党的十九大报告关于新时代坚持和发展中国特色社会主义的基本方略“坚持人与自然和谐共生”中提出:必须树立和践行绿水青山就是金山银山的理念,坚持节约资源和保护环境的基本国策,像对待生命一样对待生态环境,统筹山水林田湖草系统治理,实行最严格的生态环境保护制度,形成绿色发展方式和生活方式,坚定走生产发展、生活富裕、生态良好的文明发展道路,建设美丽中国,为人民创造良好生产生活环境,为全球生态安全做出贡献。而这一切的关键在于水,水是生命的源泉,是生态环境中最活跃的基本要素,是人类生存和社会发展中不可或缺的一项极其宝贵的自然资源。“水是生命之源、生产之要、生态之基”(中共中央国务院2011年一号文件《关于加快水利改革发展的决定》),所以利用各种措施(含工程措施和非工程措施)合理开发利用水资源,兴水利除水害,是转变经济发展方式和建设资源节约型、环境友好型社会的迫切需要,是保障和改善民生、促进社会和谐稳定的迫切需要,是应对全球气候变化、增强抵御自然灾害综合能力的迫切需要。

【知识目标】

1. 了解水利工程建设的程序。
2. 掌握水工建筑物的概念。
3. 掌握水工建筑物的类型及特点。
4. 理解并掌握水工建筑物的分级。

【技能目标】

1. 认识常见的水工建筑物。
2. 能说出常见水工建筑物的主要作用。
3. 能根据工程要求合理选用水工建筑物。
4. 会进行水工建筑物的分级。

任务1　水利工程建设

【任务描述】

水工建筑物是水利类专业的一门必修专业核心课。为便于后面内容的学习,首先要了解我国水资源状况、水利工程建设的程序。

【任务分析】

随着科学技术的不断进步和社会经济的不断发展,水利工程的建设程序及建设标准也日益规范和提高,在学习具体水工建筑物之前,必须要了解水利工程建设现状、水利工程建设的程序。

【任务知识点】

1 我国水资源状况

中国土地面积约 960 万 km^2,多年平均年降水总量约 6 万亿 m^3,折合年降水深为 628 mm,比亚洲平均年降水深少 114 mm。根据 1956～1979 年同期年径流资料分析计算,全国河川年径流量的多年平均值为 27 120 亿 m^3,中等干旱年(4 年一遇)为 24 530 亿 m^3,严重干旱年(20 年一遇)为 22 420 亿 m^3。全国地下水矿化度小于 2 g/L 的淡水区面积(不包括沙漠面积)约 860 万 km^2,多年平均地下水年补给量为 8 250 亿 m^3。由于地表水和地下水在一定条件下互相转化,河川径流中包括很大部分地下水排泄量,动态地下水也有一部分由河川径流所补给,故不能将河川径流量与地下水补给量相加作为水资源总量,应扣除两者之间相互转化的重复水量。根据 1985 年《中国水资源评价》的资料, 这项重复水量达 7 320 亿 m^3, 全国多年平均水资源总量为 28 041 亿 m^3。中国河川径流总量与世界各国比较,次于巴西、俄罗斯、加拿大、美国、印度尼西亚等五国,居世界第六位。按人口平均每人占有年径流量 2 670 m^3,相当于世界平均数的 1/4;按耕地平均每亩占有年径流量 1 800 m^3,约为世界平均数的 2/3。

我国的水资源在时间及空间上分布很不均匀。我国幅员辽阔,自然条件相差悬殊。东南沿海七省区(上海、江苏、福建、广东、广西、海南、台湾)年均水资源量占全国水资源量的 25.2%,雨水充沛。而西北五省区年均水资源仅为全国年均水资源量的 7.9%,地区内干旱少雨。水资源在时间上分布不合理,年际及年内汛期和枯水期的水量相差很大。在汛期(北方 6～9 月为汛期,南方 5～8 月为汛期)可集中全年雨量的 60%～80%,而枯水季节或枯水年雨量又很小,雨量的偏多或偏少往往造成洪涝或干旱等自然灾害。如黄河流域 1877～1879 年连续三年大旱,使晋、冀、鲁、豫四省因饥饿就死去成千上万的人。1931 年夏,长江沙市出现 63 600 m^3/s 的洪峰,水灾遍及湘、鄂、浙、赣、豫、皖、苏七省 206 县,淹没农田 5 000 余万亩,灾民 800 多万人,被洪水夺去性命者达 14.5 万人,死于饥饿、瘟疫者不计其数。1998 年长江、松花江流域特大洪水使国家遭受 2 000 多亿元的经济损失。

我国水资源分布与人口、耕地布局不相适应。长江流域及以南地区水资源总量占全国总量的 81%,人口占全国的 54.7%,人均水量 4 170 m^3,为全国平均值的 1.5 倍,亩均水资源量 4 134 m^3,为全国平均值的 2.3 倍;北方地区水资源总量占全国水资源总量的 14.4%,人口占全国总人口的 43.2%,人均水资源量只有 938 m^3,为全国平均值的 35%,耕地占全国耕地的 8.3%,亩均水资源量仅 454 m^3,为全国平均值的 26%。水土资源和人口组合极不合理,造成北方用水过分紧张。

2 水利工程

我国人均水资源少且在时间空间上分布的不均匀造成我国水资源形势日益紧张,随着我国经济社会的发展,发展与水资源的矛盾更加突出,水对经济安全、生态安全、国家安全的影响更加突出。为满足我国经济社会发展和人民生活不断改善对水提出的新要求,就需要利用各种措施(含工程措施和非工程措施)合理开发、控制、利用水资源,兴水利除水害,为建设美丽中国,为人民创造良好生产生活环境,为全球生态安全做出贡献。水利工程建设就是其主要内容之一。

水利工程是指对自然界的地表水和地下水进行控制和调配,以达到除害兴利的目的而修建的工程。在时间上重新分配水资源,做到防洪补枯,以防止洪涝灾害和发展灌溉、发电、供水、航运等事业。

水利工程按其所承担的任务分类如下。

2.1 河道整治与防洪工程

河道整治主要是通过整治建筑物和其他措施,防止河道冲蚀、改道和淤积,使河流的外形和演变过程都能满足防洪与兴利等各方面的要求。一般防治洪水的措施是建立“上拦下排,两岸分滞”的工程体系。

“上拦”是防洪的根本措施,不仅可以有效防治洪水,而且可以综合地开发利用水土资源。“上拦”就是在山地丘陵地区进行水土保持,拦截水土,有效地减少地面径流;在干支流的中上游兴建水库拦蓄洪水,调节下泄流量不超过下游河道的过流能力。

水库作为一种蓄水工程,在汛期可以拦蓄洪水,削减洪峰,保护下游地区安全,拦蓄的水流由于下游水位抬高可以用来满足灌溉、发电、航运、供水和淡水养殖的需要。

随着工程实施逐渐开始蓄水形成水库,同时造成库区淹没,涉及的村镇、居民区、工厂及交通等设施需要迁移重建;在运行过程中,水库会蓄水与开闸泄水,从而使库区水位出现升降现象,水位的变动可能会引起岸坡的不稳定,导致滑坡发生,影响拦河坝的安全;在地震多发区,还有可能诱发地震;水库水质、水温的变化使库区附近的生态平衡发生变化。

水库改变了河道的径流状态,下游河道流量发生了变化。在枯水期,如果电站运行和灌溉用水,对航运、河道水质改善、维持生态平衡等方面均有利。如下泄库水,将引起河道干涸,过流能力下降,两岸地下水位降低,影响生态。另外,下泄的清水易冲刷河床,将影响下游桥梁、护岸等工程的安全。

某些水库上游河道的入库处,由于流速降低,容易发生淤积,影响水流下泄,水库上游河道容易发生泛滥。因此,应认真研究和正确解决这些问题,充分利用有利条件,使水库发挥最大效益。

“下排”就是疏浚河道,修筑堤防,提高河道泄洪能力,减轻洪水威胁。这是治标的办法,不是从根本上防治洪水。但是,在“上拦” 没有完全控制洪水之前,筑堤防洪仍是一种重要的有效措施,而且要加强汛期的防护、管理、监察等工作,确保安全。

“两岸分滞”是在河道两岸适当位置,修建分洪闸、引洪道、滞洪区等,将超过河道安全泄量的洪峰流量通过泄洪建筑物分流到该河道下游或其他水系,或者蓄于低洼地区(如滞洪区),以保证河道两岸保护区的安全。滞洪区的规划与兴建应根据实际经济发展情况、人口因素、地理情况和国家的需要,由国家统筹安排。为了减少滞洪区的损失,必须做好通信、交通和安全措施等工作,并做好水文预报,只有万不得已时才运用分洪措施。

2.2 农田水利工程

农业是国民经济的基础,通过建闸修渠等工程措施,形成良好的灌排系统,调节和改变农田水分状况和地区水利条件,使之符合农业生产发展的需要。农田水利工程一般包括取水工程、输水配水工程及排水工程等。

(1)取水工程。从河流、湖泊、水库、地下水等水源适时适量地引取水量,用于农田灌溉的工程称为取水工程。在河流中引水灌溉时,取水工程一般包括抬高水位的拦河坝(闸)、控制引水的进水闸、排沙用的冲沙闸、沉沙池等。当河流流量较大、水位较高且能满足引水灌溉要求时,可以不修建拦河坝(闸)。当河流水位较低又不宜修建坝(闸)时,可建提灌站,提水灌溉。

(2)输水配水工程。将一定流量的水流输送并配置到田间的建筑物的综合体称输水配水工程,如各级固定渠道系统及渠道上的涵洞、渡槽、交通桥、分水闸等。

(3)排水工程。各级排水沟及沟道上的建筑物。其作用是将农田内多余水分排泄到一定范围以外,使农田水分保持适宜状态,满足通气、养料和热状况的要求,以适应农作物的正常生长,如排水沟、排水闸等。

2.3 水力发电工程

将具有巨大能量的水流通过水轮机转换为机械能,再通过发电机将机械能转换为电能的工程措施称为水力发电工程。

落差和流量是水力发电的两个基本要素。为了有效地利用天然河道的水能,常采用工程措施,修建能集中落差和流量的水工建筑物,使水流符合水力发电工程的要求。在山区常用的水能开发方式是拦河筑坝,形成水库,它既可以调节径流又可以集中落差。在坡度很陡或有瀑布、急滩等河段,而上游又不许淹没时,可以沿河岸修建引水建筑物(渠道、隧洞)来集中落差和流量,开发水能。

2.4 供水和排水工程

供水是将水从天然水源中取出,经过净化、加压,用管网供给城市、工矿企业等用水部门;排水是排除工矿企业及城市废水、污水和地面雨水。城市供水对水质、水量及供水可靠性上要求很高;排水必须符合国家规定的污水排放标准。

我国水源不足,现有供、排水能力与科技和生产发展及人民物质文化生活水平的不断提高不相适应,特别是城市供水与排水的要求愈来愈高;水质污染问题也加剧了水资源的供需矛盾,而且恶化环境,破坏生态。

2.5 航运工程

航运包括船运与筏运(木、竹浮运)。发展航运对物资交流、繁荣市场、促进经济和文化发展是很重要的。它运费低廉,运输量大。内河航运有天然水道(河流、湖泊等)和人工水道(运河、河网、水库、闸化河流等)两种。

利用天然河道通航,必须进行疏浚、河床整治、改善河流的弯曲情况,设立航道标志,以建立稳定的航道。当河道通航深度不足时,可以通过拦河建闸、坝的措施抬高河道水位;或利用水库进行径流调节,改善水库下游的通航条件。人工水道是人们为了改善航运条件,开挖人工运河、河网及渠道河流,以节省航程,节约人力、物力、财力。人工水道除可以通航外,还有综合利用的效益。例如,运河可以作为水电站的引水道、灌溉干渠、供水的输水道等。

在航道上如建有闸、坝等拦水建筑物,应同时修建通航建筑物。如果船舶不多、货运量不大,可以设中转码头;如果航线较为重要,运输任务较大,则宜采用升船机、船闸、过木道等建筑物,使船只、木排直接通过。

例如,三峡水利枢纽中布置了五级船闸来满足长江的通航需要。三峡五级船闸是世界上规模最大,水头和技术难度最高,它要解决的问题都远远超过了一般的船闸。三峡船闸的建成,表明我国在这方面的技术已达到世界领先水平。三峡船闸水头很高,要采用多级船闸解决水力学问题并更好地适应三峡地形的条件。五级船闸的总设计水头为113 m,分成了五级以后,上下级之间最大水头还有45.2 m,这个数字仍远超过世界上最大一级船闸34.5 m的水头,所以为解决船闸的水力学问题需要在输水系统布置方面及廊道的高程和体形方面、阀门的形式等各个方面采取特殊的不同一般船闸的做法。另外,船闸在岩石山体里面开挖兴建三峡的船闸基础条件很好,为了充分利用岩石的优良条件,节省工程量,结构采用了薄衬砌的闸室、闸首和输水隧洞。在两线船闸中间保留了岩体隔墩,要求混凝土结构与岩石共同承受荷载,所以在设计和施工方面就要相应地采取一系列技术措施,以保证结构和山体安全正常的工作条件。由于船闸上下游水位落差达113 m,修建船闸要在花岗岩山体中切出一道最大开挖深度为176 m的高边坡。如何保持高边坡岩体内的稳定和控制边坡的变形,经过多年潜心攻关,长江水利委员会提出船闸高边坡设计方案,较好地解决了高边坡的稳定和变形控制问题。船闸的闸门最大高度达到38.5 m,闸门结构既要满足受力的刚度要求,又要能够适应岩体少量变形时可靠止水。闸门的质量超过800 t,所以闸门底枢的润滑要采取如今世界上比较新的自润滑技术。此外,三峡船闸运行工况复杂,如何保证对船闸实施有效监控,以及船闸的安全监测、消防等问题均属技术难题,设计人员均一一破解。

2.6 污水处理工程

水处理是为使污水达到排水某一水体或再次使用的水质要求,并对其进行净化的过程。污水处理被广泛应用于建筑、农业、交通、能源、石化、环保、城市景观、医疗、餐饮等各个领域,也越来越多地走进寻常百姓的日常生活。污水处理工程是指用各种方法将污水中所含的污染物分离出来或将其转化为无害物,从而使污水得到净化的工程项目。

从20世纪90年代后期起,我国太钢、宝钢及宝新、张浦等国有和合资企业通过引进和技术改造,先后建成了一系列污水处理生产线,污水处理工艺技术装备达到国际先进水平,污水处理生产初具规模。污水处理品种结构也发生了积极的变化,污水处理产品质量迅速提高。特别是国内污水处理冷轧板增长迅速,2003年,国内冷轧板产量达到170万t,首次超过进口量,自给率达到66%;2004年,国内冷轧板产量达到200万t,自给率达到70%以上。从2004年年底到2005年年底,国内冷轧污水处理产能将增加约150万t,基本满足国内市场需求。到2007年,我国将成为污水处理的净出口国。

3 水利工程建设的程序

3.1 基本建设

水利工程建设属于国家基本建设。基本建设是国家为扩大再生产,利用国家、个人的内资和外资,通过新建、扩建和改建而进行的增加固定资产的建设项目;通过购置、建造和安装等活动,将建筑材料、机械设备和其他资源转化成为固定资产的工作。

3.2 基本建设程序

在基本建设活动中,以建筑安装工程为主体的工程建设是实现基本建设的关键。工程建设一般要经过规划、设计、施工等阶段及试运转和验收等过程,才能正式投入生产。工程建成投产以后,还需要进行观测、维修和改进。整个工程建设过程是由一系列紧密联系的工作环节组成的。由此构成了反映基本建设内在规律并能对其全过程进行有效控制的基本建设程序,简称基建程序。

基建程序是在工程建设实践中逐步形成的。在总结国内外大量工程实践的基础上,逐步形成了我国现行的基建程序,它与基本建设管理体制密切相关。我国目前的基本建设管理体制大体是:对于大中型工程项目,国家通过发展和改革委员会部门及各部委主管基本建设的司(局),控制基本建设项目的投资方向;国家通过建设银行管理基本建设投资的拨款和贷款;各部委通过工程项目的建设单位,统筹管理工程的勘测、设计、科研、施工、设备材料订货、验收及筹备生产运行管理等各项工作;参与基本建设活动的勘测、设计、施工、科研和设备材料生产等单位,按合同协议与建设单位建立联系或相互之间形成合同关系。我国的基建程序就是在这种管理体制下形成的。随着基本建设管理体制的改革与完善,基建程序也将会有相应的变革。例如,工程咨询(承包)公司的建立,可以将勘测、设计、科研、咨询、工程施工、设备材料订货及竣工投产等各项工作一起承担下来,统一负责,可以解决现有体制中不同单位分兵把守的矛盾,使基建程序中各个工作环节更加协调。有利于加快建设进程,节约建设资金,提高工程质量。

3.3　水利工程建设程序

基本建设程序是基本建设项目从决策、设计、施工到竣工验收整个工作过程中各个阶段必须遵循的先后次序。水利水电基本建设因其规模大、费用高、制约因素多等特点,更具复杂性及失事后的严重性。水利工程建设要严格遵守国家的基本建设程序。根据水利工程建设的特点,现行水利工程建设程序分为三个时期、九个阶段,具体内容如图 1-1 所示。

- 1.前期工作时期(耗用60%的工作量)
  - (1)流域(或区域)规划
  - (2)项目建议书(专业规划)} (附:投资估算)
  - (3)可行性研究 } (附:投资估算)
  - (4)设计
    - ①初步设计(附:设计概算)
    - ②招标设计(分块)[附:业主(执行)概算]
    - ③施工图设计(附:修改概算或施工图预算)
- 2.工程实施时期
  - (5)开工准备
  - (6)组织施工(企业:施工预算)
- 3.竣工投产时期
  - (7)生产准备
  - (8)竣工交付使用(要求:竣工结算)
  - (9)工程后评价(要求:竣工决算)

图 1-1　建设程序简图

由图 1-1 可以看出,这些阶段既有前后顺序联系,又有平行搭接关系,在每个阶段及阶段与阶段之间又由一系列紧密相连的工作环节构成一个有机整体。从中可以建立以下

几个方面的认识:

基建程序中的工作环节,多具有环环相扣、紧密相连的性质。其中,任意一个中间环节的开展,至少要以一个先行环节为条件,即只有当它的先行环节已经结束或已进展到相当程度,才有可能转入这个环节。例如,只有当确定了工程建设项目,有了明确的项目建议书以后,才能通过初步查勘,进行工程建设的可行性研究;只有可行性研究方案经过论证、选定,才能进行详勘和初步设计;只有初步设计经审定核准,才能制订基本建设年度计划,开展施工图设计及与有关方面签订协议合同;只有当施工准备已具备相当规模,场内外交通已基本解决,主要施工场地已经清理平整,风、水、电供应和其他临建工程已能满足初期施工要求,才能提出开工报告,转入主体工程施工。如果不顾条件,盲目超前,不仅欲速不达,而且常常造成人力、物力的浪费。

基建程序中的各个环节往往涉及多个工作单位,需要各个单位的协调和配合;否则,会带来牵动全局的影响。例如,施工单位负责工程施工,需要建设单位按时进行工程结算,以获得资金上的支持;需要设计单位及时提供图纸;需要材料、设备供应单位保质保量适时供应所需的材料和设备,以保证施工的顺利进行。因此,基建程序中所涉及的不同工作单位,常需分别以合同协议的方式确立相互之间的协作关系,以取得法律上的保障。

在基建程序中,初步设计和初步设计以前的各项工作,通常称为前期工作。做好基本建设的前期工作,常可收到事半功倍的效果。在前期工作中,深入调查研究,充分收集资料,正确选择建设项目,合理确定建设地点,优选工程布置方案,精心设计,周密安排建设计划,必将减少后续工作的盲目性,使工程施工得以顺利进展。

3.3.1 前期工作时期

3.3.1.1 流域(或区域)规划

流域(或区域)规划就是根据该流域(或区域)的水资源条件和国家长远计划对该地区水利水电建设发展的要求,对该流域(或区域)水资源的梯级开发和综合利用的最优方案。

3.3.1.2 项目建议书(专业规划)

项目建议书又称立项报告,是在流域(区域)规划的基础上,由主管部门提出的建设项目轮廓设想,主要是从宏观上衡量分析该项目建设的必要性和可行性,即分析其建设条件是否具备,建设后会带来什么样的预期效益。项目建议书是进行可行性研究的依据。其主要内容为:概述项目建设的依据,提出开发目标和任务,对项目所在地区和附近有关地区的建设条件及有关问题进行调查分析和必要的勘测工作;论证工程项目建设的必要性,初步分析项目建设的可行性与合理性,初选建设项目的规模、实施方案和主要建筑物布置;初步计算项目的总投资等。

3.3.1.3 可行性研究

可行性研究是在项目建议书的基础上,对拟建工程进行全面技术经济分析论证的设计文件。其主要任务是:按《水电工程可行性研究报告编制规程》(DL/T 5020—2007)的要求,明确拟建工程的任务和主要效益,论证工程建设的必要性,确定本工程建设任务和综合利用的主次顺序;确定主要水文参数和成果,查明影响工程的地址条件和主要地质问题;基本选定工程规模,确定工程等级,初选工程布置方案,提出主要工程量和工期;初步确定淹没、用地范围和补偿措施,对环境影响进行评价,估算工程投资;明确工程效益,分析主要经济指标,评价工程的经济合理性和财务可行性;在此基础上提出技术上的可行性和经济上的合理性,综合论证其工程项目是否可行。

3.3.1.4 设计阶段

设计阶段主要包括初步设计、招标设计、施工图设计等工作。

(1)初步设计,是在可行性研究的基础上进行的,是安排建设项目和组织施工的主要依据。其主要任务是:复核工程任务及具体要求,确定工程规模,选定水位、流量、扬程等特征值,明确运行要求;复核区域构造稳定,查明工程建设区水文地质条件和设计标准,提出相应的评价和结论;复核工程的等级和设计标准,确定工程总体布置及主要建筑物的轴线、结构形式与布置、控制尺寸、高程和工程数量;提出消防设计方案和主要设施;选定对外交通方案、施工导流方式、施工总布置和总进度、主要建筑物施工方法及主要施工设备,提出天然(人工)建筑材料、劳动力、供水和供电的需要量及其来源;提出环境保护措施设计,编制水土保持方案;拟定水利工程的管理机构,提出工程管理范围、保护范围及主要管理措施;编制初步设计概算,利用外资的工程应编制外资概算;复核经济评价。

(2)招标设计,是为进行水利工程招标而编制的设计文件,是编制施工招标文件和施工计划的基础。1994 年,水利部规定,水利工程项目均应在完成初步设计之后进行招标设计。它是在已经批准的初步设计及概算基础上,对已经确定实行投资包干或招标承包制的大中型水利水电工程建设项目,根据工程管理与投资的支配权限,按照管理单位及分标项目的划分、按投资的切块分配进行的分块设计,以便于对工程投资进行管理与控制,并作为项目投资主管部门与建设单位签订工程总承包(或投资包干)合同的主要依据。同时,提交满足业主控制和管理所需要的,按照总量控制、合理调整的原则编制的业主预算,也称为执行概算。

(3)初步设计经审定核准,可作为国家安排建设项目的依据,并进而制订基本建设年度计划,开展施工图设计及与有关方面签订协议合同。施工详图是在初步设计和招标设计的基础上,绘制具体施工图的设计,是现场建筑物施工和设备制作安装的依据。其主要内容为建筑物地基开挖图,地基处理图,建筑物体形图、结构图、钢筋图,金属结构的结构图和大样图,机电设备、埋件、管道、线路的布置安装图,监测设施布置图、细部图等,并说明施工要求、注意事项、选用材料和设备的型号规格、加工工艺等,施工图设计不用报审。施工图设计为施工提供能按图建造的图纸,允许在建设期间陆续分项、分批完成,但必须先于工程施工进度的一个预备时期。

3.3.2 工程实施时期

3.3.2.1 前期工作

(1)建立(租用)项目办公和生活场区。按管理人员、施工人员数量和施工平面布置图搭设宿舍、办公室、仓库、加工棚等,以及建造食堂、浴室、厕所等临时设施,购置工地生活与办公设施设备、消防器具等。

(2)组建项目管理机构。组建由项目经理、技术负责人、施工员、预算员、资料员、安全员、保管员(收发材料)、值班员、泥(混凝土)工队长、木模板队长、钢筋队长、架子队长、水工队长、电工队长、涂刷工队长等项目管理机构。明确岗位责任及分管责任,取得施工图纸及相关资料等。

3.3.2.2 技术准备

(1)编制实施性施工组织设计:实施性施工组织设计是对施工活动实行科学管理的重要手段,它具有战略部署和战术安排的双重作用。它体现了实现基本建设计划和设计的要求,提供了各阶段的施工准备工作内容,协调施工过程中各施工单位、各施工工种、各项资源之间的相互关系,熟悉、审查施工图纸和有关的设计资料。发放施工图至各施工班组,由技术负责人、施工员和各班组负责检查图纸是否齐全,图纸本身有无错误和矛盾,设计内容与施工条件是否一致等,同时应熟悉有关设计数据。

(2)图纸会审:由建设单位主持,设计单位和施工单位参加,三方进行设计图纸的会审。施工单位根据自审记录及对设计意图的了解,提出对设计图纸的疑问和建议;最后在统一认识的基础上,对所探讨的问题逐一地做好记录,形成"图纸会审纪要",由建设单位正式行文,参加单位共同会签、盖章,作为与设计文件同时使用的技术文件和指导施工的依据,以及建设单位与施工单位进行工程结算的依据。

(3)建筑工程复测及成果报批:与设计单位按规定交接桩后,由测量组对工程进行贯通复核测量(简称复测)。采用设计单位测量成果;超出允许范围时,应及时向业主报告,由业主联系设计单位进行复核调整并签认,否则不得作为施工依据。所有的控制测量均应在监理工程师在场的情况下进行。复测工作完成后,应将完整的、经监理工程师复核签认的复测资料报送筹备组有关部门。

(4)编制施工图预算:施工图预算是技术准备工作的主要组成部分,是按照施工图确定的工程量、施工组织设计所拟定的施工方法、建筑工程预算定额及其取费标准,由施工单位编制的确定建筑安装工程造价的经济文件。它是施工企业签订工程承包合同、工程结算、建设银行拨付工程价款、进行成本核算、加强经营管理等方面工作的重要依据。

(5)编制施工预算:施工预算是根据施工图预算、施工图纸、施工组织设计或施工方案、施工定额等文件进行编制的。它直接受施工图预算的控制。它是施工企业内部控制各项成本支出、考核用工、"两算"对比、签发施工任务单、限额领料、进行经济核算的依据。

(6)落实实验室及购置施工检测器具:落实施工材料检测实验室,商确检测费用,购置工程需用软件、表格和建立各项工作台账及施工现场安全、质量、文明施工标牌;购置水准仪、GPS、全站仪(或经纬仪)等工具。

3.3.2.3 施工场内准备

搞好"三通一平":严格按照图纸所示,清理工地范围内妨碍施工的各种构筑物、障碍物,为临时工程和主体工程施工创造条件。建造临时设施,按照施工总平面图的布置,建造临时设施,为正式开工准备好生产、办公、生活、居住和储存等临时用房。

安装、调试施工机具:按照施工机具需要量计划,组织施工机具进场,根据施工总平面图将施工机具安置在规定的地点或仓库。固定的机具要进行就位、搭棚、接电源、保养和调试等工作。所有施工机具都必须在开工之前进行检查和试运转。建筑构(配)件、制品和材料的储存和堆放,按照建筑材料、构(配)件和制品的需要量计划组织进场,根据施工总平面图规定的地点和指定的方式进行储存和堆放。按照工序流程顺序,依据建筑材料的需要量计划，及时提供建筑材料的实验申请计划，如钢材的机械性能和化学成份等实验，混凝土或砂浆的配合比和强度等实验，做好钢筋、混凝土等外购施工材料的预订工作。设置消防、保安设施，按照施工组织设计的要求，根据施工总平面图的布置，建立消防、保安等组织机构和有关的规章制度，布置安排好消防、保安等措施。

3.3.2.4　物资准备

建筑材料的准备主要是根据施工预算进行分析，按照施工进度计划要求，按材料名称、规格、使用时材料储备定额和消耗定额进行汇总，编制出材料需要量计划，为组织备料、确定仓库、场地堆放所需的面积和组织运输等提供依据；根据施工预算、分部分项工程施工方法和施工进度的安排，拟定国拨材料、统配材料、地方材料、构（配）件及制品、施工机具和工艺设备等物资的需要量计划；根据各种物资需要量计划，组织货源，确定加工、供应地点和供应方式，签订物资供应合同；按照施工总平面图的要求，组织物资按计划时间进场，在指定地点，按规定方式进行储存或堆放。

构（配）件、制品的加工是根据施工预算提供的构（配）件、制品的名称、规格、质量和消耗量，确定加工方案和供应渠道及进场后的储存地点和方式，编制出其需要量计划，为组织运输、确定堆场面积等提供依据。

根据采用的施工方案、安排的施工进度、确定的施工机械类型、数量和进场体积，确定施工机具的供应办法和进场后的存放地点和方式，编制建筑安装机具的需要量计划，为组织运输、确定堆场面积等提供依据。

3.3.2.5　劳动组织准备

建立施工队，它包括泥（混凝土）工队、模板工队、钢筋队、架子队、水工队、电工队等。

向施工队、工人进行施工组织设计、计划和技术交底，其目的是把拟建工程的设计内容、施工计划和施工技术等要求，详尽地向施工队和工人讲解交待。这是落实计划和技术责任制的有效办法。

施工组织设计、计划和技术交底的时间在单位工程或分部分项工程开工前及时进行，以保证工程严格地按照设计图纸、施工组织设计、安全操作规程和施工验收规范等要求进行施工。

施工组织设计、计划和技术交底的内容有：工程的施工进度计划、月（旬）作业计划；施工组织设计，尤其是施工工艺；质量标准、安全技术措施、降低成本措施和施工验收规范的要求；新结构、新材料、新技术和新工艺的实施方案和保证措施；图纸会审中所确定有关部位的设计变更和技术核定等事项。交底工作应该按照管理系统逐级进行，由上而下直到工人队组。交底的方式有书面形式、口头形式和现场示范形式等。

施工队、工人接受施工组织设计、计划和技术交底后，要组织其成员进行认真地分析研究，弄清关键部位、质量标准、安全措施和操作要领。必要时应该进行示范，并明确任务及做好分工协作，同时建立健全岗位责任制和保证措施。

各项管理制度是否建立、健全，直接影响其各项施工活动能否顺利进行。有章不循其后果是严重的，而无章可循更是危险的。因此，必须建立、健全工地的各项管理制度。

3.3.2.6　施工场外准备

（1）材料的加工和订货：建筑材料、构（配）件和建筑制品大部分必须外购，工艺设备更是如此。这样如何与加工部、生产单位联系,签订供货合同,保证及时供应,对施工企业的正常生产是非常重要;对于协作项目也是这样,除要签订议定书外,还必须做大量有关这方面的工作。

(2)做好分包工作和签订分包合同:由于施工单位本身的力量所限,有些专业工程的施工、安装和运输等均需要向外单位委托。根据工程量、完成日期、工程质量和工程造价等内容,与其他单位签订分包合同,保证按时实施。

3.3.2.7 组织施工

一切准备就绪且满足开工条件后,向上级提交开工申请报告,取得开工许可证后,组织各方开始施工。

3.3.3 竣工投产时期

3.3.3.1 竣工验收

竣工验收是工程完成建设目标的标志,是全面考核基本建设成果、检验设计和工程质量的重要步骤。竣工验收合格的项目即从基本建设转入生产或使用。

当建设项目的建设内容全部完成,并经过单位工程验收,符合设计要求并按水利基本建设项目档案管理的有关规定,完成了档案资料的整理工作,在完成竣工报告、竣工决算等必需文件的编制后,项目法人按照有关规定,向主管部门提出申请,根据国家和部颁验收规程,组织验收。竣工决算编制完成后,须由审计机关组织竣工审计,其审计报告作为竣工验收的基本资料。

对工程规模较大、技术较复杂的建设项目可先进行初步验收。不合格的工程不予验收,有遗留问题必须有具体处理意见,且有限期处理的明确要求并落实责任人。

工程验收合格后办理正式移交手续,工程从基本建设阶段转入生产或使用阶段。

3.3.3.2 后评价

建设项目竣工投产后,一般经过1~2年生产运营后,对项目进行一次系统的项目后评价。主要内容包括如下:

(1)影响评价,是在项目投产后对各方面的影响进行的评价。

(2)经济效益评价,是在对项目投资、国民经济效益、财务效益、技术进步和规模效益、可行性研究深度等方面进行的评价。

(3)过程评价,是在对项目立项、设计、施工、建设管理、竣工投产、生产运营等全过程进行的评价。

项目后评价工作一般按三个层次组织实施,即项目法人的自我评价、项目行业的评价、计划部门(或投资方)的评价。

项目后评价的目的是总结工程项目建设的成功经验,发现项目管理中的问题,及时吸取教训,不断提高项目决策水平和投资效果。

4 我国水利工程的建设特点

水利工程施工的最终成果是水利工程建筑产品。只有对水利工程建筑产品的特点及其生产过程进行研究,才能更好地组织建筑产品的生产,保证产品的质量。

4.1 水利工程建筑产品的特点

4.1.1 产品的固定性

水利工程建筑产品与其他工程的建筑产品一样，是根据使用者的使用要求，按照设计者的设计图纸，经过一系列的施工生产过程，在固定点建成的。建筑产品的基础与作为地基的土地直接联系，因而建筑产品在建造中和建成后是不能移动的，建筑产品建在哪里就在哪里发挥作用。在有些情况下，一些建筑产品本身就是土地不可分割的一部分，如油气田、桥梁、地铁、水库等。固定性是建筑产品与一般工业产品的最大区别。

4.1.2 产品的多样性

水利工程建筑产品一般是由设计和施工部门根据建设单位(业主)的委托，按特定的要求进行设计和施工的。由于对水利工程建筑产品的功能要求多种多样，因而对每一水利工程建筑产品的结构、造型、空间分割、设备配置都有具体要求。即使功能要求相同、建筑类型相同，但由于地形、地质等自然条件不同，以及交通运输、材料供应等社会条件不同，在建造时施工组织、施工方法也存在差异。水利工程建筑产品的这种特点决定了水利工程建筑产品不能像一般工业产品那样进行批量生产。

4.1.3 产品的体积庞大

水利工程建筑产品是生产与应用的场所，要在其内部布置各种生产与应用必要的设备与用具，因而与其他工业产品相比，水利工程建筑产品体积庞大，占有广阔的空间，排他性很强。因其体积庞大，水利工程建筑产品对环境的影响很大，必须控制建筑区位、密度等，建筑必须服从流域规划和环境规划的要求。

4.1.4 产品的高值性

能够发挥投资效用的任一项水利工程建筑产品，在其生产过程中要耗用大量的材料、人力、机械及其他资源，不仅形体庞大，而且造价高昂，动则数百万元、数千万元、数亿元，特大的水利工程项目其工程造价可达数十亿元、百亿元、几千亿元。产品的高值性(也是其工程造价)关系到各方面的重大经济利益，同时也会对宏观经济产生重大影响。

4.2 水利工程建筑产品的施工特点

4.2.1 施工生产的流动性

水利工程建筑产品施工的流动性有两层含义。

(1)由于水利工程建筑产品是在固定地点建造的，生产者和生产设备要随着建筑物建造地点的变更而流动，相应材料、附属生产加工企业、生产和生活设施也经常迁移。

(2)由于水利工程建筑产品是固定在土地上，与土地相连，在生产过程中，产品固定不动，人、材料、机械设备围绕着建筑产品移动，要从一个施工段移到另一个施工段，从水利工程的一个部分转移到另一个部分。这一特点要求通过施工组织设计，使得流动的人、材料、机械等相互协调配合，做到连续、均衡地施工。

4.2.2 施工生产的单件性

水利工程建筑产品施工的多样性决定了水利工程建筑产品的单件性。每项建筑产品都是按照建设单位的要求进行施工的，都有其特定的功能、规模和结构特点，所以工程内容和实物形态都具有个别性、差异性。而工程所处的地区、地段不同更增强了水利工程建筑产品的差异性，同一类型工程或标准设计，在不同的地区、季节及现场条件下，施工准备工作、施工工艺和施工方法不尽相同,所以水利工程建筑产品只能是单件产品,而不能按通过定型的施工方案重复生产。这一特点就要求施工组织实际编制者考虑设计要求、工程特点、工程条件等因素,制订出可行的水利工程施工组织方案。

4.2.3 施工生产过程的综合性

水利工程建筑产品的施工生产涉及施工单位、业主、金融机构、设计单位、监理单位、材料供应部门、分包单位等多个单位、多个部门的相互配合、相互协助,决定了水利工程建筑产品施工生产过程具有很强的综合性。

4.2.4 施工生产受外部环境影响较大

水利工程建筑产品体积庞大,使水利工程建筑产品不具备在室内施工生产的条件,一般都要求露天作业,其生产受到风、霜、雨、雪、温度等气候条件的影响;水利工程建筑产品的固定性决定了其生产过程会受到工程地质、水文条件变化的影响,以及地理条件和地域资源的影响。这些外部因素对工程进度、工程质量、建造成本都有很大影响。这一特点要求水利工程建筑产品生产者提前进行原始资料调查,制订合理的季节性施工措施、质量保证措施、安全保证措施等,科学组织施工,使生产有序进行。

水利工程建筑产品不能像其他许多工业产品一样可以分解若干部分同时生产,而必须在同一固定场地上按严格程序继续生产,上一道工序不完成,下一道工序不能进行。水利工程建筑产品是持续不断的劳动过程的成果,只有全部生产过程完成,才能发挥其生产能力或使用价值。一个水利建设工程项目从立项到使用要经历多个阶段和过程,包括设计前的准备阶段、设计阶段、施工阶段、使用前准备阶段(包括竣工验收和试运行)和保修阶段。这是一个不可间断的、完整的周期性生产过程,它要求在生产过程中各阶段、各环节的各项工作有条不紊地组织起来,在时间上不间断,在空间上不脱节;它要求生产过程的各项工作必须合理组织、统筹安排,遵守施工程序,按照合理的施工顺序科学地组织施工。

4.2.5 施工生产周期长

水利工程建筑产品的体积庞大决定了建筑产品生产周期长,有的水利工程建筑项目,工期甚至10年以上。因此,它必须长期大量地占用和消耗人力、物力和财力,要到整个生产周期完结才能出产品。所以,应科学地组织建筑生产,不断缩短生产周期,尽快提高投资效益。

任务2 水工建筑物的类型及特点

【任务描述】

按照不同的分类方式,水工建筑物分多种类型。本任务主要是了解常见水工建筑物的类型、特点及主要作用。

【任务分析】

由于水的作用形成了水工建筑物特殊的工作条件,因此按照建筑物的用途、使用时间进行了分类,根据建筑物的工作条件、施工条件及其他条件进行了特点描述。

【任务知识点】

1 水工建筑物的类型

1.1 按建筑物的用途分类

(1)挡水建筑物。用以拦截江河,形成水库或壅高水位,如各种坝和闸,以及为抗御洪水或挡潮,沿江河海岸修建的堤防、海塘等。

(2)泄水建筑物。用以宣泄在各种情况下,特别是洪水期的多余入库水量,以确保大坝和其他建筑物的安全,如溢流坝、溢洪道、泄洪洞等。

(3)输水建筑物。为灌溉、发电、供水的需要从上游向下游输水用的建筑物,如输水洞、引水管、渠道、渡槽等。

(4)取水建筑物。是输水建筑物的首部建筑,如进水闸、扬水站等。

(5)整治建筑物。用以整治河道,改善河道的水流条件,如丁坝、顺坝、导流堤、护岸等。

(6)专门建筑物。专门为灌溉、发电、供水、过坝需要而修建的建筑物,如电站厂房、沉沙池、船闸、升船机、鱼道、筏道等。

有些水工建筑物在枢纽中的作用并不是单一的,如溢流坝既能挡水,又能泄水;水闸既可挡水,又能泄水,还可做取水之用。

1.2 按建筑物的使用时间分类

(1)永久性建筑物。在运用期长期使用,根据其在整体工程中的重要性又分为主要建筑物和次要建筑物。主要建筑物是指该建筑物失事后将造成下游灾害或严重影响工程效益,如闸、坝、泄水建筑物、输水建筑物及水电站厂房等;次要建筑物是指失事后不致造成下游灾害和对工程效益影响不大且易于检修的建筑物,如挡土墙、导流墙、工作桥及护岸等。

(2)临时性建筑物。仅在工程施工期间使用,如围堰、导流建筑物等。

2 水工建筑物的特点

2.1 工作条件复杂

由于水的作用形成了水工建筑物特殊的工作条件:挡水建筑物蓄水以后,除承受一般的地震力和风压力等水平推力外,还要承受很大的水压力、浪压力、冰压力、地震动水压力等水平推力,对建筑物的稳定性影响极大;通过水工建筑物和地基的渗流,对建筑物和地基产生渗透压力,还可能产生侵蚀和渗透破坏;当水流通过水工建筑物下泄时,高速水流可能引起建筑物的空蚀、振动及对下游河床和两岸的冲刷;对于特定的地质条件,水库蓄水后可能诱发地震,进一步恶化建筑物的工作条件等。

2.2 施工条件复杂

水工建筑物的兴建,第一,需要解决好施工导流问题,要求在施工期间,保证建筑物安全的前提下，河水应能顺利下泄，必要的通航、过木要求应能满足，这是水利工程设计和施工中的一个重要课题；第二，工程进度紧迫，工期也比较长，截流、度汛需要抢时间、争进度，否则将导致拖延工期；第三，施工技术复杂，水工建筑物的施工受气候影响较大，例如大体积混凝土的温度控制，复杂的地基较难以处理，填土工程要求一定的含水量和一定的压实度，雨季施工有很大的困难；第四，地下、水下工程多，排水施工难度比较大；第五，交通运输比较困难，高山峡谷地区更为突出等。

2.3 对自然环境及社会环境影响大

水利枢纽工程和单项的水工建筑物可以承担防洪、灌溉、发电、航运等任务，同时又可以绿化环境，改良土壤植被，发展旅游，甚至建成优美的城市等；但是，如果处理不当也可能产生消极的影响。例如：水库蓄水越多，则效益越高，淹没损失也越大，不仅导致大量移民和迁建，还可能引起库区周围地下水位的变化，直接影响工农业生产，甚至影响生态环境；库尾的泥沙淤积，可能会使航道恶化。

2.4 失事后果严重性

堤坝等挡水建筑物万一失事或决口，将会给下游人民的生命财产和国家建设带来灾难性的损失。1975 年 8 月，河南省遭遇特大洪水，加之板桥、石漫滩两座水库垮坝，使下游 1 100 万亩（1 亩 = 1/15 hm^2）农田受淹，京广铁路中断，死亡达 9 万人。

任务3 水工建筑物的分级

【任务描述】

通过本任务的学习会进行水利枢纽分等和水工建筑物的分级。

【任务分析】

为使工程的安全可靠性与其造价的经济合理性适当统一起来，水利枢纽及其组成建筑物要分等分级。为了后续学习具体水工建筑物，必须会进行水利枢纽分等和水工建筑物分级。

【任务知识点】

一项水利枢纽工程的成败对国计民生有直接的影响，但不同规模的工程影响程度也不同。为使工程的安全可靠性与其造价的经济合理性适当统一起来，水利枢纽及其组成建筑物要分等分级。先按工程的规模、效益及其在国民经济中的重要性，将水利工程分等，而后再对各组成建筑物按其所属枢纽等别、建筑物作用及重要性进行分级。

枢纽工程、建筑物的等级不同，对其规划、设计、施工、运行管理的要求也不同。等级越高者要求也就越高。这种分等分级、区别对待的方法，也是国家经济政策和技术政策的一种重要体现。

水利工程的等别，应根据其工程规模、效益及在国民经济中的重要性进行划分。按照《水利水电工程等级划分及洪水标准》（SL 252—2017），共分为五等，见表 1-1。

表 1-1 水利水电工程分等指标

工程等别	工程规模	水库总库容（亿 m^3）	防洪			治涝	灌溉	供水		发电
			保护人口（万人）	保护农田面积（万亩）	保护区当量经济规模（万人）	治涝面积（万亩）	灌溉面积（万亩）	供水对象重要性	年引水量（亿 m^3）	发电装机容量（MW）
Ⅰ	大(1)型	≥10	≥150	≥500	≥300	≥200	≥150	特别重要	≥10	≥1 200
Ⅱ	大(2)型	<10，≥1.0	<150，≥50	<500，≥100	<300，≥100	<200，≥60	<150，≥50	重要	<10，≥3	<1 200，≥300
Ⅲ	中型	<1.0，≥0.10	<50，≥20	<100，≥30	<100，≥40	<60，≥15	<50，≥5	比较重要	<3，≥1	<300，≥50
Ⅳ	小(1)型	<0.1，≥0.01	<20，≥5	<30，≥5	<40，≥10	<15，≥3	<5，≥0.5	一般	<1，≥0.3	<50，≥10
Ⅴ	小(2)型	<0.01，≥0.001	<5	<5	<10	<3	<0.5		<0.3	<10

注：1. 水库总库容指水库最高水位以下的静库容；治涝面积指设计治涝面积；灌溉面积指设计灌溉面积；年引水量指供水工程渠首设计年均引（取）水量。

2. 保护区当量经济规模指标仅限于城市保护区；防洪、供水中的多项指标满足 1 项即可。

3. 按供水对象的重要性确定工程等别时，该工程应为供水对象的主要水源。

对综合利用的水利工程，当按各综合利用项目的分等指标确定的等别不同时，其工程的等别应按其中最高等别确定。

水利工程的永久性水工建筑物的级别，应根据其所在的工程等别和永久性水工建筑物的重要性划分，共分为五级，见表 1-2。

表 1-2 永久性水工建筑物级别

工程等别	主要建筑物	次要建筑物
Ⅰ	1	3
Ⅱ	2	3
Ⅲ	3	4
Ⅳ	4	5
Ⅴ	5	5

永久性水工建筑物级别确定时，对于下述情况可提高或降低其主要建筑物级别：

（1）失事后损失巨大或影响十分严重的水利工程的 2 ~ 5 级主要永久性水工建筑物，经过论证并报主管部门批准，建筑物级别可提高一级；水头低、失事后造成损失不大的水利工程的 1 ~ 4 级主要永久性水工建筑物，经论证并报主管部门批准，建筑物级别可降低一级。

（2）当永久性水工建筑物采用新型结构或其基础的工程地质条件特别复杂时，对 2 ~

5 级建筑物可提高一级设计，但洪水标准不予提高。

(3)对于水库大坝按表 1-2 规定为 2 级、3 级的永久性水工建筑物，如坝高超过表 1-3 中数值者可提高一级，但洪水标准可不提高。

表 1-3　水库大坝提级指标

级别	坝型	坝高(m)
2	土石坝	90
	混凝土坝、浆砌石坝	130
3	土石坝	70
	混凝土坝、浆砌石坝	100

水利工程施工期使用的临时性挡水和泄水建筑物的级别，就根据保护对象、失事后果、使用年限和临时性建筑物规模，按表 1-4 来确定。表中指标分属不同级别时，应取其中最高级别确定。但列为 3 级临时性水工建筑物时，符合该级别规定的指标不得少于两项。

表 1-4　临时性水工建筑物级别

级别	保护对象	失事后果	使用年限(年)	临时性挡水建筑物规模	
				围堰高度(m)	库容(亿 m^3)
3	有特殊要求的 1 级永久性水工建筑物	淹没重要城镇、工矿企业、交通干线或推迟工程总工期及第一台(批)机组发电，推迟工程发挥效益，造成重大灾害和损失	>3	>50	>1.0
4	1 级、2 级永久性水工建筑物	淹没一般城镇、工矿企业或影响工程总工期和第一台(批)机组发电，推迟工程发挥效益，造成较大经济损失	≤3，≥1.5	≤50，≥15	≤1.0，≥0.1
5	3 级、4 级永久性水工建筑物	淹没基坑，但对总工期及第一台(批)机组发电影响不大，对工程发挥效益影响不大，经济损失较小	<1.5	<15	<0.1

任务 4　水利工程概况

【任务描述】

了解我国水利工程建设的成就及水利工程建设进展。

【任务分析】

通过学习可以简述我国水利工程建设的成就及水利工程建设进展情况。

【任务知识点】

1 我国水利工程建设的成就

几千年来,勤劳勇敢的中国人民为兴水利、除水害进行着坚持不懈的努力,做出了突出的成绩,并积累了宝贵的经验。例如:从春秋时期开始,在黄河下游沿岸修建的堤防,经历代整修加固,已形成1 800多km的黄河大堤,为治河防洪、堤防工程的建设与管理提供了丰富的经验;从公元前486年开始兴建到1293年全线通航的京杭大运河,全长1 794 km,是世界上最长的运河,为当时及今后的南北交通、发展航运等发挥了重要作用;灌溉面积达1 000多万亩的四川都江堰工程,已有2 200多年的历史,仍为我国的农业发展发挥着巨大的效益。水利工程建设的成就是我国劳动人民智慧的结晶,在繁荣我国经济、发展祖国文化等方面起到了很好的作用。

新中国成立以来,我国的水利事业建设得到了较快的发展。19世纪50年代初,开始对黄河和淮河进行全流域的规划和治理,根据"统一规划,蓄泄兼顾"的原则,修建了许多山区水库和洼地蓄洪工程,改变了淮河"大雨大灾,小雨小灾,无雨旱灾"的悲惨景象;人民治黄功绩卓著,保证了黄河"伏秋大汛不决口,大河上下报安澜";1963年开始根治海河,现在全流域已初步形成了防洪除涝体系;到2007年年底,全国整修、新建各类江河堤防28.38万km,累计达标堤防10.9万km;水库85 412座,总库容6 345亿m^3,其中,大型水库493座,库容4 836亿m^3;水闸41 110多座,其中,大型水闸438座;水电装机容量由1949年的16万kW增加到14 523万kW;灌溉面积由1949年的2.4亿亩增加到9.51亿亩,其中50万亩以上灌区148处;全国蓄、引、提等水利工程年供水能力达到744亿m^3;水土流失综合治理面积达到99.9万km^2,累计实施生态修复面积达70多万km^2,建成黄土高原淤地坝2.9万座。举世瞩目的三峡水利枢纽是目前世界最大的水利枢纽工程,已投入使用的南水北调工程又是世界伟大的水利工程。这些成就都为我国国民经济和社会发展提供了必要的基础条件。同时,水利工程建设的发展,使我国水利水电科学技术水平也迅速发展和提高。

2 水利工程建设进展

现代水利工程建设的发展,主要表现在两个方面:一是水利工程建设观念上的转变;二是水利工程建设科学技术水平的提高。

虽然经过几十年的努力,我们在水利工程建设方面取得了辉煌的成就,水利工程和水电设施在国民经济中发挥着巨大的作用。但是,从可持续发展的目标来说,水利建设的差距还很大。第一,我国大江大河的防洪问题还没有得到真正解决,堤坝和城市防洪标准还比较低,随着河流两岸经济建设的发展,一旦发生洪灾,造成的损失越来越大。第二,我国农业目前仍在很大程度上受制于自然地理和气候条件,抗御自然灾害能力很低。第三,水污染问题日益严重,七大江河都不同程度地受到污染,使有限的水资源满足不了生活和工农业用水的要求,水资源短缺问题更为加剧。第四,水土流失严重,水生态失衡。第五,水资源利用率低下。解决当前水的问题,是关系到整个国民经济可持续发展的系统工程,仅靠"头痛医头,脚疼治脚"局部的单一的工程水利的建设思想是难以实现的,必须从宏观上、战略思想上实现工程水利向资源水利的转变。从单纯建造水利工程，到强调治水中人与自然的和谐相处。从统一和全局的高度来解决问题，注重水资源的节约、保护和优化配置。所谓资源水利，就是从水资源开发、利用、治理、配置、节约、保护等六个方面系统分析综合考虑，实现水资源的可持续利用。由工程水利转向资源水利，是一个生产力发展的过程。随着当前生产力的发展，更需要宏观地看问题，需要在原有水利工作的基础上更进一步、更上一个台阶，做好水利工作。

从国内外水利工程建设和发展看，科学技术水平的提高主要体现在以下几个方面：

(1)大型水库、水电站和高坝建设逐年增多。

(2)新坝型、新材料研究不断取得可喜成果。

(3)随着对高速水流问题研究的不断深入，在体型设计、掺气减蚀等方面技术日益成熟，泄水建筑物的过流能力不断提高。

(4)地基处理和加固技术不断发展，使得处理效果更加可靠，造价进一步降低。

(5)随着高速度、大容量计算机的出现和数值分析方法的不断发展，水工结构、水工水力学和水利施工中的许多复杂问题都可以通过电算得到解决。

(6)由于大型实验设备和现场量测设备的发展，使得水工建筑物的模型实验和原型观测也得到相应的发展。

任务5 三峡水利枢纽工程

【任务描述】

认识三峡水利枢纽工程建设过程、主要功能及影响。

【任务分析】

可以简述三峡建设历程上的一些主要事件、建设的主要过程、建设规模、主要功能及影响。

【任务知识点】

长江三峡水利枢纽工程，又称三峡工程。中国湖北省宜昌市境内的长江西陵峡段与下游的葛洲坝水电站构成梯级电站。

三峡工程是世界上规模最大的水电站，也是中国有史以来建设最大型的工程项目。而由它所引发的移民搬迁、环境等诸多问题，使它从开始筹建的那一刻起，便始终与巨大的争议相伴。三峡工程的功能有航运、发电等。三峡工程于1992年获得全国人民代表大会批准建设，1994年正式动工兴建，2003年6月1日下午开始蓄水发电，2009年全部完工。

1 建设历程

1919年，孙中山先生在《建国方略之二——实业计划》中提出建设三峡工程的设想。

1932年，国民政府建设委员会派出的一支长江上游水力发电勘测队在三峡进行了为期约2个月的勘查和测量，编写了一份《扬子江上游水力发电测勘报告》，拟定了葛洲坝、黄陵庙两处低坝方案。这是我国专为开发三峡水力资源进行的第一次勘测和设计工作。

1944年,在当时的中国战时生产局内任专家的美国人潘绥写了一份《利用美贷款筹建中国水力发电厂与清偿贷款方法》的报告。

1944年,美国垦务局设计总工程师萨凡奇到三峡实地勘查后,提出了《扬子江三峡计划初步报告》,即著名的"萨凡奇计划"。

1945年,国民政府资源委员会成立了三峡水力发电计划技术研究委员会、全国水力发电工程总处及三峡勘测处。1946年,与美国垦务局正式签订合约,进行了三峡大坝的设计;同时中国也派遣相关的技术人员前往美国参加设计工作。

1947年,由于国内政治形势原因,中止了三峡水力发电计划的实施,并撤回在美国的全部技术人员。

1949年,长江流域再次遭遇了大洪水,荆江大堤出现险情。长江中下游的防洪问题,从新中国成立伊始就引起了重视。

1950年初,国务院长江水利委员会正式在武汉成立。

1953年,毛泽东主席在听取长江干流及主要支流修建水库规划的介绍时,希望在三峡修建水库,以"毕其功于一役"。他指着地图上的三峡说:"费了那么大的力量修支流水库,还达不到控制洪水的目的,为什么不在这个总口子上卡起来?""先修那个三峡大坝怎么样?!"

1953年10月,长江水利委员会上游局党组向西南局财委的报告中提出,将来三峡水库的蓄水高度可能在190 m左右,请西南局向沿江城市和有关单位打招呼,不要在190 m高程以下设厂或建较重要的工程。西南局财委同意了这个意见。

1954~1960年,在中共中央、国务院领导下,有关部门和各方面人士通力合作,全面开展长江流域规划和三峡工程勘测、科研、设计与论证工作,并与苏联签订了技术援助合同,苏联专家与长江水利委员会相关工作人员先后进入三峡地区,开展测量工作。随后,周恩来总理在中共中央成都会议上做了关于长江流域和三峡工程的报告,会议通过了《中共中央关于三峡水利枢纽和长江流域规划的意见》,明确提出:"从国家长远的经济发展和技术条件两个方面考虑,三峡水利枢纽是需要修建而且可能修建的,……应当采取积极准备和充分可靠的方针进行各项有关的工作。"随后,周恩来总理登上三斗坪中堡岛,与随行专家共同研究三峡工程坝址优选方案。

1960年4月,水电部组织了水电系统的苏联专家18人及国内有关单位的专家100余人在三峡查勘,研究选择坝址。同月,中共中央中南局在广州召开经济协作会,讨论了在"二五"期间投资4亿元、准备1961年三峡工程开工的问题。由于暂时经济困难和国际形势影响,三峡建设步伐得到调整。

1970年,中央决定先建作为三峡总体工程一部分的葛洲坝工程,一方面解决华中用电供应问题,一方面为三峡工程做准备。12月26日,毛泽东主席做了亲笔批示:"赞成兴建此坝。"

1970年12月30日,葛洲坝工程开工。1981年1月4日,葛洲坝工程大江截流胜利合龙。1981年12月,葛洲坝水利枢纽二江电站一、二号机组通过国家验收正式投产。

1986~1992年,中央和国务院决定进一步扩大论证了三峡工程可行性报告,并重新编制了《长江三峡水利枢纽可行性研究报告》,国务院三峡工程审查委员会通过了可行性研究报告，报请国务院审批，并提请第七届全国人大审议。第七届全国人大第五次会议通过《关于兴建长江三峡工程的决议》，决定将兴建三峡工程列入国民经济和社会发展十年规划，由国务院根据国民经济发展的实际情况和国家财力、物力的可能，选择适当时机组织实施。

1993 年 1 月至 1994 年 12 月，国务院三峡工程建设委员会成立，李鹏总理兼任建设委员会主任。委员会下设三个机构，即办公室、移民开发局和中国长江三峡工程开发总公司。国务院三峡工程建设委员会第二次会议审查批准了长江三峡水利枢纽初步设计报告（枢纽工程），标志着三峡工程建设进入正式施工准备阶段。国务院三峡工程建设委员会第四次会议研究三峡工程正式开工问题。

1994 年 12 月 14 日，国务院总理李鹏在宜昌三斗坪举行的三峡工程开工典礼上宣布：三峡工程正式开工。

1997 年 10 月 14 日，国务院第 63 次常务会议通过三峡工程大江截流前验收报告，决定三峡工程于 11 月 8 日实施大江截流。1997 年 11 月 8 日，三峡工程实现大江截流，标志着为期 5 年的一期工程胜利完成，三峡工程转入二期工程建设。

1998 年 4 月 21 日，三峡永久船闸一期开挖工程通过竣工验收，经过 5 年的建设，长江三峡临时船闸正式通航。这是目前世界上最大的双线五级船闸。至 2002 年 9 月 1 日，三峡工程永久船闸开始进行有水调试。永久船闸按年单向 5 000 万 t 和通过万吨级船队要求设计。过往永久船闸的船舶包括万吨级船队，每次过闸的时间大约需要 155 min。根据三峡工程建设计划，船闸将于 2003 年 6 月通航。

2002 年 10 月 21 日，三峡大坝最关键的泄洪坝段已经全部建成，全线达到海拔 185 m 大坝设计高程。

2002 年 10 月 25 日，国务院召开长江三峡二期工程验收委员会全体会议，同意枢纽工程验收组关于在 2002 年 11 月实施导流明渠截流的意见。

2002 年 10 月 26 日，全长 1.6 km 的三峡二期大坝全线封顶，整段大坝都已升高到海拔 185 m 设计坝顶高程。

2002 年 11 月 7 日，世界上最大的水轮发电机组转子在三峡工地成功吊装，标志着三峡首台机组大件安装基本完成，从此进入总装阶段。

2003 年 5 月 21 日，国务院长江三峡二期工程验收委员会枢纽工程验收组正式宣布，三峡二期工程达到蓄水 135 m 水位和船舶试通航要求，同意三峡工程 6 月 1 日下闸蓄水，并可以在 2003 年 6 月实施永久船闸试通航。至此，中国建成世界上水位落差最大的船闸。

2003 年 11 月 22 日，长江三峡工程第 1 号机组正式并网发电并投入商业运行。至此，三峡工程首批发电的 6 台机组全部投产。三峡工程已经创造出一年内装机容量 420 万 kW、连续投产 6 台 70 万 kW 的水电安装和投产世界纪录。

2004 年 1 月 9 日，三峡工程从 2004 年起进入三期工程。三峡三期工程至 2009 年历时 6 年，其间将完成右岸大坝和右岸电站建设，修建世界上最大的升船机，有 20 台单机 70 万 kW 的机组投产。

2004 年 7 月 8 日，国务院长江三峡二期工程船闸通航验收委员会在三峡工地宣布，三峡船闸已经通过正式通航验收，由试通航转为正式通航。

2004 年 7 月 26 日，三峡工程第 9 台投产机组至三峡左岸电站 11 号发电机组正式并网发电。11 号机组发电机转子最大直径为 18.74 m，高为 3.42 m，质量为 1 779 t，加上发电机定子和水轮机的质量，机组总质量在 4 900 t 左右，是当今世界已投产的水轮发电机组中质量最重的机组。

2004 年 8 月 24 日，三峡工程左岸电站 8 号机组正式并网发电。至此，三峡工程已有 10 台机组投产发电，投产总装机容量达 700 万 kW，实际装机容量已位居世界发电厂第 3 位，发电能力位居全国第一。

2006 年 4 月 10 日，新华社报道，国务院三峡工程质量检查专家组第 15 次到三峡工地现场检查。专家组认为，三峡三期工程施工质量完全处于受控状态，左岸机组安装和地下厂房开挖质量很好，右岸大坝没有裂缝，创造了世界奇迹。

2006 年 5 月 11 日，由葛洲坝集团机电建设公司承建的三峡右岸电站首台机组定子开始组装，这标志着三峡右岸电站 12 台发电机组进入机电安装阶段。首台组装的是 26 号机组定子，这台机组预计于 2007 年 8 月安装完成。

2012 年 5 月 4 日，三峡地下电站 27 号机组首次启动成功，此举标志着三峡工程最后一台 70 万 kW 机组投产发电进入倒计时阶段。

2014 年 9 月 15 日凌晨起，长江三峡枢纽工程正式启动新一轮 175 m 试验性蓄水。由于新一轮洪水正在过境三峡，本轮蓄水工作属近年来首次与防洪调度同步开展。预计 10 月底或 11 月，三峡工程将蓄至 175 m 水位。

2 工程选址

枢纽控制流域面积 100 万 km^2，占长江流域面积的 56%。坝址处多年平均流量14 300 m^3/s，实测最大洪水流量 71 100 m^3/s，历史最大洪水流量 105 000 m^3/s，多年平均悬移质年输沙量 5.3 亿 t。坝区地壳稳定，地震基本烈度Ⅵ度。坝址区河谷开阔，谷底宽约 1 000 m，河床右侧有中堡岛，将长江分为大江和后河。两岸谷坡平缓，冲沟发育，岩石风化层较厚。坝址基岩为坚硬的前震旦纪闪云斜长花岗岩，强度高，断层不发育，裂隙规模较小，以陡倾角为主，微风化和新鲜岩体的透水性微弱。坝址具备修建高坝的良好地址条件。

三峡大坝的选址最初有南津关、太平溪、三斗坪等多个候选坝址。最终选定的三斗坪坝址，位于葛洲坝水电站上游 38 km 处，地势开阔，地质条件为较坚硬的花岗岩，地震烈度小。江中有一沙洲中堡岛，将长江一分为二，左侧为宽约 900 m 的大江和江岸边的小山坛子岭，右侧为宽约 300 m 的后河，可为分期施工提供便利。

关于大坝的坝高，在筹划中曾有低坝、中坝、高坝三种方案。20 世纪 50 年代，在苏联专家的影响下，各方多支持高坝方案。到了 20 世纪 80 年代初，“短、平、快”的思路占了主流，因而低坝方案非常流行。但是，出于为重庆改善航运条件的考虑，各方最终同意建设中坝。

3 建设过程

3.1 工程移民

移民是三峡工程最大的难点，在工程总投资中，用于移民安置的经费占到了 45%。

当三峡蓄水完成后,将会淹没129座城镇,其中包括万州、涪陵等两座中等城市和十多座小城市,会产生113万移民,在世界工程史上绝无仅有。移民的安置主要通过就地后靠或者就近搬迁来解决,但后来发现,水库淹没了大量耕地,从而导致整个库区人多地少,生态环境趋于恶化,于是对农村人口又增加了一种移民方式,就是由政府安排,举家外迁至其他省份,现已经有大约14万名库区移民迁到了上海、江苏、浙江、安徽、福建、江西、山东、湖北(库区外)、湖南、广东、重庆(库区外)、四川等省市生活。

3.2 论证

从三峡工程筹建的那一刻起,它就与各种争议相伴。早期的不同意见多偏重于经济和技术因素,普遍认为经济上无法支撑,技术上也无法实现预定目标,并且移民的难度极大,以及三峡工程对当地地质的影响,对气候的影响等。

1983年,水利电力部提交了工程可行性研究报告,并着手进行前期准备。1984年,国务院批准了这份可行性研究报告,但是在1985年的中国人民政治协商会议上,以周培源、李锐等为首的许多政协委员表示了强烈反对。于是,1986~1988年,国务院又召集张光斗、陆佑楣等412位专业人士,分十四个专题对三峡工程进行全面重新论证,结论认为技术方面可行、经济方面合理,“建比不建好,早建比晚建更为有利”。

3.3 规划

2011年5月18日,国务院总理温家宝主持召开国务院常务会议,讨论通过《三峡后续工作规划》和《长江中下游流域水污染防治规划》。

会议指出,在党中央、国务院的坚强领导和全国人民的大力支持下,经过17年艰苦努力,三峡工程初步设计建设任务如期完成,防洪、发电、航运、水资源利用等综合效益开始全面发挥。

三峡工程在发挥巨大综合效益的同时,在移民安稳致富、生态环境保护、地质灾害防治等方面还存在一些亟需解决的问题,对长江中下游航运、灌溉、供水等也产生了一定影响。

这些问题有的在论证设计中已经预见但需要在运行后加以解决,有的在工程建设期已经认识到但受当时条件限制难以有效解决,有的是随着经济社会发展而提出的新要求。适时开展三峡后续工作,对于确保三峡工程长期安全运行和持续发挥综合效益,提升其服务国民经济和社会发展能力,更好更多地造福广大人民群众,意义重大。

会议强调,开展三峡后续工作,必须坚持以人为本、关注民生,保护环境、持续发展,统筹兼顾、突出重点,国家扶持、多元投入,区分缓急、分步实施的原则,完善扶持政策,加大资金投入,建设和谐稳定的新库区,实现经济社会与环境协调发展。

《三峡后续工作规划》的主要目标是:到2020年,移民生活水平和质量达到湖北省、重庆市同期平均水平,覆盖城乡居民的社会保障体系建立,库区经济结构战略性调整取得重大进展,交通、水利及城镇等基础设施进一步完善,移民安置区社会公共服务均等化基本实现,生态环境恶化趋势得到有效遏制,地质灾害防治长效机制进一步健全,防灾减灾体系基本建立。

为此,一要促进库区经济社会发展,实现移民安稳致富,大力促进就业。对进城镇安置移民和生态屏障区农村相关转移人口,补助基本养老保险和医疗保险个人缴费。二要加强库区生态环境建设与保护。将水库水域、消落区、生态屏障区和库区重要支流作为整体,综合采取控制污染、提高生态环境承载力、削减库区入库污染负荷等措施,建设生态环境保护体系。

4　建设规模

三峡大坝为混凝土重力坝,大坝长 2 335 m,底部宽 115 m,顶部宽 40 m,高程 185 m,正常蓄水位 175 m。大坝坝体可抵御万年一遇的特大洪水,最大下泄流量可达 10 万 m^3/s。整个工程的土石方挖填量约 1.34 亿 m^3,混凝土浇筑量约 2 800 万 m^3,耗用钢材 59.3 万 t。水库全长 600 余 km,水面平均宽度 1.1 km,总面积 1 084 km^2,总库容 393 亿 m^3,其中防洪库容 221.5 亿 m^3,调节能力为季调节型。

三峡水电站的机组布置在大坝的后侧,共安装 32 台 70 万 kW 水轮发电机组,其中左岸 14 台,右岸 12 台,地下 6 台,另外还有 2 台 5 万 kW 的电源机组,总装机容量 2 250 万 kW,远远超过位居世界第二的巴西伊泰普水电站。

三峡水电站初期的规划是26 台 70 万 kW 的机组,也就是装机容量为 1 820 万 kW,年发电量 847 亿 kW · h。后又在右岸大坝"白石尖"山体内建设地下电站,建 6 台 70 万 kW 的水轮发电机,再加上三峡水电站自身的 2 台 5 万 kW 的电源电站,总装机容量达到了2 250 万 kW。

截至 2014 年 12 月 31 日 24 时,三峡水电站全年发电量达 988 亿 kW · h,创单座水电站年发电量新的世界最高纪录,并首度成为世界上年度发电量最高的水电站。

三峡水电站全年累计发电 988 亿 kW · h,相当于减少 4 900 多万 t 原煤消耗,减少近 1 亿 t 二氧化碳排放。如果每千瓦时电能对 GDP 的贡献按 10 元计算,三峡水电站全年发出的清洁电能,相当于为国家带动创造了近 1 万亿元财富。这也为国家"稳增长、调结构、惠民生"注入了强大动力。

5　项目投资

三峡工程预测的静态总投资大约为 900 亿元(1993 年 5 月末价格),其中工程投资 500 亿元,移民安置 400 亿元。预测动态总投资将可能达到 2 039 亿元,估计实际总投资约 1 800 亿元。建设资金主要来自三峡工程建设基金即电费附加费。

据 2011 年《三峡(重庆)库区移民工作报告》显示,三峡后续工作目标所需的规划投资总额为 1 238.9 亿元。公开数据显示,截至 2009 年年底,三峡工程已累计完成投资1 849 亿元。

6　主要功能

三峡工程主要有三大效益,即防洪、发电和航运,其中防洪被认为是三峡工程最核心的效益。

6.1　防洪

历史上,长江上游河段及其多条支流频繁发生洪水,每次特大洪水时,宜昌以下的长江荆州河段(荆江)都要采取分洪措施,淹没乡村和农田,以保障武汉的安全。在三峡工程建成后，其巨大库容所提供的调蓄能力将能使下游荆江地区抵御百年一遇的特大洪水，也有助于洞庭湖的治理和荆江堤防的全面修补。

6.2 发电

三峡工程的经济效益主要体现在发电。该工程是中国西电东送工程中线的巨型电源点，所发的电力将主要售予华中电网的湖北省、河南省、湖南省、江西省、重庆市，华东电网的上海市、江苏省、浙江省、安徽省，以及南方电网的广东省，可缓解我国的电力供应紧张局面。

截至2012年年底，三峡水电站历年累计发电量达到6 291.4亿kW·h，相当于减排二氧化碳4.96亿t，减排二氧化硫595万t，为节能减排做出了积极贡献。

6.3 航运

三峡蓄水前，川江单向年运输量只有1 000万t，万吨级船舶根本无法到达重庆。三峡工程结束了“自古川江不夜航”的历史，三峡几次蓄水使川江通航条件日益改善。2009年，通过三峡大坝的货运量有7 000万t左右。自2003年三峡船闸通航以来，累计过坝货运量突破3亿t，超过蓄水前22年的货运量总和。

7 产生影响

7.1 环境影响

三峡工程影响环境来自于水库的污染。三峡两岸城镇、游客等的排放污水和生活垃圾，都未经处理直接排入长江。在蓄水后，由于水流静态化，污染物不能及时下泄而蓄积在水库中，因此已经造成了水质恶化和垃圾漂浮，并可能引发传染病，部分城镇已在其他水源采集生活用水，同时大批移民开垦荒地，也加剧了水体污染，并产生水土流失的现象。对此，当地政府正在大力兴建污水处理厂和垃圾填埋场以期解决污染问题，如果发现污染过于严重，也可能会采取大坝增加下泄流量来实现换水的措施。

三峡工程将会对周边生态造成冲击，因为有大坝阻隔，鱼类无法正常通过三峡，它们的生活习性和遗传等会发生变异。三峡完全蓄水后将淹没560多种陆生珍稀植物，但它们中的绝大多数在淹没线以上也有分布，只有疏花水柏枝和荷叶铁线蕨两种完全在淹没线以下，现均已迁植。

7.2 人文影响

在水库满蓄水后，三峡的峡谷感将会受到一定程度削弱，同时三峡周边在古代是巴文化和楚文化的交汇地。水库淹没区已探明的文物点有1 200多个，从1992年起文物部门便开始进行抢救性发掘，预计可在2009年蓄水完成前抢救、保护完毕。此外，政府还对其中的全国重点文物保护单位和其他重要古建筑文物设立专案、拨给专款予以保护。

小 结

本项目从水利工程建设情况入手，主要介绍了水利枢纽、水工建筑物的基本概念及其主要分类，水工建筑物的突出特点，重点介绍了水利工程分等及水工建筑物分级。

知识技能训练

一、名词解释

1. 水利工程　2. 挡水建筑物　3. 泄水建筑物　4. 输水建筑物

二、填空题

1. 水利工程是指对自然界的________和________进行控制和调配，以达到________的目的而修建的工程。

2. 水利工程按其规模、效益和在国民经济中的重要性分为________等，永久性水工建筑物和临时性水工建筑物，根据其所属工程等别及其在工程中的作用和重要性划分为________级和________级。

3. 若某水利枢纽水库库容为8.0亿 m^3，则该水利枢纽为________等；若水库库容为8.0亿 m^3，该灌溉面积为60万亩，则该水利枢纽为________等；若库容为0.969亿 m^3，该灌溉面积为46.9万亩，则该水利枢纽为________等。

三、简答题

1. 水工建筑物按用途和使用时间各分为几类？

2. 水工建筑物的特点是什么？

3. 简述分等、分级的意义、对象和依据。

【延展阅读】

请扫描以下二维码，了解世界著名的水利工程。

世界著名的水利工程

项目 2　水利枢纽工程

三峡大坝,位于中国湖北省宜昌市三斗坪镇境内,距下游葛洲坝水利枢纽工程 38 km,是当今世界最大的水利发电工程。枢纽主要建筑物由大坝、水电站、通航建筑物等三大部分组成。主要建筑物的形式及总体布置,经对各种可行性方案的多年比较和研究,并通过水力学、结构材料和泥沙等模型实验研究确定。选定的枢纽总体布置方案为:泄洪坝段位于河床中部,即原主河槽部位,长 483 m,在泄洪坝段底部,均匀分布有 22 孔导流底孔弧形门,底坎高度为 56 m(或 57 m),弧门宽 6 m、高 8.5 m,22 孔弧门分别由 22 台液压启闭机启闭,两侧为电站坝段和非溢流坝段。水电站厂房位于两侧电站坝段后,另在右岸留有后期扩机的地下厂房位置。永久通航建筑物均布置于左岸。

【知识目标】

1. 了解水利枢纽的设计阶段和布置要求。
2. 理解蓄水枢纽的布置规律。
3. 理解取水枢纽的布置规律。

【技能目标】

1. 能够说出水利枢纽布置的要求及原则。
2. 能根据取水枢纽的布置规律布置常规取水枢纽。
3. 能根据蓄水枢纽的布置规律布置常规蓄水枢纽。

任务 1　水利枢纽布置

【任务描述】

水利枢纽工程,介绍了水利枢纽设计阶段的划分、各阶段的任务,坝址及坝型的选择因素,蓄水枢纽、取水枢纽的布置内容和一般原则。

【任务分析】

水利枢纽工程涉及面较广,各工程布置的合理性是后续建设及使用的关键,不仅仅影响本身工程效益的发挥,多数将会影响整个项目的预期效益。所以,需要在掌握各工程布置的规律性及个性的基础上,合理、科学地选择枢纽布置方案。

【任务知识点】

1　基本概念

对于开发河川水资源来说,常须在河流适当地段集中修建几种不同类型与功能的水工建筑物,以控制水流并便于协调运行和管理,这一多种水工建筑物组成的综合体就称为水利枢纽。

水利枢纽有高、中、低水头之分,一般以水头 70 m 以上者为高水头枢纽,30 ~ 70 m 者为中水头枢纽,30 m 以下者为低水头枢纽。

水利枢纽功能可以是单一的,如防洪枢纽、水力发电枢纽、取水枢纽等。一般情况下,一个枢纽可能为实现多目标兼有几种功能,这种枢纽称为综合水利枢纽,多数是综合利用的水利枢纽。枢纽正常运行中各部门之间对水的要求有所不同,如防洪部门希望汛前降低水位加大防洪库容,而兴利部门则希望扩大兴利库容而不愿汛前过多降低水位;水力发电只是利用水的能量而不消耗水量,发电后的水仍可用于农业灌溉或工业供水,但发电、灌溉和供水的用水时间不一定一致。因此,在进行水利枢纽设计时,应使上述矛盾能得到合理解决,以做到降低工程造价,满足国民经济各部门的需要。

丹江口水利枢纽是南水北调中线渠首蓄水工程,具有防洪、灌溉、发电、航运、渔业等综合效益,总库容209 亿 m^3,枢纽布置图如图 2-1 所示。拦河坝段为宽缝重力坝,长 1 141 m、高 97 m,用以截断水流、挡水蓄水形成水库。溢流坝段位于河床中部,总长 264 m,设有 20 个宽 8.5 m 的开敞式溢流孔和 12 个宽 5 m、高 6 m 的深孔,用以宣泄洪水期入库洪量超过水库调蓄能力的多余洪水,以保证大坝及有关建筑物安全。水电站是用以将水能转变为电能的专门水工建筑物,坝后式厂房位于河床左部,装机容量 90 万 kW。升船机的作用是向上下游运送过坝船只。采用垂直升船机与斜面升船机相结合的形式,布置在右岸。

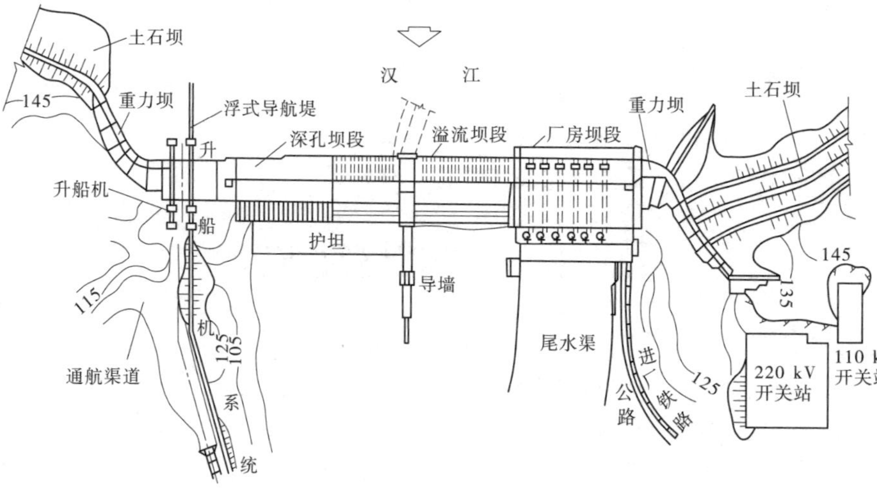

图 2-1 丹江口水利枢纽布置图

2 水利枢纽的设计任务、阶段划分及布置原则和要求

2.1 水利枢纽的设计任务

一般水利枢纽设计可分为初步设计和技术设计及施工图设计两个阶段。

2.1.1 初步设计阶段的主要任务

(1)选择合理的坝址、坝轴线和坝型。

(2)通过方案比较选出最优的枢纽布置方案。

(3)确定工程和建筑物的等级标准、主要建筑物的形式、主要尺寸和布置。

(4)选择水库的各种特征水位,选择电站装机容量、电气主接线方式及主要机电设备。

(5)提出水库移民安置规划。

(6)选择施工导流方案和进行施工组织设计。

(7)提出工程总概算,阐明工程效益。

2.1.2 技术设计及施工图设计阶段的主要任务

(1)根据批准的初步设计进行建筑物的结构设计和细部构造设计。

(2)进一步研究地基处理方案。

(3)制订详细的施工方案和施工技术措施,编制详细的施工组织设计、施工进度计划和施工预算等。

2.2 水利枢纽的阶段划分

2.2.1 预可行性研究阶段

在流域综合利用规划、河流(河段)水电规划和电网规划的基础上进行的设计阶段为预可行性研究阶段。其任务是论证拟建工程在国民经济发展中的必要性、技术可行性、经济合理性。其主要内容包括:河流概况及水文气象等基本资料的分析;工程地质与建筑材料的评价;工程规模、综合利用及环境影响的论证;初拟坝址、厂址及引水系统线路;初步选择坝型、电站、泄洪、通航等主要建筑物的基本形式与枢纽布置方案;初拟主体工程的施工方法、施工总体布置及工程总投资估算、工程效益的分析和经济评价等。

预可行性研究阶段的成果,将为国家和有关部门作出投资决策提供基本依据。

2.2.2 可行性研究阶段

可行性研究阶段的任务是进一步论证拟建工程的技术可行性和经济合理性,并解决工程建设中重要的技术经济问题。其主要内容包括:对水文、气象、工程地质及天然建筑材料等基本资料做进一步分析与评价; 论证本工程及主要建筑物的等级;进行水文水利计算,确定水库的各种特征水位及流量,选择电站的装机容量、机组机型和电气主接线以及主要机电设备;论证并选定坝址、坝轴线、坝型,确定枢纽总体布置和其他主要建筑物的形式和控制性尺寸;选择施工导流方案,进行施工方法、施工进度和总体布置的设计,提出主要建筑材料、施工机械设备、劳动力、供水、供电的数量和供应计划;提出水库移民安置规划;提出工程总概算,进行技术经济分析,阐明工程效益。最后提交可行性研究报告文件,包括文字说明和设计图纸及有关附件。

2.2.3 招标设计阶段

招标设计是在批准的可行性研究报告的基础上,详细定出总体布置和各建筑物的轮廓尺寸、材料类型、工艺要求和技术要求等。要求做到可以根据招标设计图较准确地计算出各种建筑材料的规格、品种和数量,混凝土浇筑、土石方填筑和各类开挖、回填的工程量,各类机械电气和永久设备的安装工程量等。

根据招标设计图所确定的各类工程量和技术要求及施工进度计划,进行施工规划,并编制出工程概算,作为编制标底的依据。编标单位可以据此编制招标文件,包括合同的一般条款、特殊条款、技术规程和各项工程的工程量表。施工投标单位也可据此进行投标报价和编制施工方案及技术保证措施。

2.2.4 施工详图设计阶段

施工详图设计是在招标设计的基础上,对各建筑物进行结构和细部构造设计,最后确定地基处理方案,确定施工总体布置及施工方法,编制施工进度计划和施工预算等,并提出整个工程分项分部的施工、制造、安装详图。

施工详图是工程施工的依据,也是工程承包或工程结算的依据。

2.3 水利枢纽的布置原则和要求

水利枢纽布置是从若干具有代表性的枢纽布置方案中选择一个最优方案,最终达到技术上先进且可能、经济上合理、施工期短、运用安全、管理维修方便等。这是一个复杂而繁重的工作,且十全十美的方案是很少的,必须对各个方案具体分析,全面论证,综合比较,慎重选定。

2.3.1 水利枢纽布置的一般原则

(1)水利枢纽布置应保证各建筑物在任何条件下都能正常工作。

(2)在满足建筑物的强度和稳定要求的条件下,使水利枢纽总造价和年运行费较低。

(3)水利枢纽布置应使施工方便、工期短、造价低。

(4)水利枢纽中各建筑物布置紧凑,充分发挥枢纽的综合效益。

(5)尽可能使水利枢纽中的部分建筑物早日投产,提前受益

(6)考虑水利枢纽的远景规划,应对远期扩大装机容量、大坝加高、扩建等留有余地。

(7)水利枢纽的外观与周围环境要协调,在可能的条件下尽量注意美观。

2.3.2 水利枢纽布置方案的选择

进行方案选择时,通常对以下项目进行比较:

(1)主要工程量,如钢筋混凝土和混凝土、土石方、金属结构、砌石等各项工程量。

(2)主要建筑材料,如钢筋、钢材、水泥、木材、砂石、沥青、炸药等材料的用量。

(3)施工条件,主要包括施工期、机械化程度、劳动力状况、料场位置、交通运输等条件。

(4)运用管理条件,发电、通航、泄洪、灌溉等是否相互干扰,建筑物和设备的检查、维修和操作运用、对外交通是否方便,人防条件是否具备等。

(5)建筑物位置与自然界的适应情况,地基是否可靠,河床抗冲能力与下游的消能方式是否适应等。

(6)经济指标,主要比较分析总投资、总造价、年运行费、淹没损失、电站单位千瓦投资、电能成本、灌溉单位面积投资及航运能力等综合利用效益。

上述比较的项目中,有些项目是可以定量计算的,但有不少项目是难以定量计算的,这样就增加了方案选择的复杂性。因此,应充分掌握资料, 实事求是,进行方案选择。

3 水利枢纽对环境的影响

3.1 物理影响

河流中筑坝建库后上下游水文状态将发生变化。如果水库不具有较大的径流调节性能,则变化只表现为上游有一壅水段,而一般具有季、年或多年调节性能的水库,上游水位将有很大的变化幅度,这就会造成一片淹没、浸没区,也就使原来的居民要迁移。与此同

时,下游河流水位及地下水位都可能下降,甚至干旱。

上游水库水深加大,流速降低,河流带入水库的泥沙会淤积下来,逐渐减少水库库容,这实际上最终决定水库的寿命。据美国、印度等30座水库的调查,每年淤积损失的库容为2%~14.33%。水库的“沉沙池”作用,使过坝调节下放的水流成为“清水”,冲刷能力加大,从而会使下游河床刷深,也可能影响到河势变化乃至河岸稳定。经水库再下泄的水,水质一般有改善;但随着库区不同的条件,也可能受某些盐分污染。深水库底孔下放的水,水温会较原天然状态有所变化。

大面积的水库还会引起小气候的变化,例如可能增加雾天的出现频率,大水库可能诱发地震也是国内外广泛注意的问题。据调查,在已建的坝高超过100 m和库容超过10亿m^3的水库中,发生水库地震的达17%,但烈度不高。

3.2 生态影响

高坝大库对生态影响问题涉及范围很广,包含许多人们认识不足的未知数。较天然河流大大增加了的水库面积与容积可以养鱼,对渔业有利,但坝对原河鱼的洄游成为障碍,任何过鱼设施也难以维持原状,某些鱼类品种因此消失了。水库调蓄的水量增加农作物灌溉的机会,但水温可能不如原来情况更适应作物生长。钉螺、疟蚊等传播疾病的媒介物可能得到新的有利的繁殖条件,从而增加了血吸虫病、疟疾等的传染危险性。此外,库水化学成分的改变,营养物质浓集导致水的异味或缺氧等,也会对生物带来影响。

任务2 蓄水枢纽布置

【任务描述】

介绍了不同建筑物各自的布置要求、选址时应考虑的因素。

【任务分析】

不同建筑物的布置要求各不相同,掌握常见建筑物的布置要求及选址时应考虑的因素。

【任务知识点】

1 蓄水枢纽布置的要求

1.1 挡水建筑物和泄水建筑物

一般情况下,挡水建筑物在平面上都布置成直线形(拱坝除外),以使坝轴线最短,坝身体积最小,简化建筑物的受力状态,有利于相邻建筑物的连接。但有时受地质和地形条件的限制,有的坝轴线也布置成折线或曲线形。

泄水建筑物包括溢流坝、河岸溢洪道、泄水孔及泄水隧洞等。溢流坝是挡水建筑物的一部分,溢流坝的进水方向应与上游来水主流方向一致,其下泄水流方向也要与河流轴线一致,以保持上下游河流的自然情况不受或少受破坏。由于溢流坝的下泄水流速度较高,往往在下游形成回流,引起冲刷和淤积,影响发电、通航、过木等建筑物的运行。为了减少溢流坝泄水对其他建筑物的运行干扰,常在溢流坝的端部设置导墙与其他建筑物隔开。当溢流坝与土石坝连接时,还应设法避免坝前水流对端部的冲刷及下游回流对坝脚的冲刷。

岸边式溢洪道应尽量布置在高程较低的垭口处。要求进口水流平顺,溢流堰及泄槽的布置要结合地形、地质及水流条件综合考虑,出口除应采用适当的消能外,还应防止对水电尾水及航道出口的干扰。

泄洪隧洞的布置,主要取决于地形、地质、施工及枢纽布置等条件。进口应力求使水流平顺,出口布置应注意消能及防止对其他建筑物的影响。

1.2 水电站建筑物

水电站建筑物对枢纽布置的要求,主要是保证足够的引水量,水头损失应尽量小。为此,水电站通向上下游的水道应尽量短;进出口水流应尽量平顺,同时避免溢流坝下泄水流对水电站尾水产生壅水。水电站厂房应布置在基础好、可以最先施工的位置上,以便早日投入运转。水电站最好靠近有交通线的一岸,以便于施工与管理。

1.3 取水建筑物

取水建筑物在枢纽中的位置视灌区或用水部门位置而定,尽量避免使用跨河建筑物。如两岸都有灌区,则取水口应分别布置在两岸。取水口的高程应保证取得所需的水量和适应灌区高程的要求,避免泥沙进入渠道。

1.4 通航建筑物

船闸的布置应能使船只顺利通航,有足够的过船能力。引航道应有足够的宽度和水深,并与原河道平顺连接。通常,船闸与溢流坝、水电站并列布置,为了避免相互干扰,船闸宜与水电站厂房分别布置于两岸,并应便于安排交通线路和布置停船码头。

筏道的布置要求基本上与船闸相似。筏道也应布置在水电站的对岸以免漂浮木材对水电站进水口和尾水带来危害。在筏道的上游应布置绑扎木材的停泊场所。当枢纽中有船闸时,也可以不设筏道,而由船闸过筏。

过鱼建筑物应根据鱼类的习性进行布置,要求能诱导鱼类顺利到达过鱼建筑物的入口并安全游到上游。

2 坝址和坝型选择

坝址和坝型选择与枢纽布置关系密切,不同的坝轴线可选用不同的坝型和枢纽布置,对同一条坝轴线,也可采用几种坝型和枢纽布置方案。在优选坝址、坝型时,一般应考虑以下几个因素。

2.1 地质条件

地质条件是建库、建坝的基础,是衡量坝址优劣的重要条件之一,在某种程度上决定着枢纽工程的结构和投资。对重大地质问题要有正确的定性判断,以便决定坝址的取舍或定出防护处理的措施,或在坝型选择和枢纽布置上设法适应坝址的地质条件。一般情况下,拱坝对两岸坝基地质条件要求较高,重力坝或支墩坝次之,土石坝要求最低;高坝要求较严格,低坝要求较低。坝址选择还必须对区域地质稳定性及库区的渗漏、库岸塌滑、岸坡及山体稳定等地质条件做出评价。

2.2 地形条件

坝址地形条件必须满足开发任务对水利枢纽布置的要求。一般来说,坝址河谷狭窄,坝轴线短,坝体工程量较小,但河谷太窄则不利于泄水建筑物、发电建筑物、施工导流及施工场地的布置,是否经济应根据枢纽总造价来衡量。通常,河谷两岸有适宜的高度和必需的挡水前缘宽度时,则对水利枢纽布置有利。对于多泥沙河流及有漂木要求的河道,应注意坝址位置对取水、防沙及漂木是否有利。对于通航河道,还应考虑通航建筑的布置。对坝址上游,希望河谷开阔,争取在淹没损失较小的情况下获得较大库容。

坝址地形条件还应与坝型相互适应,拱坝要求河谷狭窄;土石坝要求河谷宽阔、岸坡平缓、坝址附近或库区内有高程合适的天然山垭口,可供布置河岸式溢洪道,以及坝址附近有开阔的地形,便于布置施工场地。

2.3 建筑材料

坝址附近应有数量足够、质量符合要求的建筑材料,应便于开采、运输,且施工期间料场不会被淹没。

2.4 施工条件

坝址和坝型选择要考虑易于施工导流、施工交通运输、能源供应及便于布置施工场地。

2.5 综合效益及环境影响

对不同坝址要综合考虑防洪、灌溉、发电、通航、过木、城市和工业用水、渔业及旅游等各部门的经济效益,并考虑兴建水库后,原来的陆相地表和河流型水域变为湖泊型水域,改变了地区自然景观,对自然生态和社会经济产生多方面的环境影响。其有利的是发展了水电、灌溉、供水、养殖、旅游等水利事业和消除了洪水灾害、改善气候条件等。但是,也会带来淹没损失、浸没损失、土壤沼泽化、水库淤积、诱发地震、生态平衡受到破坏及造成下游冲刷、河床演变等不利影响。虽然水库对环境的不利影响与其社会效益、经济效益相比是次要的,但处理不当也能造成严重的后果,故在进行水利规划和坝址选择时,必须进行认真研究。

3 蓄水枢纽布置举例

修建在河流中下游的丘陵或平原地区的水利枢纽一般是位于河床坡度平缓、河谷宽阔的河段上,其主要建筑物是拦河闸(坝),由于其上下游水头差不大,称作中低水头水利枢纽。此时,挡水建筑物可建在岩基或软基上,由于地形开阔,通常是将挡水建筑物、过坝建筑物、泄水建筑物和电站厂房一字摆开。枢纽布置的关键问题是妥善处理好泄洪消能及防淤排沙问题。

三峡大坝为混凝土重力坝,大坝长 2 335 m,底部宽 115 m,顶部宽 40 m,高程 185 m,正常蓄水位 175 m。大坝坝体可抵御万年一遇的特大洪水,最大下泄流量可达 10 万 m^3/s。整个工程的土石方挖填量约 1.34 亿 m^3,混凝土浇筑量约 2 800 万 m^3,耗用钢材 59.3万 t。水库全长 600 km 有余,水面平均宽度 1.1 km,总面积 1 084 km^2,总库容 393 亿 m^3,其中防洪库容 221.5 亿 m^3,调节能力为季调节型,枢纽主要组成如图 2-2 所示。

三峡水电站的机组布置在大坝的后侧,共安装 32 台 70 万 kW 水轮发电机组,其中左岸 14 台,右岸 12 台,地下 6 台,另外还有 2 台 5 万 kW 的电源机组,总装机容量 2 250 万 kW,远远超过位居世界第二的巴西伊泰普水电站。

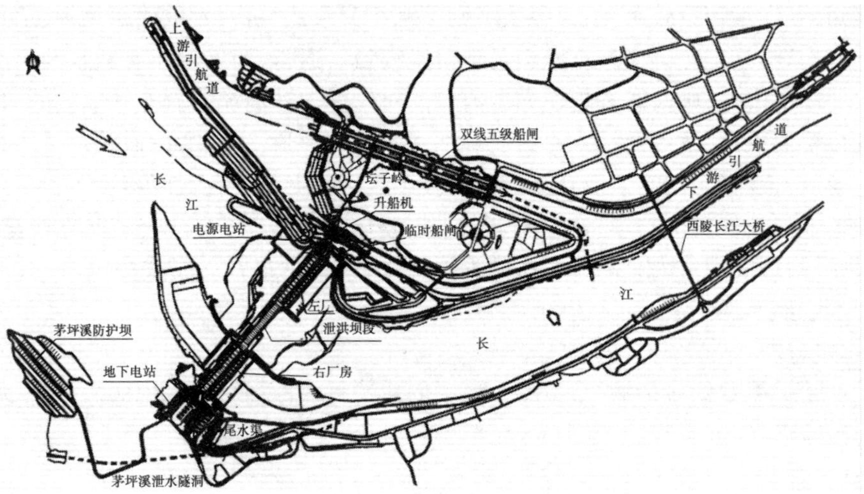

图 2-2　三峡水利枢纽工程布置图

三峡水电站初期的规划是26台70万kW的机组,也就是装机容量为1 820万kW,年发电量847亿kW·h。后又在右岸大坝“白石尖”山体内建设地下电站,建6台70万kW的水轮发电机。再加上三峡水电站自身的2台5万kW的电源电站,总装机容量达到了2 250万kW。

中国长江三峡集团公司宣布,截至2014年12月31日24时,三峡水电站全年发电量达988亿kW·h,创单座水电站年发电量新的世界最高纪录,并首度成为世界上年度发电量最高的水电站。

三峡水电站全年累计发电988亿kW·h,相当于减少4 900多万t原煤消耗,减少近1亿t二氧化碳排放。如果每千瓦时电能对GDP的贡献按10元计算,三峡水电站全年发出的清洁电能,相当于为国家带动创造了近1万亿元财富。这也为国家“稳增长、调结构、惠民生”注入了强大动力。

任务3　取水枢纽布置

取水枢纽的作用是把河流中的水引入渠道,以满足灌溉、发电、工业及生活用水等需要。由于取水枢纽一般位于引水渠道首部,故又称渠首工程。取水枢纽布置的基本要求是满足引水流量、控制水位并防止或减少有害泥沙进入渠道。

【任务描述】

介绍了取水枢纽的种类、取水枢纽布置中的泥沙问题、取水枢纽布置的要求、有(无)坝取水枢纽布置及多首制取水枢纽布置。

【任务分析】

取水枢纽的合理布置决定了功能是否能够有效发挥,通过学习应掌握不同取水枢纽的布置要求与有关注意事项。

【任务知识点】

1　取水枢纽的种类

取水枢纽分为无坝取水枢纽和有坝取水枢纽两种类型。

无坝取水枢纽是一种最简单的引水方式，在河道上选择适宜地点开渠并修建必要的建筑物引水，称为无坝取水枢纽。其优点是工程简单、投资少、施工容易、工期短及收效快，而且不影响航运、发电及渔业，对河床演变影响小。通常由进水闸、冲沙闸、沉沙池、河道整治建筑物及泄水排沙渠等组成。无坝取水枢纽在大江大河的下游或山区河流上采用较多。

当河道水量比较丰富，但水位较低，不能自流灌溉，或引水量较大，无坝取水不能满足要求时，则应修建拦河坝（闸），以抬高水位，保证引取灌溉所需的流量。通常由溢流坝（亦称壅水坝）或拦河闸、进水闸、防沙冲沙措施、船闸、阀道、鱼道、电站等组成。其优点是引水保证率高，而且不受引水率限制，在我国被广泛采用。

2　取水枢纽布置中的泥沙问题

取水枢纽必须避免渠道淤积、建筑物及设备磨损等危害。在多泥沙河流上引水，对泥沙处理的好坏，可能成为工程成败的关键。

泥沙的分布规律是水流的表层泥沙少而颗粒细，底层泥沙多而颗粒粗。水流具有挟带泥沙的能力，流速越大，挟带泥沙的能力越大。当水中含沙量小于挟带泥沙能力时产生冲刷，当水流中含沙量大于其挟沙能力时就产生淤积。

天然河道都是弯曲的，对于土质河床，由于流量的随机性、地形及地质的千差万别，只有 10% ~20% 的直线段河道能保证其在不冲不淤的稳定状态，而弯道均处于冲淤演变、摆动状态。其弯曲演变如图 2-3 所示。

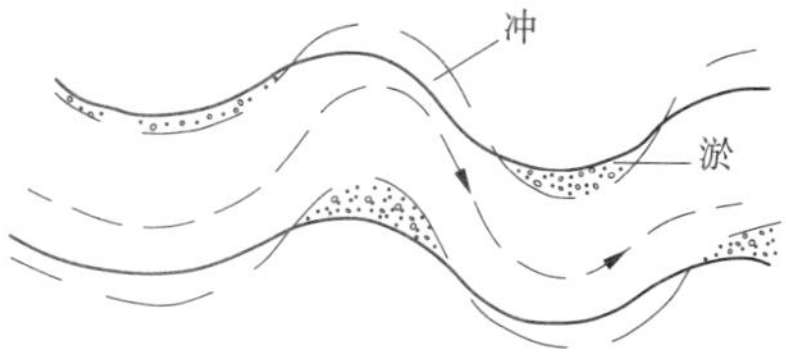

图 2-3　泥沙与弯道的关系

河流在直线段上的水深、流速及含沙量的分布是比较均匀的。弯道则不然，在弯道受离心力的作用，使表层的水流向凹岸水面壅高，凸岸水面降低，形成横向比降，如图 2-4（b）所示，因水流所受离心力的大小是和水流流速的二次方成正比，而河道水流流速的分布是表层大、底层小，故表层水流所受离心力较大，并沿水深逐渐减小。因离心力的方向与横向水位差所引起的水压力的方向相反，这两种作用力的合力方向如图 2-4（c）所示。在其合力作用下，表层的水流向凹岸，底层的水流向凸岸，从而形成横向环流，横向环流与纵向流合成为螺旋状前进水流，如图 2-4（a）所示。

当横向环流由上向下流动时，流速增大、含沙量较小，当流速大于凹岸的抗冲流速时，凹岸就产生冲刷。当底流流向凸岸时，含沙量大增，在岸坡处，底流转而向上流动，因重力作用，流速减小而使泥沙淤积。当水流到达表层后，改变方向再流向凹岸，周而复始。这样发展的结果，凹岸便成为水深流急的主流深槽，而凸岸则成为水浅流缓的浅滩。如凹岸不够坚固，则会使弯道逐渐向下游移动，如图 2-4 所示。

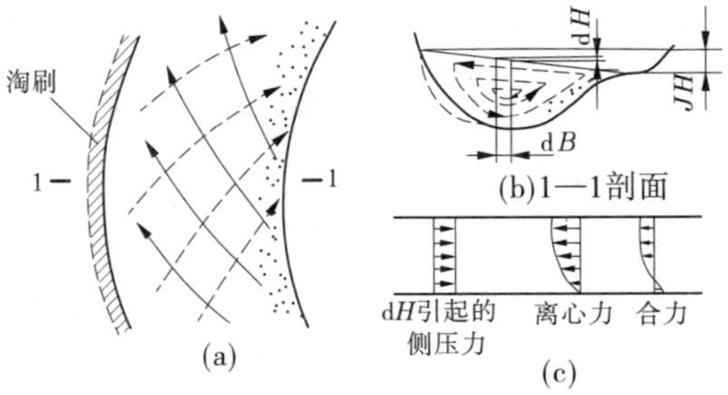

图 2-4 横向环流

根据弯道环流的特性,引水枢纽应布置在凹岸,引取表层较清水流,可有效防止泥沙入渠,并可防止引水口被淤积,保证引水量要求。如果没有天然弯道可以利用,则可以采取工程措施,创造凹岸引水条件,使横向环流有利于引水防沙,或控制不利环流的影响范围,以减轻泥沙危害的程度。

3 取水枢纽布置的要求

(1)取水口处河床及河岸稳定性要好。河床河岸坚固稳定,可以减少护岸工程量,降低工程造价;可以防止河道主流偏离取水口,使引水通畅,从而保证引水数量和质量。

(2)适应河水涨落变化。枯水期应能保证取水设计流量,洪水期应保证引水质量及工程安全。洪水期水流含沙量大、水位高,必须采取防洪防沙措施。

(3)保证正常引水。在多泥沙河流上的取水枢纽,有时要在运用期进行冲洗泥沙,但是要做到不间断供水,并保证推移质不进入渠道。寒冷地区的取水枢纽,在冬季取水时,一是要保证冰盖下能引水;二是要防止冰冻或浮冰对建筑物的危害。

4 无坝取水枢纽布置

4.1 弯道凹岸取水枢纽

在河床稳定、河岸土质坚固的凹岸,当引水量小于河道流量的 25% ~35% 时,可以采用这种布置形式。一般由进水闸、拦沙坎、引水渠及沉沙设施等建筑物组成,如图 2-5 所示。

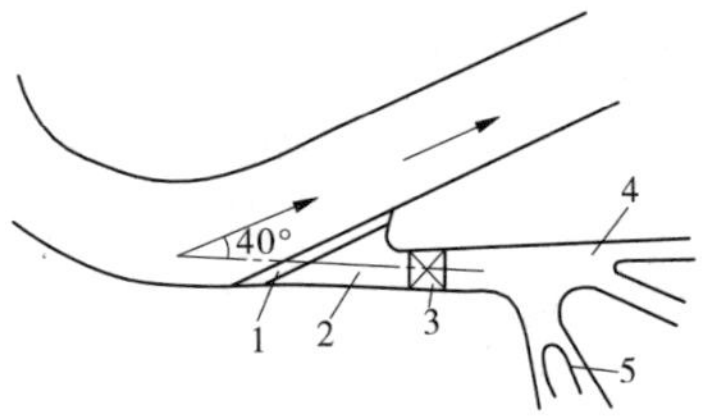

1—拦沙坎;2—引水渠;3—进水闸;
4—东沉沙条渠;5—西沉沙条渠

图 2-5 某取水枢纽示意图

(1)进水闸。其作用是控制入渠水流,一般布置在引水口处,应尽量减少引水渠的长度,以减小水头损失和减轻清淤工程量。引水口两侧的土堤应为喇叭口的形状,以使入渠水流平顺,避免出现漩涡,减少水头损失。进水闸的中心线与河道水流所成的夹角,叫引水角,一般应为锐角,通常为了使水流平顺,增大引水量,常采用 30° ~45°。进水闸堰顶高程应高于河床 1.0 ~1.5 m,与干渠渠底齐平或略高。

(2)拦沙坎。其作用是用来加强天然河道环流,使底沙顺利排走,一般布置在引水口的岸边。坎的形状通常采用 Γ 形。坎顶高出渠底的高度为 0.5 ~1.0 m。

(3)沉沙设施。一般布置在进水闸后面适当的地方。通常将总干渠加宽加深而成沉沙池,也可建成厢形的,或利用天然洼地布置成条渠沉沙。

4.2 导流堤式取水枢纽

在不稳定的河流上及山区河流坡降较陡、引水量较大的情况下,采用导流堤式渠首来控制河道流量,保证引水。导流堤式渠首由导流堤、进水闸及泄水冲沙闸等建筑物组成。

导流堤的作用是束窄水流,抬高水位,保证进水闸能引取所需要的水量。导流堤轴线与主流方向夹角成10°~20°,向上游延长,接近主流。

进水闸与泄水冲沙闸的位置一般按正面引水排沙的形式布置,如图2-6(a)所示,进水闸轴线与河流主流方向一致,冲沙闸轴线多与水流方向成接近90°的夹角,以加强环流,有利排沙。当河流来水量较大、含沙量较小时,也可按侧面引水、正面排沙的形式布置,如图2-6(b)所示,泄水冲沙闸方向与水流方向一致,进水闸的中心线与主流方向以30°~40°为宜。

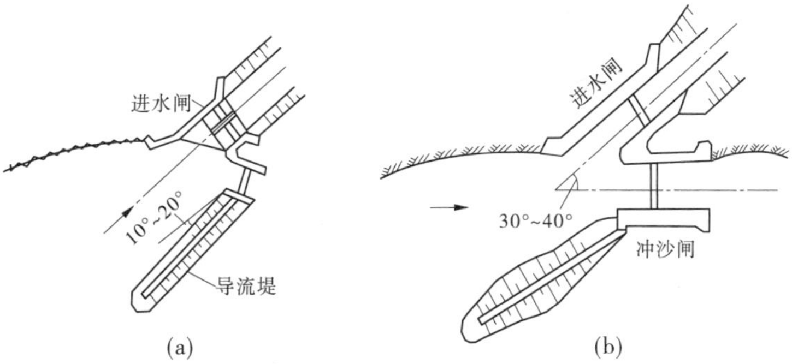

图 2-6 导流堤式取水枢纽示意图

4.3 引水渠式取水枢纽

为了便于冲沙闸的水流归入原河道,可将进水闸布置在离河岸较远的地方,这种布置形式为引水渠式取水枢纽,如图2-7所示。这种布置形式还可防止河岸冲刷变形,保证取水枢纽建筑物的安全。

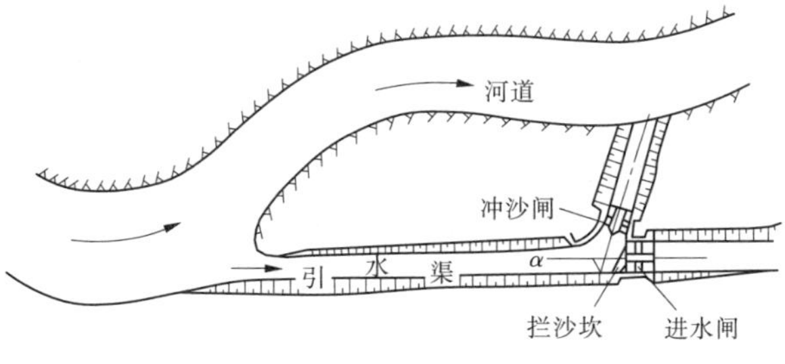

图 2-7 引水渠式取水枢纽示意图

引水渠可适当加宽加深兼作沉沙池之用,但引水渠在冲沙时应有足够的冲洗水头,以达到水力冲洗泥沙的目的。

进水闸前设有拦沙坎及冲沙闸。冲沙闸的底板高程低于进水闸底板高程0.5~1.0

m。冲沙闸的中线与引水渠水流方向成30°～60°夹角，以便利用侧面排沙产生的横向环流减少泥沙进入干渠。

5 有坝取水枢纽布置

有坝取水枢纽的中心问题仍然是泥沙问题。枢纽一般由壅水坝(或拦河闸)、进水闸及防沙设施等建筑物组成。通常采用的防沙设施有沉沙槽、冲沙闸、冲沙廊道、冲沙底孔及沉沙池等。

5.1 沉沙槽式取水枢纽

这种取水枢纽一般由溢流坝、进水闸、冲沙闸、导水墙与沉沙槽等建筑物组成，如图2-8所示。

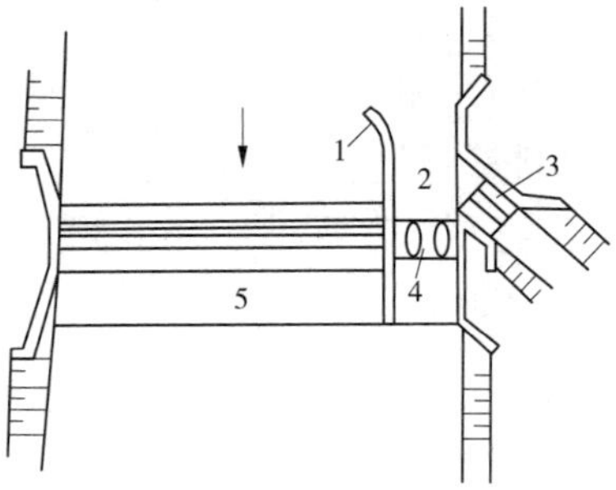

1—导水墙;2—沉沙槽;3—进水闸;
4—冲沙闸;5—溢流坝

图2-8 有坝取水枢纽布置示意图

(1)溢流坝，抬高水位，以便引水灌溉；宣泄河道多余的洪水。根据河宽及上游允许壅高可建成带闸门的溢流坝或拦河闸。

(2)进水闸，控制入渠流量，位于坝端河岸上。多泥沙河道上，进水闸的引水角多为70°～75°的锐角，以减少水头损失和减弱横向环流，使入渠泥沙减少。

(3)冲沙闸，既可以定期冲洗水闸前的泥沙，又可以宣泄河道部分洪水，使河道主流趋向进水闸，保证进水闸能引取所需的水量。

(4)导水墙与沉沙槽，导水墙位于冲沙闸与溢流坝连接处，并与进水闸的上游翼墙共同组成沉沙槽。当冲沙闸冲沙时，槽内水流应有较高流速，以便冲走沉沙槽内的泥沙。此外，导水墙还可拦阻坝前的泥沙，以免经沉沙槽进入渠道。

5.2 冲沙廊道式取水枢纽

这种取水枢纽主要由拦河闸(坝)、冲沙闸、进水闸及冲沙廊道组成。根据水流泥沙分层原理，进水闸引取表层较清的水流，底层含沙量较多的水流经底部冲沙廊道排到下游，其布置如图2-9所示。它适用于缺少冲沙流量、坝前水位有一定壅高的河流。其缺点是结构复杂，廊道易被淤塞，检修困难。平面布置有侧面引水式和正面引水式两种形式。

5.2.1 侧面引水式渠首

侧面进水闸的引水角采用锐角，如图2-9(a)所示。由于引水口引水时水流的弯曲，产生横向环流，使泥沙淤积在引水口上唇附近，为更有效排沙，在靠近引水口上唇部分，廊道应布置较密，而靠近坝端部分则较稀。

5.2.2 正面引水、正面排沙式渠首

渠首进水闸与壅水坝位于同一轴线上，如图2-9(b)所示，闸底板下设尺寸较大的冲沙廊道。进水闸引水时，进口水流无弯曲现象，可以减少泥沙入渠。同时，廊道尺寸较大，亦可用来宣泄部分洪水，即便在上下游水位差较小时，也能保证通过冲沙流量。

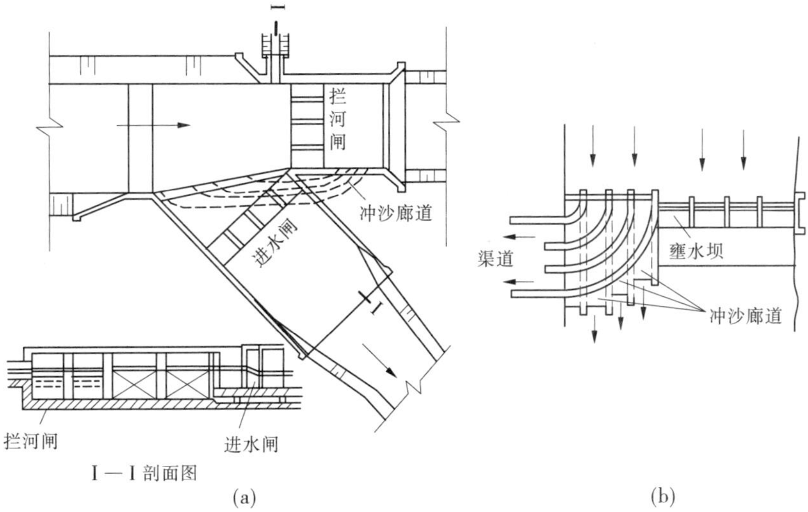

图2-9　冲沙廊道式取水枢纽示意图

6　多首制取水枢纽

在不稳定的多泥沙河流上，采用一个引水口时，常常由于泥沙的淤塞而不能引足所需的水量，严重时甚至使渠首废弃，这时应采用多首制渠首。

多首制渠首一般设有2～3条引水渠，各渠相距1～2 km，甚至更远些。洪水期仅从一引水口引水，其余引水口关闭。枯水期，水位较低，则由几个引水口同时引水，以保证引取所需水量。在图2-10所示的布置中有三条引水渠与进水闸相连。其优点是：某一个引水口淤塞后可由其他引水口进水，不致停止供水；引水渠淤积后，可以轮流清淤、引水。其主要缺点是：清淤工作量大，维修费用大。

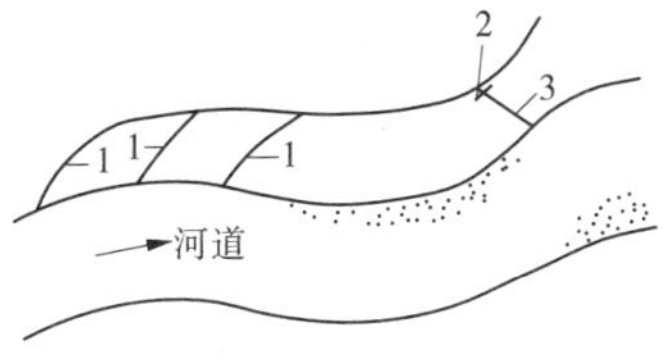

1—引水渠；2—进水闸；3—泄水渠

图2-10　多首制取水枢纽示意图

7　综合利用的取水枢纽

综合利用的取水枢纽，除进水闸和溢流坝外，根据用途不同还要修建一种或几种专门的水工建筑物，这种取水枢纽的布置基本上与蓄水枢纽相同，这里不再赘述。

任务4　水利枢纽布置实例

【任务描述】

以长江葛洲坝水利枢纽、丹江口水利枢纽、李家峡水电站、小浪底水利枢纽、韶山灌区洋潭引水枢纽等平面布置为例简述了水利枢纽工程布置的特点及实际应用。

【任务分析】

总结掌握水利枢纽工程布置规律及注意事项。

【任务知识点】

1 重力坝枢纽布置

长江葛洲坝水利枢纽是我国在长江干流上修建的第一座大坝,位于三峡出口南津关下游2.3 km处,下距宜昌市约6 km。枢纽主要任务是对三峡水电站进行反调节,解决未来三峡水电站日调节不稳定流对下游航道及宜昌港的不利影响及发电。主体建筑物有泄水闸、船闸、电站厂房、冲沙闸及挡水坝段等,如图2-11所示。枢纽总库容15.8亿 m^3,最大闸坝高47 m,大坝全长2 595 m,电站总装机容量271.5万kW,1、2号大型船闸可通过万吨级货驳船及客轮。葛洲坝工程坝址处河宽2 200 m,江中有葛洲坝和西坝两座小岛自右向左将长江分为大江、二江和三江。

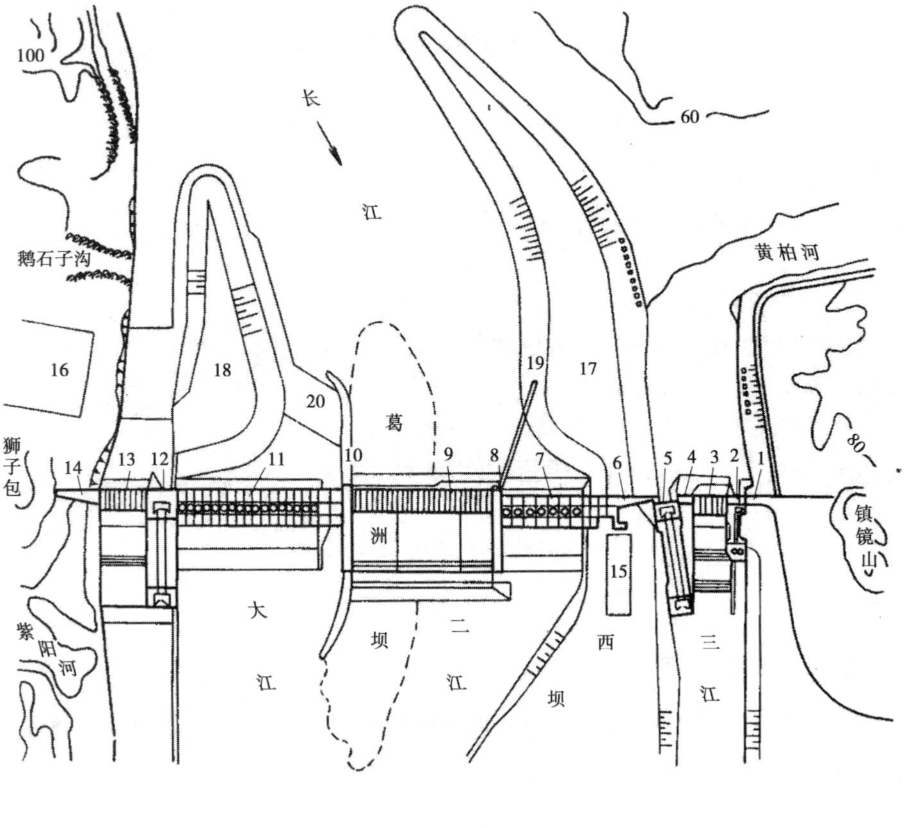

1—土石坝;2—3号船闸;3—三江冲沙闸;4—三江混凝土坝;5—2号船闸;6—混凝土坝;7—二江水电站;8—左导墙;9—泄水闸;10—右导墙(纵堰);11—大江水电站;12—1号船闸;13—大江冲沙闸;14—右岸土石坝;15、16—开关站;17、18—防淤堤;19、20—导沙坎

图2-11 长江葛洲坝水利枢纽布置图

大江是主河槽，二江、三江枯水期断流。其坝址地形和水文条件的主要问题是长江出南津关后自东转向南流，南津关以上峡谷河宽约 300 m 到坝址处急剧扩展至 2 200 m，水流流速减缓，向下至宜昌市江面又缩至 800 m。坝址又位于河流弯道，泥沙较多，如枢纽布置不当，将淤塞航道和影响发电。因而在枢纽布置时，首先应适应长江河势，妥善安排好主流位置，以利于通航、发电、排沙和泄洪。经过多种方案比较和水工、泥沙模型试验，最后确定枢纽布置如下：将枢纽中的关键建筑物即 27 孔泄水闸居中布置在正对主流的深槽位置，以利于泄洪、排沙和满足河势要求。在上游，左右各设置一道防淤堤，既可束窄主流河道，有利于拉沙、稳定主槽和消除回流淤积，又能在两侧形成与主流分开的三江和大江两条独立的人工航道（大江下游并设导航墙）。在大江航道中设有 1 号大型船闸，三江航道中设有 2 号和 3 号大中型船闸各一座。为防止上游航道淤积，在大江航道 1 号船闸右侧布置 9 孔泄洪冲沙闸；在三江航道 2、3 号船闸之间布置 6 孔泄洪冲沙闸一座，在需要时可开闸拉沙、冲沙。为提前发挥发电效益，将枢纽水电站分设在大江、二江两处，二江电站装机容量 2×17 万 kW +5×12.5 万 kW，大江水电站装机容量为 14×12.5 万 kW。第一期工程建二江水电站，使其提前投产发电。为防止厂前泥沙淤积和减少粗沙通过水轮机，在两座厂房进水口上游均布置了导沙坎，进水口下部设置排沙底孔。在西坝和大江右岸，分别布置 220 kV 和 500 kV 开关站。

2　拱坝枢纽布置

李家峡水电站枢纽建筑物由三心圆双曲拱坝、泄水建筑物、坝后厂房和左右岸灌溉渠首组成，见图 2-12。

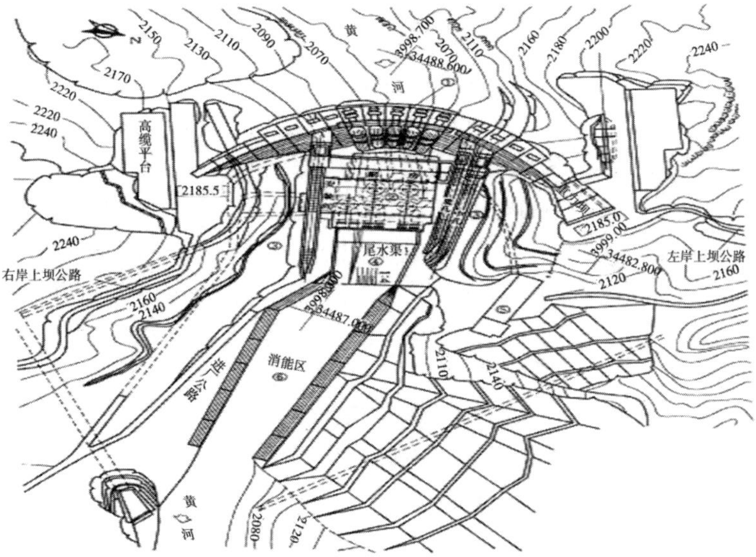

1—双曲拱坝；2—双排机厂房；3—泄水道；4—尾水渠；5—出线站；6—消力池

图 2-12　李家峡水电站平面总布置图

三心圆双曲薄拱坝坝顶高程 2 185 m，最大坝高 155 m，坝顶宽 8 m，坝底宽 45 m，厚高比 0.29，坝顶弧长 438.4 m。左岸重力墩长 56.98 m，高约 28.5 m。

泄水建筑物由傍山布置的左右中孔和左底孔泄水道组成。左底孔进口高程2 100 m，工作弧门为5 m×7 m。泄槽全长200.5 m，采用“燕尾式导扩坎”挑流消能。左中孔和右中孔进口高程为2 120 m，工作弧门为8 m×10 m。泄槽全长分别为215.7 m和230.7 m，均采用窄缝式挑流鼻坎消能。在设计洪水和校核洪水时，泄水建筑物可安全宣泄4 100 m^3/s 和6 103 m^3/s 流量。

坝后厂房采用新型的坝后背管、双排机组布置形式，厂房尺寸为160.9 m×48.5 m×67.7 m[长×宽(双排机)×高]，进水口高程2 130 m，进水口事故快速闸门尺寸为8 m×9 m，采用一机一管布置，引水钢管直径8 m，330 kV 开关站和5台SSP7－45000/330的主变压器布置在厂、坝之间的平台上。开关站采用六氟化硫封闭组合电器，330 kV 的出线站布置在坝下游左坝沟口。

灌溉渠首由布置在左、右两岸直径为1.4 m和1.6 m的灌溉管组成。

李家峡水电站是中国第一座双排机组布置单机400 MW的大型水电站。水电站总装机容量2 000 MW的双排机组厂房在20世纪末居世界首位。对双曲拱坝坝肩岩体深层抗滑稳定采用抗剪传力洞混凝土网格置换及大吨位预应力锚索加固；对近坝大型库岸滑坡采用“削头”减载和“压脚”措施；对下游消能区滑坡则采用大型模袋混凝土护坡，辅以锚索加固及加强排水等处理措施，为中国拱坝坝肩深层处理和大型滑坡综合治理，积累了试验研究、施工和安全监测的经验。

3　土石坝枢纽布置

小浪底工程拦河大坝(见图2-13)采用斜心墙堆石坝，设计最大坝高154 m，坝顶长度为1 667 m，坝顶宽度15 m，坝底最大宽度864 m。坝体填筑量51.85万 m^3，基础混凝土防渗墙厚1.2 m、深80 m，其填筑量和混凝土防渗墙均为国内之最。坝顶高程281 m，水库正常蓄水位275 m，库水面积272 km^2，总库容126.5亿 m^3。水库呈东西带状，长约130 km，上段较窄，下段较宽，平均宽度2 km，属峡谷河道型水库。坝址处多年平均流量1 327 m^3/s，输沙量16亿t，该坝建成后可控制全河流域面积的92.3%。

由于地形地质条件的限制和进水口防淤堵等运用要求，泄洪、排沙、引水发电建筑物均布置在左岸，形成进水口、洞室群、出水口消力塘集中布置的特点。在面积约1 km^2 的单薄山体中集中布置了各类洞室100多条。9条泄洪排水洞、6条引水发电洞和1条灌溉洞的进水口组合成“一”字形排列的10座进水塔，其上游面在同一竖直面内，前缘总宽276.4 m，最大高度113 m。各洞进口错开布置，形成高水泄洪排污、低水泄洪排沙、中间引水发电的总体布局，可防止进水口淤堵、降低洞内流速、减轻流道磨蚀、提高闸门运用的可靠性。其中，6条引水发电洞和3条排沙洞进口共组成3座发电进水塔，每座塔布置2条发电洞进口，其下部中间为1条排水洞进口，高差15～20 m，可使粗沙经排沙洞下泄，减少对水轮机的磨蚀。9条泄洪排沙洞由3条导流隧洞改建的3条孔板洞、3条明流洞、3条排沙洞组成，与1条溢洪道在平面上平行布置，其出口处设总宽356 m、总长210 m、最大深度28 m的2级消力塘，对以上10股水流集中消能，经泄水渠与下游黄河连接。进水塔和消力塘开挖形成的进出口高边坡最高达120 m。为保证高边坡稳定，采用了减载、排水及1 100多根预应力锚索支护、竖直抗滑桩加固的综合治理措施，取得了良好的效果。

图 2-13 小浪底水利枢纽总布置图

引水发电系统也布置在枢纽左岸,包括 6 条发电引水洞、地下厂房、主变室、闸门室和 3 条尾水隧洞。厂房内安装 6 台 30 万 kW 混流式水轮发电机组,总装机容量 180 万 kW,多年平均年发电量 45.99 亿 kW · h/58.51 亿 kW · h(前 10 年/后 10 年)。

小浪底水利枢纽主体工程建设采用国际招标,以意大利英波吉罗公司为责任方的黄河承包商中大坝标,以德国旭普林公司为责任方的中德意联营体中进水口泄洪洞和溢洪道群标,以法国杜美兹公司为责任方的小浪底联营体中发电系统标。1994 年 7 月 16 日合同签字仪式在北京举行。

开发目标以防洪(防凌)、减淤为主,兼顾供水、灌溉和发电,蓄清排浑,除害兴利,综合利用。小浪底水利枢纽战略地位重要,工程规模宏大,地质条件复杂,水沙条件特殊,运用要求严格,被中外水利专家称为世界上最复杂的水利工程之一。

4 取水枢纽布置

韶山灌区是湖南省的最大引水灌溉区,见图 2-14。位于湘中的双峰、湘乡、湘潭、宁乡、望城等县、市境内,通过湘江左岸支流涟水中游修建的蓄水引水枢纽,引涟水灌溉涟水、涓水、靳水、紫云河 4 流域 2 500 km^2 范围内的近 7 万 hm^2 农田。灌区属湘中红色丘陵盆地一部分。由板岩、页岩、砂岩、石灰岩组成的丘陵,除少数峰顶海拔达 500 m 左右外,一般为 100 ~ 400 m;红色岩系与第四纪红土组成的岗地,海拔 50 ~ 100 m。丘岗波状起伏,其间又分割成许多小型盆地,呈阶梯状串珠相联,地势朝涟水和湘江谷地倾斜,沿河有较宽阔的带状冲积平原。境内年均气温 16 ~ 17 ℃,无霜期 278 d。年降水量 1 300 ~ 1

500 mm,45%集中于4~6月,19%降在7~9月,此时受副热带高压控制,加上干热风与红层效应的影响,蒸发量比降水量约高一倍,过去常遭干旱危害。涟水是灌区内属于湘江一级支流中最大的一条,河长232 km,流域面积7 150 km^2,支流流域面积在100 km^2以上的有7条,中游溪口年均径流模数22.45 L/(s·km^2),年均流量70.9 m^3/s,年径流总量22.35亿m^3。但年内分配不均,旱季径流剧减。20世纪50年代后期在双峰县溪口镇以下兴建水府庙水库,60年代中期续建洋潭引水枢纽和灌区工程,韶山灌区的总体由这三大部分组成。

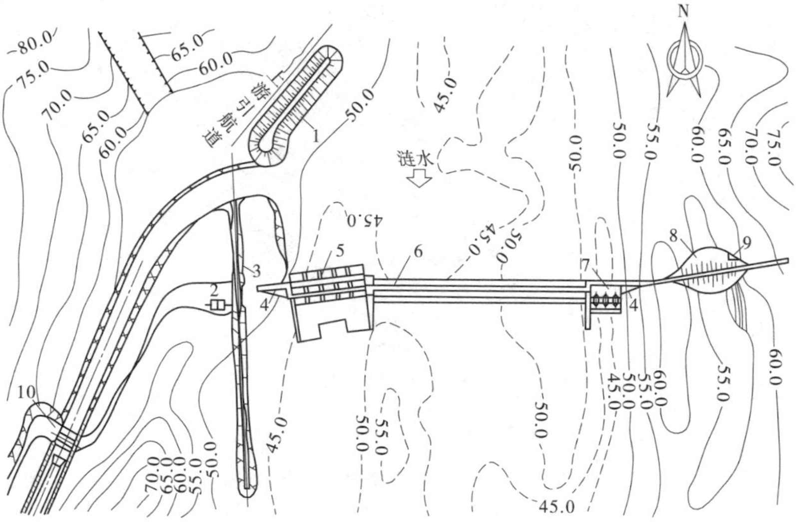

1—导航堤;2—机房;3—斜面升船机;4—重力坝;5—泄洪闸;
6—溢流坝;7—水电站;8—土坝;9—洋潭支渠进水口;10—进水闸

图2-14 韶山灌区洋潭引水枢纽平面布置图

水府庙水库控制流域面积3 160 km^2,占涟水流域总面积44%,在正常蓄水位94 m时,总库容3.7亿m^3。枢纽由大坝、水电站、船闸组成,为韶山灌区之源,有发电装机容量3万kW,可改善航道157 km,并兼有养殖、防洪等综合效益。引水枢纽位于水库下游18 km的湘乡洋潭,枢纽总长387 m,包括滚水坝、泄洪闸、重力坝、土坝、水电站、斜面升船机及进水闸等主要建筑。坝址以上控制流域面积5 050 km^2,在正常引水位66.5 m时,库容2 100万m^3,渠道流量45 m^3/s。灌区属跨流域工程,以自流渠道为主体,由干、支、斗、农、毛等大小渠道组成完整的灌溉网。总干渠自洋潭引水坝至湘乡蒿子坪长20 km,引入流量44.5 m^3/s,于此又做“南北分流”:南干渠由蒿子坪到湘潭梅林桥,长66 km,通过流量9.5 m^3/s,灌溉湘乡、湘潭1.7万hm^2农田;北干渠全长155.5 km,其中自蒿子坪经朱津渡跨越涟水至湘乡顺塘桥长21 km,输入流量约32 m^3/s,从顺塘桥再左、右导出“三湘分流”;左干渠由此往北延伸到宁乡陶家冲,全长36.4 km,引入流量约12 m^3/s,灌溉湘潭、宁乡、望城1.3万多hm^2农田,其中在银田寺附近的“韶山银河”渡槽进口处,分出韶山分渠,把水提送到韶山冲,又在宁乡东南通过“靳上骑涟”渡槽,把水引到花明楼一带;右干渠从“三湘分流”往东伸至湘潭县邻近湘江的响水,全长39.2 km,输入流量11.46 m^3/s,灌溉湘乡、湘潭、望城和湘潭城郊1.3万多hm^2农田,其中在湘乡云湖桥建有全长470 m

的“云湖天河”大渡槽，跨越湘潭至楠竹山的公路和铁路，车船交相奔驰。灌区干渠总长240 km；支渠230条，总长1 600 km；斗渠298条，总长920 km；通过9处共长4 847 m的隧洞和26处共长6 243 m的渡槽，并与120余处水库、5.29万多口山平塘连成一体，形成了以大型工程为骨干，以库塘坝为基础，“长藤结瓜”，蓄、引、提相结合的水利灌溉系统。

小 结

本项目介绍了水利枢纽设计阶段的划分、各阶段的任务，坝址及坝型的选择因素，蓄水枢纽、取水枢纽的布置内容和一般原则，并结合工程实例对不同枢纽的布置做了一般分析。枢纽布置不仅具有同一性，又具有个别性，在遵守枢纽布置一般原则的前提下，应结合实际，具体分析，充分论证，优化枢纽布置方案。

知识技能训练

1. 水利枢纽设计阶段是如何划分的？各阶段的设计任务是什么？
2. 水利工程对环境的影响有哪些？
3. 各类水工建筑物对布置的要求是什么？
4. 影响坝址和坝型选择的条件有哪些？
5. 水利枢纽布置的一般原则是什么？

项目3 重力坝

三峡工程是一项具有防洪、发电、航运等巨大综合效益的水利工程，位于中国湖北省宜昌市境内的长江西陵峡段的三斗坪。三峡大坝为混凝土重力坝，大坝长2 335 m，底部宽115 m，顶部宽40 m，高程185 m，正常蓄水位175 m，三峡水利枢纽的主要作用是防洪、发电和航运。大坝坝体可抵御万年一遇的特大洪水，最大下泄流量可达10万 m^3/s。整个工程的土石方挖填量约1.34亿 m^3，混凝土浇筑量约2 800万 m^3，耗用钢材59.3万t。水库全长超过600 km，水面平均宽度1.1 km，总面积1 084 km^2，总库容393亿 m^3，其中防洪库容221.5亿 m^3。三峡水电站是世界上规模最大的水电站，安装32台单机容量为70万kW的水电机组，总装机容量达到2 240万kW；长江的航运能力从原有的1 000万t提高到5 000万t，万吨级船队可直达重庆，运输成本降低35%。工程于1994年正式动工兴建，2003年6月1日开始蓄水发电，2009年全部完工。

【案例思考】

1. 什么是混凝土重力坝？大坝对混凝土材料有什么要求？
2. 大坝承受什么样的荷载？怎样保证大坝的安全？
3. 大坝会渗水吗？大坝内部有什么构造？
4. 大坝基础怎样处理？
5. 如何设计一个重力坝？

【知识目标】

1. 熟悉重力坝的概念、工作原理、工作特点、分类。
2. 掌握重力坝剖面设计、溢流重力坝设计、坝身泄水孔设计的步骤。
3. 掌握重力坝的抗滑稳定计算及强度校核计算方法。
4. 掌握重力坝的构造、材料要求。
5. 掌握重力坝地基的处理方法。

【技能目标】

1. 能识别重力坝的各种类型，熟悉重力坝的构造和基本特性。
2. 能够正确运用规范、手册等资料进行重力坝的初步设计。
3. 具备识读和绘制重力坝施工图的能力。

任务1 认识重力坝

【任务描述】

首先认识一下重力坝，掌握重力坝的概念，了解重力坝的特点，区分重力坝的各种类型。

【任务分析】

重力坝是世界坝工史上最古老,也是采用最多的坝型之一,是一种重要的挡水建筑物,了解重力坝的发展概况,重点掌握重力坝的概念、工作原理、优缺点和各种类型。

【任务知识点】

1 重力坝的概念

重力坝是由混凝土或浆砌石修筑的大体积挡水建筑物,其基本剖面一般做成上游面接近铅直的三角形断面,整体是由若干坝段组成的。

重力坝的工作原理是在水压力及其他荷载作用下,主要依靠坝体自重产生的抗滑力来满足稳定要求;同时依靠坝体自重产生的压应力来抵消由于水压力所引起的拉应力以满足强度要求。重力坝的基本形式如图 3-1 所示。

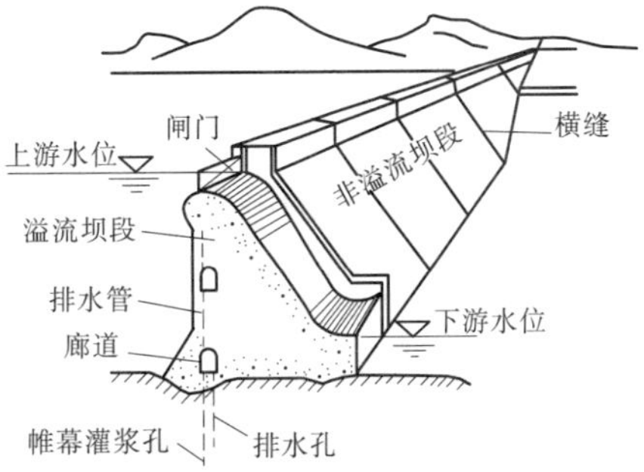

图 3-1 混凝土重力坝示意图

2 重力坝的发展概况

重力坝是世界上最早出现的一种坝型之一。公元前 2900 年埃及美尼斯王朝在首都孟斐斯城附近的尼罗河上,建造了一座高 15 m、长 240 m 的挡水坝。中国于公元前 3 世纪,在连通长江与珠江流域的灵渠工程上,修建了一座高 5 m 的砌石溢流坝,迄今已运行 2 000 多年,是世界上现存的、使用历史最久的一座重力坝。20 世纪初,由于混凝土工艺和施工机械的迅速发展,在美国建造了阿罗罗克坝和象山坝等第一批混凝土重力坝。1930 年以后,重力坝的设计理论和施工技术有了一个飞跃。在瑞士修建了当今世界上最高的重力坝——大迪克桑斯坝,坝高 285 m。在中国,20 世纪 60 年代初建成高 106 m 的三门峡重力坝和高 105 m 的新安江宽缝重力坝;70 年代建成了高 147 m 的刘家峡重力坝和高 90.5 m 的牛路岭空腹重力坝;80 年代又建成了高 165 m 的乌江渡拱形重力坝。1970 年以后,世界上创造出碾压混凝土坝筑坝技术。中国福建坑口坝和南盘江天生桥二级水电站首部枢纽都采用了碾压混凝土施工技术。

3 重力坝的特点

(1)安全可靠。重力坝剖面尺寸大,坝内应力较低,筑坝材料强度高,耐久性好,因此抵抗洪水漫顶、渗漏、地震和战争破坏的能力比较强。据统计,在各种坝型中,重力坝的失事率是较低的。

(2)对地形地质条件适应性强。任何形状的河谷都可以修建重力坝。因为坝体作用于地基面上的压应力不高,所以对地质条件的要求也较拱坝低,甚至在土基上也可以修建高度不大的重力坝。

(3)枢纽泄洪问题容易解决。重力坝可以做成溢流的,也可以在坝内不同高程设置泄水孔,一般不需另设溢洪道或泄水隧洞,枢纽布置紧凑。

(4)便于施工导流。在施工期可以利用坝体导流,一般不需要另设导流隧洞。

(5)施工方便。大体积混凝土,可以采用机械化施工,在放样、立模和混凝土浇筑方面都比较简单,并且补强、修复、维护或扩建也比较方便。

(6)结构作用明确。重力坝沿坝轴线用横缝分成若干坝段,各坝段独立工作,结构作用明确,稳定和应力计算都比较简单。

(7)坝体应力较低,材料强度不能充分发挥。

(8)坝体与地基接触面积大,对坝底稳定不利的扬压力相应就大。

(9)坝体体积大,由于施工期混凝土的水化热和硬化收缩,将产生不利的温度应力和收缩应力,因此在浇筑混凝土时,需要有较严格的温度控制措施。

4　重力坝的类型

(1)按坝的高度分类。坝高低于 30 m 的为低坝,高于 70 m 的为高坝,介于 30 ~ 70 m 的为中坝。

(2)按泄水条件分类。有溢流重力坝和非溢流重力坝。溢流坝段和坝内设有泄水孔的坝段统称为泄水坝段,非溢流坝段也叫挡水坝段。

(3)按筑坝材料分类。有混凝土重力坝和浆砌石重力坝。

(4)按坝体结构形式分类。有实体重力坝、宽缝重力坝、空腹(腹孔)重力坝、预应力锚固重力坝、装配式重力坝,如图 3-2 所示。

实体重力坝因横缝处理的方式不同可分为三类:①悬臂式重力坝:横缝不设键槽,不灌浆;②铰接式重力坝:横缝设键槽,但不灌浆;③整体式重力坝:横缝设键槽,并进行灌浆。

(5)按施工方式分类。有常态混凝土重力坝和碾压混凝土重力坝。其中,碾压混凝土重力坝由于施工方便,技术经济指标优越,近年来得到了迅速的发展。

5　其他形式的重力坝

5.1　碾压混凝土重力坝

碾压混凝土重力坝是将土石坝施工中的碾压技术应用于混凝土坝,采用水泥含量低的超干硬混凝土熟料、现代施工机械和碾压设备实施运料,通仓铺填,逐层碾压固结而成的坝。与常态混凝土坝相比,其坝身构造简单、水泥用量省。碾压混凝土的单位体积胶凝材料用量一般为混凝土总质量的 5% ~7%,扣除粉煤灰等活性材料,每立方米碾压混凝土的水泥用量仅为 60 ~90 kg。另外,碾压混凝土模板用量省、施工速度快和工程造价低。

世界上第一座碾压混凝土坝(日本岛地川坝,坝高 89 m)建于 1980 年。据不完全统

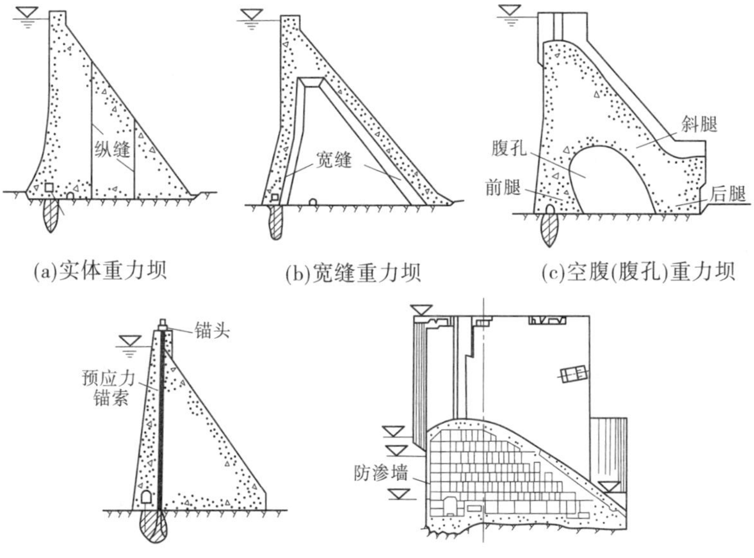

(a)实体重力坝　(b)宽缝重力坝　(c)空腹(腹孔)重力坝
(d)预应力锚固重力坝　(e)装配式重力坝

图3-2　重力坝的结构形式

计,目前已建和在建的碾压混凝土坝约80座。我国已建最高的碾压混凝土坝为广西龙滩水电站,大坝高216.5 m,是目前世界上最高的碾压混凝土坝。

碾压混凝土坝的断面设计、水力设计、应力和稳定分析与常态混凝土重力坝相同,但在材料和构造方面需要适应碾压混凝土的特点。碾压混凝土坝的剖面形式如图3-3所示。

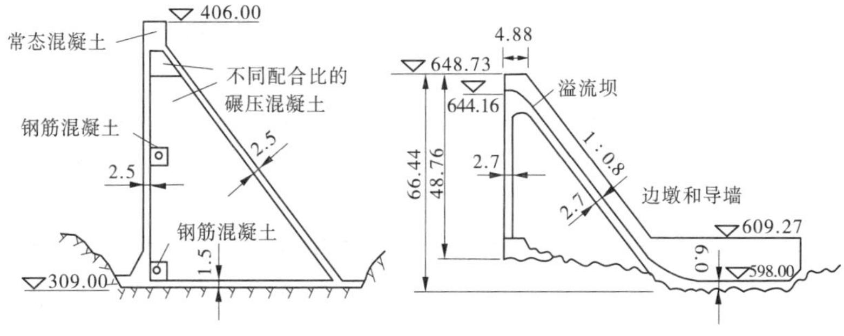

(a)非溢流重力坝　(b)溢流重力坝

图3-3　碾压混凝土坝剖面图　(单位:m)

5.1.1　碾压混凝土的原材料

碾压混凝土的原材料与常态混凝土无本质的区别,凡适应于水工混凝土使用的水泥均可采用。胶凝材料用量远低于常态混凝土,其中粉煤灰在胶凝材料中所占比重一般为30%~60%,有的高达70%。为防止骨料分离,一般选用骨料的最大粒径为80 mm,并需级配良好。含砂率一般比常态混凝土大3%~5%,细骨料中宜有10%左右粒径小于0.16 mm的质地坚硬的微粒。一般水胶比(水与胶凝材料含量的质量比)为0.45~0.7,

外加剂用量为胶凝材料的0.25%左右。

5.1.2 碾压混凝土的物理力学性能

尽管碾压混凝土的物理力学性能指标及其测定方法与常态混凝土类似,但由于两者在材料的组成和施工方法上有很大的不同,因此材料强度等指标的变化规律和影响因素也有很大的区别。可见,碾压混凝土是不同于常态混凝土的新型水工材料。

5.1.2.1 **抗压强度**

碾压混凝土的强度直接与压实密度有关,还受碾压时含水量的影响。因此,设计碾压混凝土配合比时,不但要考虑水灰比,还要考虑振压密实所需的含水量。

另外,碾压层的厚度也是影响抗压强度的重要因素。实验表明,当碾压厚度小于50 cm时,每层上下混凝土强度基本均匀;当层厚达70 cm时,强度明显下高上低,差别可达20% ~40%。所以,碾压混凝土坝体应采用薄层填筑以提高坝体各部位的强度均匀性。

5.1.2.2 **抗拉强度**

混凝土抗拉强度随着骨料体积的变化而变化。当骨料体积由0增加到20%时,其抗拉强度逐渐降低;当骨料体积由20%逐渐增加时,抗拉强度也随之增加;当骨料体积达到80% ~85%时,其抗拉强度大于常态混凝土。混凝土的抗拉强度随骨料的最大粒径的增加而下降,因此骨料粒径不宜太大。可以认为,同量级碾压混凝土的抗拉强度大于常态混凝土的抗拉强度。

5.1.2.3 **抗剪强度**

国内外测试结果认为:对于连续填筑的层面或整体的碾压混凝土,若能保证施工质量均匀,其抗剪强度不亚于常态混凝土,可达到3 MPa以上,剪压比亦为1/6 ~1/4。

5.1.2.4 **变形性能**

由于掺有大量粉煤灰,胶凝浆体的受力变形较大。因此,碾压混凝土初期弹性模量较低,混凝土表面裂缝较少。碾压混凝土的徐变与混凝土的配合比、水泥的品种等多种因素有关,故对碾压混凝土的徐变值应做具体实验确定。

混凝土的极限拉伸值是混凝土抗裂能力的重要指标。其值随混凝土抗拉强度和胶凝材料用量的增加而增加,对于高粉煤灰掺量的混凝土,其早期强度比不掺者降低较多,因胶凝材料总量增加,水灰比降低,其早期强度和极限拉伸值不低于常态混凝土。又因二次水化比较慢 ,其后期强度与极限拉伸值均增长较多,这对抗裂非常有利。对于胶凝材料用量少的碾压混凝土,由于相应灰浆量少,水灰比大,故极限拉伸值降低,抗裂能力远不如高粉煤灰掺量的碾压混凝土。

总之,碾压混凝土的各种物理力学性能,若能精心设计、保证施工质量,则都将优于常态混凝土。但碾压混凝土的施工质量控制应较常态混凝土严格。

5.1.3 碾压混凝土在坝内的布置

碾压混凝土重力坝断面设计可采用下述三种典型布置及相应的填筑碾压方式。

(1)全断面为碾压混凝土,常态混凝土仅做模板兼坝面防护层。采用薄层连续碾压,层面不进行处理。多数情况下也不设横缝。因而具有构造简单、施工方便、速度快、效益高等优点,但坝体防渗、防冻、抗裂性稍差。当采用高粉煤灰掺量时,其粉煤灰所占胶凝材料量中比例降至60 ~70 kg/m^3。

(2)在坝体与基岩和两岸的连接部位设常态混凝土垫层,在坝顶和上下游坝面设常态混凝土保护层。其厚度及原材料的配合比由工作条件(抗渗、抗冻、抗冲耐磨、强度、构造和施工要求)决定,其中上游面常态混凝土最小有效厚度一般为坝面水头的1/30～1/15,我国多采用1.5～3.5 m。此种坝基本上由常态混凝土坝演变而来,其防渗、防裂和防冻性相对较好,但水泥量较多,施工干扰大,经济效益稍差。坝内除廊道和管道周围应按强度要求,设置一定厚度的低含钢率钢筋混凝土外,其余部分均为碾压混凝土。当采用低粉煤灰掺量时,其所占胶凝材料总量中的比例在30%左右,填筑时碾压分层较薄,一般为75～100 cm,碾压后间隔一定时间先进行层面处理,然后再填筑上一层;坝体设横缝,横缝迎水面的止水和坝身排水管均设在常态混凝土内,碾压混凝土部分的横缝在碾压后凝固前用振动切缝机造成,缝内用聚氯乙烯充填。日本岛地川坝和玉川坝均属这种坝,如图3-3(a)所示。

(3)坝体的绝大部分为碾压混凝土,粉煤灰掺量较高,填筑碾压方式与第一种方式类似。该类型布置要在坝前设专门的防渗设施,如设置沥青防渗层,并用预制钢筋混凝土板兼作模板与防渗层等,如图3-4所示;敷设合成橡胶防渗薄板;喷涂低黏度聚合物防渗层;在上游安装预制空格模板,随着坝体上升而在其中浇常态混凝土,或预填骨料,然后进行水泥灌浆,形成防渗板。

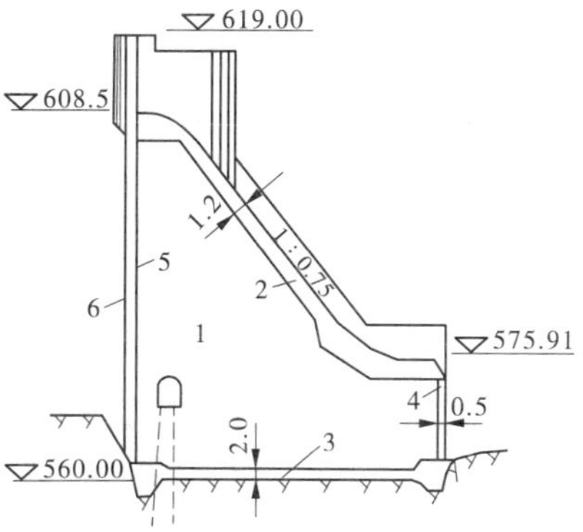

1—碾压混凝土;2—钢筋混凝土;
3—常态混凝土;4—预制混凝土;
5—沥青砂浆防渗层;6—预制钢筋混凝土板

图3-4　坑口坝断面图　(单位:cm)

总之,碾压混凝土坝的坝体内应尽量少设廊道和孔洞,坝基帷幕灌浆宜在坝踵处的平台上进行,确需在坝内设置廊道和孔洞时,其周边必须妥善施工,以保证质量;也可在碾压后挖廊道和孔洞部位,回填无胶凝材料的骨料,而后继续填筑,待工程完工后,再挖除回填的骨料,形成廊道和孔洞。

碾压混凝土坝的施工要点为:混凝土是在预制式拌和机中拌制而成的。用自卸汽车直接入仓散料,用推土机将混凝土推铺摊平。当采用粉煤灰掺量,每层铺筑厚度一般为25 cm左右,如粉煤灰掺量低,则厚度可加大,用重力为80～150 kN的振动碾碾压密实,碾压次数由实验确定,一般为6～8遍,有横缝的常用振动切缝机切割成缝。在浇筑新一层混凝土前,用钢丝刷将老混凝土面刷毛、清洗,或用压力水冲刷,以加强层间结合。填缝可用镀锌铁片或聚氯乙烯板。养护期一般在3周以上,宜采用喷雾养护。

当然,碾压混凝土发展历史较短,有些技术问题尚待进一步研究解决和完善,而随着科学技术水平的不断提高和经验积累,碾压混凝土坝必将在规模、数量上得以更快的发展。

5.2　浆砌石重力坝

浆砌石重力坝与混凝土重力坝相比,具有就地取材、节省水泥、节省模板、不需要另设温控措施、施工技术简单、易于掌握等优点,因而在中小型工程中得到广泛应用。但由于人工砌筑,砌体质量不易控制,防渗性能差,且修整、砌筑机械化程度较低,施工期较长,耗费劳动力,故在大型工程中较少采用。我国已建成的最高浆砌石重力坝为河北省朱庆水库重力坝,坝高 95 m。目前,世界上最高的浆砌石坝是印度的纳加琼纳萨格坝,坝高 125 m。

5.2.1 浆砌石重力坝的材料

5.2.1.1 石料

石料是浆砌石坝的主要材料。砌筑坝体的石料要求质地均匀、无裂缝、不易风化和有足够的抗压强度。石料按其外形分为片石(毛石)、块石和条石等。片石无一定的规则形状和尺寸,砌体强度差,胶结材料用量大,一般仅用于坝体的次要部分。块石是具有两个较大平行面且基本方正的石料,砌体强度较高,宜用于砌筑浆砌石坝体。条石是经过加工修整而外形大致平整的长方形石料,砌体强度高,节省胶结材料,砌筑速度快,但费工较多,一般用于上下游坝面及溢流面等部位。砌筑坝体的石块尺寸越大,越省胶结材料,砌体强度也越高,但应以能运输上坝为原则。一般片石厚度不应小于 15 cm,块石、条石的厚度不小于 25 ~30 cm。

5.2.1.2 胶结材料

胶结材料的作用是把石块胶结成整体,以承受坝体的各种作用荷载,并填实石料间的空隙,减少坝体渗漏。常用的胶结材料有水泥砂浆、细石混凝土及混合砂浆等。

水泥砂浆由水泥、砂和水按一定比例拌和而成。水泥砂浆所用的砂应级配良好,砂质坚硬,最大粒径不超过 5 mm,杂质含量不超过 5%。一般用的砂浆较稠,水灰比可控制在 0.55 ~0.65;灌缝砂浆较稀,水灰比一般为 0.8 ~1.0。

细石混凝土是目前广泛应用的一种胶结材料,适用于块石砌筑的坝,与水泥砂浆相比,可节省水泥,改善砂料的级配,从而提高砌体的密实度和强度,但不能用于浆砌条石。

对于一些小型工程,坝体内部常采用混合砂浆砌筑,混合砂浆是在水泥砂浆中掺入一定比例的石灰或黏土等掺和料组成的。这种胶结材料只用于坝体的次要部位。

5.2.2 砌体的强度

砌体的强度不仅取决于石料和胶结材料的强度,而且还与石料的形状、大小及砌筑质量有关。

砌体强度随石料强度的增大而增大,但当达到一定强度后,其影响不甚明显。胶结下来的强度愈高,砌体强度也愈高,但影响程度随石料的种类不同而有所差异。一般情况下,细石混凝土砂浆砌筑比水泥砂浆砌筑的砌体强度高。胶结材料的和易性好的,则砌体强度较高。此外,石料的形状愈不规则,大小愈不均匀,则砌体强度就愈低。

5.2.3 浆砌石重力坝的构造特点

浆砌石重力坝在构造上与混凝土重力坝大致相同,但在坝体防渗、分缝、溢流坝面的衬护等方面有它的特点和要求,如图 3-5 所示。

5.2.3.1 坝体的防渗

工程中常采取以下两种防渗措施:

(1)混凝土防渗面板。在坝体迎水面设置混凝土防渗面板,是大中型浆砌石重力坝广泛应用的一种防渗措施。

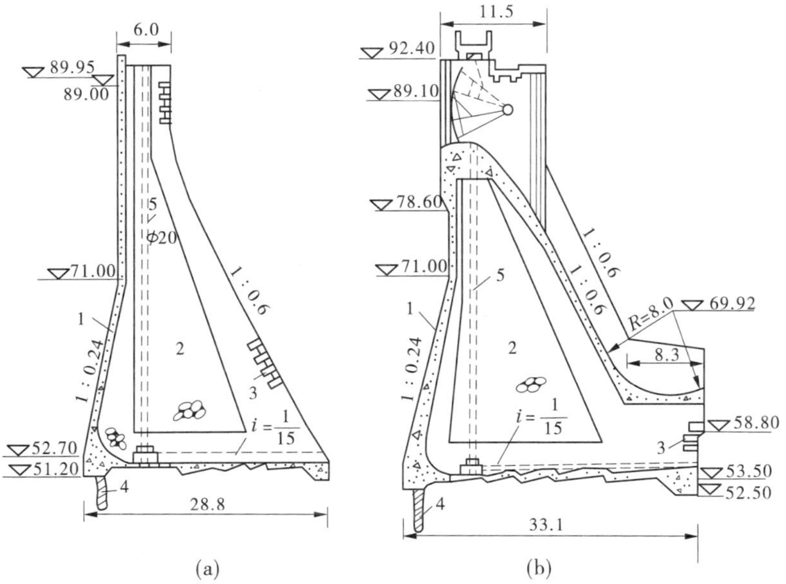

1—C20 混凝土防渗面板;2—水泥砂浆砌块石;3—水泥砂浆砌条石;
4—帷幕灌浆;5—竖向排水管

图 3-5 浆砌石重力坝的构造 (单位:m)

面板的底部应嵌入完整基岩内 1 ~ 1.5 m,并与坝基防渗设施连成整体。防渗面板的厚度,一般为上游水深的 1/20 ~ 1/15 或更薄,但不得小于 0.3 m。防渗面板一般采用 C15 或 C20 混凝土,并适当布置纵横温度钢筋,使温度钢筋与砌体内的预埋钢筋连接,面板在沿坝轴线方向设伸缩缝,一般间距为 10 ~ 20 m,宽缝约 1.0 cm,缝内应设止水。

有的工程混凝土防渗面板做在距上游坝面 1 ~ 2 m 的坝体内,迎水面用浆砌石或预制混凝土砌筑,以省去浇混凝土面板的模板支撑及脚手架。

(2)砌筑条石防渗层。在坝体迎水面用水泥砂浆砌筑一层质地良好的条石作为防渗层。厚度不超过坝上水头的 1/20,砌缝的宽度应控制在 1 ~ 2 cm。用 M7.5 ~ M10 水泥砂浆作为胶结材料,表面用 M10 ~ M15 水泥砂浆仔细勾缝;也有工程采用凿槽填缝防渗,将已砌好的防渗层在迎水面沿砌缝凿成宽 4 ~ 5 cm、深 3 cm 的梯形槽,然后再用 M10 ~ M15 水泥砂浆填塞满,勾成平缝或突缝。此种防渗措施适用于小型工程。此外,也可在迎水面采取钢丝网水泥喷浆护面及预制混凝土板护面等防渗措施。

5.2.3.2 溢流坝面的衬护

溢流坝面需用混凝土衬护,混凝土层厚 0.6 ~ 1.5 m,不得小于 0.3 m,混凝土强度等级为 C19,衬护内布设温度筋,且用锚筋与砌体锚固。对于单宽流量较小的工程,除坝顶混凝土外,其余部位可用条石或方正块石砌护。

5.2.3.3 坝体分缝

由于浆砌石坝水泥用量少,水化热低,加之施工时又是分层砌筑,所以一般不需要设纵向施工缝。横缝间距也可增大,一般为 20 ~ 30 m,但不宜超过 50 m。为了适应不均匀的沉降,在基岩岩性变化或地形有陡坎处均设横缝。

为使砌体与基岩紧密结合,在砌石前需先浅筑一层 0.5 ~ 1.0 m 的混凝土垫层。当工程规模较小、基岩完整坚硬、地形较规整时,可先在坝底铺 5 cm 厚的砂浆,然后砌石。

5.3 支墩坝

支墩坝是一种性能良好的坝型,我国自 50 年代以来相继建成佛子岭、梅山连拱坝,磨子潭、拓溪等不同形式的支墩坝。1956 年,建成的梅山连拱坝坐落在史河上游梅山城区,是淮河流域重点工程,是由我国自行设计、自行施工的当时世界上最高的连拱坝,坝高 88.24 m,全长 443.5 m。1958 年建成的金江平板坝,坝高 54 m。1960 年建成的新丰江大头坝,坝高 105 m。1980 年建成的湖南镇梯形坝,坝高 129 m,是中国最高的支墩坝。巴西与巴拉圭合建的伊泰普大头坝高达 196 m,加拿大的丹尼尔约翰逊连拱坝高达 215 m。

5.3.1 支墩坝的组成

支墩坝是由一系列倾斜的面板和支承面板的支墩(扶壁)组成的坝。面板直接承受上游水压力和泥沙压力等荷载,通过支墩将荷载传给地基。面板和支墩连成整体,或用缝分开。

5.3.2 支墩坝的形式

根据面板的形式,支墩坝可分为三种类型,即平板坝、连拱坝、大头坝,如图 3-6 所示。

5.3.2.1 平板坝

平板坝是由平板面板和支墩组成的支墩坝 。面板与支墩的连接有以下三种形式分类:①简支式。平板坝是面板简支在支墩托肩(牛腿)上,接缝涂沥青玛璃脂等柔性材料,并设置止水。简支式能适应地基和温度变形,采用最多。②连续板式。面板跨过支墩,每隔两三跨设一道伸缩缝。连续式可以减小板的跨中弯矩,但在跨过支墩处产生负弯矩,易在迎水面产生裂缝,所以较少采用。③悬臂式。面板与支墩刚性连接,在跨中设缝,要求变形小,以防接缝漏水,只能用于低坝。

平板坝支墩有单支墩和双支墩两种形式,双支墩用于高坝。

5.3.2.2 连拱坝

连拱坝是由拱形面板和支墩组成的支墩坝。与其他形式的支墩坝比较,连拱坝有下列特点:拱形面板为受压构件,承载能力强,可以做得较薄;支墩间距可以增大;混凝土用量最少,但钢筋用量较多;混凝土平均含筋量可达 30 ~ 40 kg/m^3;施工模板也较复杂;混凝土单位体积的造价高。

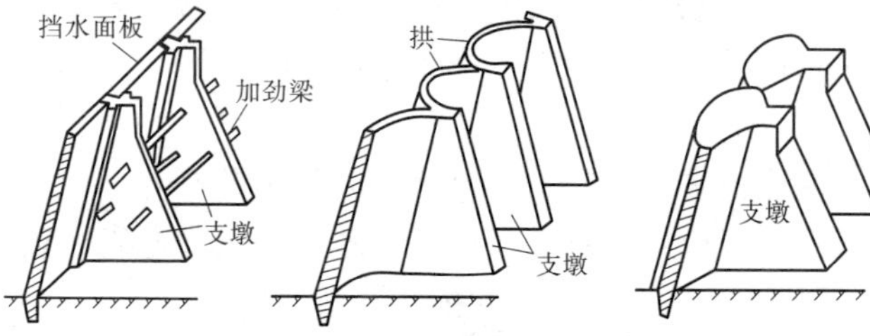

(a)平板坝　(b)连拱坝　(c)大头坝

图 3-6 支墩坝的形式

面板与支墩整体连接,对地基变形和温度变化的反应比较灵敏,要求修建在气候温和地区,且地基比较坚固。上游拱形面板与溢流面板的连接比较复杂,因此很少用作溢流坝。

5.3.2.3 大头坝

面板由支墩上游部分扩宽形成，称为头部。相邻支墩的头部用伸缩缝分开，为大体积混凝土结构。对于高度不大的支墩坝，除平板坝的面板外，也可用浆砌石建造。

5.3.3 支墩坝的特点

(1)节省混凝土量 。增加了水重、减小扬压力，大头坝可节约混凝土 20% ~40%，平板坝和连拱坝可节省混凝土 30% ~60%。

(2)能充分利用材料的强度，支墩可随受力情况调整厚度，充分利用混凝土材料的受压强度，平板坝则对其抗渗和抗裂要求较高。

(3)部分形式的支墩坝对地质和气候条件要求高。

(4)施工条件不同，减少了地基的开挖量，便于布置底孔和施工导流、坝体温控措施简易、施工时立模复杂，且模板用量多，施工难度大。

(5)侧向稳定性差。

任务2 重力坝的构造、材料、荷载、地基处理

【任务描述】

重力坝的构造主要包括坝顶构造、坝体的分缝和止水、廊道、排水管、泄水孔等；坝体材料包括混凝土材料的强度要求、耐久性要求和不同部位的抗冻、抗渗、抗侵蚀等要求；荷载主要包括自重、水压力、扬压力等荷载分析和荷载组合，验算坝体的抗滑稳定和应力；地基处理包括帷幕灌浆、固结灌浆等对坝基的处理。

【任务分析】

重力坝的构造是指坝体的内部构造，坝顶构造是为满足交通、启闭设备安装需要、排除雨水、照明设施而设置的；坝体的分缝是为释放混凝土重力坝内部产生的温度应力和施工需要；止水是为永久缝设置的止水设施，防止坝体渗水；排水管的作用是将坝体的渗水汇集到廊道；廊道的作用主要是满足排水、灌浆、观测、交通等；泄水孔主要是满足坝体泄水的需要；坝体材料主要是混凝土材料要求和材料的分区设置；荷载分析是计算大坝所承受的荷载，满足坝体的稳定和强度要求；地基处理是对大坝地基进行的各种处理，以满足防渗、稳定和强度的要求。

【任务知识点】

1 重力坝的构造

1.1 重力坝的坝顶构造

混凝土重力坝的坝顶包括路面、防浪墙、边石、栏杆、排水沟、灯柱等。一般情况坝顶宽度可采用坝高的 8% ~10%，且不小于 3 m。碾压混凝土坝坝顶宽度不小于 5 m。当坝顶布置移动式启闭机时，坝顶宽度要满足安装门机轨道的要求。路面向两侧或一侧做成 2% ~3% 的横坡，以便排除雨水。有防浪墙时，坡向下游，路面设排水沟，用排水管将水排至上游或排入坝身排水设备中，混凝土重力坝的典型坝顶结构如图 3-7 所示。

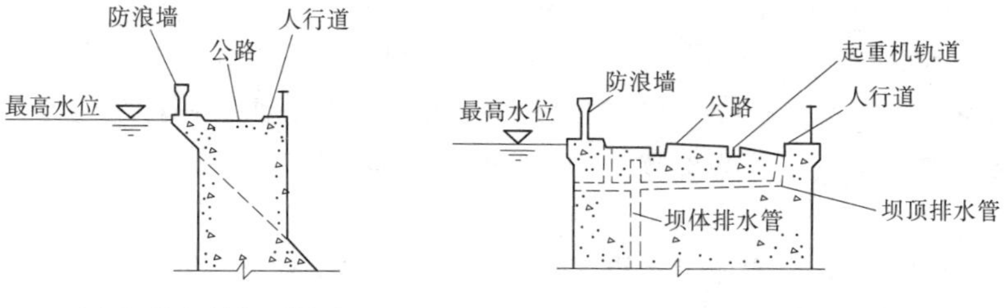

(a)无启闭设备的坝顶构造　　(b)有启闭设备的坝顶构造

图 3-7　坝顶构造

1.2　坝体的分缝与止水

1.2.1　坝体分缝

由于地基不均匀沉降和温度变化、施工时期的温度应力及施工浇筑能力和温度控制等原因，一般要求将重力坝坝体进行分缝。

按缝的作用可分为沉降缝、温度缝及工作缝。沉降缝是将坝体分成若干段，以适应地基的不均匀沉降，防止产生沉降裂缝，常设在地基岩性突变处。温度缝是将坝体分块，以减小坝体伸缩时地基对坝体的约束，以及新旧混凝土之间的约束，从而防止产生裂缝。工作缝（施工缝）主要是便于分期分块浇筑、装拆模板及混凝土的散热而设的临时缝。

按缝的位置可分为横缝、纵缝、水平缝。

1.2.1.1　横缝

横缝是垂直于坝轴线的竖向缝，如图 3-8（a）所示，可兼作沉降缝和温度缝，一般有永久性和临时性两种。永久性横缝是指从坝底至坝顶的贯通缝，将坝体分为若干独立的坝段，若缝面为平面，不设缝槽，不进行灌浆，使各坝段独立工作。横缝间距（坝段长度）一般可为 12 ~ 20 m，有时可达到 24 m（温度缝）。若做沉降缝考虑，间距可达 50 ~ 60 m。当坝内设有泄水孔或电站引水管道时，还应考虑泄水孔和水电站机组间距；对于溢流坝，可将缝设在闸墩中；地基若为坚硬的基岩也可将缝布置在闸孔中央。

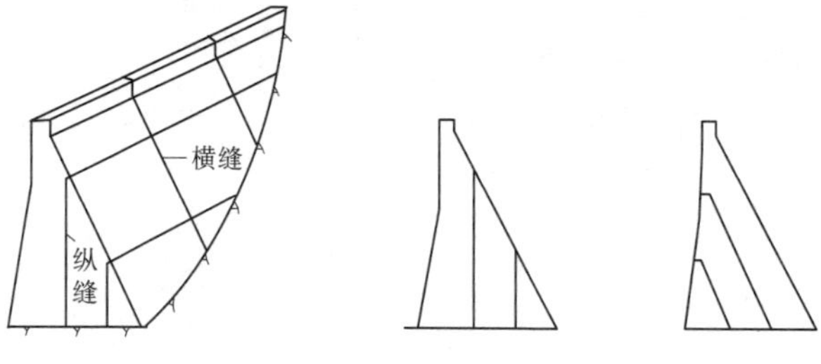

(a)横缝及纵缝布置　　(b)竖直纵缝　　(c)斜缝

图 3-8　重力坝的横缝及纵缝

横缝也可做成临时缝，主要用于当岸坡较陡、坝基地质条件较差或强地震区，为提高坝体的抗滑稳定性，在施工期用横缝将坝体沿轴线分段浇筑，以利于温度控制，然后对横缝进行灌浆，形成整体重力坝。

1.2.1.2 纵缝

纵缝是为适应混凝土浇筑能力和减小施工期温度应力而设置的临时缝，可兼作温度缝和施工缝。纵缝布置形式有竖直纵缝、斜缝和错缝。

竖直纵缝将坝体分成柱块状，如图3-8(b)所示。混凝土浇筑施工时干扰小，是应用最多的一种施工缝，间距视混凝土浇筑能力和施工期温度控制而定，一般为15～30 m。纵缝须设在水库蓄水运行前，混凝土充分冷却收缩，坝体达到稳定温度的条件下进行灌浆填实，使坝段成为整体。

斜缝是大致沿主应力方向设置的缝，如图3-8(c)所示。由于缝面剪应力很小，从结构的观点看，斜缝比直缝合理。斜缝张开度很小，一般不必进行水泥灌浆。但斜缝对相邻坝块施工干扰较大，对施工程序要求严格，加之缝面应力传递不够明确，故目前已很少采用。

错缝浇筑类似砌砖方式，是采用小块分缝，交错地向上浇筑。缝的间距一般为10～15 m，浇筑高度一般为3～4 m，在靠近基岩面附近为1.5～2.0 m。采用错缝布置时，可不进行灌浆，但整体性较差。由于错缝在施工中各浇筑块相互干扰大，温度应力较复杂，故此法只在低坝中应用，我国用得极少。

1.2.1.3 水平缝

水平缝是上下层新老混凝土浇筑块之间的施工接缝，是临时性的。施工时需先将下块混凝土表面的水泥乳及浮渣用风水枪或压力水冲洗并使表面成为干净的麻面，再铺一层2～3 cm厚的水泥砂浆，然后再在上面浇混凝土。国内外普遍采用薄层浇筑，每层厚1.5～4.0 m，以便通过表面散热，降低混凝土温度。

1.2.2 止水

重力坝横缝的上游面、溢流面、下游面最高尾水位以下及坝内廊道和孔洞穿过分缝处的四周等部位应设置止水设施。

止水有金属的、橡胶的、塑料的、沥青的及钢筋的。金属止水片有铜片、铝片和镀锌片，止水片厚一般为1.0～1.6 mm，两端插入的深度不小于20～25 cm。橡胶止水和塑料止水适应变形能力较强，在气候温和地区可用塑料止水，在寒冷地区则可采用橡胶止水，应根据工作水头、气候条件、所在部位等选用标准型号。沥青止水置于沥青井内，井内设有蒸汽或电热设备，加热可使沥青玛琋脂熔化，使其与混凝土有良好的接触。钢筋止水是把做成的钢筋混凝土塞设置在缝的上游面，塞与坝体间设有沥青油毛毡层，当受水压时，钢筋混凝土塞压紧沥青油毛毡层而起止水作用。

高坝的横缝止水常采用两道金属止水片和一道防渗沥青井，如图3-9所示。当有特殊要求时，可考虑在横缝的第二道止水片与检查井之间进行灌浆止水的辅助设施。

中低坝的横缝止水可适当简化。如中坝第二道止水片可采用橡胶止水或塑料止水等；低坝经论证也可采用一道止水片，一般止水片距上游坝面为0.5～2.0 m，以后各道止水片设施之间的距离为0.5～1.0 m。

在坝底，横缝止水必须与坝基岩石妥善连接。通常在基岩上挖一深30～50 cm方槽，将止水片嵌入，然后用混凝土填实。

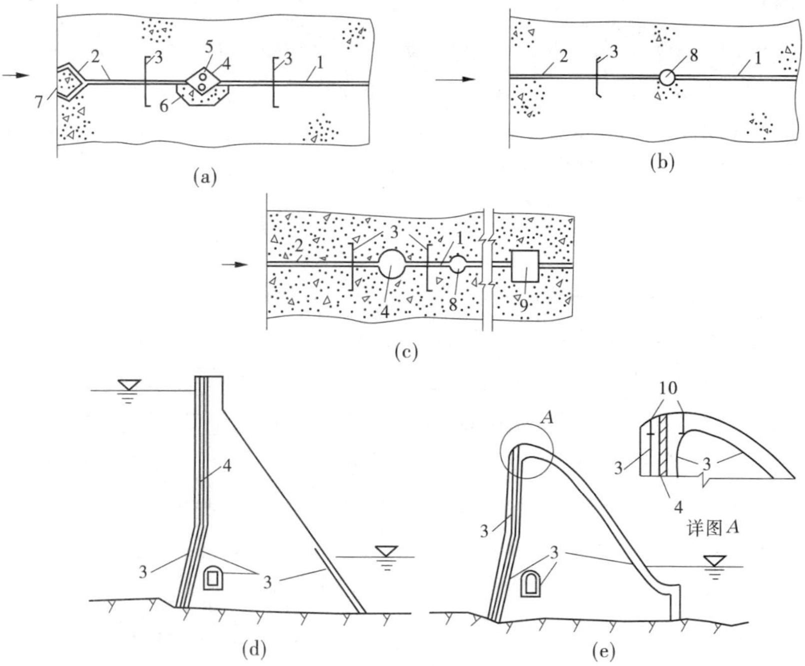

1—横缝;2—沥青油毛毡;3—止水片;4—沥青井;5—加热电极;6—预制块;
7—钢筋混凝土塞;8—排水井;9—检查井;10—闸门底槛预埋件

图 3-9 横缝止水

1.3 坝体排水、廊道系统

1.3.1 坝体的防渗与排水设施

1.3.1.1 坝体的防渗

在混凝土重力坝坝体上游面和下游面最高水位以下部分,多采用一层具有防渗、抗冻、抗侵蚀的混凝土作为坝体防渗设施,防渗指标根据水头和防渗要求而定,防渗厚度一般为水头的 1/20 ~ 1/10,但不小于 2 m。

1.3.1.2 坝体的排水设施

靠近上游坝面设置排水管幕,以减小坝体渗透压力。排水管幕距上游坝面的距离一般为作用水头的 1/25 ~ 1/15,且不小于 2 m。排水管间距为 2 ~ 3 m,管径为 15 ~ 30 cm。排水管幕沿坝轴线一字排列,管孔铅直,与纵向排水、检查廊道相通,上下端与坝顶和廊道直通,便于清洗、检查和排水,如图 3-10(a)所示。

排水管一般用无砂混凝土管,可预制成圆筒形和空心多棱柱形,如图 3-10(b)所示,在浇筑坝体混凝土时,应保护好排水管,防止水泥浆漏入排水管内,阻塞排水管道。

坝体的排水流程为:坝体渗水→坝体排水管→坝体廊道的排水沟→集水井→排到下游。

1.3.2 坝体的廊道系统

重力坝的坝体内部,为了满足灌浆、排水、观测、检查和交通等要求,在坝体内设置了不同用途的廊道,这些廊道相互连通,构成了坝体内部廊道系统,如图 3-11 所示。

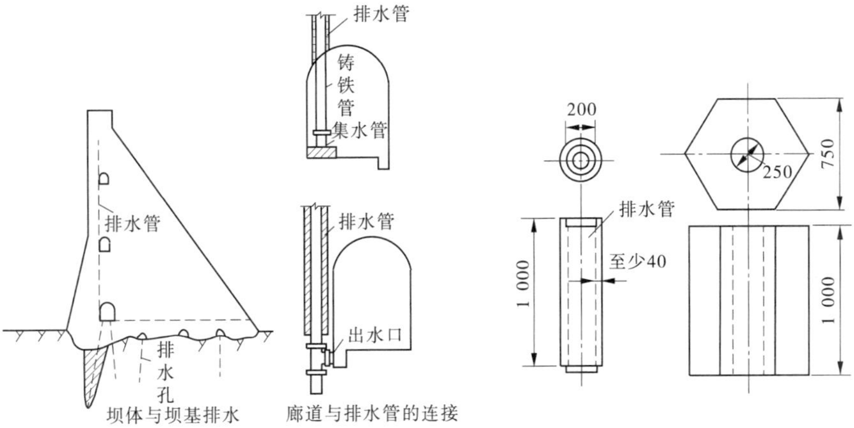

(a)坝内排水　(b)排水管

图3-10　重力坝内部排水构造　（单位:mm）

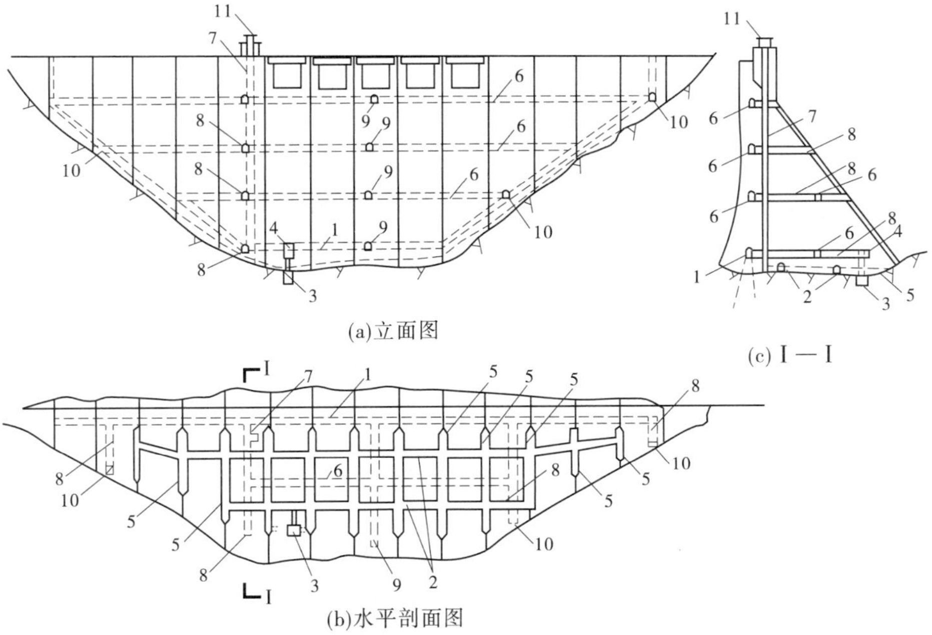

1—坝基灌浆排水廊道;2—基面排水廊道;3—集水井;4—水泵室;5—横向排水廊道;
6—检查廊道;7—电梯井;8—交通廊道;9—观测廊道;10—进出口;11—电梯塔

图3-11　坝内廊道系统图

坝基灌浆廊道通常沿纵向布设在坝踵附近,一般距上游坝面不应小于5% ~10%倍水头,且不小于4 ~5 m,廊道底距基岩面3 ~5 m,在两岸则沿岸坡布置。如岸坡过陡,则分层设置廊道并用竖井将它们连接。廊道尺寸要满足钻机尺寸,一般最小为2.5 m×3.0 m(宽×高)。

检查和观测廊道用以检查坝身工作性能,并安放观测设备,通常沿坝高每 15 ~ 30 m 设一道。此种廊道最小尺寸为 1.2 m×2.2 m。

交通廊道和竖井用以通行与器材设备的运输,并将有关的廊道连通起来,各层廊道左右岸各有一个出口,要求与竖井、电梯井连通。

坝基的排水廊道由坝基排水孔收集基岩排出的水,经过设在廊道底角的排水沟流入集水井,并排至下游。若排水廊道低于下游水位,则应用水泵将水送至下游。收集坝身渗水的排水廊道沿坝高每隔 15 ~ 20 m 布置一道。渗水由坝身排水管进入廊道排水沟,再沿岸坡排水沟流至最低排水廊道的集水井。

坝内廊道的布置应力求一道多用,综合布置,以减少廊道的数目。一般廊道离上游的坝面不应小于 2 ~ 2.5 m。廊道的断面形式,一般采用城门洞形,这种断面应力条件较好;也可采用矩形断面。

此外,还可根据需要设专门性廊道。

1.3.3 坝内泄水孔

在水利枢纽中,为了满足泄洪、灌溉、发电、排沙、放空水库及施工导流等要求,需在重力坝坝身设置多种泄水的孔口。这些孔口一般都布置在设计水位以下较深的部位,工程上称为深式泄水孔,如图 3-12 所示。泄水孔无论孔口的用途如何,按孔内水流状态分为有压泄水孔或无压泄水孔两大类。发电压力输水孔为有压孔,其他用途的泄水孔可以是有压的或无压的。有关泄水孔布置结构组成、高程及应力计算,可参考其他文献。

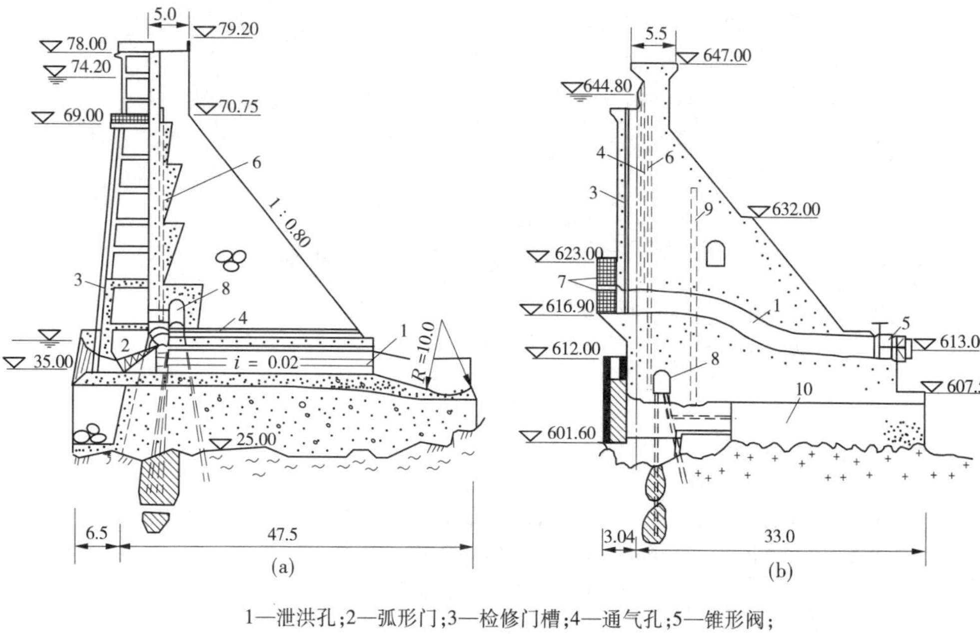

1—泄洪孔;2—弧形门;3—检修门槽;4—通气孔;5—锥形阀;
6—排水管;7—拦污栅;8—廊道;9—检查井;10—导流底孔

图 3-12 坝身泄水孔 (单位:m)

尽管各种泄水孔用途不同,但在技术允许的条件下,应尽可能一孔多用,如导流与泄洪相结合,放空水库与排沙相结合,或放空水库与导流相结合,灌溉与发电相结合等。

2　重力坝的材料

重力坝的建筑材料主要是混凝土。对于水工混凝土，尤其是筑坝混凝土，除应有足够的强度保证其安全承受荷载外，应按其所处的部位和工作条件，在抗渗、抗冻、抗冲刷、抗侵蚀、低热、抗裂性能方面提出不同的要求。

2.1　混凝土强度等级

大坝常用混凝土强度等级有C7.5、C10、C15、C20、C25、C30，高于C30的混凝土用于重要构件和部位。

2.2　混凝土的耐久性

(1)抗渗性。大坝的上游面、基础层和下游水位以下的坝面均为防渗部位。其混凝土应具有抵抗压力水渗透的能力。抗渗性能通常用"W"即抗渗等级表示。

大坝混凝土抗渗等级应根据所在部位和水力坡降确定，抗渗等级有W2、W4 、W6、W8、W10。

(2)抗冻性。指混凝土在饱和状态下，经多次冻融循环而不破坏，且不严重降低强度的性能。通常用"F"来表示抗冻等级。

抗冻等级一般取决于气候分区、冻融循环次数、表面局部小气候条件、水分饱和程度、结构构件重要性和检修的难易程度，抗冻等级有F50、F100 、F150、F200、F300。

(3)抗磨性。指抵抗高速水流或挟沙水流的冲刷、抗磨损的能力。目前，尚未制定出定量的技术标准，一般而言，对于有抗磨要求的混凝土，应采用高强度混凝土或高强硅粉混凝土，其抗压强度等级不应低于C20，要求高的则不应低于C30。

(4)抗侵蚀性。指抵抗环境水的侵蚀性能。当环境水具有侵蚀性时，应选用适宜的水泥和尽量提高混凝土的密实性。

(5)抗裂性。为防止大体积混凝土结构产生温度裂缝，除采用合理分缝、分块和温控措施外，应选用发热量低的水泥、合理的掺和料，减少水泥用量，提高混凝土的抗裂性能。

2.3　混凝土重力坝的材料分区

由于坝体各部分的工作条件不同，因而对混凝土强度等级、抗掺、抗冻、抗冲刷、抗裂等性能要求也不同，为了节省和合理使用水泥，通常将坝体不同部位按不同工作条件分区，采用不同等级的混凝土，图3-13为重力坝的三种坝体分区。

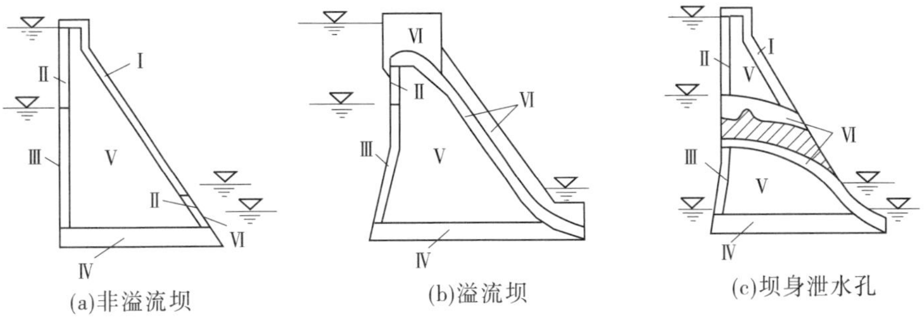

图3-13　坝体分区示意图

Ⅰ区为上下游水位以上坝体外部表面混凝土，Ⅱ区为上下游水位变动区的坝体外部表面混凝土，Ⅲ区为上下游水位以下坝体外部表面混凝土，Ⅳ区为坝体基础，Ⅴ区为坝体内部，Ⅵ区为抗冲刷部位（如溢洪道溢流面、泄水孔、导墙和闸墩等）。大坝分区特征见表3-1。

表3-1 大坝分区特征

分区	强度	抗渗	抗冻	抗冲刷	抗侵蚀	低热	最大水灰比	选择各分区的主要因素
Ⅰ	+	-	+ +	—	—	+	+	抗冻
Ⅱ	+	+	+ +	+		+	+	抗冻、裂缝
Ⅲ	+ +	+ +	+	+		+	+	抗渗、抗裂
Ⅳ	+ +	+	+	+	+ +		+	抗裂
Ⅴ	+ +	+	+	—	+ +		+	
Ⅵ	+ +	-	+ +	+ +	+		+	抗冲耐磨

注：表中有"＋＋"的项目为选择各区等级的主要控制因素，有"＋"的项目为需要提出要求的，有"—"的项目为不需提出要求的。

坝体为常态混凝土的强度等级不应低于C7.5，碾压混凝土强度等级不应低于C5。同一浇块中混凝土强度等级不宜超过两种，分区厚度尺寸最少为2～3 m。

3 重力坝的荷载

3.1 重力坝的荷载（作用）

重力坝的荷载（作用）主要有自重、静水压力、动水压力、淤沙压力、浪压力、扬压力、冰压力、地震作用和其他荷载。取单位坝长（1 m）计算如下。

3.1.1 自重（包括永久设备自重）

单位宽度上坝体自重 W 标准值计算公式如下：

$$W = \gamma_c A \quad (\text{kN/m}) \tag{3-1}$$

式中 A——坝体横剖面的面积；

γ_c——坝体混凝土的容重，kN/m³，根据选定的配合比通过实验确定，一般采用23.5～24.0 kN/m³。

计算自重时，坝上永久性固定设备，如闸门、固定式启闭机的重量也应计算在内，坝内较大的孔洞应该扣除。

3.1.2 静水压力

静水压力是作用在上下游坝面的主要荷载，如图3-14（a）所示，计算时常分解为水平水压力（P_H）和垂直水压力（P_V）两种。溢流堰前水平水压力以 P_{H1} 表示：

$$P_V = A_w \gamma_w \tag{3-2}$$

$$P_H = \frac{1}{2}\gamma_w H^2 \tag{3-3}$$

$$P_{H1} = \frac{1}{2}\gamma_w (H^2 - h^2) \tag{3-4}$$

式中 A_w——坝踵处所做的垂线与上游水面和上游坝面所围成图形的面积，m²；

H——计算点处的作用水头,m;

h——堰顶溢流水深,m;

γ_w——水的容重,kN/m^3,常用9.81 kN/m^3。

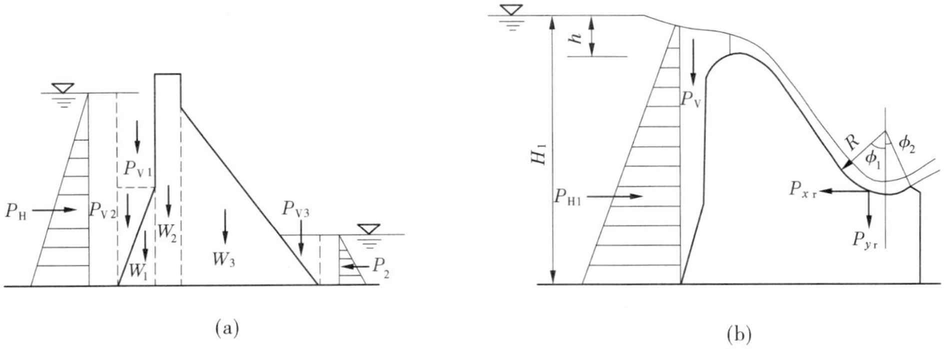

图3-14 坝体自重和坝面水压力计算图

3.1.3 动水压力

当水流流经曲面(如溢流坝面或泄水隧洞的反弧段),由于流向改变,在该处产生动水压力。动水压力的水平分力代表值 P_{xr} 和垂直分力代表值 P_{yr} 为

$$P_{xr} = q\rho_w v(\cos\varphi_2 - \cos\varphi_1) \quad (\text{N/m}) \tag{3-5}$$

$$P_{yr} = q\rho_w v(\sin\varphi_2 + \sin\varphi_1) \quad (\text{N/m}) \tag{3-6}$$

式中 q——相应设计状况下反弧段上的单宽流量,m^3/(s·m);

ρ_w——水的密度,kg/m^3;

v——反弧段最低点处的断面平均流速,m/s;

φ_1、φ_2——反弧段圆心竖线左、右的中心角,取其绝对值。

P_{xr} 和 P_{yr} 的作用点可近似地认为在反弧段长度的中点,图3-14(b)所示方向为正。

3.1.4 淤沙压力

入库水流挟带的泥沙在水库中淤积,淤积在坝前的泥沙对坝面产生的压力叫淤沙压力,淤积的规律是从库首至坝前,随水深的增加而流速减小,沉积的粒径由粗到细,坝前淤积的是极细的泥沙,淤积泥沙的深度和内摩擦角随时间变化,一般计算年限取50~100年,单位坝长上的水平淤沙压力标准值 P_{sk} 为

$$P_{sk} = \frac{1}{2}\gamma_{sb}h_s^2\tan^2\left(45° - \frac{\varphi_s}{2}\right) \quad (\text{kN/m}) \tag{3-7}$$

式中 γ_{sb}——淤沙的浮容重,kN/m^3;

h_s——坝前泥沙淤积厚度,m;

φ_s——淤沙的内摩擦角,(°)。

当上游坝面倾斜时,应计入竖向淤沙压力,按淤沙的浮容重计算。

3.1.5 浪压力

水库表面波浪对建筑物产生的拍击力叫浪压力。随着水深的不同,坝前有三种可能的波浪发生,即深水波、浅水波、破碎波。不同的波浪压力分布如图3-15所示。

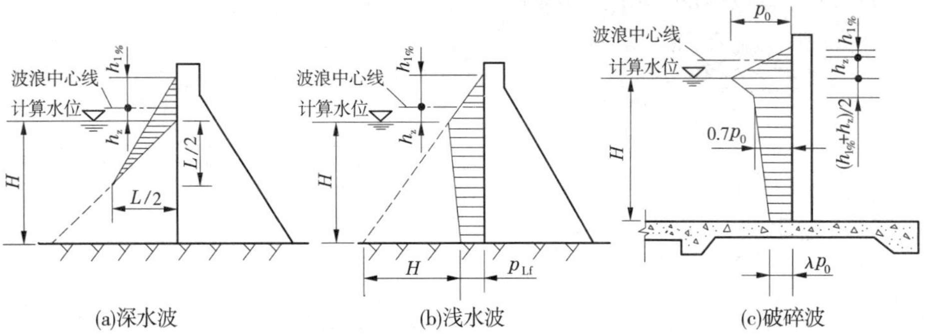

图 3-15　波浪压力分布

临界水深 H_{cr} 的计算公式为

$$H_{cr} = \frac{L}{4\pi}\ln\left(\frac{L + 2\pi h_{1\%}}{L - 2\pi h_{1\%}}\right) \tag{3-8}$$

当坝前水深大于半波长，即 $H \geqslant L/2$ 和 $H \geqslant H_{cr}$ 时，波浪运动不受库底的约束，这样条件下的波浪称为深水波，如图 3-15(a)所示。

$$P_L = \frac{\gamma_w L}{4}(h_{1\%} + h_z) \quad (\text{kN/m}) \tag{3-9}$$

当 $H\text{cr} < H < L/2$ 时，波浪运动受到库底的影响，称为浅水波，如图 3-15(b)所示。

$$P_L = \frac{1}{2}[(h_{1\%} + h_z)(\gamma_w H + p_{Lf}) + H p_{Lf}] \tag{3-10}$$

$$p_{Lf} = \gamma_w h_{1\%} \operatorname{sech}\frac{2\pi H}{L}$$

式中　p_{Lf}——水下底面处浪压力的剩余强度，kN/m^2。

当坝前水深小于临界水深，即 $H < H_{cr}$ 时，波浪发生破碎，称为破碎波，如图 3-15(c)所示。

$$P_L = \frac{p_0}{2}[(1.5 - 0.5\lambda)h_{1\%} + (0.7 + \lambda)H] \tag{3-11}$$

$$P_0 = K_0 \gamma_w h_{1\%}$$

式中　λ——水下底面处浪压力强度的折减系数，当 $H \leqslant 1.7h_{1\%}$ 时，采用 0.6，当 $H \geqslant 1.7h_{1\%}$ 时，采用 0.5；

p_0——计算水位处的浪压力强度，kN/m^2；

K_0——建筑物前底坡影响系数，与 i 有关，见表 3-2。

表 3-2　河底坡 i 对应的 K_0 值

底坡 i	1/10	1/20	1/30	1/40	1/50	1/60	1/80	<1/100
K_0 值	1.89	1.61	1.48	1.41	1.36	1.33	1.29	1.25

3.1.6　扬压力

扬压力包括渗透压力和浮托力两部分。渗透压力是由上下游水位差产生的渗流，在坝内或坝基面上形成的向上的压力。浮托力是由下游水深淹没坝体计算截面而产生向上的压力。

扬压力的分布与坝体结构、上下游水位、防渗排水设施等因素有关。不同计算情况有不同的扬压力，扬压力代表值是根据扬压力分布图形面积计算的，如图 3-16 所示。

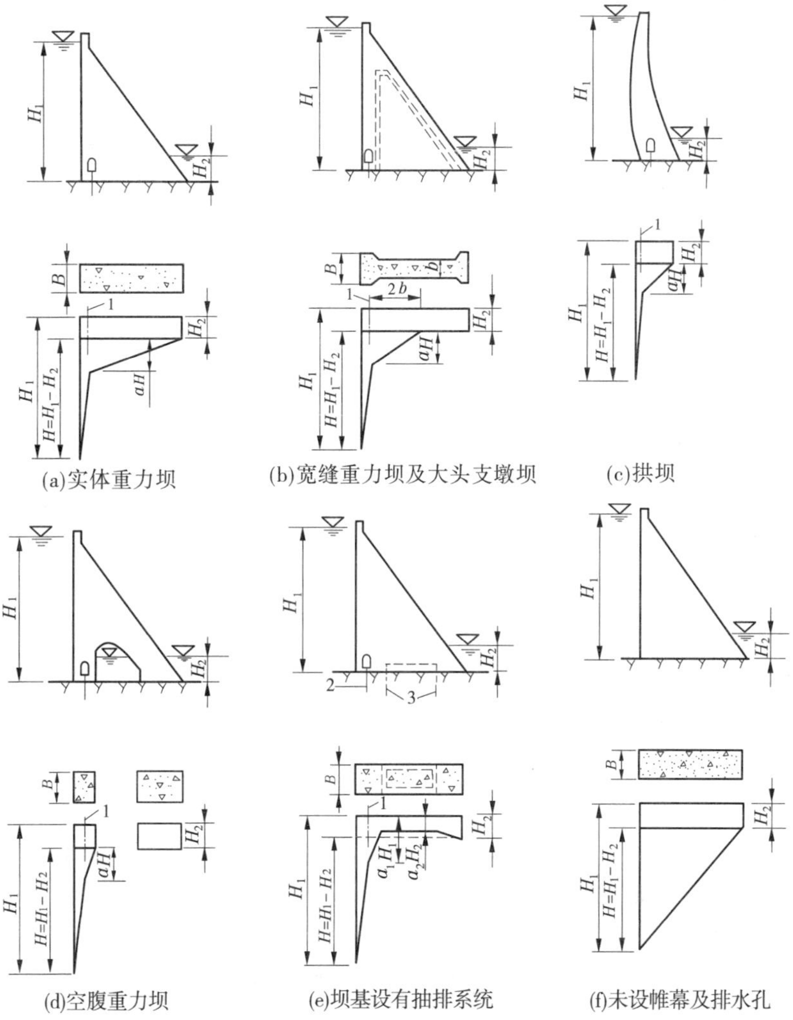

1—排水孔中心线;2—主排水孔;3—副排水孔

图 3-16　坝底面扬压力分布图

3.1.6.1　坝底面上的扬压力

岩基上坝底扬压力按下列三种情况确定：

(1)当坝基设有防渗帷幕和排水孔幕时，坝底面上游坝踵处的扬压力作用水头为 H_1，排水孔中心线处的扬压力作用水头为 $H_2+a(H_1-H_2)$，下游坝趾处为 H_2，三者之间用直线连接，如图 3-16(a) ~ 图 3-16(d)所示。

(2)当坝基设有防渗帷幕、上游主排水孔幕、下游副排水孔及抽排系统时，坝底面上游处的扬压力作用水头为 H_1，下游坝趾处为 H_2，主、副排水孔中心线处分别为 a_1H_1、

a_2H_2,其间各段用直线连接,如图 3-16(e)所示。

(3)当坝基无防渗帷幕、排水孔幕时,坝底面上游处的扬压力作用水头为 H_1,下游处为 H_2,其间用直线连接,如图 3-16(f)所示。

上述(1)、(2)中的渗透压力强度系数 a、扬压力强度系数 a_1 及残余扬压力强度系数 a_2 可参照表 3-3 采用。应注意,对河床坝段和岸坡坝段,a 取值不同,后者计及三向渗流作用,a_2 取值应大些。

表 3-3　坝底面的渗透压力和扬压力强度系数

部位及坝型		坝基处理情况		
		设置防渗帷幕及排水孔	设置防渗帷幕及主、副排水孔并抽排	
部位	坝型	渗透压力强度系数 a	主排水孔前扬压力强度系数 a_1	残余扬压力强度系数 a_2
河床坝段	实体重力坝	0.25	0.20	0.50
	宽缝重力坝	0.20	0.15	0.50
	大头支墩坝	0.20	0.15	0.50
	拱坝	0.25	0.20	0.50
岸坡坝段	实体重力坝	0.35		
	宽缝重力坝	0.30		
	大头支墩坝	0.30		
	拱坝	0.35		

3.1.6.2　坝体内部的扬压力

由于坝体混凝土是透水的,在水头差的作用下,会产生坝体渗流,引起坝内扬压力,其计算截面处扬压力分布如图 3-17 所示。其中,排水管线处的坝体内部,渗透压力强度系数 a_3 按下列情况采用:实体重力坝、拱坝及空腹重力坝的实体部位采用 $a_3=0.2$;宽缝重力坝、大头支墩坝的宽缝部位采用 $a_3=0.15$。

3.1.7　地震作用

在地震区建坝,必须考虑地震的影响。重力坝抗震计算应考虑地震惯性力和地震动水压力。一般情况下,进行抗震计算时的上游水位可采用正常蓄水位。地震对建筑物的影响程度,常用地震烈度表示。地震烈度分为 12 度。烈度越大,对建筑物的破坏越大,抗震设计要求越高。

抗震设计中常用到基本烈度和设计烈度两个基本概念。基本烈度是水工建筑物所在地区一定时期内(约 100 年)可能遇到的地震最大烈度;设计烈度是抗震设计时实际采用的地震烈度。一般情况采用基本烈度作为设计烈度。《水工建筑物抗震设计规范》(SL 203—97)规定,水工建筑物的工程抗震设防类别根据其重要性和工程场地基本烈度按表 3-4 确定。

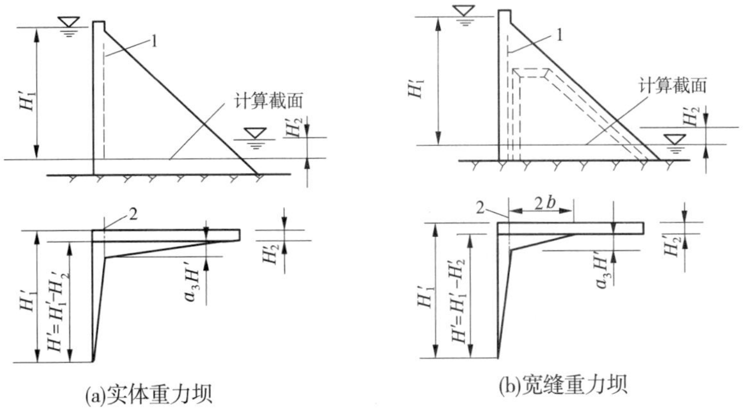

1—坝内排水管;2—排水管中心线

图 3-17　坝体计算截面上扬压力分布

表 3-4　工程抗震设防类别

工程抗震设防类别	建筑物级别	场地基本烈度
甲	1(壅水)	≥6
乙	1(非壅水)、(壅水)	
丙	2(非壅水)、3	≥7
丁	4、5	

3.1.7.1　地震惯性力

地震时,重力坝随地壳做加速运动时,产生了地震惯性力。地震惯性力的方向是任意的,一般情况下只考虑水平向地震作用,对于设计烈度为 8、9 度的 1、2 级重力坝,应同时计入水平向和竖向地震作用。

当采用拟静力法计算地震作用效应时,沿建筑物高度作用于质点 i 的水平向地震惯性力代表值应按下式计算:

$$F_i = \frac{a_H \xi G_{Ei} a_i}{g} \tag{3-12}$$

式中　F_i——用在质点 i 的水平向地震惯性力代表值,kN/m;

a_H——水平向设计地震加速度代表值,由表 3-5 确定;

ξ——地震作用的效应折减系数,除另有规定外,取 0.25;

G_{Ei}——集中在质点 i 的重力作用标准值,kN;

a_i——质点 i 的动态分布系数,计算重力坝地震作用效应时,由式(3-13)确定;

g——重力加速度,9.81 m/s^2。

$$a_i = 1.4 \times \frac{1 + 4\,(h_i/H)^4}{1 + 4\sum_{j=1}^{n} \frac{G_{Ej}}{G_E}\,(h_j/H)^4} \tag{3-13}$$

式中 n——坝体计算质点总数；

H——坝高，m，溢流坝的 H 应算至闸墩顶；

h_i、h_j——质点 i、j 的高度，m；

G_E——产生地震惯性力的建筑物总重力作用的标准值，kN。

竖向设计加速度的代表值 a_V 应取水平向设计地震加速度代表值的2/3。

当同时计算水平向和竖向地震作用效应时，总的地震作用效应可将竖向地震作用效应乘以0.5的遇合系数后与水平向地震作用效应直接相加。

表3-5 水平向设计地震加速度代表值

设计烈度	7	8	9
a_H	$0.1\,g$	$0.2\,g$	$0.4\,g$

3.1.7.2 地震动水压力

地震时，坝前、坝后的水体随着振动形成作用在坝面上的激荡力。

采用拟静力法计算重力坝地震作用效应时，直立坝面水深 y 处的地震动水压力代表值按式(3-14)计算。

$$p_w(h) = a_H \xi \psi(h) \rho_w H_0 \tag{3-14}$$

式中 $p_w(h)$——作用在直立迎水坝面水深 h 处的地震动水压力代表值，kN/m；

$\psi(h)$——水深 h 处的地震动水压力分布系数，应按表3-6的规定取值；

ρ_w——水体质量密度标准值，kN/m³；

H_0——水深，m；

其他符号意义同前。

表3-6 重力坝地震动水压力分布系数 $\psi(h)$

h/H_0	$\psi(h)$	h/H_0	$\psi(h)$
0	0	0.6	0.76
0.1	0.43	0.7	0.75
0.2	0.58	0.8	0.71
0.3	0.68	0.9	0.68
0.4	0.74	1.0	0.67
0.5	0.76		

单位宽度坝面总地震动水压力作用在水面以下 $0.54H_0$ 处，其代表值 F_0 按下式计算：

$$F_0 = 0.65 a_H \xi \rho_w H_0^2 \quad (\text{kN/m}) \tag{3-15}$$

与水平面夹角为 θ 的倾斜迎水坝面，按式(3-15)的规定计算的动水压力代表值应乘以折减系数：

$$\eta_c = \frac{\theta}{90} \tag{3-16}$$

迎水坝面有折坡时，若水面以下直立部分的高度等于或大于水深 H_0 的一半，可近似取作直立坝面;否则,应取水面点与坡脚点连线代替坡度。

作用在坝体上下游的地震动水压力均与坝面垂直,且两者的作用方向一致。例如,当地震加速度的方向指向上游时,作用在上下游坝面的地震动水压力方向均指向下游。

3.1.8 冰压力

冰对建筑物的作用力称为冰压力。冰压力分静冰压力和动冰压力两种。水库表面结冰后,体积增加约9%,在气温回升时,冰盖加速膨胀,受到坝面和库岸的约束,在坝面上产生的压力称为静冰压力。冰盖解冻,冰块顺风顺水漂流撞击在坝面、闸门或闸墩上的撞击力称为动冰压力。冰压力的计算详见《水工建筑物荷载设计规范》(SL 744—2016)。

3.1.9 其他荷载

常见的其他荷载有土压力、温度荷载、灌浆压力、风荷载、雪荷载、坝顶车辆荷载、永久设备荷载等。它们对重力坝的影响是次要的,当需要计算时,查相应规范。

3.2 重力坝的荷载(作用)组合

3.2.1 荷载(作用)的分类

重力坝的荷载,除坝体自重外,其大小和出现的概率都有一定的变化。重力坝主要荷载,按其随时间变异分为以下三类:

(1)永久作用。包括坝体自重和永久性设备自重、淤沙压力(有排沙设施时可列为可变作用)、土压力。

(2)可变作用。包括静水压力、扬压力(包括渗透压力和浮托力)、动水压力、浪压力、冰压力(包括静冰压力和动冰冻压力)、风雪荷载、机动荷载。

(3)偶然作用。包括地震作用、校核洪水位时的静水压力。

3.2.2 荷载(作用)的组合

在设计混凝土重力坝坝体剖面时,荷载组合分基本组合和特殊组合。基本组合,属永久作用与可变作用的效应组合,即设计情况和正常情况;特殊组合,除一些永久作用与可变作用外,尚包括可能同时出现的一种或几种偶然作用,属校核情况和非常情况。各种荷载的作用组合见表3-7,表中数字的含义如下。

3.2.2.1 基本组合

①坝体及永久性设备的自重。

②以发电为主的水库,上游用正常蓄水位,下游按照运用要求泄放最小流量时的水位,且防渗及排水设施正常工作时的水作用有:大坝上下游面的静水压力;扬压力。

③大坝上游淤沙压力。

④大坝上下游侧向土压力。

⑤以防洪为主的水库,上游用防洪高水位,下游用其相应的水位,且防渗及排水设施正常工作时的水作用有:大坝上下游面的静水压力;扬压力;相应泄洪时的动水压力。

⑥浪压力:取50年一遇风速引起的浪压力(相当于多年平均最大风速的1.5~2倍引起的浪压力);多年平均最大风速引起的浪压力。

⑦冰压力:取正常蓄水位时的冰作用。

⑧其他出现机会较多的作用。

表 3-7　荷载(作用)组合

荷载组合	主要考虑情况	荷载类别										备注
		自重	静水压力	扬压力	泥沙压力	浪压力	冰压力	动水压力	土压力	地震作用	其他荷载	
基本组合	1. 正常蓄水位工况	①	②	②	③	⑥	—	—	④	—	⑧	
	2. 防洪高水位	①	⑤	⑤	③	⑥	—	⑤	④	—	⑧	
	3. 冰冻	①	②	②	③	—	⑦	—	④	—	⑧	静水压力及扬压力按相应冬季水位计算
特殊组合	1. 校核洪水工况	①	⑨	⑨	③	⑥	—	⑨	④	—	⑪	
	2. 地震工况	①	②	②	③	⑥	—	—	④	⑩	⑪	静水压力、扬压力和浪压力按正常蓄水位计算,有论证时可另作规定

注:1. 应根据各种荷载作用同时发生的概率,选择计算中最不利的组合。
2. 根据地质和其他条件,如考虑运用时排水设备易于堵塞,需经常维修时,应考虑排水失效的情况,作为偶然给合。

3.2.2.2　**特殊组合**

除计入一些永久作用和可变作用外,还应计入下列的一个偶然作用:

⑨当水库泄放校核洪水(偶然状况)流量时,上下游水位的作用,且防渗排水正常工作时的水作用有:坝上下游面的静水压力;扬压力;相应泄洪时的动水压力。

⑩地震力。一般取正常蓄水情况时相应的上下游水深。

⑪其他出现机会很少的作用。

3.3　重力坝的抗滑稳定

重力坝的抗滑稳定及应力分析即在各种荷载组合情况下,对初拟的断面尺寸,进行稳定计算、强度校核,最终定出经济断面。

3.3.1　重力坝的抗滑稳定分析

抗滑稳定分析是重力坝设计中的一项重要内容,其目的是核算坝体沿坝基面或沿地基深层软弱结构面抗滑稳定的安全度。

3.3.1.1　抗滑稳定计算截面的选取

重力坝的稳定应根据坝基的地质条件和坝体剖面形式,选择受力大、抗剪强度较低、容易产生滑动的截面作为计算截面。重力坝抗滑稳定计算主要是核算沿坝基面及混凝土面(包括常态混凝土水平施工缝或碾压混凝土层面)的抗滑稳定性。另外,当坝基内有软弱夹层、缓倾角结构面时,也应核算其深层抗滑稳定性。

3.3.1.2　重力坝的沿坝基面抗滑稳定分析

以一个坝段或取单宽作为计算单元,计算公式有抗剪强度公式和抗剪断强度公式。

(1)抗剪强度公式。

将坝体与基岩间看成是一个接触面,而不是胶结面。

当接触面呈水平[见图3-18(a)]时,其抗滑稳定安全系数 K_s 为

$$K_s = \frac{f(\sum W - U)}{\sum P} \tag{3-17}$$

式中　$\sum W$——接触面以上的总铅直力;

$\sum P$——接触面以上的总水平力;

U——作用在接触面上的扬压力;

f——接触面间的摩擦系数。

当接触面倾向上游[见图3-18(b)]时,其抗滑稳定安全系数 K_s 为

$$K_s = \frac{f(\sum W\cos\beta - U + \sum P\sin\beta)}{\sum P\cos\beta - \sum W\sin\beta} \tag{3-18}$$

式中　β——接触面与水平面间的夹角。

由式(3-18)可以看出,当接触面倾向上游时,对坝体抗滑有利;而当接触面倾向下游时,β 为负值,抗滑力减小,滑动力增大,对坝体稳定不利。

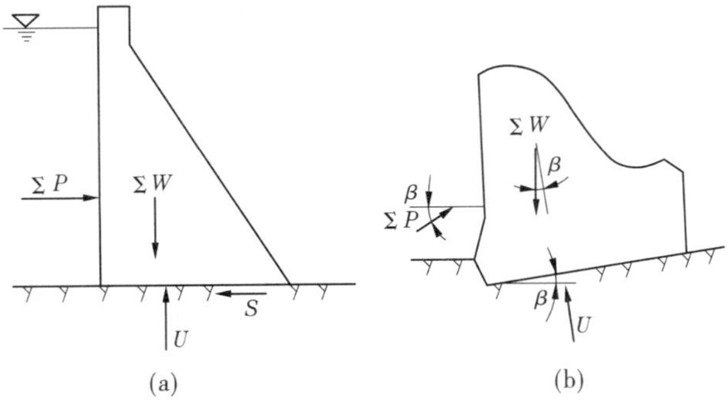

图3-18　重力坝抗滑稳定计算简图

混凝土与基岩间的摩擦系数 f 值常取0.5~0.8,摩擦系数的选定直接关系到大坝的造价与安全,f 值愈小,为维持稳定所需的 $\sum W$ 越大,即坝体剖面愈大,以新安江工程重力坝为例,若 f 值减小0.01,坝体混凝土用量就要增多2万 m^3。

由于抗剪强度公式未考虑坝体混凝土与基岩间的凝聚力,而将其作为安全储备,因此相应的安全系数 K_s 值就不应再定得过高。用抗剪强度公式设计时,各种荷载组合情况下的安全系数不小于表3-8的规定。

表 3-8 抗滑稳定安全系数 K_s

荷载组合		坝的级别		
		1	2	3
基本组合		1.10	1.05	1.05
特殊组合	(1)	1.05	1.00	1.00
	(2)	1.00	1.00	1.00

(2)抗剪断强度公式。

利用抗剪断强度公式时,认为坝体混凝土与基岩接触良好,直接采用接触面上的抗剪断参数 f' 和 c' 计算抗滑稳定安全系数。此处,f' 为抗剪断摩擦系数,c' 为抗剪断凝聚力。

$$K_s' = \frac{f'(\sum W - U) + c'A}{\sum P} \tag{3-19}$$

对于大中型工程,在设计阶段,强度参数 f' 和 c' 应有野外及室内实验成果;在规划和可行性研究阶段可参照规范给定的数值选用。我国设计规范用统计的方法给出了不同级别岩石的抗剪断参数的计算参考值, SL 319—2018 规定 K_s' 值不分坝的级别,基本组合为 3.0,特殊组合(1)为 2.5,特殊组合(2)为 2.3。

抗剪强度公式(3-17),形式简单,对摩擦系数 f 的选择,多年来积累了丰富的经验,在国内外应用广泛。但该式忽略了坝体与基岩间的胶结作用,不能完全反映坝的实际工作性态。抗剪断强度公式(3-19),直接采用接触面上的抗剪强度参数,物理概念明确,比较符合坝的实际工作情况,已日益为各国所采用。

3.3.2 坝基深层抗滑稳定计算

在很多情况下,重力坝的最危险滑动面往往不在坝身与地基的接触面,而是在地基内部。因为基岩内经常有各种形式的软弱面存在,坝体将带动一部分基岩沿这些软弱面滑动,即所谓的深层滑动。

(1)当深层滑动面为一简单的平面(见图 3-19)时,可用式(3-17)及式(3-18)进行计算。

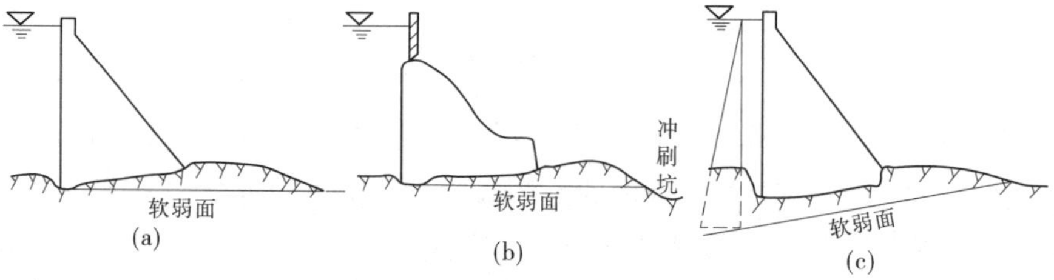

图 3-19 重力坝的深层滑动

(2)在实际工程中,深层滑动不是一个简单的平面,而是一个复杂的形状,如由两个斜面组成。双滑动面为最常见情况,见图 3-20。深层抗滑稳定采用等安全系数,按下列抗剪断强度公式或抗剪强度公式进行计算:

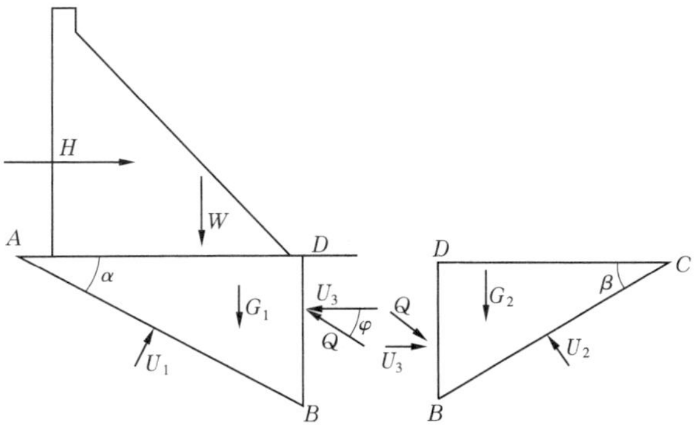

图3-20 双层滑动面深层抗滑稳定计算示意图

采用抗剪断强度公式计算。考虑 ABD 块的稳定,则有

$$K'_{s1}=\frac{f'_1[(W+G_1)\cos\alpha-H\sin\alpha-Q\sin(\varphi-\alpha)-U_1+U_3\sin\alpha]+c'_1A_1}{(W+G_1)\sin\alpha+H\cos\alpha-U_3\cos\alpha-Q\cos(\varphi-\alpha)} \tag{3-20}$$

考虑 BCD 块的稳定,则有

$$K'_{s2}=\frac{f'_2[G_2\cos\beta+Q\sin(\varphi+\beta)-U_2+U_3\sin\beta]+c'_2A_2}{Q\cos(\varphi+\beta)-G_2\sin\beta+U_3\cos\beta} \tag{3-21}$$

式中 K'_{s1}、K'_{s2}——按抗剪断强度计算的抗滑稳定安全系数;

W——作用于坝体上全部荷载(不包括扬压力,下同)的垂直分值,kN;

H——作用于坝体上全部荷载的水平分值,kN;

G_1、G_2——岩体 ABD、BCD 重量的垂直作用力,kN;

f'_1、f'_2——AB、BC 滑动面的抗剪断摩擦系数;

c'_1、c'_2——AB、BC 滑动面的抗剪断凝聚力,kPa;

A_1、A_2——AB、BC 面的面积,m^2;

α、β——AB、BC 面与水平面的夹角;

U_1、U_2、U_3——AB、BC、BD 面上的扬压力,kN;

Q——BD 面上的作用力,kN;

φ——BD 面上的作用力 Q 与水平面的夹角,夹角 φ 值需经论证后选用,从偏于安全考虑,φ 可取0°。

通过式(3-20)、式(3-21)及 $K'_{s1}=K'_{s2}=K'_s$,求解 Q、K'_s 值。

②采用抗剪强度公式计算。考虑 ABD 块的稳定,则有

$$K_{s1}=\frac{f_1[(W+G_1)\cos\alpha-H\sin\alpha-Q\sin(\varphi-\alpha)-U_1+U_3\sin\alpha]}{(W+G_1)\sin\alpha+H\cos\alpha-U_3\cos\alpha-Q\cos(\varphi-\alpha)} \tag{3-22}$$

考虑 BCD 块的稳定,则有

$$K_{s2}=\frac{f_2[G_2\cos\beta+Q\sin(\varphi+\beta)-U_2+U_3\sin\beta]}{Q\cos(\varphi+\beta)-G_2\sin\beta+U_3\cos\beta} \tag{3-23}$$

式中 K_{s1}、K_{s2}——抗剪强度计算的抗滑稳定安全系数;

f_1、f_2——AB、BC 滑动面的抗剪摩擦系数。

通过式(3-22)、式(3-23)及 $K_{s1}=K_{s2}=K_s$,求解 Q、K_s 值。

多滑面的情况比较复杂,可参照双滑面的计算方法求解 K_s 值。

3.3.3　提高坝体抗滑稳定的工程措施

为了提高坝体的抗滑稳定性,常采取以下工程措施:

(1)设置倾斜的上游坝面,利用坝面上水重增加稳定。但应注意,上游面的坡度不宜过缓,应控制在 1:0.1 ~ 1:0.2;否则,在上游坝面容易产生拉应力,对强度不利。

(2)采用有利的开挖轮廓线。开挖坝基时,最好利用岩面的自然坡度,使坝基面倾向上游,如图 3-21(a)所示。有的时候,有意将坝踵高程降低,使坝基面倾向上游,如图 3-21(b)所示,但这种做法将加大上游水压力,增加开挖量和浇筑量,故较少采用。当基岩比较固定时,可以开挖成锯齿状,形成局部倾向上游的斜面,如图 3-21(c)所示,但能否开挖成锯齿状,主要取决于基岩节理裂隙的产状。

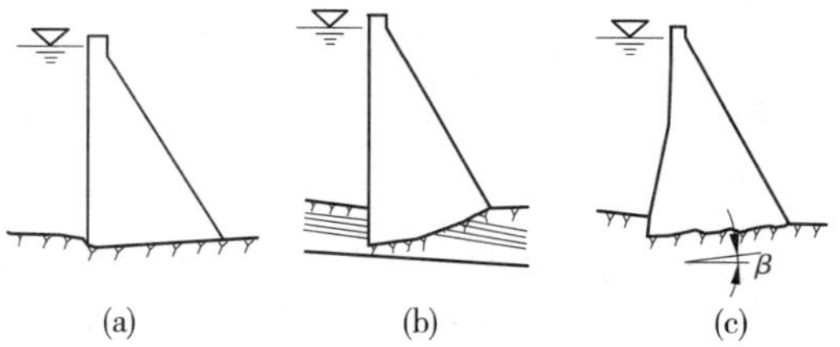

图 3-21　坝基开挖轮廓

(3)设置齿墙。如图 3-22(a)所示,当基岩内有倾向下游的软弱面时,可在坝踵部位设齿墙,切断较浅的软弱面,迫使可能的滑动面由 abc 成为 $a'b'c'$,这样既增大了滑动体的重量,同时也增大了抗滑体的抗力。如在坝趾部位设置齿墙,将坝趾放在较好的岩层上,如图 3-22(b)所示,则可更多地发挥抗力体的作用,可在一定程度上改善坝踵应力,同时由于坝趾的压应力较大,设在坝趾下齿墙的抗剪能力也会相应增加。

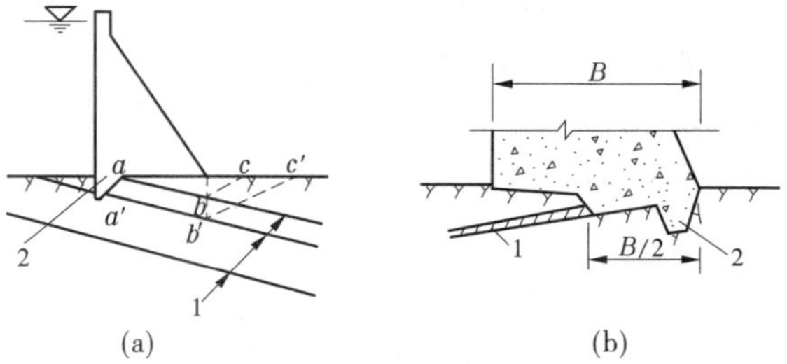

1—泥化夹层;2—齿墙

图 3-22　齿墙设置

(4)抽水降压措施。当下游水位较高,坝体承受的浮托力较大时,可考虑在坝基面设置排水系统,定时抽水以减小坝底浮托力。如我国的龚嘴工程,下游水深达 30 m,采取抽水措施后,浮托力只按 10 m 水深计算,节省了许多浇筑量。

(5)加固地基。包括帷幕灌浆、固结灌浆及断层、软弱夹层的处理等。

3.4 重力坝的应力分析

3.4.1 重力坝应力分析的目的和方法

重力坝应力分析的目的是检验坝体在施工期和运用期各部位的应力是否超过坝体材料的容许值,根据坝体应力大小的分布规律进行坝体材料标号的区分设计,同时为设计穿过坝体的廊道、管道、孔口等提供依据。

重力坝应力分析方法,有理论计算和模型试验两大类。理论计算方法主要有材料力学法和有限元计算法。对于中低坝,当地质条件较简单时,可只按材料力学方法计算坝的应力,有时可只计算坝的边缘应力。对于高坝,尤其当地质条件复杂时,除用材料力学方法计算外,宜同时进行模型试验或采用有限元法进行计算。对于修建在复杂地基上的中低坝亦可根据需要进行上述研究。

3.4.2 材料力学法计算坝体应力

材料力学法计算坝体应力,首先在坝的横剖面上截取若干个控制性水平截面进行应力计算。一般情况下,应在坝基面、折坡处、坝体削弱部位(如廊道、泄水管道、坝内有孔洞的部位)及认为需要计算坝体应力的部位截取计算截面。

对于实体重力坝,常在坝体最高处沿坝轴线取单位坝长(1 m)作为计算对象,选定荷载组合,确定计算截面,进行应力计算。

3.4.2.1 基本假定

(1)假定坝体混凝土为均质、连续、各向同性的弹性材料。

(2)视坝段为固定于坝基上的悬臂梁,不考虑地基变形对坝体应力的影响,并认为各坝段独立工作,横缝不传力。

(3)假定坝体水平截面上的正应力 σ_y 按直线分布,不考虑廊道等对坝体应力的影响。

3.4.2.2 边缘应力的计算

一般情况下,坝体的最大应力和最小应力都出现在坝面,所以在重力坝首先应校核坝体边缘应力是否满足强度要求。

计算图形及应力与荷载的方向见图3-23。右上角应力和力的箭头方向为正。

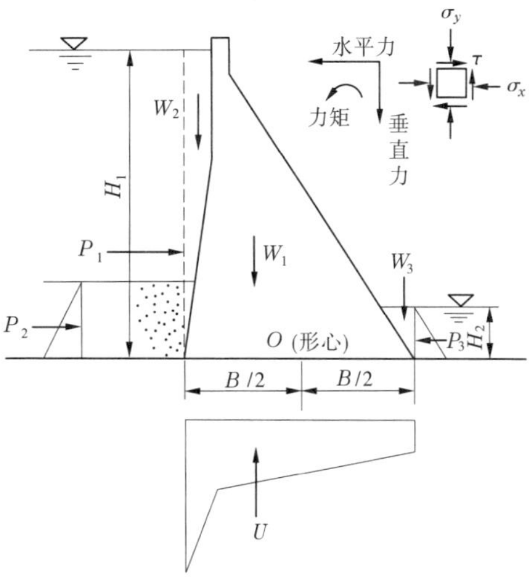

图3-23 坝体应力计算图

(1)水平截面上的正应力。因为假定 σ_y 按直线分布,所以可按偏心受压式(3-24)、式(3-25)计算上下游边缘应力 σ_{yu} 和 σ_{yd}。

$$\sigma_{yu} = \frac{\sum W}{B} + \frac{6\sum M}{B^2} \quad (\text{kPa}) \tag{3-24}$$

$$\sigma_{yd} = \frac{\sum W}{B} - \frac{6\sum M}{B^2} \quad (\text{kPa}) \tag{3-25}$$

式中　$\sum W$——作用于计算截面以上全部荷载的铅直分力的总和,kN;

$\sum M$——作用于计算截面以上全部荷载对截面形心的力矩总和,kN · m;

B——计算截面的长度, m。

(2)剪应力。已知 σ_{yu} 和 σ_{yd},可以根据边缘微分体的平衡条件,解出上下游边缘剪应力 τ_u 和 τ_d,见图 3-24(a)。

$$\tau_u = (p_u - \sigma_{yu})n \quad (\text{kPa}) \tag{3-26}$$

$$\tau_d = (\sigma_{yd} - p_d)m \quad (\text{kPa}) \tag{3-27}$$

式中　p_u——上游面水压力强度,kPa;

p_d——下游面水压力强度,kPa;

n——上游坝坡坡率,$n = \tan\varphi_u \varphi_u$ 为上游坝面与铅直面的夹角;

m——下游坝坡坡率,$m = \tan\varphi_d$,φ_u 为下游坝面与铅直面的夹角。

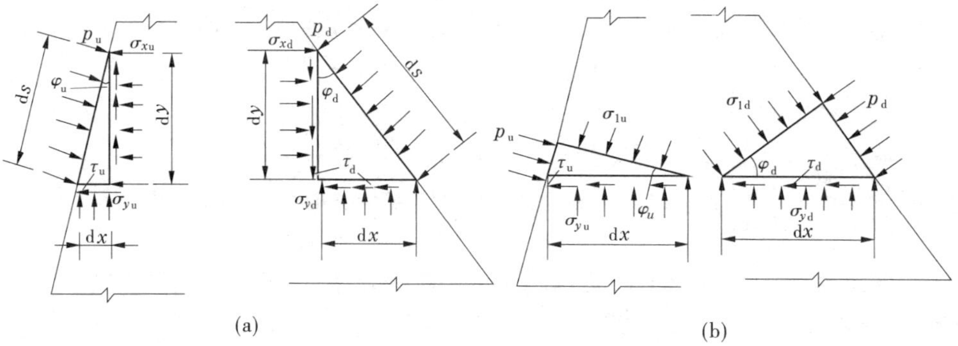

图 3-24　边缘应力计算示意图

(3)水平正应力。已知 τ_u 和 τ_d,可以根据平衡条件,求得上下游边缘的水平正应力 σ_{xu} 和 σ_{xd}。

$$\sigma_{xu} = p_u - \tau_u n \quad (\text{kPa}) \tag{3-28}$$

$$\sigma_{xd} = p_d + \tau_d m \quad (\text{kPa}) \tag{3-29}$$

(4)主应力。取微分体,如图 3-24(b)所示,根据平衡条件,则

$$\sigma_{1u} = (1 + n^2)\sigma_{yu} - p_u n^2 \quad (\text{kPa}) \tag{3-30}$$

$$\sigma_{1d} = (1 + m^2)\sigma_{yd} - p_d m^2 \quad (\text{kPa}) \tag{3-31}$$

显然上下游坝面水压力强度是另一个主应力,分别为

$$\sigma_{2u} = p_u \quad (\text{kPa}) \tag{3-32}$$

$$\sigma_{2u} = p_d \quad (\text{kPa}) \tag{3-33}$$

由式(3-30)可以推得,当上游坝面倾向上游(坡率 $n > 0$)时,随着 n 的增大,上游面主应力 $\sigma_{1u} < 0$,即为拉应力。因此,岩基上的重力坝常把上游面做成铅直的($n = 0$),或小坡率($n < 0.2$)的折坡坝面。

3.4.2.3 内部应力计算

应用偏心受压公式求出坝体水平截面上的σ_y后，便可利用平衡条件求出截面上内部各点的应力分量τ和σ_x。

(1)坝内水平截面上的正应力σ_y。假定σ_y在水平截面上按直线分布[见图3-25(a)]，即

$$\sigma_y = a + bx \tag{3-34}$$

坐标原点设在下游坝面，由偏心受压公式可以得出系数a和b，即

$$a = \frac{\sum W}{B} - \frac{6\sum m}{B^2}, b = \frac{12\sum m}{B^3}$$

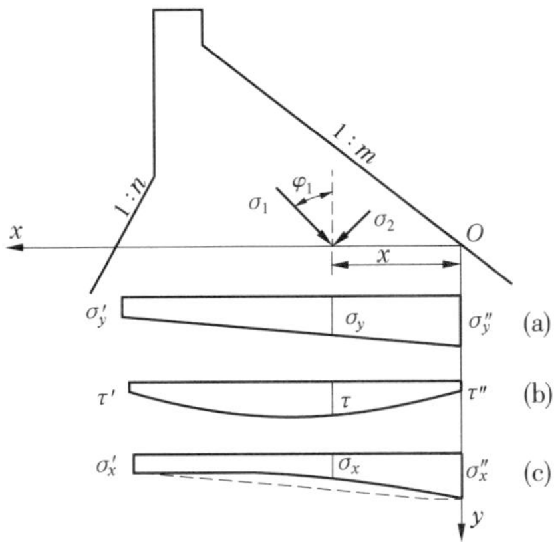

图3-25 坝内应力分布图

(2)坝内剪应力τ。由于σ_y呈线性分布，由平衡条件可得出水平截面上剪应力τ呈二次抛物线分布[见图3-25(b)]，即

$$\tau = a_1 + b_1 x + c_1 x^2$$

其中

$$\left.\begin{aligned} a_1 &= \tau_d \\ b_1 &= -\frac{1}{B}\left(\frac{6\sum P}{B} + 2\tau_u + 4\tau_d\right) \\ c_1 &= \frac{1}{B^2}\left(\frac{6\sum P}{B} + 3\tau_u + 3\tau_d\right) \end{aligned}\right\}$$

(3)坝内水平正应力σ_x。σ_x的分布接近直线，如图3-25(c)所示。因此，对中小型可近似假定：

$$\sigma_x = a_2 + b_2 x \tag{3-35}$$

其中 $$a_2 = \sigma_{xd}, \quad b_2 = \frac{\sigma_{xu} - \sigma_{xd}}{B}$$

(4)坝内主应力σ_1和σ_2。求得任意点的三个应力分量σ_x、σ_y和τ后，即可计算该点的主应力和第一主应力的方向φ_1：

$$\left.\begin{aligned} \sigma_1 &= \frac{\sigma_x + \sigma_y}{2} + \sqrt{\left(\frac{\sigma_y - \sigma_x}{2}\right)^2 + \tau^2} \\ \sigma_2 &= \frac{\sigma_x + \sigma_y}{2} - \sqrt{\left(\frac{\sigma_y - \sigma_x}{2}\right)^2 + \tau^2} \\ \varphi_1 &= \frac{1}{2}\arctan\left(-\frac{2\tau}{\sigma_y - \sigma_x}\right) \end{aligned}\right\} \tag{3-36}$$

φ_1以顺时针方向为正，当$\sigma_y > \sigma_x$时，自竖直线量取；当$\sigma_y < \sigma_x$时，自水平线量取。

求出各点的主应力后，即可在计算点上用矢量表示其大小，构成主应力图。必要时，还可根据此绘出主应力轨迹线和等应力图。

3.4.2.4 考虑扬压力时的应力计算

上列应力计算公式均未计入扬压力。当需要考虑扬压力时，可将计算截面上的扬压力作为外荷载计入，根据边缘微分体的平衡条件，求得应力公式。

(1)求边缘应力：

上游边缘 τ_u、σ_{xu} 为

$$\left.\begin{aligned}\tau_u &= -\sigma_{yu}n \\ \sigma_{xu} &= \sigma_{yu}n^2\end{aligned}\right\} \tag{3-37}$$

下游边缘 τ_d、σ_{xd} 为

$$\left.\begin{aligned}\tau_d &= -\sigma_{yd}m \\ \sigma_{xd} &= \sigma_{yd}m^2\end{aligned}\right\} \tag{3-38}$$

上下游边缘主应力 σ_{1u}、σ_{2u}、σ_{1d}、σ_{2d} 为

$$\left.\begin{aligned}\sigma_{1u} &= (1+n^2)\sigma_{yu} \\ \sigma_{2u} &= 0 \\ \sigma_{1d} &= (1+m^2)\sigma_{yd} \\ \sigma_{2d} &= 0\end{aligned}\right\} \tag{3-39}$$

可见，考虑与不考虑扬压力时，τ、σ_x 和 σ_1、σ_2 的计算公式是不相同的。

(2)求坝内压力。可先不计扬压力，按上述有关公式计算各点应力，然后再叠加扬压力引起的应力。

3.4.2.5 坝体和坝基的应力控制

(1)重力坝坝基面坝踵、坝趾的垂直应力应符合下列要求：

运用期：在各种荷载组合(地震荷载除外)下，坝踵垂直应力不应出现拉应力，坝趾垂直应力应小于坝基容许压应力；在地震荷载作用下，坝踵、坝趾的垂直应力应符合《水工建筑物抗震设计规范》(SL 203—97)的要求。

施工期：坝趾垂直应力允许有小于 0.1 MPa 的拉应力。

(2)重力坝坝体应力应符合下列要求：

运用期：坝体上游面的垂直应力不出现拉应力(计扬压力)；坝体最大主压应力，不应大于混凝土的允许压应力值；在地震情况下，坝体上游面的应力控制标准应符合《水工建筑物抗震设计规范》(SL 203—97)的要求。

施工期：坝体任何截面上的主压应力不应大于混凝土的允许压应力；在坝体的下游面，允许有不大于 0.25 MPa 的主拉应力。

混凝土的允许应力应按混凝土的极限强度除以相应的安全系数确定。坝体混凝土抗压安全系数，基本组合不应小于 4.0，特殊组合(不含地震情况)不应小于 3.5。当局部混凝土有抗拉要求时，抗拉安全系数不应小于 4.0。

4 重力坝的地基处理

由于长期受地质作用，天然的坝基一般都存在风化、节理、裂隙等缺陷，有时也存在断层、破碎带和软弱夹层等，因此必须进行地基处理。地基处理的目的有三方面，即渗流控

制、强度控制和稳定控制。经过处理后坝基满足下列要求:①具有足够的抗渗性,以满足渗透稳定,控制流量;②具有足够的强度,以承受坝体的压力;③具有足够的整体性和均匀性,以满足坝基的抗滑稳定和减少不均匀沉陷;④具有足够的耐久性,以防止岩体性质在水的长期作用下发生恶化。

地基处理的措施,包括开挖清理、固结灌浆、破碎带或软弱夹层的专门处理、断层防渗帷幕灌浆、钻孔排水等。

4.1 坝基的开挖与清理

坝基的开挖与清理的目的是将坝体坐落在稳定、坚固的地基上,坝基的开挖深度应根据坝基应力情况、岩石强度及其完整性,结合上部结构对基础的要求研究确定。

对于坝高超过100 m的高坝应建在新鲜、微风化或弱风化层下部的基岩上;对一些中小型工程,坝高为100～50 m时,也可考虑在微风化或弱风化上部—中部基岩上,对两岸较高部位的坝段,其开挖基岩的标准可比河床部位适当放宽。

坝基开挖的边坡必须保持稳定,在顺河流方向基岩石尽可能略向上游倾斜,以增强坝体的抗滑稳定,必要时可挖成分段平台,两岸岸坡应开挖成台阶以利坝块的侧向稳定。基坑开挖轮廓应尽量平顺,避免有高差悬殊的突变,以免应力集中造成坝体裂缝,当坝基中有软弱夹层存在,且用其他措施无法解决时,也可挖掉。

坝基开挖应分层进行,避免爆破基岩被震裂,靠近底层应用小炮破,最后0.2～0.3 m用风镐开挖,不用爆破。基岩表面应进行修整,使表面起伏不超过0.3 m。

坝基开挖后,在浇筑混凝土前,要进行彻底、认真地清理和冲洗:清除松动的岩块,打掉凸出的尖角,封堵原有勘探钻洞、探井、探洞,清洗表面尘土、石粉等。

4.2 坝基的加固处理

坝基加固的目的:①提高基岩的整体性和弹性模量;②减少基岩受力后的不均匀变形;③提高基岩的抗压强度、抗剪强度;④降低坝基的渗透性。

4.2.1 坝基的固结灌浆

混凝土坝工程中,对岩石的节理裂隙采用浅孔低压灌注水泥浆的方法对坝基进行加固处理,称为固结灌浆。

固结灌浆的目的是提高基岩的整体性和弹性模量,减少基岩受力后的变形,并提高基岩的抗压强度、抗剪强度,降低坝基的渗透性,减少渗流量。在防渗帷幕范围内,先进行固结灌浆可提高帷幕灌浆的压力。

固结灌浆的范围主要根据坝基的地质条件、岩石破碎程度及坝基受力情况而定。当基岩较好时,可仅在坝基上下游应力较大的地区进行;坝基岩石普遍较差而坝又较高的情况下,则多进行坝基全面积固结灌浆。有的工程甚至在坝基以外的一定范围内,也进行固结灌浆。灌浆孔的布置,采用梅花形的排列,孔距、排距随岩石破碎情况而定,一般为3～4 m,孔深一般为5～8 m。灌浆时,先用稀浆,而后逐步加大浆液的稠度,灌浆压力一般为0.2～0.4 MPa,在有混凝土盖重时为0.4～0.7 MPa,以不掀动岩石为限,如图3-26所示。

4.2.2 坝基软弱破碎带的处理

坝基中存在的较大软弱破碎带,有断层破碎带、软弱夹层、泥化层、裂隙密集带等。断层破碎带的强度低,压缩变形大,易产生不均匀沉降,导致坝体开裂。若与水库连通,使渗透压

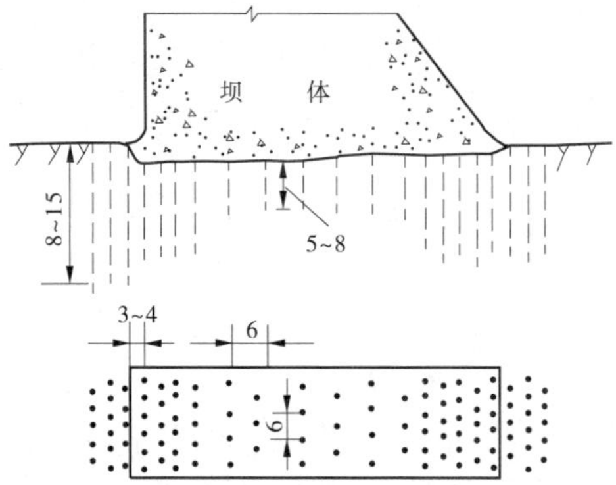

图 3-26 岩基固结灌浆孔布置示意图 （单位:m）

力加大,易产生机械或化学管涌,危及大坝安全。若岩石层间软弱夹层厚度较小,遇水则容易发生软化或泥化,致使抗剪强度低,特别是倾角小于 30 ℃的连续软弱夹层更为不利。

对于侧角较大或与基面接近垂直的断层破碎带,需采用开挖回填混凝土的措施,如做成混凝土(塞)或混凝土拱进行加固,如图 3-27 所示。当软弱带的宽度为 2 ~3 m 时,混凝土塞的高度(开挖深度)一般可采用软弱带的宽度的 1 ~1.5 倍,且不小于 1 m,或根据计算确定。塞的两侧可挖成 1∶1 ~1∶0.5 斜坡,以便将坝体的压力以混凝土塞(拱)传到两侧完整的基岩上。如破碎带延伸至坝体上下游边界线以外,则混凝土塞也应向外延伸,延伸长度取 1.5 ~2 倍混凝土塞的高度。若软弱层破碎带与上游水库连通,还必须做好防渗处理。

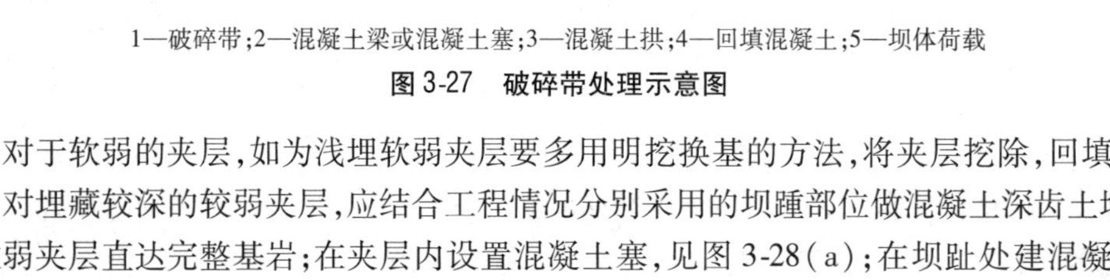

1—破碎带;2—混凝土梁或混凝土塞;3—混凝土拱;4—回填混凝土;5—坝体荷载

图 3-27 破碎带处理示意图

对于软弱的夹层,如为浅埋软弱夹层要多用明挖换基的方法,将夹层挖除,回填混凝土。对埋藏较深的较弱夹层,应结合工程情况分别采用的坝踵部位做混凝土深齿土墙,切断软弱夹层直达完整基岩;在夹层内设置混凝土塞,见图 3-28(a);在坝趾处建混凝土深齿墙,如图 3-28(b)所示;在坝址下游侧岩体内设钢筋混凝土抗滑桩,或预应力钢索加固、化学灌浆等,如图 3-28(c)所示,以提高坝体和坝基的抗滑稳定性。在同一工程中,根据具体情况,常采用多种不同的处理方法。

4.3 坝基的防渗和排水

4.3.1 坝基的防渗

坝基防渗一般采用帷幕灌浆,帷幕灌浆可降低渗透水压力,减少渗流量,防止坝基产

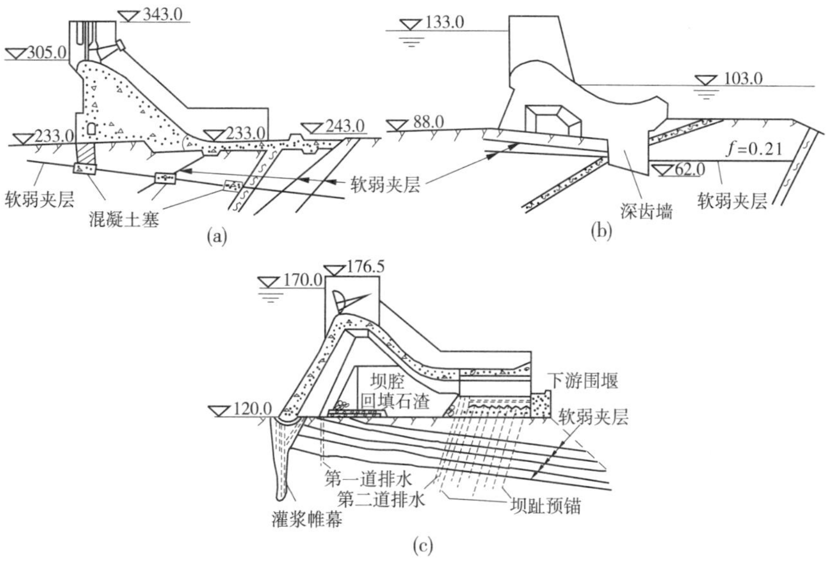

图 3-28 软弱夹层处理 (单位:m)

生机械或化学管涌。常用的灌浆材料有水泥浆和化学浆,应优先采用膨胀水泥浆。化学浆可灌性好,抗渗性好,但价格昂贵。

防渗帷幕的位置布置在靠近上游坝面的坝轴线附近,自河床向两岸延伸,如图 3-29 所示。钻孔和灌浆常在坝体灌浆廊道内,靠近岸坡可以在坝顶、岸坡或平洞内进行。钻孔一般为铅直或向上游不大于 10°的斜坡。

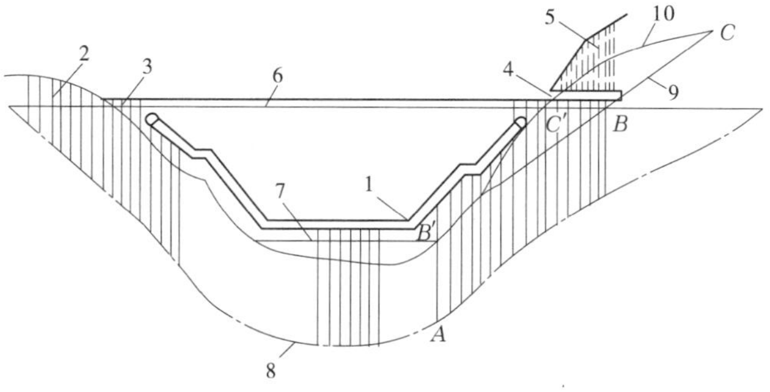

1—灌浆廊道;2—山坡钻进;3—坝顶钻进;4—灌浆平洞;5—排水孔;6—正常蓄水位;7—原河水位;8—防渗帷幕底线;9—原地下水位线;10—蓄水后地下水位线

图 3-29 防渗帷幕沿坝轴线的布置图

防渗帷幕的深度应根据作用水头、工程地质、地下水文特性确定;坝基内透水层厚度不大时,帷幕可穿过透水层,深入相对隔水层 3 ~5 m。相对隔水层较深时,帷幕深度可根据防渗要求确定,常用坝高的 30% ~70% ,形成河床部位深、两岸渐浅的帷幕布置形式。

防渗帷幕的厚度应当满足抗渗稳定的要求,即帷幕内的渗透坡降应小于容许的渗透坡降[J]。防渗帷幕厚度应以浆液扩散半径组成区域的最小厚度为准,厚度与排数有关,中高坝可设两排以上，低坝设一排，多排灌浆时一排必须达到设计深度，两侧其余各排可取设计深度的1/3～1/2。孔距一般为1.5～4.0 m，排距宜比孔距略小，还可以在上游坝踵处加一排补强。

帷幕灌浆的时间，应在坝基固结灌浆后并要求坝体混凝土浇筑到一定的高度（有盖重后）施工。灌浆压力在孔底应大于2～3倍坝前静水头，帷幕表层段应大于1～1.5倍坝前静水头，但应以不破坏岩体为原则。

防渗帷幕伸入两岸的范围由河床向两岸延伸一定距离，与两岸不透水层衔接起来，当两岸相对不透水层较深时，可将帷幕伸入原地下水线与最高库水位交点（图3-29中*B*点）处为止。岸坡在水库最高水位以上的水通过排水孔或平洞排出，增加岸坡的稳定性。

4.3.2 坝基的排水

降低坝基底面的扬压力，可在防渗帷幕后设置主排水孔幕和辅助排水孔幕，如图3-30所示。

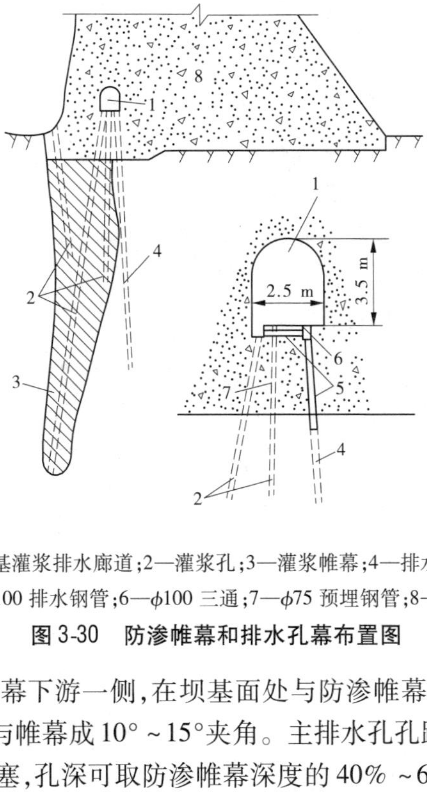

1—坝基灌浆排水廊道；2—灌浆孔；3—灌浆帷幕；4—排水孔幕；
5—ϕ100 排水钢管；6—ϕ100 三通；7—ϕ75 预埋钢管；8—坝体

图3-30　防渗帷幕和排水孔幕布置图

主排水孔幕在防渗帷幕下游一侧，在坝基面处与防渗帷幕的距离应大于2 m。主排水孔幕一般向下游倾斜，与帷幕成10°～15°夹角。主排水孔孔距为2～3 m，孔径为150～200 mm，孔径过小容易堵塞，孔深可取防渗帷幕深度的40%～60%，高中坝的排水孔深不宜小于10 m。

主排水孔幕在帷幕灌浆后施工。排水孔穿过坝体部分要预埋钢管，穿过坝基部分待帷幕灌浆后才能钻孔。渗水通过排水沟汇入集水井，自流或抽排向下游。

辅助排水孔幕高坝一般可设2～3排，中坝可设1～2排，布置在纵向排水廊道内，孔距为3～5 m，孔深为6～12 m。有时还在横向排水廊道或在宽缝内设排水孔。纵横交错、相互连通就构成了坝基排水系统，如图3-31所示。如下游水位较深、历时较长，要在靠近坝趾处增设一道防渗帷幕,坝基排水系统要靠抽排。

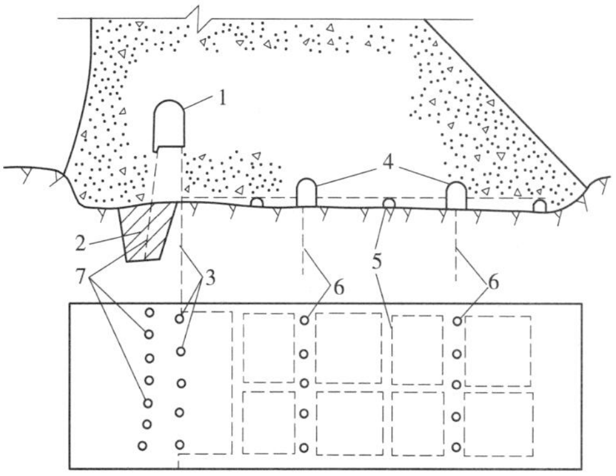

1—灌浆排水廊道;2—灌浆帷幕;3—主排水孔幕;
4—纵向排水廊道;5—半圆混凝土管;6—辅助排水孔幕;7—灌浆孔

图3-31 坝基排水系统

实践证明:我国新安江、丹江口、刘家峡等重力坝采用坝基排水系统,减压效果明显,较常规扬压力减小30%。浙江、湖南等地设计中采用了抽水减压,收到了良好的效果。

任务3 重力坝的初步设计

【任务描述】

重力坝的初步设计包括剖面设计、稳定分析、应力分析、构造设计、地基处理等;对于溢流坝,还要进行孔口设计、溢流坝坝面设计、消能防冲设计等。

【任务分析】

重力坝的剖面设计主要是确定坝体的高程、坝顶宽度、坝坡系数等;稳定分析是通过对坝体的荷载计算,验算坝体的抗滑稳定;应力分析是用材料力学法和有限元计算法验算坝体各部位的应力是否超过坝体材料的容许值;构造设计主要包括分缝、止水、廊道、坝体泄水孔、排水管等;地基处理主要是加固处理和防渗处理;溢流坝孔口设计是确定溢流坝坝段的长度和堰顶高程,以满足泄水要求;溢流坝坝面设计包括堰面曲线、反弧半径等;消能防冲设计包括消能形式的选择、设计和防冲设施的设计。

【任务知识点】

1 重力坝的主要设计内容

(1)剖面设计。可参照已建类似工程,拟定剖面尺寸。

(2)稳定分析。验算坝体沿地基面或地基中软弱结构面抗滑稳定的安全度。

(3)应力分析。使应力条件满足设计要求,保证坝体和坝基有足够的强度。

(4)构造设计。根据施工和运用要求确定坝体的细部构造,如廊道系统、排水系统、坝体分缝等。

(5)地基处理。根据地质条件和受力情况,进行地基的防渗、排水、断层处理等。

(6)溢流重力坝和泄水孔的孔口设计。包括堰顶高程、孔口尺寸、体形及消能、防护设计等。

(7)监测设计。包括坝体内部和外部的观测设计,制定大坝的运行、维护和监测条例。

2 非溢流重力坝的设计

非溢流坝剖面形式、尺寸的确定,将影响荷载的计算、稳定和应力分析,因此非溢流坝剖面的设计及其他相关结构的布置,是重力坝设计的关键步骤。

2.1 剖面设计的基本原则

非溢流坝剖面设计的基本原则是:①满足稳定和强度要求,保证大坝安全;②工程量小,造价低;③结构合理,运用方便;④利于施工,方便维修。

2.2 剖面拟定的步骤

首先拟定基本剖面;其次根据运用及其他要求,将基本剖面修改成实用剖面;最后对实用剖面进行应力分析和稳定验算,按规范要求,经过几次反复修正和计算后,得到合理的设计剖面。

2.3 重力坝的基本剖面

重力坝的基本剖面是指坝体在自重、静水压力(上游水位为正常蓄水位,水位与坝顶齐平)和扬压力三个主要荷载作用下,满足稳定和强度的要求,并且使工程量最小的三角形剖面,如图 3-32 所示。

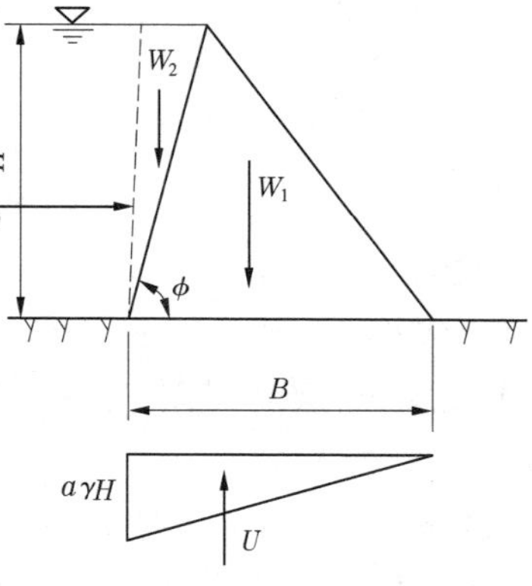

图 3-32 重力坝的基本剖面

2.4 非溢流重力坝的实用剖面

根据交通和运行管理的需要,坝顶应有足够的宽度。为防止波浪漫过坝顶,在静水位以上还应留有一定的超高。

2.4.1 坝顶宽度

一般情况下,坝顶宽度可采用坝高的 8% ~10%,且不小于 3 m。碾压混凝土坝坝顶宽不小于 5 m。当坝顶布置移动式启闭机时,坝顶宽度要满足安装门机轨道的要求。

2.4.2 坝顶高程

坝顶或坝顶上游防浪墙高于静水位的超高 Δh,可按下式计算:

$$\Delta h = h_1 + h_z + h_c \tag{3-40}$$

式中 h_1、h_z、h_c——波浪高度、波浪中心线至静水位的高度、安全加高。

波浪的几何要素如图 3-33 所示,波浪高度 h_l 为波峰到波谷的高度,波长 L 为波峰到波峰的距离,因空气阻力比水的阻力小,所以波浪中心线高出静水面一定高度 h_z。

平原、滨海地区水库,宜采用南京水利科学研究院的莆田试验站式:

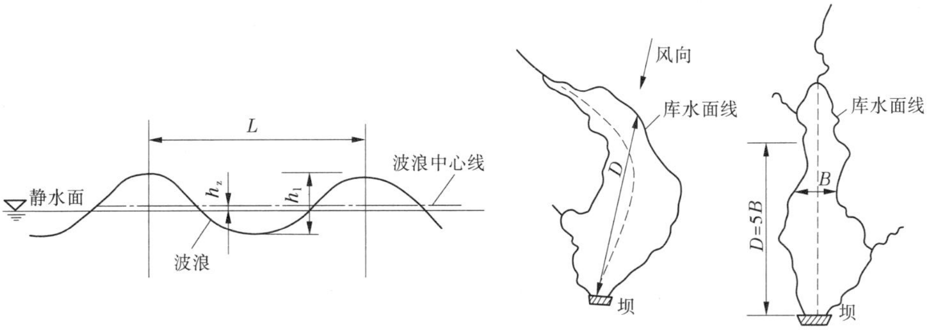

(a)波浪多几何要素　　(b)波浪吹程

图3-33　波浪几何要素及吹程

$$\frac{gh_m}{v_0^2}=0.13\text{th}\left[0.7\left(\frac{gH_m}{v_0^2}\right)^{0.7}\right]\text{th}\left\{\frac{0.001\,8\left(\frac{gD}{v_0^2}\right)^{0.45}}{0.13\text{th}\left[0.7\left(\frac{gH_m}{v_0^2}\right)^{0.7}\right]}\right\} \tag{3-41}$$

$$\frac{gT_m}{v_0}=13.9\left(\frac{gh_m}{v_0^2}\right)^{0.5} \tag{3-42}$$

式中　h_m——平均波高，m；

H_m——水域平均水深，m；

T_m——平均波周期，s；

v_0——计算风速，m/s，在正常运用条件下采用相应季节50年重现期的最大风速，在非常运用条件下采用相应洪水期多年平均最大风速；

D——风区长度（有效吹程），m，是指风作用于水域的长度，为自坝前沿风向到对岸的距离，当风区长度内水面局部缩窄，且缩窄处的宽度 $B<12L$ 时，采用长度 $D=5B$（且不小于坝前到缩窄处的距离）。

内陆峡谷水库，宜用官厅水库公式计算频率波高和平均波长（用于 $v_0<20$ m/s，$D<$ 20 000 m）：

$$\frac{gh}{v_0^2}=0.007\,6v_0^{-\frac{1}{12}}\left(\frac{gD}{v_0^2}\right)^{\frac{1}{3}} \tag{3-43}$$

$$\frac{gL_m}{v_0^2}=0.331v_0^{-\frac{1}{2.15}}\left(\frac{gD}{v_0^2}\right)^{\frac{1}{3.75}} \tag{3-44}$$

式中　h——当 $gD/v_0^2=20\sim250$ 时，为累计频率5%的波高 $h_{5\%}$，当 $gD/v_0^2=250\sim1\,000$ 时，为累计频率10%的波高 $h_{10\%}$；

其他符号意义同前。

累计频率 P(%)的波高 h_P 与平均波高 h_m 的比值，按表3-9查取。

表 3-9　累计频率 $P(\%)$ 的波高与平均波高的比值

h_m/H_m	$P(\%)$									
	0.1	1	2	3	4	5	10	13	20	50
0	2.97	2.42	2.23	2.11	2.02	1.95	1.71	1.61	1.43	0.94
0.1	2.70	2.26	2.09	2.00	1.92	1.87	1.65	1.56	1.41	0.96
0.2	2.46	2.09	1.96	1.88	1.81	1.76	1.59	1.51	1.37	0.98
0.3	2.23	1.93	1.82	1.76	1.70	1.66	1.52	1.45	1.34	1.00
0.4	2.01	1.78	1.68	1.64	1.60	1.56	1.44	1.39	1.30	1.01
0.5	1.80	1.63	1.56	1.52	1.49	1.46	1.37	1.33	1.25	1.01

由 H_m 和 T_m 用理论式算出平均波长 L_m，即

$$L_m = \frac{gT_m^2}{2\pi}\text{th}\frac{2\pi H_m}{L_m} \tag{3-45}$$

波浪中心线高出计算静水位 h_z 按下式计算：

$$h_z = \frac{\pi h_{1\%}^2}{L_m}\text{cth}\frac{2\pi H}{L_m} \tag{3-46}$$

式中　$h_{1\%}$——累计频率 1% 的波高；

H——坝前水深，m。

因设计与校核情况计算 h_1 和 h_z 用的计算风速不同，由表 3-10 查出的安全超高值 h_c 不同，故 Δh 的计算结果不同，因此坝顶高程按下式计算，并选用较大值作为选定高程：

$$坝顶高程 = 设计洪水位 + \Delta h_{设}$$

$$坝顶高程 = 校核洪水位 + \Delta h_{校}$$

式中，$\Delta h_{设}$、$\Delta h_{校}$ 按式(3-40)分别计算。当坝顶有与之连成整体的浆砌石或钢筋混凝土防浪墙时，墙顶高程可代替坝顶高程，但坝顶高程不得低于最高静水位。

表 3-10　安全超高 h_c　(单位：m)

水工建筑物安全级别	1	2	3
正常蓄水位(设计洪水位)	0.7	0.5	0.4
校核洪水位	0.5	0.4	0.3

2.4.3　剖面形状

(1)铅直上游坝面[见图 3-34(a)]，适用于坝基摩擦系数较大，由应力条件控制坝体剖面的情况。优点：便于布置和操作坝身过水管道进口控制设备。缺点：在上游面铅直的基本三角形剖面上增加坝顶重量，空库时下游坝面可能产生拉应力。

(2)工程上常用实用剖面，是上游坝面上部铅直、下部倾斜，见图 3-34(b)。优点：既可以利用部分水重增加坝的稳定，又可保留铅直的上部便于管道进口布置设备和操作。上游坡起坡点位置应结合应力控制条件和引水建筑物、泄水建筑物的进口高程确定，一般

在坝高的1/3～2/3范围内。设计时也要验算起坡点高程水平截面的强度和稳定条件。

(3)上游略呈倾斜的基本三角形加坝顶而成的剖面,适用于坝基摩擦系数较小的情况。优点:倾斜的上游坝面可增加坝体自重和利用一部分水重,以满足抗滑要求。修建在地震区的重力坝,为避免空库时下游坝面拉应力过大,可采用此剖面,见图3-34(c)。

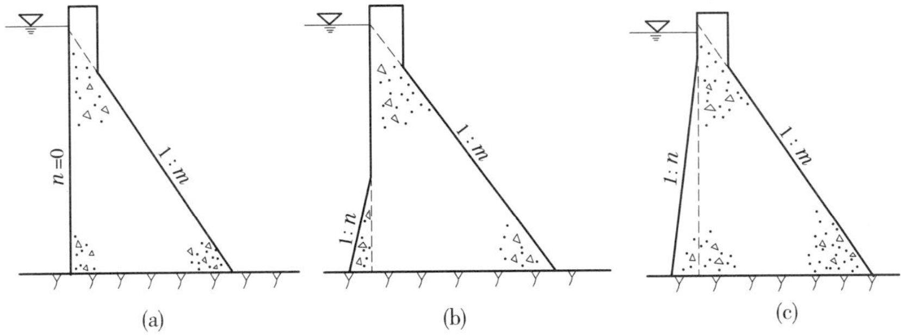

图3-34 非溢流重力坝剖面形状

2.4.4 坝坡系数

理论分析和工程实践证明,混凝土重力坝上游面可做成折坡,折坡点一般位于1/3～2/3坝高处,以便利用上游坝面水重增加坝体的稳定性。

上游坝坡系数常采用 $n=0\sim0.2$,下游坝坡系数常采用 $m=0.6\sim0.8$,坝底宽 $B=(0.7\sim0.9)H$(H 为坝高或最大挡水深度)。基本剖面的拟订,常采用工程类比法。

实用剖面不拘泥于这些形式,根据具体条件,参考已建工程,选取合理剖面。

【例3-1】 非溢流坝设计。

1.剖面尺寸拟订

1)坝顶高程的确定

按非溢流重力坝的实用剖面中的坝顶高程确定方法,分设计、校核两种情况分别计算坝顶高程,计算成果见表3-11。

表3-11 坝顶高程计算成果

计算情况	风速 v (m/s)	波高 (m)	波长 (m)	风壅水面高度(m)	安全加高 (m)	静水位以上的超高(m)	坝顶高程 (m)
设计情况	28	1.47	14.20	0.48	0.5	2.45	387.8
校核情况	14	0.62	7.10	0.17	0.4	1.19	387.9

经比较可以得出坝顶或防浪墙墙顶高程为387.9 m,并取防浪墙高为1.2 m,则坝顶高程为387.9－1.2＝386.7(m)。最大坝高为386.7－327.0＝59.7(m)。

2)坝顶宽度

考虑交通要求,坝顶宽度取7 m。

3)坝面坡度

上游坝坡采用折线面,起坡点高程为347.0 m,坡度为1∶0.2;下游坡度为1∶0.7。因为基本三角形的顶点与校核洪水位齐平,故重力坝剖面的下游坡向上延伸,应与校核洪水位相交，则可以得出下游坡的起坡点的高程为 379.5 m。

4）坝基的防渗与排水设施拟定

为满足防渗的需要，坝基须设置防渗帷幕和排水孔幕。据基础廊道的布置要求，初步拟定防渗帷幕及排水孔中心线在坝基面处距离坝踵分别为 7 m 和 9 m。

拟定的剖面尺寸如图 3-35 所示。对初拟的剖面进行修改—校核—再修改的重复计算过程略。

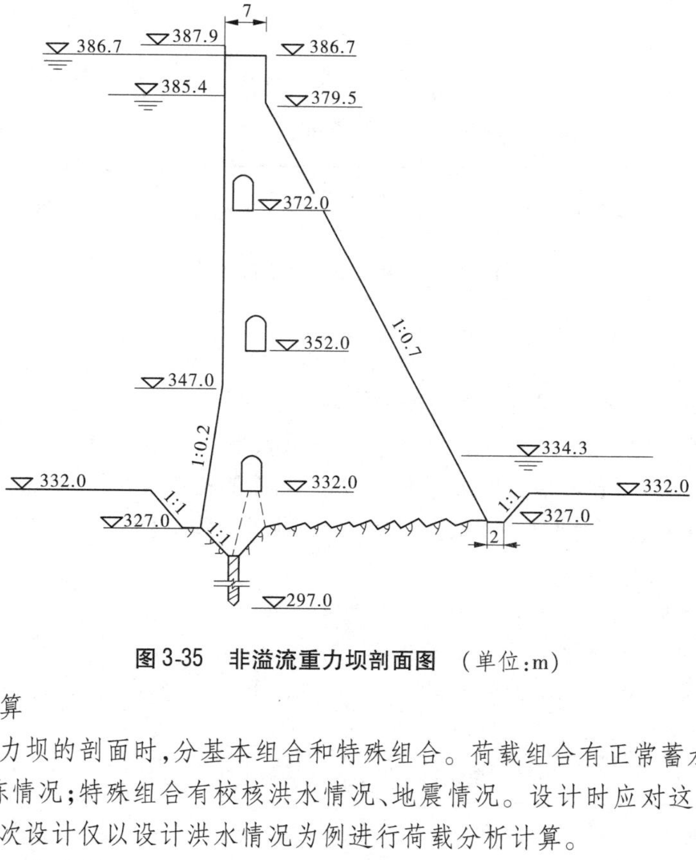

图 3-35　非溢流重力坝剖面图　（单位：m）

2. 荷载计算

在设计重力坝的剖面时，分基本组合和特殊组合。荷载组合有正常蓄水位情况、设计洪水情况、冰冻情况；特殊组合有校核洪水情况、地震情况。设计时应对这五种情况分别进行计算。本次设计仅以设计洪水情况为例进行荷载分析计算。

1）计算截面的选择

抗滑稳定的计算截面一般选择在受力较大、抗剪强度低、容易产生滑动破坏的截面，一般情况有以下几种：坝基面、坝基内软弱层面、坝基缓倾角结构面、不利的地形、混凝土的层面等。应力分析的位置一般有坝基面、折坡处的截面、坝体削弱部位等。本次设计仅以坝基面为例来分析计算。

2）荷载计算

设计洪水情况下作用在坝基面上的荷载有自重、静水压力、扬压力、淤沙压力、浪压力。有关参数的选择：混凝土的容重为 24 kN/m^3，水的容重为 9.81 kN/m^3，扬压力的折减系数为 0.25，泥沙的浮容重为 9.5 kN/m^3；坝基的力学参数，抗剪断系数（混凝土与基岩之间）$f'=0.9$，$c'=700$ kPa，基岩的允许抗压强度为 3 000 kPa。

荷载的计算成果见表 3-12。

表 3-12　非溢流坝荷载设计成果

荷载名称及符号		垂直力(kN)		水平力(kN)		对截面形心的力臂(m)	力矩的标准值(kN · m)	
		↓	↑	→	←		+	−
自重	W_1	960				21.21	20 362	
	W_2	10 030				16.38	164 291	
	W_3	23 153				0.63	14 586	
水平水压力	P_{H1}			16 728		19.47		325 694
	P_{H2}				261	2.43	634	
垂直水压力	P_{V1}	1 507				21.88	32 973	
	P_{V2}	392				22.54	8 836	
	P_{V3}	183				22.17		4 057
泥沙压力	P_{skH}			308		6		6 054
	P_{skV}	308				22.68	6 985	
浪压力	P_{L1}			57.73		58.4		3 387
	P_{L2}				29.65	7.3	216	
小计		34 129 ↓		17 544 →			−112 123	
扬压力	U_1		3 420			0		0
	U_2		1 128			19.38		20 755
	U_3		2 428			1.98		3 690
	U_4		1 692			20.88		33 671
	小计	8 668 ↑					−61 997	
总计		27 865 ↓		17 504 →			−15 234	

3. 抗滑稳定分析

利用抗剪断强度公式时，认为坝体混凝土与基岩接触良好，直接采用接触面上的抗剪断参数 f' 和 c' 计算抗滑稳定安全系数。

$$K'_s = (0.9 \times 27\ 865 + 700 \times 47.75)/17\ 504 = 3.34 > [K'_s] = 3$$

由以上计算可知：设计洪水情况下，坝基面满足抗滑稳定要求。

4. 应力分析

分析坝基水平截面上、下游边缘应力 σ_{yu} 和 σ_{yd}，已知 $m = 0.7$，$B = 45.8$ m。

坝趾处：$\sigma_{yd} = \sum W/B - 6\sum M/B^2$

$$= 27\ 865/47.75 - 6 \times 152\ 304/47.75^2$$

$$=182.77(\text{kPa})>0$$

$$\sigma_{yu}=\sum W/B+6\sum M/B^2$$

$$=27\ 865/47.75+6\times 152\ 304/47.75^2$$

$$=984.35(\text{kPa})<3\ 000\ \text{kPa}$$

由以上计算可知:设计洪水情况下,坝趾、坝踵处的应力符合强度要求。

3　溢流坝的设计

溢流坝既是挡水建筑物又是泄水建筑物。其泄水方式有坝顶溢流和坝身泄水孔泄水。在水利枢纽中,它可承担泄洪,向下游输水,排沙,放空水库和施工导流等任务。

溢流坝是枢纽中最重要的泄水建筑物之一,将规划库容所不能容纳的大部分洪水经坝顶泄向下游,以便保证大坝安全。溢流坝应满足泄洪的设计要求:①有足够的孔口尺寸、良好的孔口体形和泄水时具有较大的流量系数;②使水流平顺地通过坝体,不允许产生不利的负压和振动,避免发生空蚀现象;③保证下游河床不产生危及坝体安全的冲坑和冲刷;④溢流坝段在枢纽中的位置,应使下游流态平顺,不产生折冲水流,不影响枢纽中其他建筑物的正常运行;⑤有灵活控制水流下泄的设备,如闸门、启闭机等。

因此,坝体剖面设计除要满足稳定和强度要求外,还要满足泄水的要求,同时要考虑下游的消能问题。当溢流坝段在河床上的位置确定后,先选择合适的泄水方式,并根据洪水标准和运用要求确定孔口尺寸及溢流堰顶高程。

3.1　孔口设计

溢流坝的孔口设计涉及很多因素,如洪水设计标准、下游防洪要求、库水位壅高的限制、泄水方式、堰面曲线及枢纽所在地段的地形、地质条件等。设计时,先选定泄水方式,拟订若干个泄水布置方案(除堰面溢流外,还可配合坝身泄水孔或泄洪隧洞泄流),初步确定孔口尺寸,按规定的洪水设计标准进行调洪演算,求出各方案的防洪库容、设计和校核洪水位及相应的下泄流量,然后估算淹没损失和枢纽造价,进行综合比较,选出最优方案。

3.1.1　孔口形式

溢流坝的泄水方式有堰顶溢流式和大孔口溢流式两种,如图3-36所示。

3.1.1.1　堰顶溢流式

堰顶溢流[见图3-36(a)]根据运用要求,堰顶可以设闸门,也可以不设闸门。

当堰顶不设闸门时,堰顶高程等于水库的正常蓄水位,泄水时,靠壅高库内水位增加下泄量,这种情况增加了库内的淹没损失、非溢流坝的坝顶高程和坝体工程量。但泄洪时不仅用于排泄洪水,而且还用于排泄其他漂浮物。它结构简单、可自动泄洪、管理方便,适用于洪水流量较小,淹没损失不大的中小型水库。

当堰顶设有闸门时,堰顶高程较低,可利用闸门不同开启度调节库内水位和下泄流量,减少上游淹没损失和非溢流坝的高度及坝体的工程量。与深孔闸门比较,堰顶闸门承受的水头较小,其孔口尺寸较大,由于闸门安装在堰顶,操作、检验均比深孔闸门方便。当闸门全开时,下泄流量与堰上水头 H_0 的1.5次方成正比。随着库水位的升高,下泄流量增加较快,具有较大的超泄能力。在大中型水库工程中得到广泛的应用。

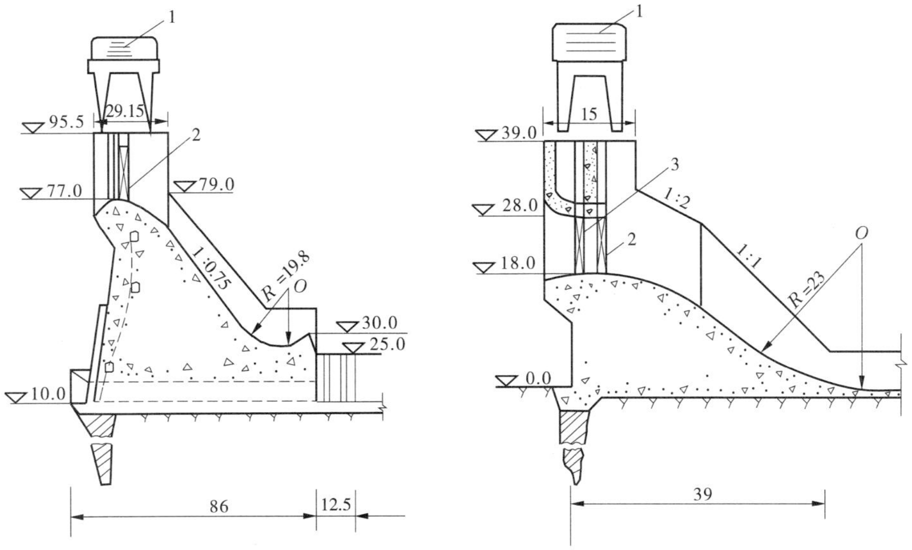

(a)堰顶溢流式 (b)大孔口溢流式

1—门机;2—闸门;3—检修门

图3-36 溢流坝泄水方式

3.1.1.2 大孔口溢流式

大孔口溢流式在闸墩上部设置胸墙[见图3-36(b)],既可利用胸墙挡水,又可减少闸门的高度和降低堰顶高程。它可以根据洪水预报提前放水,腾出较大的防洪库容,提高水库的调洪能力。当库水位低于胸墙下缘时,下泄水流流态与堰顶开敞溢流式相同;当库水位高于孔口一定高度时,呈大孔口出流。胸墙多为钢筋混凝土结构,常固接在闸墩上,也有做成活动式的。遇特大洪水时可将胸墙吊起,以加大泄洪能力,利于排放漂浮物。

3.1.2 孔口尺寸

3.1.2.1 单宽流量的确定

单宽流量一经选定,就可以初步确定溢流坝段的净宽和堰顶高程。单宽流量愈大,下泄水流的动能愈集中,消能问题就愈突出,下游局部冲刷会愈严重,但溢流前缘短,对枢纽布置有利。因此,一个经济而又安全的单宽流量,必须综合地质条件、下游河道水深、枢纽布置和消能工设计多种因素,通过技术经济比较后选定。

工程实践证明,对于软弱岩石常取 $q=20\sim50\ m^3/(s\cdot m)$;中等坚硬的岩石取 $q=50\sim100\ m^3/(s\cdot m)$;特别坚硬的岩石取 $q=100\sim150\ m^3/(s\cdot m)$;地质条件好可以选取更大的单宽流量。近年来,随着消能技术的进步,选用的单宽流量也不断地增大。在我国已建成的大坝中,龚嘴水电站的单宽流量达254.2 $m^3/(s\cdot m)$,安康水电站单宽流量达282.7 $m^3/(s\cdot m)$。而委内瑞拉的古里坝,其单宽流量已突破了300 $m^3/(s\cdot m)$的界限。

3.1.2.2 孔口尺寸的确定

溢流孔孔口尺寸主要取决于通过溢流孔孔口的下泄洪水流量 $Q_{溢}$,根据设计和校核情况下的洪水来量,经调洪演算确定下泄洪水流量 $Q_{总}$,再减去泄水孔和其他建筑物下泄

流量之和 Q_0，即

$$Q_{溢} = Q_{总} - \alpha Q_0 \quad (m^3/s) \tag{3-47}$$

式中 Q_0——经由电站、船闸及其他泄水孔下泄的流量；

α——系数，考虑水电站部分运行，或由于闸门障碍等因素对下泄流量的影响，正常运用时取 0.75 ~ 0.90，校核情况下取 1.0。

单宽流量 q 确定后，溢流孔净宽 B（不包括闸墩厚度）为

$$B = \frac{Q_{溢}}{q} \quad (m) \tag{3-48}$$

装有闸门的溢流坝，用闸墩将溢流段分隔为若干个等宽的孔。设孔口总数为 n，孔口宽度 $b = B/n$，d 为闸墩厚度，则溢流前缘总宽度 B_1 为

$$B_1 = nb + (n - 1)d \quad (m) \tag{3-49}$$

经调洪演算求得设计洪水位及相应的下泄流量后，可利用下式计算包括流速水头在内的堰顶水头 H_z，当采用开敞式溢流坝泄流时：

$$Q_{溢} = m_z \varepsilon \sigma_m B \sqrt{2g} H_z^{3/2} \tag{3-50}$$

式中 B——溢流孔净宽，m；

m_z——流量系数，可从有关水力计算手册中查得；

ε——侧收缩系数，根据闸墩厚度及闸墩头部形状而定，初设时可取为 0.90 ~ 0.95；

σ_m——淹没系数，视淹没程度而定；

g——重力加速度，m/s^2，一般取 9.81 m/s^2。

用设计洪水位减去堰顶水头 H_z（此时堰顶水头应扣除流速水头）即得堰项高程。

当采用孔口泄流时，则

$$Q_{溢} = \mu A_k \sqrt{2gH_z} \tag{3-51}$$

式中 A_k——出口处的面积，m^2；

μ——孔口或管道的流量系数，初设时对有胸墙的堰顶孔口，当 $H_z/D = 2.0 \sim 2.4$ 时（D 为孔口高，m），取 $\mu = 0.74 \sim 0.82$，对深孔取 $\mu = 0.83 \sim 0.93$，当为有压流时，μ 值必须通过计算沿程水头损失及局部水头损失来确定；

H_z——自由出流时为孔口中心处的作用水头，淹没出流时为上下游水位差，m。

3.2 溢流坝的剖面设计

溢流坝的基本剖面也呈三角形。上游坝面可以做成铅直面，也可以做成折坡面。溢流面由顶部曲线段、中间直线段和底部反弧段三部分组成，如图 3-37 所示。

3.2.1 顶部曲线段

溢流堰面曲线常采用非真空剖面曲线。采用较广泛的非真空剖面曲线有克－奥曲线和幂曲线（或称 WES 曲线）两种。克－奥曲线与幂曲线在堰项以下（2/5 ~ 1/2）H_d（H_d 为定型设计水头）范围内基本重合，在此范围以外，克－奥曲线不给出曲线方程，只给定曲线坐标值，插值计算和施工放样均不方便。而幂曲线给定曲线方程，便于计算和放样。克－奥曲线流量系数小于幂曲线流量系数（最大值 0.502），故近年来堰面曲线多采用幂

曲线。

3.2.1.1 开敞式溢流堰面曲线

如图3-38所示,采用幂曲线时按下式计算:

$$x^n = KH_d^{n-1}y \tag{3-52}$$

式中 H_d——定型设计水头,按堰顶最大作用水头 H_{zmax} 的75%~95%计算,m;

n、K——与上游坝面坡度有关的指数和系数,见表3-13;

x、y——溢流面曲线的坐标,其原点设在堰面曲线的最高点。

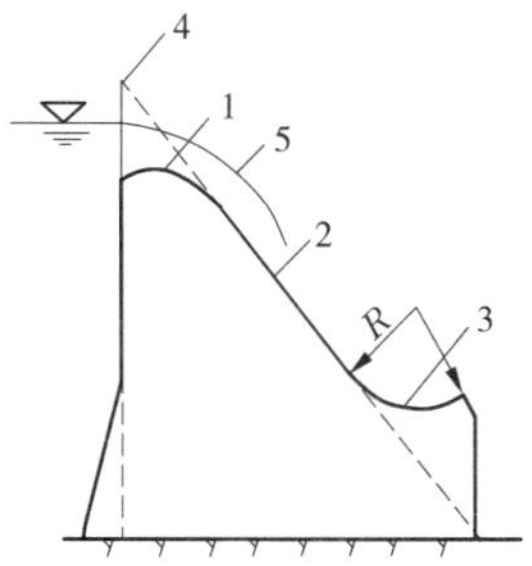

1—顶部曲线段;2—直线段;3—反弧段;4—基本剖面;5—溢流水舌

图3-37 溢流坝剖面图

表3-13 n、K值表

上游坝面坡度	n	K	上游坝面坡度	n	K
铅直面(3:0)	1.850	2.000	倾斜面(3:1)	1.836	1.936

原点上游宜用椭圆曲线,其方程式为

$$\frac{x^2}{(aH_d)^2} + \frac{(bH_d - y)^2}{(bH_d)^2} = 1 \tag{3-53}$$

式中 aH_d、bH_d——椭圆曲线的长轴和短轴,若上游面铅直,a、b可按下式选取:

$$\frac{a}{b} = 0.87 + 3a \quad (a \approx 0.28 \sim 0.30)$$

当采用倒悬堰顶(见图3-38)时,应满足 $d > H_{zmax}/2$ 的条件,仍可采用式(3-52)计算。

3.2.1.2 设有胸墙的堰面曲线

如图3-39所示,当堰顶最大作用水头 H_{zmax}(孔口中心线以上)与孔口高度(D)的比值 $H_{zmax}/D > 1.5$ 时,或闸门全开仍属孔口泄流时,可按下式设计堰面曲线:

$$y = \frac{x^2}{4\varphi^2 H_d} \tag{3-54}$$

式中 H_d——定型设计水头,一般取孔口中心线至水库校核洪水位的水头的75%~95%;

φ——孔口收缩断面上的流速系数,一般取 $\varphi = 0.96$,若孔前设有检修闸门,取 $\varphi = 0.95$;

x、y——曲线坐标,其原点设在堰顶最高点,如图3-39所示。

坐标原点的上游段可采用单圆曲线、复合圆曲线或椭圆曲线与上游坝面连接,胸墙底缘也可采用圆弧或椭圆曲线外形,原点上游曲线与胸墙底缘曲线应通盘考虑,若 $1.2 < H_{zmax}/D < 1.5$ 时,堰面曲线应通过试验确定。

按定型设计水头确定的溢流面顶部曲线,当通过校核洪水时将出现负压,一般要求负压值不超过3~6 mH_2O。

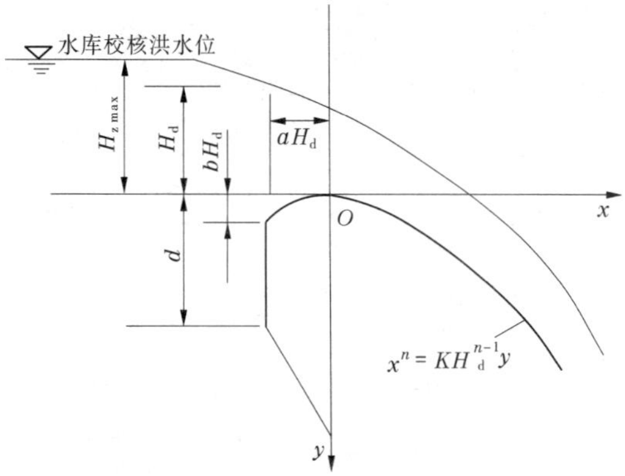

图 3-38 开敞式溢流堰面曲线

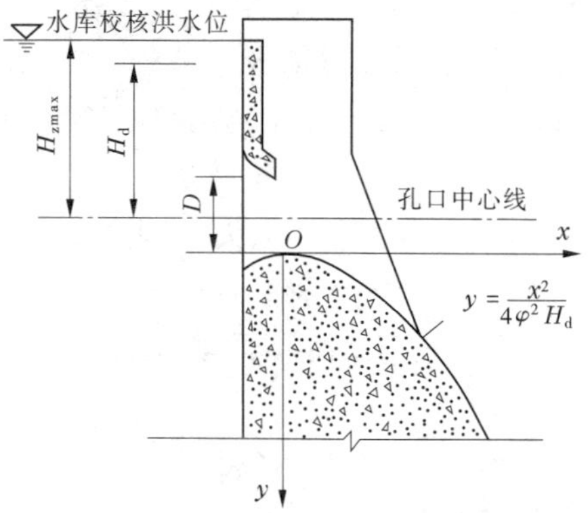

图 3-39 带胸墙大孔口的堰面曲线

3.2.2 中间直线段

中间直线段的上端与堰顶曲线相切，下端与反弧段相切，坡度与非溢流坝段的下游坡相同。

3.2.3 底部反弧段

溢流坝面反弧段是使沿溢流面下泄水流平顺转向的工程设施，要求沿程压力分布均匀，不产生负压和不致引起有害的脉动压力。通常采用圆弧曲线，其反弧半径 $R=(4\sim10)h$，h 为校核洪水闸门全开时反弧最低点的水深。反弧最低点的流速愈大，要求反弧半径愈大。当流速小于 16 m/s 时，取下限；当流速较大时，宜采用较大值。当采用底流消能，反弧段与护坦相连时，宜采用上限值。

3.3 溢流坝实用剖面拟订

溢流坝的实用剖面，是在三角形基本剖面基础上结合堰面曲线按拟合修改而成的。

(1)溢流坝堰面曲线超出基本三角形剖面。如图 3-40(a)所示，在坚固完好的岩基上，会出现这种情况，设计时需对基本剖面进行修正。

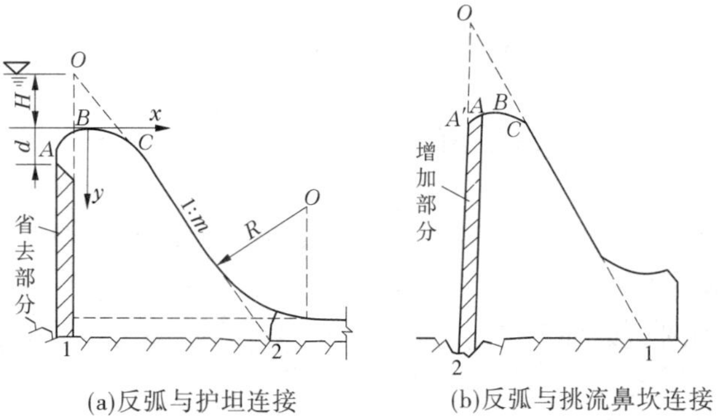

图 3-40 溢流坝剖面绘制

根据溢流坝的定型设计水头 H_d 和选定的堰面曲线形式，点绘出堰面曲线 ABC，将基本三角形的下游边与溢流坝面的切线重合，坝上游阴影部分可以省去。为了不影响堰顶泄流,保留高度 d 的悬臂实体,且要求 $d \geq H_{zmax}/2$(H_{zmax} 为堰顶最大作用水头)。

(2)溢流堰面曲线落在三角形基本剖面以内,如图 3-40(b)所示。当溢流重力坝剖面小于基本三角形剖面时,可适当调整堰顶曲线。通常是在溢流坝顶加一斜直线 AA',使之与溢流曲线相切于 A 点,增加上游阴影部分坝体体积,且有利于坝体稳定。

(3)具有挑流鼻坎的溢流坝。当鼻坎超出基本三角形剖面以外时,如图 3-41 所示。若 $l/h > 0.5$,须核算 $B—B'$ 截面处的应力;若拉应力较大,可考虑在 $B—B'$ 截面处设置结构缝,把鼻坎与坝体分开;若拉应力不大,也可采用局部加强措施,不设结构缝。

溢流坝和非溢流坝的上游坝面要求应尽量一致对齐。

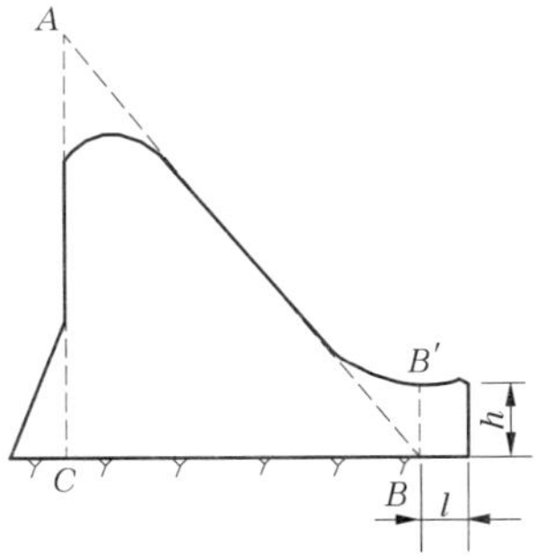

图 3-41 挑流鼻坎设置结构缝

3.4 溢流坝的消能防冲

因为溢流坝下泄的水流具有很大的动能,如此巨大的能量,若不妥善进行处理,势必导致下游河床被严重冲刷,甚至造成岸坡坍塌和大坝失事。所以,消能措施的合理选择和设计,对枢纽布置、大坝安全及工程造价都有重要意义。

消能工的设计原则是:①尽量使下泄水流的大部分动能消耗在水流内部的紊动中,以及水流与空气的摩擦上;②不产生危及坝体安全的河床或岸坡的局部冲刷;③下泄水流平稳,不影响枢纽中其他建筑物的正常运行;④结构简单,工作可靠;⑤工程量小,造价低。

常用的消能方式有底流消能、挑流消能、面流消能和消力戽消能等。消能形式的选择主要取决于水利枢纽的具体条件,根据水头及单宽流量的大小,下游水深及其变幅,坝基地质、地形条件及枢纽布置情况等,经技术经济比较后选定。挑流消能应用最广,底流消能次之,面流消能和消力戽消能一般应用较少。本节重点介绍挑流消能。

3.4.1 挑流消能

挑流消能是利用溢流坝下游反弧段的鼻坎,将下泄的高速水流挑射抛向空中,抛射水流在掺入大量空气时消耗部分能量,而后落到距坝较远的下游河床水垫中产生强烈的漩滚,并冲刷河床形成冲坑,随着冲坑的逐渐加深,大量能量消耗在水流漩滚的摩擦之中,冲坑也逐渐趋于稳定。挑流消能一般适用于基岩比较坚固的中高溢流重力坝。

挑流消能设计主要包括选择合适的鼻坎形式、鼻坎高程、挑射角度、反弧半径、鼻坎构造和尺寸、计算挑射距离和最大冲坑深度,如图 3-42、图 3-43 所示。本节主要介绍连续式挑流消能的设计。

(1)鼻坎形式。常用的挑流鼻坎形式有连续式和差动式两种。连续式挑流鼻坎构造简单、射程较远,鼻坎上水流平顺。差动式挑流鼻坎,与连续式挑流鼻坎不同之处在于鼻坎末端设有齿坎,挑流时射流分别经齿台和凹槽挑出,形成两股具有不同挑射角的水流,两股水流除在垂直面上有较大扩散外,在侧向也有一定的扩散,加上高低水流在空中相互撞击,使掺气现象加剧,增加了空中的消能效果;同时也增加了水舌的入水范围,减小了河床的冲刷深度,但施工复杂,易气蚀。

(2)鼻坎挑射角度。一般情况下取 $\theta = 20° \sim 25°$。对于深水河槽,以选用 $\theta = 15° \sim$

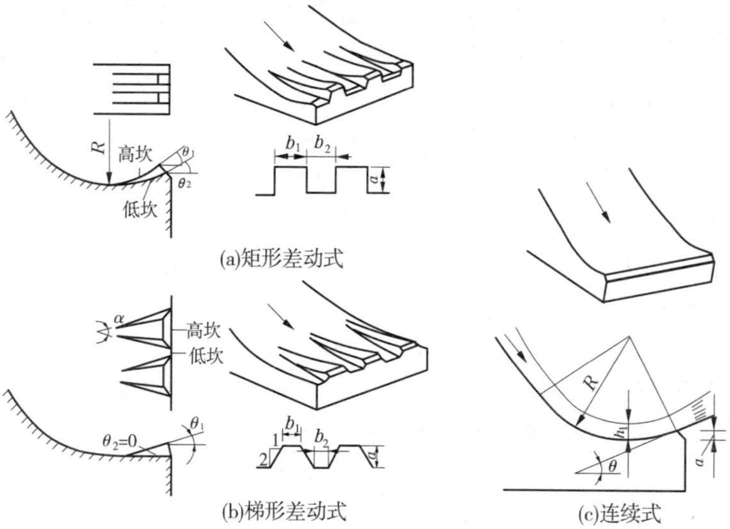

图 3-42　挑流鼻坎示意图

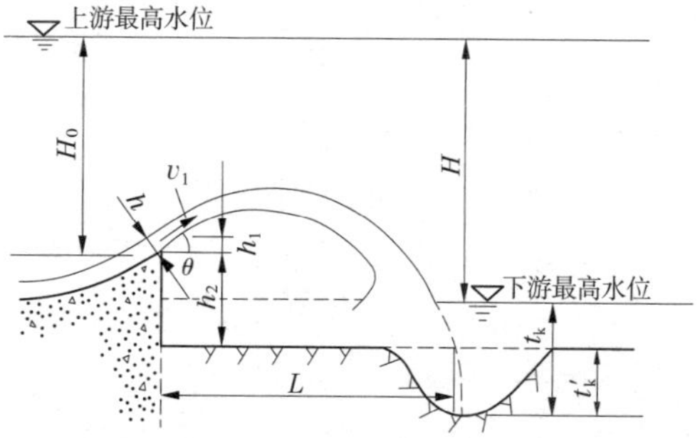

图 3-43　连续式挑流鼻坎的水舌及冲刷坑示意图

20°为宜。加大挑射角，虽然可以增加挑射距离，但由于水舌与下游水面的交角加大，使冲坑加深。

(3)鼻坎反弧半径 R。一般采用$(8\sim10)h$，h 为反弧最低点处的水深。R 太小的鼻坎水流转向不顺畅；R 过大时，将迫使鼻坎向下延伸太长，增加了鼻坎工程量。鼻坎反弧也可采用抛物线，曲率半径由大到小，这样，既可以获得较大的挑射角 θ，又不致于增加鼻坎工程量，但鼻坎施工复杂，在实际运用中受到限制。

(4)鼻坎高程。应高于鼻坎附近下游最高水位 1 ~2 m。

(5)挑射距离。由于冲坑最深点大致落在水舌外缘的延长线上，故挑射距按以下公式估算：

$$L=\frac{1}{g}\left[v_1^2\sin\theta\cos\theta+v_1\cos\theta\sqrt{v_1^2\sin^2\theta+2g(h_1+h_2)}\right] \tag{3-55}$$

式中　L——水舌挑射距离，m，挑流鼻坎下垂直面至冲坑最深点的水平距离；

v_1——坎顶水面流速，m/s，按鼻坎处平均流速 v 的 1.1 倍计，即 $v_1=1.1v$，$v_1=1.1\varphi\sqrt{2gH_0}$（$H_0$为库水位至坎顶的落差，$\varphi$ 为堰面流速系数）；

θ——鼻坎的挑角,(°);

h_1——坎顶平均水深 h 在铅直方向的投影, $h_1 = h\cos\theta$, m;

h_2——坎顶至下游河床面高差,m,如冲坑已经形成,再计算冲坑进一步发展,可算至坑底。

(6)最大冲坑深度。最大冲坑水垫厚度 t_k 工程上常按下式估算:

$$t_k = \alpha q^{0.5} H^{0.25} \tag{3-56}$$

式中 t_k——水垫厚度,自水面算至坑底,m;

q——单宽流量,$m^3/(s \cdot m)$;

H——上下游水位差,m;

α——冲坑系数,坚硬完整的基岩 $\alpha = 0.9 \sim 1.2$,坚硬但完整性较差的基岩 $\alpha = 1.2 \sim 1.5$,软弱破碎、裂缝发育的基岩 $\alpha = 1.5 \sim 2.0$。

最大冲坑水垫厚度 t_k 求出后,根据河床水深即可求得最大冲坑深度 t'_k。

射流形成的冲坑是否会延伸到鼻坎处以致危及坝体安全,主要取决于挑射距离 L 与最大冲坑深度 t'_k 的比值,即 L/t'_k 值。一般认为,基岩倾角较陡时要求 $L/t'_k > 2.5$,基岩倾角较缓时要求 $L/t'_k > 5.0$。

3.4.2 底流消能

底流消能是在坝下设置消力池、消力坎或综合式消力池和其他辅助消能设施,促使下泄水流在限定的范围内产生水跃。主要通过水流内部的漩滚、摩擦、掺气和撞击达到消能的目的,以减轻对下游河床的冲刷。底流消能工作可靠,但工程量较大,多用于低水头、大流量的溢流重力坝。

【例3-2】 溢流重力坝设计。

1. 孔口设计

(1)泄水方式的选择。比较坝顶溢流式与大孔口溢流式两种方式,为使水库具有较大的超泄能力,采用坝顶溢流式。

(2)洪水标准的确定。本次设计的重力坝是3级建筑物,采用50年一遇的洪水标准设计,500年一遇的洪水标准校核。

(3)流量的确定。设计情况下,溢流坝的下泄流量为1 250 m^3/s;校核情况下溢流坝的下泄流量为1 680 m^3/s。

(4)单宽流量的选择。坝址处基岩比较坚硬完整,坝址处河床宽度为208.5 m,河槽宽度为20~30 m,综合枢纽的布置及下游的消能防冲要求,单宽流量取50~100 $m^3/(s \cdot m)$。

(5)孔口净宽拟订。分别计算设计和校核情况下溢洪道所需的孔口宽度,计算成果如表3-14所示。

表3-14 孔口净宽计算

计算情况	流量 $Q(m^3/s)$	单宽流量 $q[m^3/(s \cdot m)]$	孔口净宽 $B(m)$
设计情况	1 250	50~100	25~12.5
校核情况	1 680	50~100	33.6~16.8

根据以上计算，溢流坝孔口净宽取 24 m，假设每孔宽为 8 m，则孔数 n 为 3。

（6）溢流坝段总长度的确定。根据工程经验，拟订闸墩的厚度。初拟中墩厚 d 为 3 m，边墩厚 t 为 2 m，则溢流坝段的总长度 B_0 为

$$B_0 = nb + (n-1)d + 2t = 24 + 6 + 4 = 34(\text{m})$$

（7）堰顶高程的确定。

初拟侧收缩系数为 0.95，流量系数为 0.502，因为过堰水流为自由出流，故 $\sigma_s = 1$，由堰流公式计算堰上水头 H，计算水位分别减去其相应的堰上水头即为堰顶高程。计算成果见表 3-15。

表 3-15　堰顶高程计算成果

计算情况	流量(m^3/s)	侧收缩系数	流量系数	孔口净宽(m)	堰上水头(m)	堰顶高程
设计情况	1 250	0.95	0.502	24	8.5	376.9
校核情况	1 680	0.95	0.502	24	10.3	376.4

根据计算，取堰顶高程为 376.4 m。

（8）闸门高度的确定。计算如下：

闸门高度 = 正常挡水堰顶高程 + (0.1 ~ 0.2) = 383.5 − 376.4 + 0.1 = 7.2(m)

按规范取闸门高度为 8 m。

（9）定型设计水头的确定。堰上最大水头 = 校核洪水位 − 堰顶高程，即

$$H_{max} = 386.7 - 376.4 = 10.3(\text{m})$$

定型设计水头 $H_s = (75\% \sim 95\%)\ H_{max} = 7.73 \sim 9.78(\text{m})$。

取 $H_s = 8.8$ m，8.8/10.3 = 0.85，查表知坝面最大负压力为 $0.3H_s = 2.64(\text{m})$，小于规定的允许值（最大不超过 3 ~ 6 mH_2O）。

（10）泄流能力校核。先由水力学公式计算侧收缩系数 ε，然后计算不同水头作用下的流量系数 m，据已知条件，运用堰流公式校核溢流堰的泄流能力。计算成果汇总如表 3-16 所示。

表 3-16　泄流能力校核计算

计算情况	m	ε	B(m)	H(m)	Q(m^3/s)	$\frac{Q'-Q}{Q}\times 100\%$
设计情况	0.502	0.90	24	9	1 297	3.8%
校核情况	0.502	0.92	24	10.3	1 671	0.5%

注：B 为孔口宽度；H 为堰上水头；Q 为泄流量。

2. 消能防冲设计

根据地形地质条件，选用挑流消能。根据已建工程经验，挑射角 $\theta = 25°$，挑流鼻坎应高出下游最高水位（335.2 m）1 ~ 2 m，鼻坎的高程为 335.2 + 1 = 336.2(m)。

（1）反弧半径的确定。

坎顶水流流速 v 按下式计算：

$$v = \varphi\sqrt{2gH} = 0.96 \times \sqrt{19.6 \times 49.2} = 29.8(\text{m/s})$$

坎顶水深为

$$h = \frac{Q}{Bv} = \frac{1\ 680}{30 \times 29.8} = 1.88(\text{m})$$

反弧半径 R 为

$$R = (4 \sim 10)h = (4 \sim 10) \times 1.88 = 7.52 \sim 18.8(\text{m})$$

取 $R = 18$ m。

(2)水舌的挑距 L 及可能最大冲坑的深度 t_k 估算。

水舌的挑距 L 及可能最大冲坑的深度 t_k 可按式(3-55)、式(3-56)计算。经计算得 $L = 102$ m，$t_k = 23$ m；$L/t_k = 4.43 > 2.5$。由此可知，挑流消能形成的冲坑不会影响大坝的安全。

3. 溢流坝剖面设计

首先绘出顶部的曲线，坐标原点以上部分采用1/4椭圆曲线，以下部分采用幂曲线。然后绘出其基本剖面，求得基本剖面的下游面与幂曲线的切点 C 的坐标为(14.7,11.4)，由于上游侧超出基本剖面，故需将溢流坝做成倒悬的堰顶以满足溢流曲线的要求，倒悬的高度为5.4 m。最后做出反弧段，反弧半径 $R = 18$ m。溢流坝的剖面如图3-44所示。

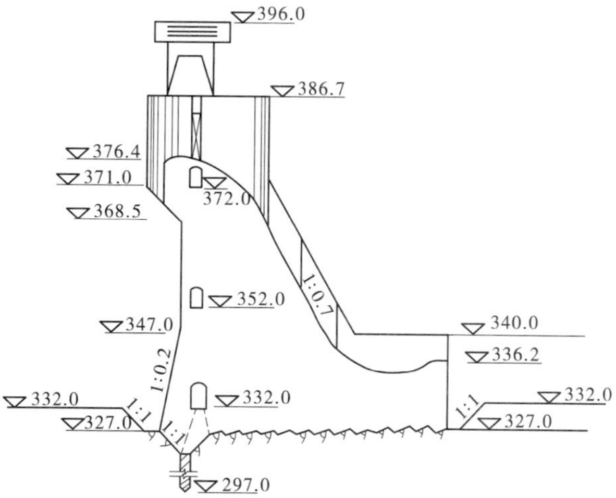

图3-44 溢流坝剖面图

幂曲线方程中：n、K 为与上游堰面坡度有关的参数，这里 $n = 1.85$、$K = 2.0$，H_d 为定型设计水头，$H_d = 8.8$ m。

$$y = \frac{x^n}{KH_d^{n-1}} = 0.079x^{1.85}$$

椭圆曲线方程中，取 $a = 0.3$、$b = 0.17$，则 $aH_d = 2.64$、$bH_d = 1.5$，其方程如下：

$$\frac{x^2}{2.64^2} + \frac{(1.5 - y)^2}{1.5^2} = 1$$

【实战演练】

1. 基本资料

某水库位于某地区主河道的上游,属高山峡谷地区。现根据当地的经济发展要求修建水库,其功用以发电、灌溉、防洪为主。水库总库容 970 万 m^3,电站装机容量 4 000 kW,年发电量 1 001 万 kW · h。现已经确定以下资料供选择参考:

(1)水位、高程、流量:

校核水位(0.2%)250.78 m;

设计洪水位(2%)247.12 m;

正常蓄水位 247.12 m;

淤积高程 215.00 m;

河床高程 208.00 m;

设计洪水下泄流量 350 m^3/s;

校核洪水下泄流量 400 m^3/s;

在河床部分的基岩设计高程约在 202 m,岸坡的弱风化基岩上的覆盖层厚度约为 5 m。相对不透水层距离地表约 15 m。

(2)水库库面吹程 2 km,坝址多年平均风速 15 m/s。

(3)水库淤沙:淤沙浮容重为 8.5 kN/m^3,淤沙内摩擦角 20°。

(4)河床砂卵石:砂卵石浮容重为 12 kN/m^3,淤沙内摩擦角 26°。

(5)筑坝材料:砌石体容重 22 kN/m^3,混凝土容重 24 kN/m^3。

(6)坝体混凝土与坝基面接触面的抗剪摩擦系数 $f=0.75$,砌石坝体与坝基面接触面的抗剪摩擦系数 $f=0.70$。

(7)枢纽位于地震区,地震烈度为 7。

(8)考虑到库区岩石坚硬但完整性较差,水库下游冲坑系数选用 $\alpha=1.2$。

(9)基岩倾角较陡, 挑射距离与最大冲坑深度之比要求大于 2.5。

重力坝泄水方式采用坝顶溢流式。设计单宽流量为 30.3 m^3/s。坝顶有一般交通要求。

根据水库地基情况,设置帷幕灌浆和排水孔幕,帷幕灌浆中心线距上游坝踵 5 m ,排水孔中心线距帷幕中心线 1.5 m。

扬压力折减系数取 0.65,折减位置距上游坝轴线 6.5 m。

2. 设计内容

(1)确定水利枢纽工程和水工建筑物的等级;

(2)非溢流坝的断面尺寸拟订;

(3)溢流坝剖面的设计;

(4)重力坝的可靠度计算;

(5)消能防冲设计;

(6)大坝构造设计。

3. 设计成果

(1)设计说明计算书一份(说明部分写在计算书前面)。

要求详细列出所有计算过程,计算过程尽量列表计算,附计算草图;列出计算成果,分好章节,附有目录;内容完整,语句通顺,书写工整。有封面和目录,标明页码。

(2)设计图纸1张。

要求用CAD制图,图纸上写有图纸说明、绘图比例和尺寸标注。

图纸内容主要包括溢流坝剖面图和非溢流坝剖面图,分缝、止水、廊道等细部构造,消能防冲设施等。

(3)成果说明一份。

要求简要说明计算成果及合理性,或设计的不足还有可以进一步改进的地方,写出设计体会。附在计算书的后面。

(4)列出参考书目。

列出资料或采用计算公式的出处,写明参考书的书名、页码,标于成果说明的后面。

小结

重力坝是重要的水工建筑物,对大坝进行荷载计算和荷载组合,基本组合的三种情况和特殊组合的两种情况在实际工程设计中均需全部计算。

抗滑稳定和应力分析是该章的重要内容之一。工程实践中表明,坝基面、深层有软弱夹层面、碾压混凝土重力坝的水平工作层面均有可能发生滑动,都需要验算。

材料力学法进行应力计算,假定各水平截面上垂直正应力呈直线分布,采用偏心公式计算,进一步计算出剪应力、水平正应力和主应力。

溢流坝剖面在设计时应保证运行和泄水的安全。泄水方式与孔口布置、水库运用和坝体结构有关,重力坝消能方式根据使用条件和地址条件选择,高坝最常用的方式是挑流消能。

本项目对混凝土重力坝的材料提出了具体要求。论述了坝体防渗和排水设施的布置要求,介绍了坝体分缝的原则、要求,以及止水设置要求。坝内廊道系统有不同的廊道组成,从灌浆、交通、观测等方面选择纵横廊道的数量及构造尺寸。重力坝对地基有严格的要求,首先应进行开挖与清理,对不满足要求的地基要加固处理。为了减小扬压力和减少渗漏,需在坝基布置防渗帷幕和排水设施,并提出了具体要求。

知识技能训练

一、填空题

1. 重力坝承受的主要荷载是呈三角形分布的________,控制坝体剖面尺寸的主要指标是________、________,重力坝的基本剖面是________形。

2. 重力坝易产生滑动的滑裂面主要有________。

3. ________表示地震对建筑物的影响程度。________越大,表示对建筑物的破坏越大,抗震设计要求越高。

4. 重力坝的坝体防渗采用________________________________。

5. 重力坝坝体排水措施是：靠近上游坝面设置________，其上下端与坝顶和廊道直通。

6. 坝基排水措施____。

7. 坝体分缝的目的是____________________，常见的缝有________、________和施工缝。

8. 重力坝廊道的作用是________、________和观测、交通。廊道常分为________和________。

9. 坝基开挖时，应将________挖除，直至新鲜坚固的基岩面。顺水流方向应开挖成________的锯齿状，垂直于水流方向应开挖成________________。

10. 防渗帷幕的位置布置在________的坝轴线附近，自河床向两岸延伸一定距离，与两岸________衔接。

11. 排水孔幕布置在________的下游，通常在防渗帷幕灌浆后施工。

二、简答题

1. 提高重力坝抗滑稳定的工程措施有哪些？

2. 坝基排水的目的是什么？如何布置？

3. 坝体材料为什么要分区？如何分区？

4. 重力坝中固结灌浆、帷幕灌浆各有什么作用？

5. 重力坝地基处理的措施有哪些？

6. 为什么重力坝要分缝？缝有哪几种类型？施工中如何处理？

7. 什么是重力坝？

8. 重力坝的缺点有哪些？实际工程中怎么解决重力坝的缺点？

9. 重力坝的建筑材料有哪些？

10. 重力坝按照结构形式分类有哪些？

11. 常态混凝土重力坝和碾压混凝土重力坝有哪些不同？

12. 浆砌石坝坝体如何防渗？

【延展阅读】

请扫描以下二维码，学习了解新安江水利枢纽。

新安江水利枢纽

项目4 拱 坝

拱坝像平放的拱桥，拱坝是固接于基岩的空间壳体结构，在平面上呈凸向上游的拱形，其拱冠剖面呈竖直的或向上游凸出的曲线形。坝体结构既有拱作用又有梁作用，其承受的荷载一部分通过拱的作用压向两岸，另一部分通过竖直梁的作用传到坝底基岩。

由于拱是一种主要承受轴向压力的推力结构，在外荷载作用下内力主要为轴向内力，拱内弯矩较小，应力分布较为均匀，有利于发挥材料的强度。拱的作用利用得愈充分，混凝土或砌石材料抗压强度高的特点就愈能充分发挥，从而坝体厚度可以减薄，节省工程量，因此拱坝是一种比较经济的坝型。

【知识目标】

1. 了解拱坝的概念及发展概况。
2. 掌握拱坝对地形地质的要求。
3. 掌握拱坝的构造和布置要求。
4. 熟悉拱坝的荷载。
5. 熟悉拱坝地基处理的方法。

【技能目标】

1. 会说出拱坝的概念。
2. 能说出什么样的地形地质条件适合建拱坝。
3. 能说出拱坝的构造和布置要求。
4. 会列出拱坝的主要荷载。
5. 会进行拱坝的初步设计。

任务1 认识拱坝

【任务描述】

拱坝在平面上呈拱形并向上游凸出，在铅直断面上，有时也是向上游凸出（见图4-1）。拱坝是一个空间整体结构，可以看成由拱梁系统组成，上游坝面所承受的部分水压力，通过拱的作用传至两岸山体，部分水压力（甚至小部分）则通过悬臂梁的作用传至坝基。这种传力特点使得拱坝断面较重力坝单薄，与同样客观条件（如坝高、河谷形状等）的重力坝相比，拱坝工程量可节省1/3～1/2。为学习重要的挡水建筑物——拱坝，首先要了解拱坝的概念及发展概况、特点、类型，掌握拱坝对地形地质的要求，熟悉拱坝的荷载和拱坝地基处理的方法。

【任务分析】

在左右两岸对称，岸坡平顺无突变，在平面上向下游收缩的峡谷段，且基岩比较均匀、坚固完整、有足够的强度、透水性小、能抵抗水的侵蚀、耐风化、岸坡稳定、没有大断裂的地形地质条件中，拱坝是最主要的挡水建筑物，因此要求必须熟悉拱坝在整个枢纽中的作用及其要求。本任务的重点为拱坝的概念及发展概况、特点、类型，难点为拱坝对地形、地质的要求。

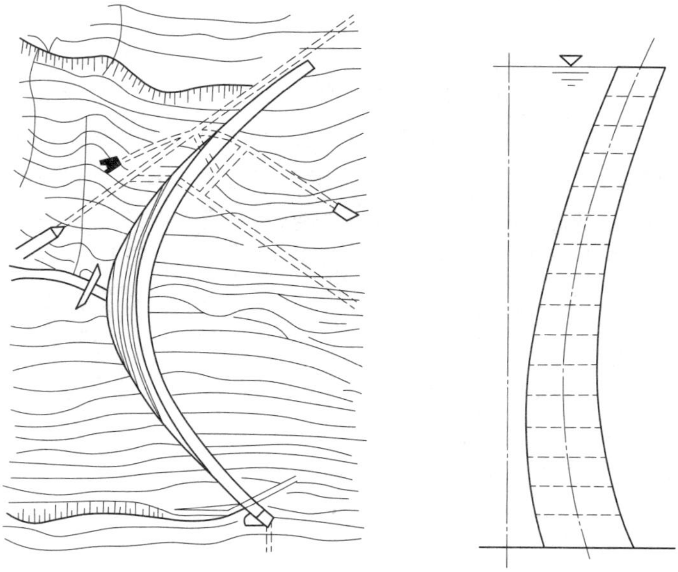

图 4-1　拱坝

【任务知识点】

1　拱坝的概念及特点

拱坝是拱向上游三向固定的空间壳体挡水建筑物，它将水压力、泥沙压力的大部分通过拱的作用传到两岸岩体，而将另外的通过悬臂梁的作用传给底部基岩。它不像重力坝那样依靠自重来维持稳定，而是由两岸岩体的支撑和混凝土的抗压强度来维持拱坝的稳定和安全。

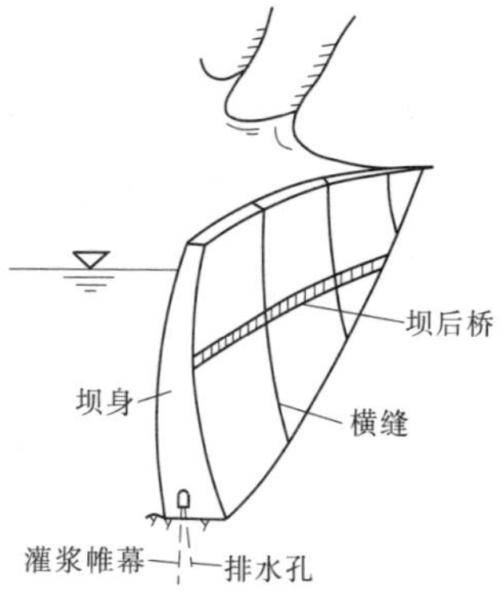

图 4-2　拱坝示意图

拱坝在平面上呈拱形并向上游凸出的，在铅直断面上，有时也是向上游凸出的，如图 4-2 所示。在外荷载作用下拱坝的稳定性主要依靠两岸拱座的反力作用，依靠坝体自重来维持稳定的因素是次要的。拱坝是一个空间壳体结构，可以看成由一系列凸向上游的水平拱圈和一系列竖向悬臂梁组成。坝体结构既有拱作用又有梁作用，因此具有双向传递荷载的特点。上游坝面所承受的水平荷载，通过拱的作用传至两岸岩体，小部分水压力则通过悬臂梁的作用传至坝基，如图 4-3 所示。拱坝所坐落的两岸岩体部分称为拱座或坝肩；位于水平拱圈拱顶处的悬臂梁称为拱冠梁，一般位于河谷的最深处。这种传力特点使得拱坝断面较重力坝单薄，与同样水文、地形、地质条件的重力坝相比，拱坝工程量可节省 1/3 ~ 1/2。因此，它是一种经济性和安全性都很好的坝型。

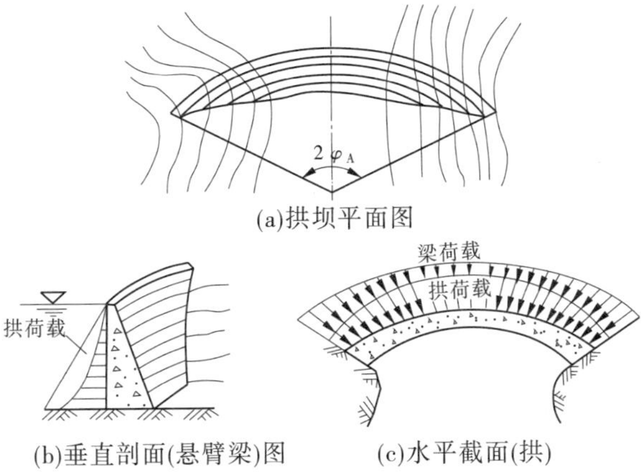

图4-3 拱坝平面及剖面图

拱坝需要水平拱圈起整体作用,故坝身不设永久伸缩缝,拱坝基本上属受压结构,能充分发挥混凝土受压性能好的特点,同时拱坝又是高次超静定结构,其超载能力显著,安全度高。当外荷载增大或大坝的某一部分发生局部开裂时,变形量较大的拱或梁将把荷载部分转移至变形量较小的拱或梁,拱和梁作用将会自行调整,使坝体应力重新分配。国内外模型试验成果表明:只要坝基坚固,拱坝的超载能力可以达到设计荷载的5~13倍,远高于重力坝,意大利斯帕克里拱坝(坝高157 m)的结构模型破坏实验表明,承载能力的安全系数为13。

拱坝的超静定结构性能也提供了很好的抗震性,拱坝坝体轻韧,地震惯性力比重力坝小。工程实践表明,其抗震能力也是很强的,河北省峡沟水库浆砌石拱坝(坝高78 m)在满库情况下经受过强烈地震的冲击,未发现任何裂缝和损坏。迄今为止,拱坝失事比例远小于其他坝型,可以说拱坝是一种安全性很高的坝型。拱坝几乎没有因坝身问题而失事的,拱坝的失事基本上是由于坝肩抗滑失稳所致的。所以,应十分重视坝肩岩体的抗滑稳定分析。

因为拱坝是高次超静定整体结构,所以温度变化和基岩变形对坝体应力的影响比较显著,在设计计算时,必须考虑基岩变形,并将温度作用列为主要荷载。

由于拱坝剖面较薄,坝体几何形状复杂,因此对于筑坝材料强度、抗渗性和施工质量等要求都比重力坝严格。

2 拱坝的发展概况

人类修建拱坝有着悠久的历史,现在发现的最古老拱坝遗址是古罗马时期建于法国南部的鲍姆拱坝,坝高约12 m。13世纪伊朗修建的库力特拱坝,高达60 m。16世纪,人们开始修建砌石拱坝,如意大利的波捷阿尔托坝,该坝修建后两次加高,1887年达39.5 m。在19世纪中叶,人们又在比较狭窄的河谷中修建了一些混凝土拱坝,高度都在40 m以内。

早期的拱坝建设没有理论指导,只是通过实践积累的经验,摸索前进。随着拱坝结构分析方法的提出,才使拱坝建设得到飞速发展。20世纪30年代以来拱坝发展迅速,美国开始大规模修建较高的拱坝,于 1936 年建成了高 221 m 的胡佛重力拱坝,并对大体积混凝土的温度控制进行了系统研究。

1949 年以来,我国在拱坝建设上取得了很大的进展,特别是双曲拱坝在 20 世纪 60 年代发展较快,例如我国的溪洛渡水电站位于四川省雷波与云南永善的金沙江界河上,电站装机容量 1 260 万 kW。水电站 2003 年开始筹建,2005 年开工,2014 年第一台机组投产,2017 年竣工,四川、云南枯期各留 5% 的电力电量,其余电力外送华东和华中地区;锦屏一级位于凉山彝族自治州盐源县和木里县境内,装机容量 360 万 kW。2003 年 7 月中国国际工程咨询公司对锦屏一级水电站的项目建议书进行了评估。2005 年开工,2013 年第一台机组投产发电,2015 年竣工。这标志着我国在高拱坝的勘测、设计、施工和科研方面已达到一个新的水平。可以说,拱坝是在高山峡谷地区最具竞争力的坝型。世界主要高拱坝工程,如表 4-1 所示。

表 4-1 世界主要高拱坝工程

水电站名称	坝高(m)	库容(亿 m^3)	装机容量(MW)	完工时间(年)	所在国家	坝高排名
锦屏一级	305	79.88	3 600	2014	中国	1
小湾	294.5	150	4 200	2012	中国	2
溪洛渡	285.5	92.7	13 860	2015	中国	3
英古里	271.5	11	1 320	1980	格鲁吉亚	4
瓦伊昂	262	1.69	—	1961	意大利	5
莫瓦桑	250.5	2.12	114	1991	瑞士	6
拉西瓦	250	7.77	4 200	2010	中国	7
德里内尔	247	19.7	670	2004	土耳其	8
萨扬-舒申斯克	242	313	6 800	1989	俄罗斯	9
二滩	240	61	3 300	2000	中国	10

拱坝工程规模的扩大促进了拱坝设计理论、计算和施工技术的改进。计算机的应用与快速发展,缩短了计算周期,提高了计算精度。优化技术和人工智能系统在拱坝设计中逐步得到了应用和发展。拱坝的破坏机制和极限承载能力的研究进一步加强。在施工方面,采用新工艺,由计算机进行系统分析,选择最优施工方案。

现代拱坝的发展趋向是:对坝址地形地质条件要求有所降低;坝体厚度减薄,允许应力逐渐加大;坝顶溢流,坝身开孔,单宽流量加大;在较强地震地区可建拱坝;计算理论和计算方法的发展可进行优化设计;对材料特性(坝体、坝基)由线性向非线性转变;碾压混凝土拱坝会逐渐地被采用。

3 拱坝的类型

(1)根据建筑材料和施工方法分类。可分为常规混凝土拱坝、碾压混凝土拱坝和浆砌石拱坝。

(2)根据坝的高度分类。坝高大于70 m的为高坝；坝高为30～70 m的为中坝；坝高小于30 m的为低坝。

(3)根据拱圈线形分类。可分为单心圆拱坝、双心圆拱坝、三心圆拱坝、抛物线拱坝、椭圆拱坝、对数螺旋线拱坝等，如图4-4所示。

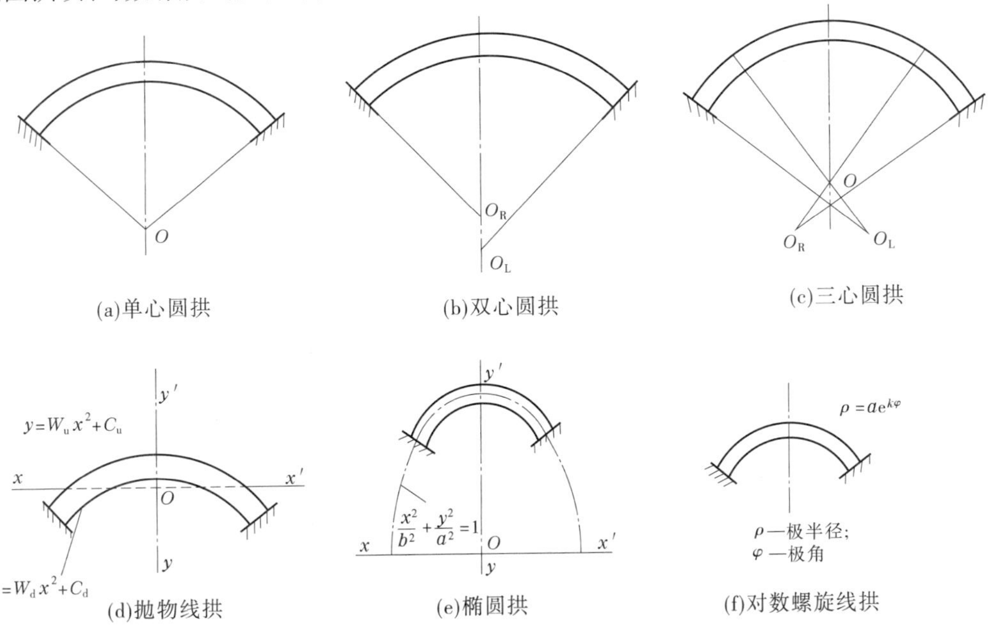

图4-4　拱坝各种拱圈形式

(4)根据坝面曲率分类。只有水平向曲率，而各悬臂梁的上游面呈铅直的拱坝称为单曲拱坝，如图4-5所示；水平和竖直向都有曲率的拱坝称为双曲拱坝，如图4-1所示。

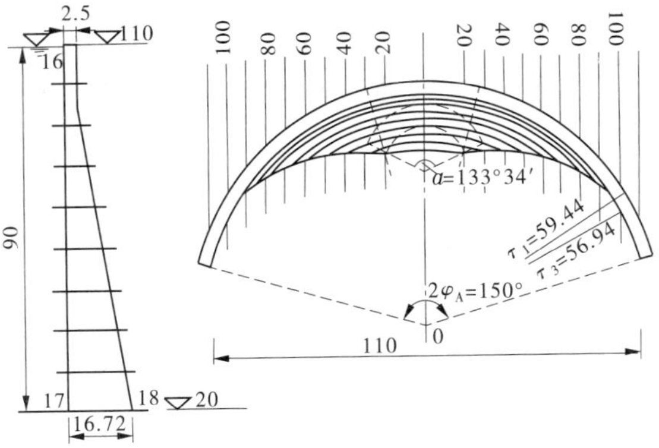

图4-5　单曲拱坝　(单位:m)

单曲拱又称为定外半径定中心角拱，对U形或矩形断面的河谷，其宽度上下相差不大，各高程中心角比较接近，外半径可保持不变，仅需下游半径变化以适应坝厚变化的要求。单曲拱坝施工简单，直立的上游面便于布置进水孔和泄水孔及其设备，但当河谷上宽下窄时，下部拱的中心角必然会减小，从而降低拱的作用，要求加大坝体厚度，不经济。

双曲拱坝对底部狭窄的V字形河谷,宜将各层拱圈外半径,从上至下逐渐减小,可大大减少坝体方量。双曲拱坝应力条件较好,梁呈弯曲形状,兼有拱的作用,更经济,但有倒悬出现,设计及施工较复杂。

4 拱坝对地形地质的要求

4.1 地形条件

地形条件是决定拱坝结构形式、工程布置及经济性的主要因素。理想的地形应是左右两岸对称,岸坡平顺无突变,在平面上向下游收缩的峡谷段。坝端下游侧要有足够的岩体支承,以保证坝体的稳定。

坝址河谷形状的特性,常用坝顶河谷宽度 L 与坝高 H 的比值,即宽高比 L/H 来表示,而坝体厚薄程度则常以坝底厚度 T 和坝高 H 的比值,即厚高比 T/H 来表示。当 $T/H<0.2$时,为薄拱坝;当 $T/H=0.2\sim0.35$ 时,为中厚拱坝;当 $T/H>0.35$ 时,为重力拱坝。

一般情况下,在 $L/H<1.5$ 的深切河谷可以修建薄拱坝;在 $L/H=1.5\sim3.0$ 的稍宽河谷多修建中厚拱坝;在 $L/H=3.0\sim4.5$ 的宽河谷多修建重力拱坝;而在 $L/H>4.5$ 的宽浅河谷由于拱的作用已经很小,梁的作用将成为主要的传力方式,一般认为以修建重力坝或拱形重力坝较为适合。但是随着近代拱坝建设技术的发展,已有一些成功的实例突破了这些界限,例如:奥地利的希勒格尔斯双曲拱坝,高 130 m,$L/H=5.5$,$T/H=0.25$;美国的奥本三圆心拱坝,高 210 m,$L/H=6.0$,$T/H=0.29$。

河谷形状可分为V形、U形和梯形等三种典型断面。在V形河谷中修建拱坝,自坝顶向坝底随着水压力的增加,拱的跨度逐渐减小,在坝体底部,拱的跨度显著减小,该处虽然水压力最大,但是拱的厚度仍较小;在U形河谷中,拱的跨度沿整个坝高相差较小,因而底部厚度却增加较多,如图4-6所示;梯形河谷的情况则介于V形和U形之间。根据工程经验,拱坝最好修建在对称河谷中,但在不对称河谷中也可修建,缺点是坝体受力条件较差,设计和施工复杂。

综上所述,优良的河谷断面应是V形、L/H值小、两岸对称并无突变。

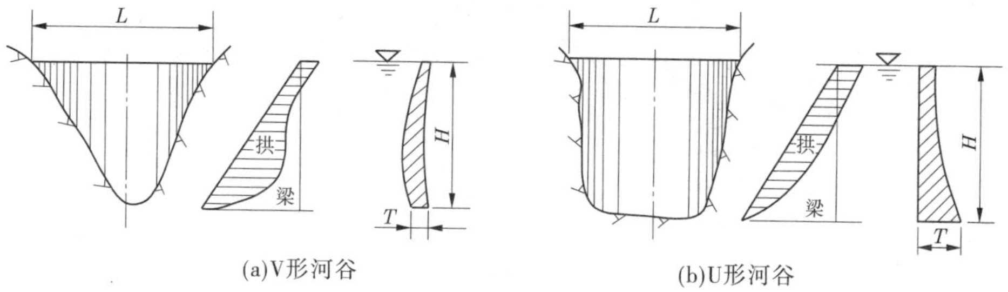

图4-6 河谷形状对荷载分配和坝体剖面的影响

4.2 地质条件

地质条件也是拱坝建设中的一个重要问题。拱坝坝址的河谷两岸,必须能承受由拱端传来的巨大推力,在任何情况下都能保持稳定。因此,拱坝对坝址地质条件的要求比重力坝和土石坝都高。具体来讲,要求基岩坚硬致密、质地均匀、有足够的强度、透水性小、能抗风化、岸坡稳定,也没有大的断裂构造和软弱夹层。实际上很难找到没有节理、裂隙、软弱夹层或局部断裂破碎带的天然坝址,但必须查明工程地质条件,必要时,应采取妥善的地基处理措施。

随着坝体设计、施工及地基处理技术水平的提高,还有建坝经验的积累,即使在地质条件较差的地基上也建成了不少高拱坝,如美国的邦达瑞双曲拱坝(坝高 110 m)在坝基内就有一条横切河谷的断层通过;我国的龙羊峡拱坝,高 178 m,基岩被众多的断层和裂隙所切割,岩体破碎,且位于 9 度强震区。当然若地质条件复杂到难以处理,或处理工作量太大,造价过高,则应另选其他坝型。

任务2 拱坝的材料、布置与构造、荷载、地基处理

【任务描述】

拱坝是在高山峡谷地区最具竞争力的坝型,由于拱坝结构特点使得各种荷载对拱坝应力的影响与其他坝型不相同,以及拱坝的布置和坝肩稳定等对拱坝极其关键,因此要对拱坝的材料、构造与布置、荷载、地基处理进行学习研究。为学习拱坝,首先要了解拱坝的筑坝材料和荷载,掌握拱坝的布置及其各个部分的构造,并能掌握如何对拱坝的地基进行处理。

【任务分析】

在以高山峡谷为主的地形条件中,拱坝是最主要的选择坝型,因此要求必须熟悉拱坝的布置及其各个部分的构造,并能掌握如何对拱坝的地基进行处理。本任务的重点为拱坝的布置及其各个部分的构造,难点为拱坝的荷载组合及应力分析。

【任务知识点】

1 拱坝的材料

用于修建拱坝的材料主要是混凝土(包括常规混凝土、碾压混凝土),高坝中多用混凝土,中小型工程常就地取材,多使用浆砌块石。对混凝土和浆砌石材料性能指标的要求和重力坝相同。混凝土对强度、抗渗、抗冻、低热、抗冲刷和抗侵蚀等方面的要求应严格遵照相关规范。

坝体混凝土的极限抗压强度一般以 90 d 或 180 d 龄期强度为准,极限抗拉强度一般取极限抗压强度的 1/15 ~1/10。此外,还应注意混凝土的早期强度,控制表层混凝土 7 d 龄期的强度等级不低于 C10,以确保早期的抗裂性。高坝基础部位 28 d 龄期的混凝土强度等级不宜低于 C15 ~ C20。坝体内部混凝土 90 d 龄期混凝土强度等级不低于 C10。

坝体混凝土除强度外,还应保证抗渗性、抗冻性和低热等方面的要求。为此,对坝体混凝土的水灰比必须严格控制,对较高的拱坝,坝体外部混凝土的水灰比应限制在 0.45 ~0.5,内部可在 0.6 ~0.65。在承受高速水流和挟沙水流冲刷的部位,混凝土应具有很好的抗磨性。用水灰比低的、振捣密实并表面抹光的混凝土,抗磨性能较高。实践证明,水灰比大于 0.55 的混凝土,抗磨性能常不能满足要求。在环境水有侵蚀性情况下,外

部水位变化区及水下混凝土的水灰比应比无侵蚀性情况下减少 0.05。

对于高度不大、厚度小于 20 m 的薄拱坝,可以不改变混凝土强度等级。对于高拱坝或较厚的重力拱坝,由于应力有较大的差异,可在坝体内部、外部和拱端分别采用不同强度等级,拱端应力较大,可提高强度等级;坝体内部应力较低,可用较低强度等级;如有抗震要求,坝体中、上部是高应力区,在考虑混凝土强度等级分区时应予以注意;对于溢流面及孔管内壁需设有专门的混凝土面层。

2 拱坝的布置与构造

2.1 拱坝的布置

拱坝的布置是结合坝址地形、地质、水文和施工条件选择坝型、拟定坝体基本尺寸,以及进行坝体平面布置。具体进行布置时,需要经过多次修改,使坝体应力分布合理,坝座稳定性好;同时要满足施工、泄洪、发电等运用要求,最后使工程造价最小。

2.1.1 拱圈的形式

水平拱圈以圆弧拱最为常用。为了说明拱圈的几何参数与应力的关系,如图 4-7 所示,取单位高度的等截面圆拱,拱圈厚度为 T,中心角为 φ_A,设沿外弧承受均匀压力为 P,截面平均应力为 σ,由圆筒公式可得

$$T = \frac{pR_u}{\sigma} \tag{4-1}$$

$$R_u = R + \frac{T}{2} = \frac{l}{\sin\varphi_A} + \frac{T}{2} \tag{4-2}$$

式中 T——拱圈厚度;

σ——拱圈截面的平均应力;

l——拱圈平均半径处半弦长;

R_u、R——外弧半径、平均半径。

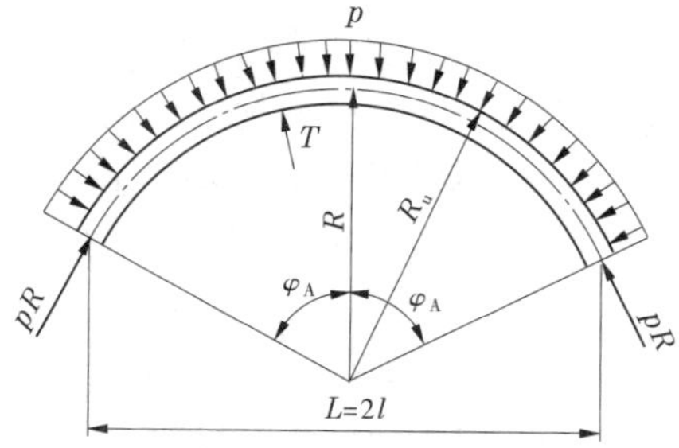

图 4-7 圆弧拱圈

从上面的公式可以看出,对于一定宽度的河谷,拱中心角愈大,拱圈厚度愈小,材料强度愈能得到充分利用,因而适当加大中心角是有利的。然而加大中心角会使拱圈的弧长增加,在一定程度上抵消了减薄拱圈厚度所节省的工程量,经过演算,可以得出使拱圈体积最小的中心角 $2\varphi_A = 133.57°$。但从稳定条件考虑,过大的中心角将使拱轴线与河岸基岩等高线间的交角过小,以致拱端推力过于趋向岸边,不利于坝肩岩体的稳定。现代拱

坝,顶拱中心角多为75°~110°;对于向下游缩窄的河谷,可采用110°~120°。

当坝址下游基岩内有软弱带或坝肩支撑在比较单薄的山嘴时,则应适当减小拱的中心角,使拱端推力转向岩体内侧,以加强坝肩稳定。由于拱坝的最大应力常在坝高1/3~1/2处,所以有的工程在坝的中下部采用较大的中心角,由此向上向下中心角都减小。

合理的拱圈形式应当是压力线接近拱轴线,使拱截面的压应力分布趋于均匀。由工程力学知识可知,当单独一个拱圈在上游面承受均布水压力时,其最合理的形态为圆弧拱。但是对于拱坝来说,由于其结构性能具有水平拱和垂直梁的作用,拱梁的系统共同承担外荷载,且水平拱所分担的水压力部分往往是非均匀分布的,通常是从拱冠向拱端逐渐减少的。因此,最经济合理的拱圈形式就不一定是圆弧拱,实际采用时需综合考虑经济、设计及施工等因素。

三心圆拱[见图4-4(c)]由三段圆弧组成,通常是两侧弧段的半径比中间大,从而可以减小中间弧段的弯矩,使压应力分布趋于均匀,改善拱端与两岸的连接条件,更有利于坝肩的岩体稳定。美国、葡萄牙、西班牙等采用三心圆拱坝较多,我国的白山拱坝、紧水滩拱坝和李家峡拱坝都是采用的三心圆拱坝。

椭圆拱、抛物线拱和对数螺旋线拱均为变曲率拱,拱圈中段的曲率较大,向两侧逐渐减小,使拱圈中的压力线接近中心线,拱端推力方向与岸坡线的夹角增大,有利于坝肩岩体的抗滑稳定。

当遇到河谷地形及坝基地质条件不利的时候,采用两端拱圈呈扁平状、拱端推力偏向山体深部的变曲率拱坝,采用拱端逐渐加厚的变厚度拱或设垫座的拱坝;当两岸上部基岩较差或地形开阔时,设置重力墩或推力墩与拱坝连接。

2.1.2 拱冠梁的形式和尺寸

在拱坝的轴线确定以后,需要拟定拱冠梁的剖面形式和尺寸,包括坝顶厚度、坝底厚度和剖面形状。在U形河谷中,可采用上游面铅直的单曲拱坝,在V形和接近V形河谷中,多采用具有竖向曲率的双曲拱坝。

坝顶厚度T_C基本上代表了顶拱的刚度。加大坝顶厚度不仅能改善坝体上部下游面的应力状态,还能改善梁底上游面应力,有利于降低坝踵拉应力;坝顶厚度T_C应根据剖面设计确定,并满足运行交通要求,一般不小于3 m。坝底厚度T_B是表征拱坝厚薄的一项指标,主要取决于坝高、坝型、河谷形状等。设计时可参考已建成的坝高和河谷形状大致相近的拱坝来初步拟订,再通过计算和修改布置定出合适的尺寸。

初步拟定拱冠梁的厚度可根据美国垦务局建议的公式计算:

$$T_C = 0.01(H + 1.2L_1) \tag{4-3}$$

$$T_B = \sqrt[3]{0.0012HL_1L_2(H/122)^{H/122}} \tag{4-4}$$

$$T_{0.45H} = 0.95T_B \tag{4-5}$$

式中 H——坝高,m;

L_1——坝顶高程处两拱端可利用基岩之间的河谷宽度,m;

L_2——坝底以上0.15H处两拱端可利用基岩之间的河谷宽度,m。

美国垦务局的公式是根据建拱坝设计资料总结出来的,表4-2和图4-8是美国垦务局推荐的拱冠梁剖面形式及各个部位尺寸,其中T_B和T_C用前面的公式进行计算,三个控制厚度确定后，可用光滑曲线绘出拱冠梁剖面，用作初拟时的参考。

表 4-2　拱冠梁剖面参考尺寸

高程	坝顶	0.45H	坝底
上游偏距	0	0.95T_B	0.67T_B
下游偏距	T_C	0	0.33T_B

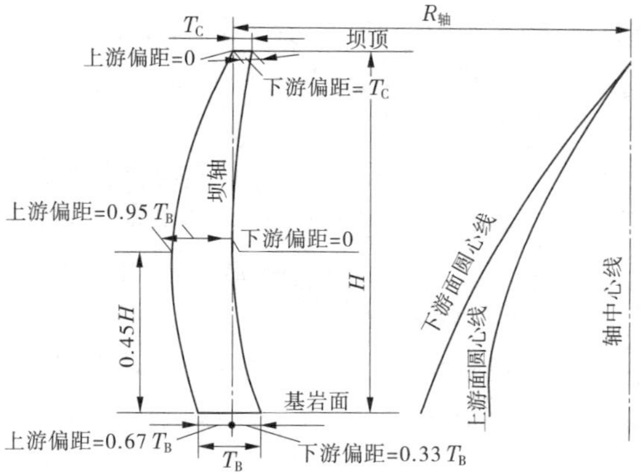

图 4-8　拱冠梁尺寸示意图

2.1.3　拱坝的布置原则

根据坝址地形、地质、水文等自然条件及枢纽综合利用要求统筹布置，在满足稳定和建筑物运用的要求下，通过调整拱坝的外形尺寸，使坝体材料的强度得到充分发挥，控制拉应力在允许范围内，从而使坝的工程量最省。因拱坝形式比较复杂，断面形状又随地形、地质情况而变化，故拱坝布置需有较多的方案，进行全面技术经济比较，选择最优方案。而最终选定的布置方案，一般需经模型试验论证。

综上所述，拱坝布置的基本原则是：坝体轮廓力求简单，基岩面、坝面变化平顺，避免有任何突变。

2.1.4　拱坝的布置要求

拱坝宜在河谷狭窄、地质条件好的坝址修建；轴线应在河谷两岸厚实的山体上；根据泄洪量大小，结合具体情况选择泄洪方式，当然宜先研究拱坝坝身泄洪的可行性；相邻的其他建筑物布置，应分析研究其对拱坝应力及拱座稳定的影响；研究拱坝两岸山体不利结构面、缓倾角节理、软弱夹层和下游临空面等对拱坝布置的影响，以及采用拱座加固措施的可行性；研究施工导流和施工组织等的影响。

2.1.5　拱坝的布置步骤

由于拱坝形式比较复杂，断面形状又随地形、地质情况而变化，因此拱坝的布置并无一成不变的固定程序，而是一个从粗到细反复调整和修改的过程。根据经验，大致可以归纳为以下几个步骤：

(1)据坝址地形图、地质资料定出开挖深度，绘出坝址利用基岩面等高线图。综合考虑地形、地质、水文、施工及运用条件等，选择适宜的拱坝坝型。

(2)利用基岩面等高线地形图，试定顶拱轴线的位置。顶拱轴线的半径可参考前边的介绍。尽量使拱轴线与等高线在拱端处的夹角不小于30°，并使两端夹角大致相近。按适当的中心角和坝顶厚度画出顶拱内外缘弧线。

(3)初拟拱冠梁剖面尺寸，并拟订各高程拱圈的厚度。一般选取5～10层拱圈，绘制各层拱圈平面图。各层拱圈的圆心连线在平面上最好能对称于河谷可利用基岩面的等高线，在垂直面上圆心连线应能形成光滑的曲线。

(4)切取若干垂直剖面，检查其轮廓线是否光滑连续，有无上层突出、下层倒悬的现象，如不符合要求，应适当修改拱圈及梁的形状尺寸。

(5)根据初定的坝体尺寸进行应力计算及坝肩稳定校核。如不符合要求，应重复以上步骤修改坝体布置和尺寸，重复以上的工作程序，直至满足要求为止。

(6)将拱坝沿拱的轴线展开，绘成拱坝立视图，显示基岩面的起伏变化，对突变处采取削平或填塞措施。

(7)计算坝体工程量，作为不同方案比较的依据。

由于拱坝布置需反复修改，并做多方案比较。首先根据地形、地质条件，初绘拱坝轮廓，由计算机计算控制点坐标，画出坝体透视图、展开图，在展开图上画好二维网格后，计算机即可自动形成三维网格，并用有限元法计算出应力，然后再根据应力状态修改坝体形状，重复几次即可。采用这种方法，坝体上下游面形状由坐标定点，改变形状方便，适用于任何复杂形状的拱坝，如图4-9所示。

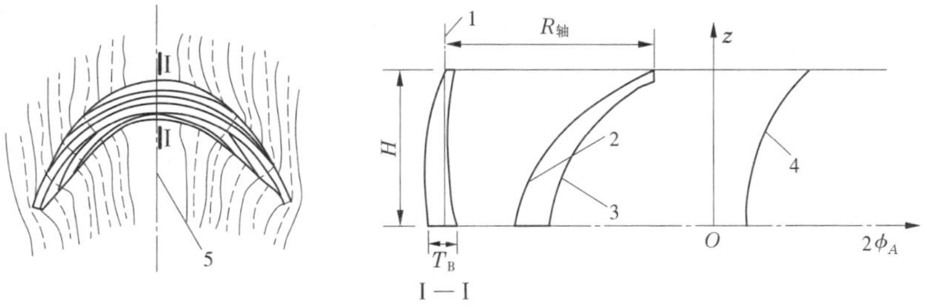

1—坝轴线；2—下游面圆心线；3—上游面圆心线；4—拱圈中心角线；5—基准面

图4-9 双曲拱坝的布置示意图

2.2 拱坝的构造

2.2.1 坝顶及坝面

拱坝坝顶高程不得低于校核洪水位。选择防浪墙顶高程与水库正常蓄水位或与校核洪水位的高差大者，坝顶的结构形式和尺寸应按运用要求确定。当无交通要求时，非溢流坝坝顶宽度一般应不小于3 m。坝顶路面应有横向坡度和排水系统。设人行道时宜高出坝顶路面20～30 cm。在溢流坝段应结合溢流方式，布置坝顶工作桥、交通桥，其尺寸必须满足泄流启闭设备布置、运行操作、交通和观测检修等要求。对于地震区的坝顶工作桥、交通桥等结构，应尽量减轻自重，并提高结构的抗震稳定性。

在拱坝上游面(1/15~1/10)水面下深度的厚度内应浇筑抗渗性和抗冻性较好的混凝土,下游面1~2 m范围内浇筑抗冻性较好的混凝土。除特殊情况外,一般都不配筋。但在严寒地区的薄拱坝,可在坝顶配筋以防渗水冻胀而开裂。在地震区,为防止坝顶附近开裂,可在该部位穿过横缝布置钢筋,以增强坝的整体性。

2.2.2　坝体分缝与接缝处理

拱坝是整体结构,一般不做永久性的结构分缝,但施工需要分段浇筑,各段间设收缩缝,待坝体温度冷却至稳定温度时灌浆封填,使坝成为整体。收缩缝有横缝和纵缝两类,如图4-10所示。

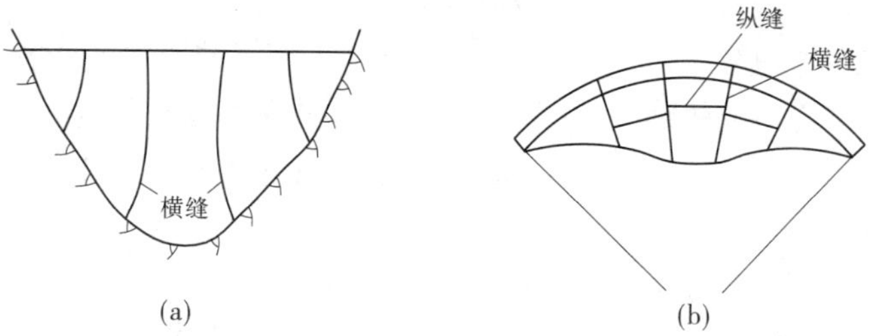

图4-10　拱坝的横缝和纵缝

横缝是沿半径向设置,其间距(沿上游坝面的弧长)一般为15~20 m。在变半径的拱坝中,与半径向一致,必然要成为扭曲面,有时为了简化施工,对不太高的拱坝也可用中间高程处的半径向为准,仍用铅直平面来分缝。横缝底部缝面与基础面的夹角不得小于60°,尽可能接近正交。缝内一般要设置铅直向的梯形或圆弧形的键槽,并埋设灌浆系统,以提高坝体的抗剪强度。

拱坝厚度较薄,一般可不设纵缝,对厚度大于40 m的拱坝,可考虑设置纵缝。相邻坝块间的纵缝应错开,纵缝的间距为20~40 m。一般采用铅直纵缝,到缝顶附近应缓转与下游坝面正交,也可在某一高程并缝。并缝缝顶可设圆形孔洞,配置并缝钢筋。纵缝面应设置键槽,并埋设灌浆系统。键槽走向为水平方向,形状宜为三角形。

在一定的条件下,可将横缝的一部分保持为永久性的明缝。当近拱端有一岸或两岸自坝顶到某一高程范围内的地质条件很差,不足以承担拱端的巨大推力时,可将这一范围内的横缝保持为永久缝,或自拱冠顶部起向两侧往下逐渐加深明缝,使拱端推力向下斜传入两岸基岩。

横缝和纵缝都必须进行接缝灌浆。灌浆时坝体温度应降到设计规定值,缝的张开度不宜小于0.5 mm。缝两侧坝体混凝土龄期,在采取有效措施后,不宜小于4个月。灌浆达到预期强度后,坝体才能蓄水。缝面应采用止浆片分成若干封闭区进行灌浆,横缝上游面和下游面止水片可兼作止浆片,面积宜为200~400 m^2,高度宜为9~15 m。灌浆压力除顶层外,灌浆区上部宜有9 m厚的混凝土盖重,层顶灌浆压力可为0.1~0.3 MPa。

2.2.3　廊道与排水

由于拱坝坝体应力较高,廊道对其周围的坝体应力有较大影响。为避免过多地削弱坝体,对于高度不大、厚度小于10 m左右的薄拱坝,可不设廊道,或只设一层灌浆廊道,而将检查、观测、交通及坝缝灌浆工作移至坝后桥上进行。桥宽一般为1.2～1.5 m,上、下层间隔20～40 m,桥的伸缩缝宽约1～3 cm,并与坝的横缝一致,以适应坝体变形。

对于高度大拱坝,为满足检查、观测、灌浆、排水和坝内交通等要求,需要在坝体内设置廊道与竖井。廊道的断面尺寸、布置和配筋基本上和重力坝类似。廊道与坝内其他孔洞的净距离不宜小于3～5 m,以防止应力集中,该净距也可通过应力分析确定。纵向廊道的上游壁离上游坝面的距离一般为5%～10%的坝面作用水头,且不小于3 m。

建在无冰冻地区的薄拱坝,坝身可不设排水管。对较厚的或建在寒冷地区的薄拱坝,则要求和重力坝一样布置排水管,排水管应与纵向廊道分层连通,管距一般为2.5～3.5 m,管径一般为15～20 cm,应与廊道分层连通,不应有急弯。

2.2.4 管孔

坝体管孔用于引水发电、灌溉、供水和泄水。为引水发电、灌溉和供水等目的在坝体内设置的管孔,一般泄流量和断面都较小,常用圆形断面,进口多为矩形,中间需设渐变段相连接。用于泄水的管孔断面一般为矩形,因流速较高,最好用钢板衬砌,以防止孔壁混凝土受冲刷、减小对水流的摩阻力、避免内水向坝体渗透和改善孔口附近的应力状态。由于钢板衬砌施工不便,且钢板外壁易产生空隙,故当内水压力不大时,也可不用。矩形孔口的尖角处应抹圆,以消除应力集中,并需局部配筋。

2.2.5 垫座与周边缝

当坝址河谷断面很不规则时,可在基岩与坝体之间设置垫座,使坝体变为有规则的形状;当拱坝底部有垫座时,在坝体与垫座间应设置永久结构缝,称为周边缝,如图4-11所示。

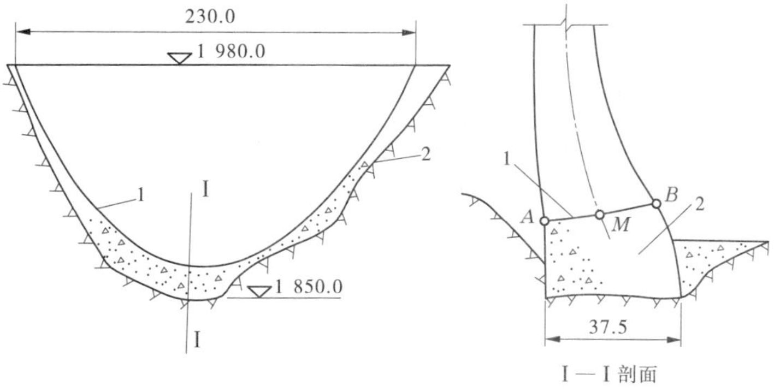

1—周边缝;2—垫座

图4-11 拱坝周边缝布置图 (单位:m)

垫座设置在拱坝坝体与基岩面之间,在有周边缝的拱坝中,垫座与坝体分开浇筑,在其他情况下则多与坝体一起浇筑。

拱坝设置周边缝后,梁的刚度有所减弱,相对加强了拱的作用,这就改变了拱梁分载的比例。周边缝还可减小坝体传至垫座的弯矩,从而可减小甚至消除坝体上游面的竖向拉应力,使坝体和垫座接触面的应力分布趋于均匀,并可利用垫座增大与基岩的接触面积,调整和改善地基的受力状态,能使坝断面减薄。设置周边缝后,坝体即使有裂缝,延伸到缝边就会停止发展。若垫座有开裂,也不致影响到坝体。

综上所述,周边缝的作用是:①改变坝体与坝基面直接连接的边界条件。当河谷形状不规则或坝基存在地质上的缺陷时,仍可设计成经济合理的拱坝体型。②有利于深入比较选定拱坝体形。当周边缝的位置拟订后,如实际的坝基开挖深度与预计的情况略有差别,只需调整垫座高度而不必修改拱坝体型。③改善坝体上游面的应力状态,可减小甚至免除上游面的竖向拉应力。由于周边缝多为连续光滑曲面,可使坝体与垫层间的应力分布较均匀,并可利用垫座增大与坝基接触面,调整和减小该处的压应力。④减小坝体传至垫座的弯矩,从而减小垫座和坝基面间产生拉应力的不利影响,避免垫座与坝基阻水帷幕的接触面受拉而破坏。⑤可以提前浇筑垫座混凝土,以覆盖和保护基岩面,并进行坝基灌浆。

2.2.6　重力墩

重力墩是拱坝坝端的人工支座,可用于河谷形状不规则的情况,可减小宽高比,避免岸坡的大量开挖。若河谷有一岸较平缓,用重力墩与其他坝段(如重力坝或土石坝)或岸边溢洪道相连接等。

通过重力墩可将坝体传来的作用力传到基岩。坝体与重力墩之间的传力作用和重力墩本身的刚度有关。与坝高相比,如重力墩高度不大,可假设重力墩的刚度与基岩相同,按拱端支撑于基岩的条件求得拱端作用力,然后将此作用力施加到重力墩上来校核重力墩的稳定和应力。重力墩的最大推力通常出现在“校核洪水位时的水压力 + 温升”的情况。重力墩的最大扭矩,即水平拱的最大弯矩,一般出现在“冬季最高水位时的水压力 + 温降”的情况。

3　拱坝的荷载

3.1　**荷载**

作用在拱坝上的荷载有水压力、温度荷载、自重、扬压力、浪压力、冰压力及地震荷载等。以上荷载的计算方法,基本上与重力坝相同。但是由于拱坝自身的结构特点,有些荷载的计算与重力坝不尽相同,详见有关设计规范。

3.1.1　水平径向荷载

水平径向荷载包括静水压力、泥沙压力、浪压力及冰压力。其中,静水压力是坝体承受的最主要荷载,应由拱梁系统共同承担,可通过拱梁分载法来确定拱系和梁系上的荷载分配。

3.1.2　自重

混凝土拱坝在施工时常采用分段浇筑,最后进行灌浆封拱,形成整体。由自重产生的变位在施工过程中已经完成,全部自重应由悬臂梁承担,悬臂梁的最终应力应是由拱梁分载法算出的应力加上由于自重产生的应力。

在实际工程中,常遇到下列情况:①需要提前蓄水,要求坝体浇筑到某一高程后提前封拱。②对具有显著竖向曲率的双曲拱坝,为保持坝块稳定,需要在其冷却后先行灌浆封拱,再继续上浇。③为了度汛,要求分期灌浆等情况。灌浆前的自重作用应由梁系单独承担,灌浆后浇筑的混凝土自重参加拱梁分载法中的变位调整。有时为了简化计算,也常假定自重全由梁系承担。

由于拱坝各坝块的水平截面都呈扇形，如图 4-12 所示，截面 A_1 与 A_2 间的坝块自重 G 可按辛普森公式计算，即

$$G = \frac{1}{6}\gamma_c \Delta Z(A_1 + 4A_m + A_2) \tag{4-6}$$

式中　γ_c——混凝土容重，kN/m^3；

ΔZ——计算坝块的高度，m；

A_1、A_2、A_m——上、下两端和中间截面的面积，m^2。

或者简化为

$$G = \frac{1}{2}\gamma_c \Delta Z(A_1 + A_2)$$

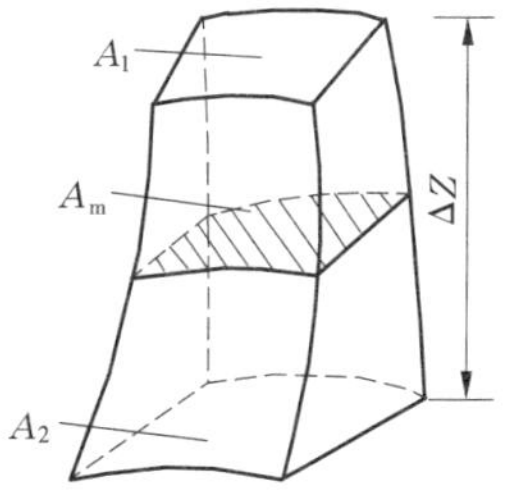

图 4-12　坝块自重计算图

3.1.3　扬压力

扬压力在分析坝基及拱座稳定时，应按全部计算截面面积计及扬压力，在坝体应力分析时，宜考虑扬压力作用。因为扬压力在总荷载中所占比重很小，设计中对于薄拱坝可以忽略不计，对于重力拱坝和中厚拱坝则应予以考虑；在对坝肩岩体进行抗滑稳定分析时，必须计入渗流水压力的不利影响。

3.1.4　动水压力

拱坝采用坝顶或坝面溢流时，应计及溢流坝面上的动水压力。对溢流面的脉动压力和负压的影响可以不计。

3.1.5　温度荷载

拱坝在封拱建成时具有一定的相对稳定温度，以后随着上游水温及下游气温的周期性变化，坝体又会产生对应于上述相对稳定温度的改变值。由于拱端嵌固于基岩而限制了坝体变形，使坝体产生温度应力，所以人们把上述温度改变值，称为温度荷载。就拱圈而言，温度高于封拱后的相对稳定温度时，拱圈膨胀，向上游变位，造成拱端上游面受压，下游面受拉，拱冠上游面受拉，下游面受压；相反，当温度低于相对稳定温度时，拱圈收缩，向下游变位，形成拱端及拱冠处上下游面的拉压情况，则与上述相反，如图 4-13 所示。

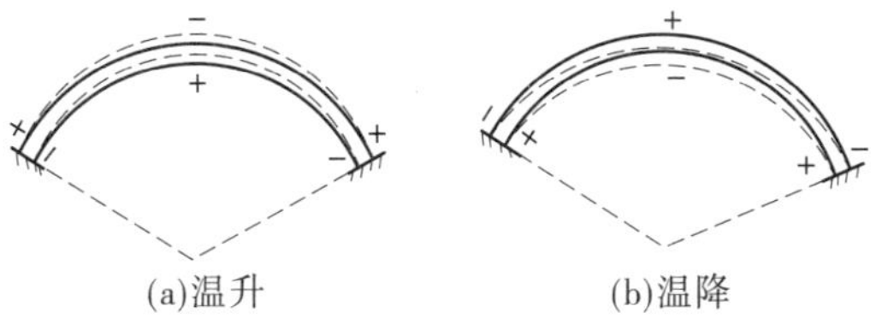

图 4-13　拱圈温度变形图

一般来说，工程中封拱温度选用年平均气温或略低于平均气温。温升，温度高于封拱温度。温升对坝肩稳定不利，对应力有利。温降，温度低于封拱温度。温降对坝肩稳定有利，对应力不利。

坝体温度沿坝厚方向呈曲线变化，由三部分组成。如图 4-14 所示，图中 δ 为拱圈厚度；t 为沿截面厚度的平均温度，是均匀温度变化值，它与截面厚度、封拱温度、气温年最大变幅及材料的热力学特性等因素有关，这是温度荷载中的主要部分；t_1 为等效线性温差，是蓄水后水温变幅小于下游气温变幅而形成的；t_2 为非线性温度变化值，是坝内温度变化曲线中的温度值减去以上两部分后，剩余下来的部分。t_2 值是引起坝体表面裂缝的重要原因，不影响坝体的变位和内力，故拱坝温度荷载计算时通常只考虑 t 及 t_1，对一般中小型拱坝，可仅计及 t 值。

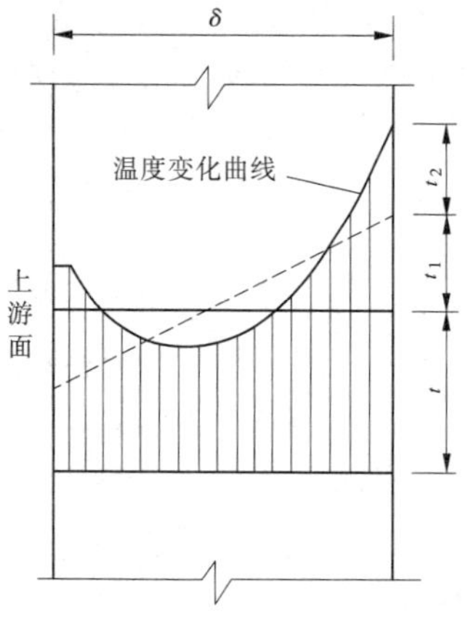

图 4-14　拱圈温度变化图

拱坝温度计算中应考虑坝址附近的气候、水库水温、日照、坝体厚度及坝体材料的热力学特性等因素。无上述详细资料时，在荷载组合中用到的设计正常温降（或温升），可采用保证率为 50% 的年最低（或最高）月平均气温与多年月平均气温的差值，也可采用多年平均气温年变幅。

对一般中小型拱坝，可根据情况采用下列经验公式计算拱坝的温度荷载：

$$t = \frac{47}{T + 3.39} \quad 或 \quad t = \frac{57.57}{T + 2.44} \quad (℃) \tag{4-7}$$

式中　T——坝体厚度，m。

上面公式是假定封拱平均温度已降到年平均温度而统计出来的。所以，当实际工程在低于年平均温度情况下封拱时，计算的温降值 t 要比实际情况的平均温降值偏大。就是说，在拱坝的温度应力计算中偏于安全，这也是要求在稍低于坝体年平均温度的季节进行封拱的原因。

3.2　荷载组合

混凝土拱坝的荷载组合分为基本组合和特殊组合（包括施工期组合）。拱坝的荷载组合应根据各种荷载同时作用的实际可能性，选择最不利情况，作为分析坝体应力和坝肩岩体抗滑稳定的依据。对地震较频繁地区，当施工期较长时，应采取措施及时封拱，必要时对施工期的荷载组合尚应增加一项地震荷载，其地震烈度可按设计烈度降低 1 度考虑。混凝土拱坝的荷载组合见表 4-3。

3.3　应力分析

拱坝是一个在形状和边界条件方面都较复杂的壳体结构，影响坝体应力分析的因素很多，所以要进行严格的理论计算是很困难的。为了便于数学上的处理，通常均做一些假定和简化，使计算成果能满足工程上的需要。拱坝应力分析方法通常有纯拱法、拱梁分载法、有限单元法和结构模型试验法四种。

表4-3 混凝土拱坝的荷载组合

<table>
<tr><th rowspan="3">荷载组合</th><th rowspan="3" colspan="2">主要考虑情况</th><th colspan="10">荷载类别</th></tr>
<tr><th rowspan="2">自重</th><th rowspan="2">静水压力</th><th colspan="2">温度荷载</th><th rowspan="2">扬压力</th><th rowspan="2">泥沙压力</th><th rowspan="2">浪压力</th><th rowspan="2">冰压力</th><th rowspan="2">动水压力</th><th rowspan="2">地震荷载</th></tr>
<tr><th>设计正常温降</th><th>设计正常温升</th></tr>
<tr><td rowspan="5">基本组合</td><td colspan="2">1. 正常蓄水位</td><td>√</td><td>√</td><td>√</td><td></td><td>√</td><td>√</td><td>√</td><td>√</td><td></td><td></td></tr>
<tr><td colspan="2">2. 正常蓄水位</td><td>√</td><td>√</td><td></td><td>√</td><td>√</td><td>√</td><td>√</td><td></td><td></td><td></td></tr>
<tr><td colspan="2">3. 设计洪水位</td><td>√</td><td>√</td><td></td><td>√</td><td>√</td><td>√</td><td>√</td><td></td><td></td><td></td></tr>
<tr><td colspan="2">4. 死水位(或运行最低水位)</td><td>√</td><td>√</td><td></td><td>√</td><td>√</td><td>√</td><td>√</td><td></td><td></td><td></td></tr>
<tr><td colspan="2">5. 其他常遇的不利荷载组合</td><td></td><td></td><td></td><td></td><td></td><td></td><td></td><td></td><td></td><td></td></tr>
<tr><td rowspan="9">特殊组合</td><td colspan="2">1. 校核洪水位</td><td>√</td><td>√</td><td></td><td>√</td><td>√</td><td>√</td><td>√</td><td></td><td>√</td><td></td></tr>
<tr><td rowspan="3">2. 地震情况</td><td>(1)基本组合1+地震荷载</td><td>√</td><td>√</td><td>√</td><td></td><td>√</td><td>√</td><td>√</td><td>√</td><td></td><td>√</td></tr>
<tr><td>(2)基本组合2+地震荷载</td><td>√</td><td>√</td><td></td><td>√</td><td>√</td><td>√</td><td>√</td><td></td><td></td><td>√</td></tr>
<tr><td>(3)常遇低水位+地震荷载</td><td>√</td><td>√</td><td></td><td>√</td><td>√</td><td>√</td><td>√</td><td></td><td></td><td>√</td></tr>
<tr><td rowspan="4">3. 施工期情况</td><td>(1)未灌浆</td><td>√</td><td></td><td></td><td></td><td></td><td></td><td></td><td></td><td></td><td></td></tr>
<tr><td>(2)未灌浆遭遇施工洪水</td><td>√</td><td>√</td><td></td><td></td><td></td><td></td><td></td><td></td><td></td><td></td></tr>
<tr><td>(3)灌浆</td><td>√</td><td></td><td>√</td><td></td><td></td><td></td><td></td><td></td><td></td><td></td></tr>
<tr><td>(4)灌浆遭遇施工洪水</td><td>√</td><td>√</td><td></td><td>√</td><td></td><td></td><td></td><td></td><td></td><td></td></tr>
<tr><td colspan="2">4. 其他稀遇的不利荷载组合</td><td></td><td></td><td></td><td></td><td></td><td></td><td></td><td></td><td></td><td></td></tr>
</table>

3.3.1 纯拱法

纯拱法假定拱坝是由许多互不影响的独立拱圈所组成的,荷载全部由拱圈承担,每层拱圈均作为弹性固端拱进行计算。纯拱法计算简便,但其计算的应力成果一般偏大,尤其是对厚拱坝,误差更大。对于狭窄河谷中的薄拱坝,该法仍为一个实用的计算方法。在小型工程中常使用该法。

3.3.2 拱梁分载法

该法假定拱坝是由许多水平拱圈和铅直臂梁所组成的,荷载由拱和梁共同承担,按拱、梁各相交点变位一致的条件将荷载分配在拱、梁两个系统上。荷载分配后,梁是静定结构,其应力容易计算;而拱的应力则按弹性固端拱计算。这种方法比较合理,其计算结果与模型试验的成果比较吻合,但其计算工作量大,可借助于电子计算机进行计算。

为了简化计算,可以采用拱冠梁作为所有悬臂梁的代表,用这一根悬臂梁(拱冠梁)与许多水平拱圈组成拱梁系统。然后,同上述原理一样进行荷载分配,并分别计算拱冠梁和各层拱圈的应力。这种方法称为拱冠梁法,实际上是拱梁分载法的简化方法。该法的计算工作量大为减小,在河谷对称和河谷比较狭窄的拱坝设计中,其计算结果比较接近于拱梁分载法。

3.3.3 有限单元法

该法是将坝体和地基划分为有限数量的单元,如图 4-15 所示,并以结点互相连接,用这样一个离散模型代替连续体结构,进行坝体内各单元的变位和应力计算,并能反映拱坝建造过程对应力的影响。有限元法既能解决边界条件复杂的问题,又能解决坝体材料及坝基不均匀性的问题,所以说,它是一个实用而有效的方法,同时有限元的适用性是目前工程计算最强的手段之一。该法计算工作量很大,必须借助于电子计算机来完成。

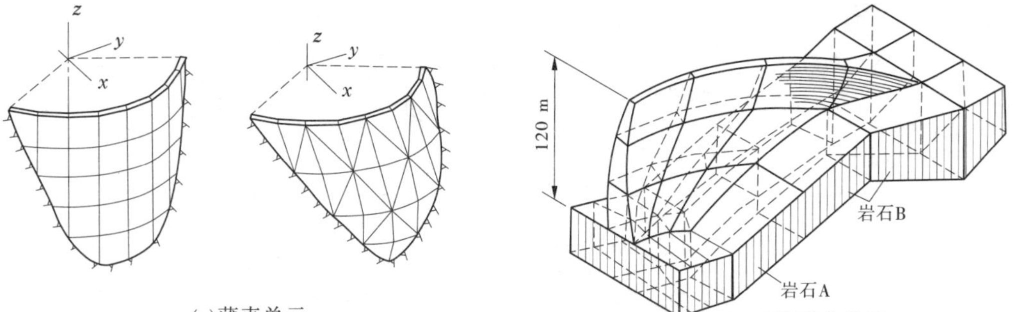

(a)薄壳单元　　(b)三维等参单元

图 4-15　拱坝的单元划分

3.3.4 结构模型试验法

该法中使用的结构模型常用由石膏加硅藻土组成的脆性材料所组成,并用应变仪器测加荷前后的模型各点应变值的变化,以此求得坝体应力;也可用环氧树脂制造模型,用偏光弹性试验方法进行量测,从而推求坝体应力。

在以上几种拱坝应力分析方法中,设计混凝土拱坝时应以拱梁分载法或有限元法计算成果,作为衡量强度安全的主要标准。对于 1、2 级混凝土拱坝、高拱坝和比较复杂的拱坝(如拱坝内设有大的孔洞和基础条件复杂等),除用拱梁分载法计算外,还应采用有限元法计算,必要时应进行结构模型试验加以验证。

对于浆砌石拱坝,在应力分析时宜采用拱梁分载法计算成果作为衡量强度安全的标准。对于 2 级或情况比较复杂的浆砌石拱坝,除用拱梁分载法计算外,必要时还应采用有限元法验算或进行结构模型试验加以验证。设计浆砌石拱坝时,对于 2 级低坝和 3 级中低坝,如河谷比较对称,且受计算条件的限制,可采用只考虑径向和扭转调整的拱冠梁法。

应力指标涉及筑坝材料强度的极限值和有关安全系数的取值。容许应力为坝体材料强度的极限及安全系数的比值,是控制坝体尺寸,保证工程安全和经济性的一项重要指标。

混凝土拱坝用拱梁分载法计算时,坝体的主压应力和主拉应力,应符合下列应力控制指标的规定:①容许压应力。混凝土容许压应力等于混凝土极限抗压强度除以安全系数。对于基本荷载组合,1、2 级拱坝的安全系数采用 4.0,3 级拱坝采用 3.5;对于非地震情况特殊荷载组合,1、2 级拱坝的安全系数采用 3.5,3 级拱坝采用 3.0。②容许拉应力。对于基本荷载组合,拉应力不得大于 1.2 MPa;对于非地震情况特殊荷载组合,拉应力不得大于1.5 MPa。

用有限元法计算时,应补充计算“有限元等效应力”,按“有限元等效应力”求得的坝体主压应力,其控制标准与上述拱梁分载法中所要求的控制标准相同;对于所求得的坝体主拉应力,其容许拉应力在基本荷载组合时为1.5 MPa,在非地震情况特殊荷载组合时为2.0 MPa。

4 拱坝的地基处理

拱坝的地基处理主要是为了加强地基的整体性、抗渗性和耐久性,提高地基的强度和刚度,并使坝体和地基接触面的形状不要有突变,避免出现不利的应力分布。拱坝的地基处理包括两岸拱座处理和河床段的处理,和岩基上的重力坝基本相同,只是要求更加严格,对两岸坝肩的处理尤为重要。处理措施通常有以下几种。

4.1 坝基开挖

根据上述原则定出建基面后,即可进行开挖。在开挖过程中还应注意以下几点:拱端应嵌入岸坡内,最好开挖成全径向,当按全径向开挖工程量过大时,也可采用非全径向开挖,如图4-16所示。同一坝体采用两种开挖形式时,自上而下应平缓过渡。河床段基岩面的上下游高差不宜过大,且尽可能略向上游倾斜。整个坝基可利用岩面在垂直水流方向应平顺,避免突变,也不宜开挖成台阶状。基岩面的起伏差应小于0.3~0.5 m。拱座基岩面的等高线与拱端内弧切线的夹角不宜小于30°。当开挖到接近设计的岩面时,应保留0.3~0.5 m,用风铲撬挖,挖至检验合格为止。对坝基内的局部地质缺陷,如夹泥裂隙、节理密集带、风化岩脉、断层破碎带等,埋藏不深的,应予以挖除。对于河床中的覆盖层,原则上要全部挖除,如覆盖层太深,挖除有困难,则应在结构上采取措施,如在挖除表层覆盖层后,浇筑混凝土支撑拱,将坝体建在支撑拱上。

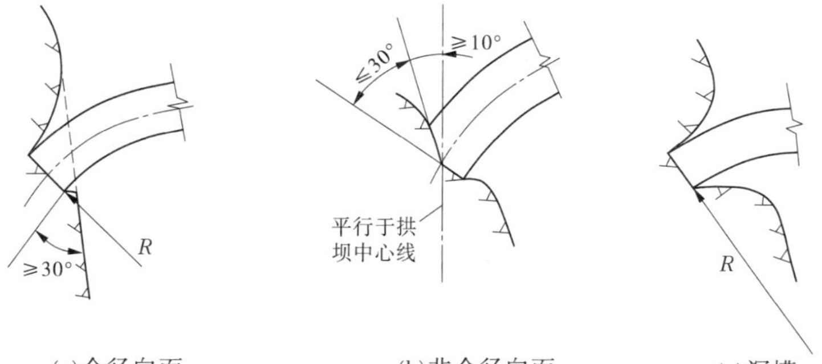

(a)全径向面 (b)非全径向面 (c)深槽

图4-16 拱座开挖

4.2 固结灌浆和接触灌浆

拱坝坝基一般都要进行全面的固结灌浆,以增加基岩的整体性。对于比较坚硬完整的基岩,也可以只在坝基的上游侧和下游侧设置数排固结灌浆孔。对于节理、裂隙发育的坝基,为了减小地基变形,增加岩体的抗滑稳定性,还需在坝基外的上下游侧扩大固结灌浆的范围。孔距与孔向应根据地质条件、裂隙分布情况确定,对于高坝还应进行固结灌浆试验。孔距一般为 3 ~ 6 m，在岩石破碎地区还应适当加密，孔深一般为 5 ~ 15 m。固结灌浆压力，在保证不掀动岩石的情况下，宜采用较大值，一般为 0.2 ~ 0.4 MPa，有混凝土盖重时，可取 0.3 ~ 0.7 MPa。

对于坡度大于 50° ~ 60°的陡壁面，上游坝基接触面及基岩中开挖的所有槽、井、洞等回填混凝土的顶部，尚应进行接触灌浆，以提高接触面上的抗剪强度和抗压强度，防止沿接触面渗漏。接触灌浆应在坝体混凝土浇筑到一定高度、混凝土充分收缩、钻排水孔之前进行。有条件时，可利用帷幕灌浆孔与部分固结灌浆孔进行接触灌浆。

4.3 防渗帷幕

帷幕位置与拱座及坝基应力情况有关，防渗帷幕一般布置在压应力区，并尽可能靠近上游面，帷幕轴线的方向要延伸到岸坡内一定距离，以减小两岸绕流引起的渗透压力。防渗帷幕孔的深度应根据坝高、基岩地质条件、岩体的透水率等因素和现场灌浆试验，结合拱坝的稳定要求给予确定，并与河床部位的帷幕保持连续。两岸帷幕原则上应延伸至正常蓄水位与相对隔水层相交处，或与蓄水前的天然地下水位线相交处。如按此原则帷幕需延伸很远时，可在不影响坝肩岩体稳定的前提下，暂向岸坡延伸 20 ~ 50 m 或更远，待蓄水后根据坝基的渗漏情况，决定是否再行延伸。

防渗帷幕原则上应伸入到相对隔水层以下 3 ~ 5 m，若相对隔水层埋藏较深，帷幕孔深一般可采用 30% ~ 70% 水头，对地质条件特别复杂的地段，经论证，孔深可达 1 倍水头以上。帷幕孔一般有 1 ~ 3 排，视坝高和地基情况而定。其中，1 排孔应钻灌至设计深度，其余各排可取主孔深的 50% ~ 70%。孔距是逐步加密的，开始约为 6 m，最终为 1.5 ~ 3 m，排距宜略小于孔距。

防渗帷幕一般采用水泥灌浆。在水泥灌浆达不到防渗要求时，可采用化学材料灌浆，但必须注意防止污染环境。帷幕灌浆可利用坝体内的廊道进行，两岸山坡内的帷幕灌浆，可在岩体内开挖的平洞中进行，如图 4-17 所示；当坝体较薄或未设廊道时，可在上游坝踵处进行，当有坝头绕渗，将影响拱座岩体稳定，或将引起库水的水量损失时，防渗帷幕还应深入两岸山坡内，与重力坝的情况类似，但要求应更严格。灌浆压力应通过灌浆实验确定，在保证不破坏岩体的条件下取较大值，通常在顶部段不宜小于 1.5 倍、底部不宜小于 2 ~ 3 倍坝前静水头。

4.4 坝基排水

在防渗帷幕下游应设置排水，一般情况设 1 排主排水孔，必要时加设 1 ~ 2 排副排水孔。在裂隙较大的岩层中，防渗帷幕可有效地减小渗流压力，减少渗水量。但在弱透水性的微裂隙岩体中，防渗帷幕降低渗压的效果不甚明显，而排水孔则可显著地降低渗压，因此对坝基排水应予重视。排水孔与防渗帷幕下游侧的距离应不小于帷幕孔中心距的 1 ~ 2 倍，且不得小于 2 ~ 4 m。主排水孔的孔距宜采用 2 ~ 3 m，其孔深宜为帷幕深的 0.4 ~ 0.6倍，在高于 50 m 的拱坝中，孔深不应小于 10 m。副排水孔的孔距宜采用 3 ~ 5 m，其孔深宜为 6 ~ 12 m。对中低高度的薄拱坝，经论证可不设坝基排水。

对于高坝及两岸地形较陡，地质条件复杂的中坝，宜在两岸布置多层排水平洞，并在平洞内钻设排水孔，组成空间排水孔洞系统。如图 4-17 所示，这对降低基岩地下水位及渗透压力，保证拱座稳定是很有效的措施。

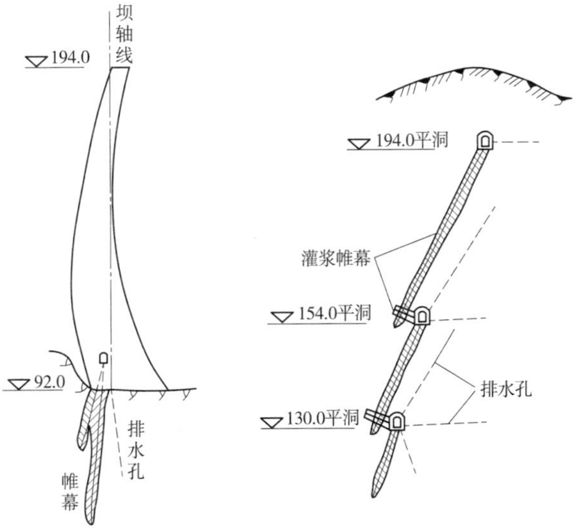

(a)坝体剖面图 (b)坝肩(基岸)剖视图

图 4-17 拱坝基岩防渗帷幕与排水孔布置图 (单位:m)

4.5 断层破碎带和软弱夹层处理

对坝基和拱座范围内的断层破碎带或软弱夹层,应根据其产状、宽度、充填物性质、所在部位和有关的实验资料,分析研究其对坝体及地基的应力、变形、稳定和渗漏的影响,采取开挖回填、混凝土塞等措施加以处理,原则上可参照岩基上重力坝的地基处理方法,对特殊地质情况,还需做专门的研究。

一般情况下,位于坝肩部位的断层破碎带比位于河床部位的断层破碎带对拱坝的安全影响大;缓倾角比陡倾角断层的危害性严重;位于坝趾附近的比位于坝踵附近的断层破碎带对坝体应力和稳定更为不利;断层破碎带宽度愈大,对应力和稳定的影响也愈严重。要针对断层破碎带对拱坝的危害程度,采取不同的处理方法,原则上可以参考岩基上重力坝的地基处理方法进行;对特殊的地基,还需进行专门的研究。

在两岸拱座岩体内,当存在断层破碎带、层间错动等软弱结构面影响拱座稳定安全时,必须采取相应的加固处理措施,如设置抗滑键、传力墙和进行高压固结灌浆等。对 1、2 级拱坝或高拱坝的处理方案,应通过有限元分析或模型实验论证。

4.6 高边坡处理

在高山峡谷地区建坝,普遍存在高边坡问题,既有天然高边坡,又有工程岩体高边坡。前者是指工程之前就存在、未受人类活动扰动的高边坡。后者是指工程施工开挖形成的高边坡,如坝肩边坡、水工地下洞室进出口边坡、地面电站厂房边坡、溢洪道边坡、船闸边坡及引水渠道、道路边坡等。

边坡失稳有滑动、崩塌、倾倒、横屈、断裂、流动等形式,其中以滑动最多发。造成边坡失稳的原因很多,其内因是边坡岩体自身的缺陷,如岩体完整性差、存在不利于稳定的层面、断层、软弱夹层、破碎带、节理、裂隙等结构面及各结构面相互切割。影响边坡失稳的外因有降雨、地表水、地下水、水库水位变化、施工方法和程序、爆破震动、岩体存在较高初始应力、地震及蓄水形成的水库诱发地震等。

对高边坡体加固，较常采用的方法有：用截、堵、排水工程措施降低地下水位；在坡体前缘设置抗滑桩，增加坡体抗滑力；在坡体后缘削坡减载，减少坡体下滑力；采用预应力锚索、锚杆加固，或进行固结灌浆，以增强岩体的整体性；开挖置换软弱带或设抗滑键，提高抗剪能力；在坡体坡脚压载护坡，以提高坡前缘的局部稳定等。

任务3　拱坝的初步设计

【任务描述】

拱坝的结构特点使得拱坝的应力分析和坝肩稳定相对较复杂，为了掌握拱坝的荷载、荷载组合、应力分析、坝肩稳定分析，并能掌握对拱坝从荷载计算到应力分析，最终判别拱坝是否安全可靠。本任务采用一个实际工程案例，从荷载到应力分析，坝肩稳定从定性到定量作为例子，从而真正掌握拱坝应力分析和坝肩稳定分析的方法。

【任务分析】

本任务的重点为拱坝应力分析和坝肩稳定分析的过程及步骤，难点为参数的选取及对计算结果是否满足规范要求的判别。

【案例解析】

1　工程概况

A水库位于B县C镇A村，是一座以发电、灌溉为主兼有防洪的小(2)型水库。水库坝址以上集雨面积6 km^2，主河道长度4.57 km，河道比降43.85‰，流域植被覆盖良好。

大坝为浆砌石拱坝。现状大坝坝顶高程369.86 m，最大坝高13.17 m，坝顶弧长40 m，上游拱圈半径为21.05 m，下游拱圈半径为19.85 m。坝顶未设置防浪墙。

2　大坝应力计算

(1)坝体与坝基物理力学参数。

依据地质勘察资料，大坝应力校核、大坝变形校核、大坝坝肩稳定性计算所采用的坝体与坝基材料物理力学参数见表4-4。

表4-4　坝基材料物理力学参数

参数	建议取值	参数	建议取值
密度ρ(g/cm^3)	2.45	抗剪摩擦系数f(混凝土/岩石)	0.60
饱和抗压强度R_s(MPa)	40	抗剪断摩擦系数f'(混凝土/岩石)	0.90
软弱系数k_d	0.65	抗剪凝聚力c(MPa)	0.20
弹性模量E(MPa)	1.1×10^4	抗剪断凝聚力c'(MPa)	0.90
泊松比μ	0.22	承载力f_{ak}(kPa)	2 500～3 000

大坝应力校核、大坝变形校核、大坝坝肩稳定校核所采用的坝体各层几何参数见表4-5。

表 4-5 加固后坝体各层几何参数

高程(m)	拱厚(m)	拱圈外半径(m)	拱圈内半径(m)	中心角(°)	
				左	右
369.86	1.77	21.62	19.85	60	60
367.67	2.24	21.47	19.24	55	55
365.47	2.70	21.33	18.63	52	52
363.28	3.16	21.18	18.02	50	50
361.08	3.62	21.03	17.40	35	35
358.89	4.09	20.88	16.79	25	25
356.69	4.55	20.73	16.18	20	20

(2)大坝应力所采用的坝体应力控制指标见表4-6。

表 4-6 坝体应力控制指标

材料类别	容重(kN/m^3)	弹性模量(MPa)	泊松比 μ	容许压应力(MPa)		容许拉应力(MPa)	
				基本荷载组合	特殊荷载组合	拱坝周边	其他部位
浆砌石	23	0.6×10^4	0.18	6.4	7.5	1.2	1.0

(3)计算工况及荷载。

本次考虑的荷载组合分成基本组合(共4种)和特殊组合(共1种),分别为:

基本组合:①正常蓄水位+温降+自重+扬压力+泥沙压力+浪压力

②设计洪水位+温升+自重+扬压力+泥沙压力+浪压力

③死水位+温降+自重+扬压力+泥沙压力+浪压力

④死水位+温升+自重+扬压力+泥沙压力+浪压力

特殊组合:①校核洪水位+温升+自重+扬压力+泥沙压力+浪压力

其中,温度场计算:查询当地气温资料,封拱温度取冬季的日平均气温为14.5 ℃,采用 $T_{m1}=T_{m0}$,$T_{d1}=T_{d0}$。砌石体的线膨胀系数参照规范取 $\alpha=8\times10^{-6}$/℃。坝体表面升温和降温值按《砌石坝设计规范》(SL 25—2006)附录C中相应公式计算。

(4)计算成果与分析。

各工况计算应力表见表4-8~表4-17。

工况1为正常蓄水位+温降+自重+扬压力+泥沙压力+浪压力,应力计算见表4-7~表4-8。

工况2为设计洪水位+温升+自重+扬压力+泥沙压力+浪压力,应力计算见表4-9、表4-10。

工况3为死水位+温降+自重+扬压力+泥沙压力+浪压力,应力计算见表4-11、表4-12。

工况4为死水位+温升+自重+扬压力+泥沙压力+浪压力,应力计算见表4-13、表4-14。

工况5为校核洪水位+温升+自重+扬压力+泥沙压力+浪压力,应力计算见表4-15、表4-16。

表 4-7　大坝上游面主应力表(工况 1)　　(单位:MPa)

高程(m)	应力	梁号														
		-7	-6	-5	-4	-3	-2	-1	0	1	2	3	4	5	6	7
369.86	第一主应力	-0.74	-0.61	-0.52	-0.45	0	0	0	0	0	0	0	-0.45	-0.52	-0.61	-0.75
	第二主应力	0	0	0	0	0.03	0.12	0.16	0.30	0.16	0.12	0.03	0	0	0	0
367.67	第一主应力		-0.58	-0.42	-0.35	0.02	0.09	0.10	0.12	0.10	0.09	0.03	-0.35	-0.42	-0.58	
	第二主应力		0.02	0.07	0.08	0.08	0.11	0.15	0.29	0.15	0.11	0.08	0.08	0.07	0.02	
365.47	第一主应力			-0.34	-0.28	-0.01	0.08	0.14	0.27	0.14	0.09	0	-0.28	-0.34		
	第二主应力			0.17	0.19	0.14	0.19	0.21	0.28	0.21	0.19	0.14	0.19	0.16		
363.28	第一主应力				-0.17	-0.09	0.08	0.16	0.26	0.16	0.08	-0.09	-0.17			
	第二主应力				0.28	0.09	0.21	0.26	0.35	0.25	0.21	0.09	0.27			
361.08	第一主应力					-0.23	0.05	0.16	0.25	0.16	0.05	-0.24				
	第二主应力					-0.05	0.18	0.26	0.34	0.26	0.17	-0.05				
358.89	第一主应力						-0.09	0.15	0.21	0.15	-0.09					
	第二主应力						0.14	0.27	0.24	0.26	0.13					
356.69	第一主应力							-0.10	-0.17	-0.10						
	第二主应力							0.28	-0.04	0.28						

表 4-8 大坝下游面主应力表(工况 1)

(单位:MPa)

高程(m)	应力	梁号														
		-7	-6	-5	-4	-3	-2	-1	0	1	2	3	4	5	6	7
369.86	第一主应力	-0.15	-0.16	-0.17	-0.17	-0.10	0	0	0	0	0	-0.10	-0.17	-0.16	-0.16	-0.15
	第二主应力	0	0	0	0	0	0.07	0.11	0.14	0.12	0.07	0	0	0	0	0
367.67	第一主应力		-0.15	-0.19	-0.24	-0.28	-0.15	-0.11	-0.09	-0.11	-0.15	-0.28	-0.24	-0.19	-0.15	
	第二主应力		0.37	0.22	0.18	0.08	0.04	0.02	-0.03	0.02	0.04	0.08	0.18	0.22	0.37	
365.47	第一主应力			-0.17	-0.18	-0.39	-0.31	-0.30	-0.29	-0.30	-0.31	-0.39	-0.18	-0.17		
	第二主应力			0.31	0.22	0.14	0.04	0	-0.11	0	0.04	0.15	0.22	0.32		
363.28	第一主应力				-0.23	-0.41	-0.43	-0.46	-0.45	-0.47	-0.43	-0.41	-0.23			
	第二主应力				0.08	0.33	0.11	0.04	-0.12	0.04	0.11	0.33	0.08			
361.08	第一主应力					-0.33	-0.51	-0.56	-0.56	-0.56	-0.51	-0.34				
	第二主应力					0.66	0.28	0.13	-0.02	0.13	0.29	0.67				
358.89	第一主应力						-0.34	-0.44	-0.68	-0.44	-0.34					
	第二主应力						0.56	0.19	0.21	0.19	0.57					
356.69	第一主应力							-0.12	-0.17	-0.12						
	第二主应力							0.23	0.56	0.23						

表 4-9　大坝上游面主应力表(工况 2)

(单位:MPa)

高程(m)	应力	梁号														
		-7	-6	-5	-4	-3	-2	-1	0	1	2	3	4	5	6	7
369.86	第一主应力	-0.72	-0.59	-0.48	-0.41	0	0	0	0	0	0	0	-0.40	-0.48	-0.58	-0.72
	第二主应力	0	0	0	0	0.11	0.21	0.25	0.41	0.26	0.22	0.12	0	0	0	0
367.67	第一主应力		-0.51	-0.33	-0.24	0.09	0.10	0.11	0.13	0.11	0.10	0.09	-0.24	-0.33	-0.51	
	第二主应力		0.05	0.10	0.11	0.19	0.27	0.31	0.47	0.31	0.27	0.19	0.11	0.10	0.05	
365.47	第一主应力			-0.29	-0.21	0.10	0.18	0.21	0.29	0.21	0.17	0.10	-0.21	-0.29		
	第二主应力			0.19	0.22	0.16	0.23	0.28	0.42	0.29	0.23	0.16	0.21	0.19		
363.28	第一主应力				-0.11	-0.04	0.16	0.24	0.36	0.24	0.16	-0.04	-0.11			
	第二主应力				0.29	0.10	0.21	0.27	0.37	0.27	0.21	0.10	0.29			
361.08	第一主应力					-0.26	0.09	0.23	0.33	0.23	0.08	-0.26				
	第二主应力					-0.03	0.18	0.25	0.33	0.25	0.18	-0.03				
358.89	第一主应力						-0.12	0.18	0.18	0.18	-0.12					
	第二主应力						0.14	0.25	0.30	0.25	0.14					
356.69	第一主应力							-0.09	-0.15	-0.09						
	第二主应力							0.25	-0.10	0.24						

表 4-10 大坝下游面主应力表(工况 2)

高程(m)	应力	梁号														
		-7	-6	-5	-4	-3	-2	-1	0	1	2	3	4	5	6	7
369.86	第一主应力	-0.06	-0.07	-0.10	-0.11	-0.03	0	0	0	0	0	-0.03	-0.11	-0.10	-0.07	-0.05
	第二主应力	0	0	0	0	0.10	0.16	0.21	0.23	0.21	0.16	0.10	0	0	0	0
367.67	第一主应力		-0.15	-0.19	-0.24	-0.26	-0.12	-0.08	-0.04	-0.08	-0.12	-0.26	-0.24	-0.19	-0.15	
	第二主应力		0.44	0.27	0.22	0.09	0.05	0.04	-0.03	0.04	0.05	0.09	0.22	0.27	0.45	
365.47	第一主应力			-0.19	-0.20	-0.39	-0.29	-0.28	-0.26	-0.28	-0.30	-0.39	-0.20	-0.19		
	第二主应力			0.37	0.26	0.17	0.05	0	-0.13	0	0.05	0.17	0.26	0.37		
363.28	第一主应力				-0.23	-0.41	-0.43	-0.46	-0.44	-0.46	-0.43	-0.41	-0.23			
	第二主应力				0.10	0.37	0.13	0.05	-0.13	0.05	0.13	0.38	0.10			
361.08	第一主应力					-0.32	-0.51	-0.57	-0.57	-0.57	-0.51	-0.32				
	第二主应力					0.74	0.32	0.15	-0.02	0.15	0.33	0.74				
358.89	第一主应力						-0.34	-0.46	-0.69	-0.46	-0.34					
	第二主应力						0.63	0.23	0.24	0.23	0.64					
356.69	第一主应力							-0.11	-0.15	-0.11						
	第二主应力							0.28	0.64	0.28						

表 4-11　大坝上游面主应力表(工况 3)

(单位:MPa)

高程(m)	应力	梁号														
		-7	-6	-5	-4	-3	-2	-1	0	1	2	3	4	5	6	7
369.86	第一主应力	-0.85	-0.70	-0.61	-0.55	-0.08	-0.02	0	0	0	-0.02	-0.08	-0.55	-0.61	-0.70	-0.85
	第二主应力	0	0	0	0	0	0	0	0.10	0	0	0	0	0	0	0
367.67	第一主应力		-0.80	-0.64	-0.56	-0.21	-0.16	-0.13	-0.02	-0.13	-0.16	-0.20	-0.56	-0.64	-0.80	
	第二主应力		-0.01	0.02	0.03	0.05	0.06	0.07	0.08	0.06	0.06	0.05	0.03	0.02	-0.01	
365.47	第一主应力			-0.60	-0.54	-0.35	-0.29	-0.24	-0.13	-0.24	-0.29	-0.35	-0.54	-0.60		
	第二主应力			0.05	0.08	0.06	0.09	0.11	0.16	0.11	0.09	0.06	0.08	0.05		
363.28	第一主应力				-0.57	-0.51	-0.39	-0.33	-0.23	-0.33	-0.39	-0.51	-0.57			
	第二主应力				0.16	-0.02	0.08	0.12	0.20	0.12	0.08	-0.02	0.16			
361.08	第一主应力					-0.69	-0.47	-0.39	-0.31	-0.38	-0.47	-0.69				
	第二主应力					-0.20	0.03	0.11	0.19	0.11	0.02	-0.21				
358.89	第一主应力						-0.45	-0.35	-0.41	-0.35	-0.45					
	第二主应力						-0.07	0.12	0.11	0.12	-0.07					
356.69	第一主应力							-0.34	-0.44	-0.34						
	第二主应力							0.21	-0.05	0.21						

表 4-12 大坝下游面主应力表(工况 3)

(单位:MPa)

高程(m)	应力	梁号														
		-7	-6	-5	-4	-3	-2	-1	0	1	2	3	4	5	6	7
369.86	第一主应力	-0.33	-0.32	-0.31	-0.31	-0.23	-0.06	-0.02	-0.01	-0.02	-0.06	-0.23	-0.30	-0.31	-0.32	-0.33
	第二主应力	0	0	0	0	0	0	0	0	0	0	0	0	0	0	0
367.67	第一主应力		-0.22	-0.28	-0.32	-0.35	-0.22	-0.18	-0.17	-0.18	-0.22	-0.35	-0.32	-0.28	-0.22	
	第二主应力		0.28	0.18	0.15	0.07	0.05	0.04	0.01	0.04	0.05	0.07	0.15	0.18	0.28	
365.47	第一主应力			-0.17	-0.19	-0.42	-0.34	-0.32	-0.31	-0.32	-0.34	-0.42	-0.19	-0.17		
	第二主应力			0.30	0.21	0.18	0.11	0.09	0.01	0.09	0.12	0.18	0.21	0.30		
363.28	第一主应力				-0.27	-0.43	-0.43	-0.45	-0.42	-0.45	-0.43	-0.43	-0.27			
	第二主应力				0.15	0.37	0.22	0.17	0.05	0.18	0.23	0.37	0.15			
361.08	第一主应力					-0.37	-0.49	-0.51	-0.50	-0.51	-0.49	-0.37				
	第二主应力					0.68	0.39	0.28	0.15	0.28	0.40	0.68				
358.89	第一主应力						-0.28	-0.36	-0.59	-0.36	-0.28					
	第二主应力						0.63	0.33	0.33	0.33	0.63					
356.69	第一主应力							-0.32	-0.44	-0.32						
	第二主应力							0.31	0.57	0.31						

表 4-13　大坝上游面主应力表(工况 4)

(单位:MPa)

高程(m)	应力	梁号														
		-7	-6	-5	-4	-3	-2	-1	0	1	2	3	4	5	6	7
369.86	第一主应力	-0.85	-0.70	-0.61	-0.55	-0.08	-0.02	0	0	0	-0.02	-0.08	-0.55	-0.61	-0.70	-0.85
	第二主应力	0	0	0	0	0	0	0	0.10	0	0	0	0	0	0	0
367.67	第一主应力		-0.80	-0.64	-0.56	-0.21	-0.16	-0.13	-0.02	-0.13	-0.16	-0.20	-0.56	-0.64	-0.80	
	第二主应力		-0.01	0.02	0.03	0.05	0.06	0.07	0.08	0.06	0.06	0.05	0.03	0.02	-0.01	
365.47	第一主应力			-0.60	-0.54	-0.35	-0.29	-0.24	-0.13	-0.24	-0.29	-0.35	-0.54	-0.60		
	第二主应力			0.05	0.08	0.06	0.09	0.11	0.16	0.11	0.09	0.06	0.08	0.05		
363.28	第一主应力				-0.57	-0.51	-0.39	-0.33	-0.23	-0.33	-0.39	-0.51	-0.57			
	第二主应力				0.16	-0.02	0.08	0.12	0.20	0.12	0.08	-0.02	0.16			
361.08	第一主应力					-0.69	-0.47	-0.39	-0.31	-0.38	-0.47	-0.69				
	第二主应力					-0.20	0.03	0.11	0.19	0.11	0.02	-0.21				
358.89	第一主应力						-0.45	-0.35	-0.41	-0.35	-0.45					
	第二主应力						-0.07	0.12	0.11	0.12	-0.07					
356.69	第一主应力							-0.34	-0.44	-0.34						
	第二主应力							0.21	-0.05	0.21						

表 4-14　大坝下游面主应力表(工况 4)

(单位:MPa)

高程(m)	应力	梁号 -7	-6	-5	-4	-3	-2	-1	0	1	2	3	4	5	6	7
369.86	第一主应力	-0.33	-0.32	-0.31	-0.31	-0.23	-0.06	-0.02	-0.01	-0.02	-0.06	-0.23	-0.30	-0.31	-0.32	-0.33
	第二主应力	0	0	0	0	0	0	0	0	0	0	0	0	0	0	0
367.67	第一主应力		-0.22	-0.28	-0.32	-0.35	-0.22	-0.18	-0.17	-0.18	-0.22	-0.35	-0.32	-0.28	-0.22	
	第二主应力		0.28	0.18	0.15	0.07	0.05	0.04	0.01	0.04	0.05	0.07	0.15	0.18	0.28	
365.47	第一主应力			-0.17	-0.19	-0.42	-0.34	-0.32	-0.31	-0.32	-0.34	-0.42	-0.19	-0.17		
	第二主应力			0.30	0.21	0.18	0.11	0.09	0.01	0.09	0.12	0.18	0.21	0.30		
363.28	第一主应力				-0.27	-0.43	-0.43	-0.45	-0.42	-0.45	-0.43	-0.43	-0.27			
	第二主应力				0.15	0.37	0.22	0.17	0.05	0.18	0.23	0.37	0.15			
361.08	第一主应力					-0.37	-0.49	-0.51	-0.50	-0.51	-0.49	-0.37				
	第二主应力					0.68	0.39	0.28	0.15	0.28	0.40	0.68				
358.89	第一主应力						-0.28	-0.36	-0.59	-0.36	-0.28					
	第二主应力						0.63	0.33	0.33	0.33	0.63					
356.69	第一主应力							-0.32	-0.44	-0.32						
	第二主应力							0.31	0.57	0.31						

表 4-15　大坝上游面主应力表(工况 5)

(单位:MPa)

高程(m)	应力	梁号														
		-7	-6	-5	-4	-3	-2	-1	0	1	2	3	4	5	6	7
369.86	第一主应力	-0.87	-0.75	-0.66	-0.58	-0.06	0	0	0	0	0	-0.06	-0.59	-0.66	-0.75	-0.87
	第二主应力	0	0	0	0	0	0.04	0.09	0.25	0.09	0.04	0	0	0	0	0
367.67	第一主应力		-0.52	-0.32	-0.22	0.08	0.09	0.10	0.12	0.10	0.09	0.08	-0.22	-0.32	-0.52	
	第二主应力		0.07	0.10	0.11	0.24	0.33	0.37	0.52	0.37	0.33	0.24	0.11	0.10	0.07	
365.47	第一主应力			-0.28	-0.20	0.11	0.17	0.20	0.27	0.20	0.17	0.11	-0.20	-0.28		
	第二主应力			0.19	0.21	0.17	0.26	0.32	0.46	0.32	0.26	0.17	0.21	0.19		
363.28	第一主应力				-0.10	-0.04	0.17	0.23	0.35	0.23	0.17	-0.04	-0.10			
	第二主应力				0.28	0.10	0.21	0.29	0.40	0.29	0.21	0.10	0.28			
361.08	第一主应力					-0.28	0.08	0.22	0.32	0.22	0.08	-0.28				
	第二主应力					-0.03	0.19	0.25	0.35	0.25	0.18	-0.03				
358.89	第一主应力						-0.13	0.18	0.16	0.18	-0.14					
	第二主应力						0.14	0.24	0.31	0.24	0.14					
356.69	第一主应力							-0.08	-0.15	-0.08						
	第二主应力							0.23	-0.13	0.23						

表 4-16 大坝下游面主应力表(工况 5)

(单位:MPa)

高程(m)	应力	梁号														
		-7	-6	-5	-4	-3	-2	-1	0	1	2	3	4	5	6	7
369.86	第一主应力	0	-0.01	-0.04	-0.06	0	0	0	0	0	0	0	-0.06	-0.04	-0.01	0
	第二主应力	0.02	0	0	0	0.01	0.21	0.27	0.30	0.27	0.22	0.01	0	0	0	0.02
367.67	第一主应力		-0.14	-0.19	-0.23	-0.25	-0.10	-0.06	-0.03	-0.06	-0.10	-0.25	-0.23	-0.18	-0.14	
	第二主应力		0.48	0.30	0.25	0.11	0.07	0.06	0	0.06	0.07	0.11	0.25	0.30	0.49	
365.47	第一主应力			-0.19	-0.20	-0.38	-0.28	-0.27	-0.24	-0.27	-0.28	-0.38	-0.20	-0.19		
	第二主应力			0.40	0.29	0.19	0.07	0.02	-0.11	0.02	0.07	0.19	0.29	0.40		
363.28	第一主应力				-0.23	-0.40	-0.42	-0.46	-0.43	-0.46	-0.43	-0.40	-0.23			
	第二主应力				0.12	0.40	0.15	0.07	-0.11	0.07	0.15	0.41	0.12			
361.08	第一主应力					-0.32	-0.51	-0.57	-0.57	-0.57	-0.51	-0.32				
	第二主应力					0.78	0.34	0.17	0	0.17	0.35	0.78				
358.89	第一主应力						-0.34	-0.46	-0.70	-0.46	-0.34					
	第二主应力						0.66	0.25	0.27	0.25	0.66					
356.69	第一主应力							-0.11	-0.15	-0.11						
	第二主应力							0.30	0.67	0.30						

表 4-17　大坝最大主应力成果

荷载组合	周边主拉应力(MPa)		其他部位主拉应力(MPa)		主压应力(MPa)	
	数值	部位	数值	部位	数值	部位
工况 1（基本组合）	0.75	大坝上游面高程 369.86 m 处	0.68	大坝下游面高程 358.89 m 处	0.67	大坝下游面高程 361.08 m 处
工况 2（基本组合）	0.72	大坝上游面高程 369.86 m 处	0.69	大坝下游面高程 358.89 m 处	0.74	大坝下游面高程 361.08 m 处
工况 3（基本组合）	0.85	大坝上游面高程 369.86 m 处	0.80	大坝上游面高程 367.67 m 处	0.68	大坝下游面高程 361.08 m 处
工况 4（基本组合）	0.85	大坝上游面高程 369.86 m 处	0.80	大坝上游面高程 367.67 m 处	0.68	大坝下游面高程 361.08 m 处
工况 5（特殊组合 1）	0.87	大坝上游面高程 369.86 m 处	0.70	大坝下游面高程 358.89 m 处	0.78	大坝下游面高程 361.08 m 处

由表 4-17 可得：大坝在基本组合工况下，最大压应力 0.74 MPa <6.4 MPa，大坝周边最大拉应力 0.85 MPa <1.2 MPa，其他部位最大拉应力 0.80 MPa <1.0 MPa；在特殊组合工况下，最大压应力 0.78 MPa <7.5 MPa，大坝周边最大拉应力 0.87 MPa <1.2 MPa，其他部位最大拉应力 0.70 MPa <1.0 MPa，均满足 SL 382—2018 要求。

拱冠梁在相应工况下的最大位移值见表 4-18。

表 4-18　A 水库拱坝位移计算成果

工况	拱冠梁径向最大位移(向下游为正，单位：mm)
正常蓄水位 + 温降	4.80
设计洪水位 + 温升	5.35
死水位 + 温降	3.71
死水位 + 温升	3.71
校核洪水位 + 温升	5.60

由表 4-18 可知，拱坝位移最大值出现在工况 5 的情况下，最大位移为 5.60 mm。依《砌石坝设计规范》(SL 25—2006)和《混凝土大坝安全监测技术规范》(DL/T 5178—2016)，对该大坝变形进行综合分析，大坝变形在允许的安全范围之内，满足规范安全要求。

3　大坝坝肩稳定性验算

3.1　定性分析

坝基岩性为弱风化黑云石英片岩，岩体节理裂隙较为发育，多为平直闭合状，岩体为中厚层状。岸坡基本稳定，岩质岸坡段未发现大规模的不利岸坡稳定的地质构造，不存在滑动结构面或滑动组合面的边界条件。同时，拱的轴向推动力合力指向山体、岩体地层，两坝肩没有发现裂缝、滑移现象，说明基础的开挖质量好，因此分析结果为拱肩稳定安全。

3.2　定量分析

坝肩稳定定量计算采用刚体极限平衡法进行分析，计算公式采用抗剪断强度公式。由于两岸坝肩无不利滑裂面，拱肩稳定计算采用平面分层计算。在各个计算高程假定最危险滑动面(5°、15°、25°、35°),根据地质图、测绘图和钻探成果求得的拱端坚岩线长度,计算相应的拱端高程坝肩抗滑稳定安全系数。

出于大坝安全方面考虑并简化计算,在计算中不考虑悬臂梁自重和滑裂体自重的抗滑作用。计算中取应力计算层进行计算分析,并取计算层单位拱圈高度进行计算。

计算工况为工况 1:基本荷载组合(正常蓄水位 + 温降);工况 5:特殊荷载组合(校核洪水位 + 温升)。

计算公式采用下式:

$$K'_s = \frac{\sum (Nf' + c'A)}{\sum T} = \frac{f'[(H_a\cos\alpha - V_a\sin\alpha)\cos\varphi - U] + c'l}{H_a\sin\alpha + V_a\cos\alpha} \tag{4-7}$$

式中　K'_s——抗剪断强度计算的抗滑稳定安全系数;

N——垂直于滑裂面的法向力,kN;

T——沿滑裂面的切向力,kN;

A——计算滑动面的面积(单位高度滑裂面长度 1 的面积),m^2;

f'——抗剪断摩擦系数,取 $f'=1.0$;

c'——抗剪断凝聚力,kPa,取 $c'=800$ kPa;

H_a——拱端传来的轴力,kN;

V_a——拱端传来的剪力,kN;

U——滑裂面上的渗压力,kN,$U=0.5\beta hl$,β 采用 1;

α——滑裂面与拱径向面的水平夹角;

φ——拱座面与垂线的夹角。

坝肩稳定安全系数计算成果见表 4-19。

表 4-19　坝肩稳定安全系数计算成果

高程(m)	工况 1 抗滑稳定安全系数 K'_s							
	左岸				右岸			
	5°	15°	25°	35°	5°	15°	25°	35°
369.86	19.3	18.3	16.7	24.6	15.8	14.3	12.7	10.5
365.47	21.6	18.6	25.6	27.3	20.6	19.6	15.3	12.3
361.08	19.6	17.3	20.1	26.3	23.4	18.3	12.5	9.6
358.89	19.9	23.1	15.6	14.6	31.5	16.5	10.5	8.5
356.69	9.6	23.4	17.3	10.3	16.5	9.6	7.5	4.5

高程(m)	工况 5 抗滑稳定安全系数 K'_s							
	左岸				右岸			
	5°	15°	25°	35°	5°	15°	25°	35°
369.86	12.3	12.4	11.4	9.5	9.6	9.7	10.2	9.5
365.47	11.4	10.3	10.2	8.6	8.9	9.6	9.7	10.5
361.08	8.6	9.1	8.7	6.5	8.4	9.2	9.7	15.6
358.89	7.2	6.3	6.4	5.2	7.2	8.9	12.3	20.5
356.69	7.8	6.5	5.2	4.2	8.6	15.6	30.2	19.6

工况 1 基本荷载组合计算的最小抗滑安全系数 $K_s'=4.5>[K_s']=3.0$,工况 5 特殊荷载组合计算的最小抗滑安全系数 $K_s'=4.2>[K_s']=2.5$,满足拱座抗滑稳定要求。

结论:经坝肩抗滑稳定复核计算,成果满足规范要求,故拱肩稳定。

小　结

拱坝上游坝面所承受的部分水压力,通过拱的作用传至两岸山体,部分水压力则通过悬臂梁的作用传至坝基。这种传力特点使得拱坝断面较重力坝单薄,与同样客观条件的重力坝相比,拱坝工程量可节省 1/3 ~ 1/2。

拱坝按其厚高比分为薄拱坝、中厚拱坝和厚拱坝。拱坝的主要荷载要分别对待,对薄拱坝及中厚拱坝,主要荷载为水压力和温度荷载;对厚拱坝而言,除水压力和温度荷载外,还有自重和扬压力。

进行拱坝布置时,在初拟坝体尺寸之后就可从顶拱开始,顶拱两端要满足的条件是:①拱端内弧面的切线与等高线的夹角不小于 30°。②拱端不能悬空。③拱端要嵌入基岩内一定深度。④当布置顶拱下面一层拱圈时,同样要满足上述三个条件,此外还要满足倒悬度的要求,顶拱以下各层拱圈都要满足这四个条件。

拱坝应力计算比较麻烦,拱冠梁法是一种简易的计算方法,该法计算的应力成果与精确法相比差别不大。

拱坝的材料、基本构造、地基处理和重力坝基本相同,不同点在于对材料的要求、坝体分缝、接缝处理、坝基的开挖、坝肩的处理等。

拱坝的坝座破坏是坝体失稳的主要形式。在坝座稳定分析中有空间分析和平面分析两大类。平面分析时因不计或少计上下层拱圈之间的相互作用,所以计算所得的安全系数不能代表整个坝座的稳定程度,但是可以看出各层坝座的相对稳定性。只有进行整体分析后才能说明坝座的稳定程度。

知识技能训练

一、简答题

1. 拱冠梁法的基本原理有哪些?
2. 拱坝为什么要在稍低于年平均温度时进行封拱?
3. 对高边坡进行处理的方法有哪些?
4. 拱坝坝体为什么要分缝?
5. 拱坝坝体缝有几种类型? 接缝如此处理?
6. 拱坝应力分析的方法有哪些?
7. 混凝土拱坝用拱梁分载法计算时,应力应符合哪些指标的规定?
8. 拱坝地基处理的措施有哪些?
9. 拱坝对坝址地形条件和地质条件有什么要求?
10. 拱坝与重力坝相比,具有哪些工作特点?

二、思考题

1. 拱坝设计荷载和重力坝设计荷载的特点有什么区别?

2. 对拱坝布置有何要求? 拱坝布置的步骤是什么?

3. 拱坝地基处理和重力坝地基处理有何区别?

【延展阅读】

请扫描以下二维码,了解国内典型拱坝。

国内典型拱坝简介

项目 5　土石坝

土石坝是最古老的坝型又是最常见的坝型，据不完全统计，全世界 15 m 以上的土石坝约 3 万座，中国约 2 万座。小浪底水利枢纽是黄河上的控制性工程，其大坝即是土石坝。

小浪底水利枢纽位于河南省洛阳市孟津县与济源市之间，三门峡水利枢纽下游 130 km、河南省洛阳市以北 40 km 的黄河干流上，控制流域面积 69.4 万 km^2，占黄河流域面积的 92.3%。坝址所在地南岸为孟津县小浪底村，北岸为济源市蓼坞村，是黄河中游最后一段峡谷的出口，是黄河干流三门峡以下唯一能取得较大库容的控制性工程。

黄河小浪底水利枢纽工程是黄河干流上的一座集减淤、防洪、防凌、供水灌溉、发电等为一体的大型综合性水利工程，是治理开发黄河的关键性工程。1994 年 9 月主体工程开工，1997 年 10 月 28 日实现大河截流，1999 年底第一台机组发电，2001 年 12 月 31 日全部竣工，总工期 11 年，水库总库容 126.5 亿 m^3，长期有效库容 51 亿 m^3。工程以防洪、减淤为主，兼顾供水、灌溉和发电，蓄清排浑，除害兴利，综合利用。

小浪底工程由拦河大坝、泄洪建筑物和引水发电系统组成。小浪底工程拦河大坝采用斜心墙堆石坝，设计最大坝高 154 m，坝顶长度为 1 667 m，坝顶宽度 15 m，坝底最大宽度 864 m。坝体填筑量 51.85 万 m^3，基础混凝土防渗墙厚 1.2 m、深 80 m。其填筑量和混凝土防渗墙均为国内之最。坝顶高程 281 m，水库正常蓄水位 275 m，库水面积 272 km^2，总库容 126.5 亿 m^3。

【知识目标】

1. 了解土石坝的类型和特点。
2. 掌握土石坝设计基本原则和方法。
3. 掌握渗流和渗透稳定分析方法。
4. 掌握坝坡抗滑稳定分析方法，熟悉坝基处理等基本知识。

【技能目标】

1. 能按照要求进行简单的土石坝设计。
2. 能够对土石坝设计图纸进行识读。

任务 1　认识土石坝

【任务描述】

土石坝是一种常见的水工建筑物，通过学习土石坝的工作特点、分类等知识，对土石坝有较深入的认识。

【任务分析】

通过知识点讲解，学生比较容易对土石坝有初步的感性认识，培养学生对学习土石坝深入认知及设计的兴趣，达到教学目的。

【任务知识点】

1　概述

土石坝是土坝与堆石坝的总称，是指由当地土料、石料或混合料，经过抛填、碾压方法堆筑成的挡水建筑物，见图5-1。

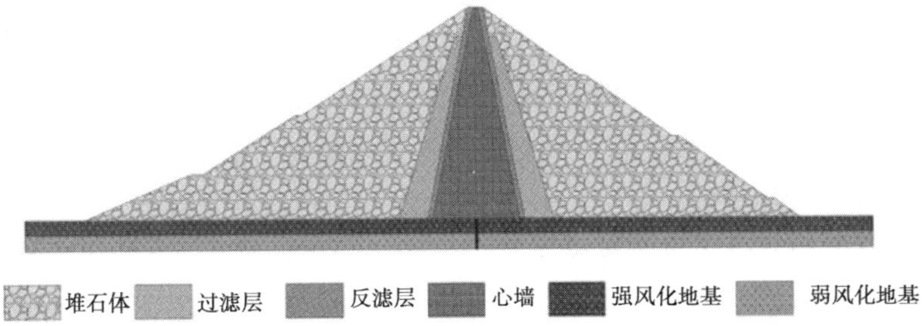

图5-1　土石坝

由于筑坝材料主要来自坝区，因而也称为当地材料坝。土石坝得以广泛应用和发展的主要原因是：

(1)可以就地取材，节约大量水泥、木材和钢材，几乎任何土石料均可筑坝。

(2)能适应各种不同的地形、地质和气候条件。

(3)大功率、多功能、高效率施工机械的发展，提高了土石坝的施工质量，加快了进度，降低了造价，促进了高土石坝建设的发展。

(4)岩土力学理论、实验手段和计算技术的发展，提高了大坝分析计算的水平，加快了设计进度，进一步保障了大坝设计的安全可靠性。

(5)高边坡、地下工程结构、高速水流消能防冲等设计和施工技术的综合发展，对加速土石坝的建设和推广也起了重要的促进作用。

(6)结构简单，便于维修和加高扩建等。

2　土石坝的工作特点

2.1　稳定方面

土石坝不会产生水平整体滑动。土石坝失稳的形式，主要是坝坡的滑动或坝坡连同部分坝基一起滑动。

2.2　渗流方面

土石坝挡水后，在坝体内形成由上游向下游的渗流。渗流不仅使水库损失水量，还易引起管涌、流土等渗透变形。坝体内渗流的水面线叫作浸润线，如图5-2所示。浸润线以下的土料承受着渗透动水压力，并使土的内摩擦角和黏结力减小，对坝坡稳定不利。

2.3　冲刷方面

土石坝为散粒体结构，抗冲能力很低。

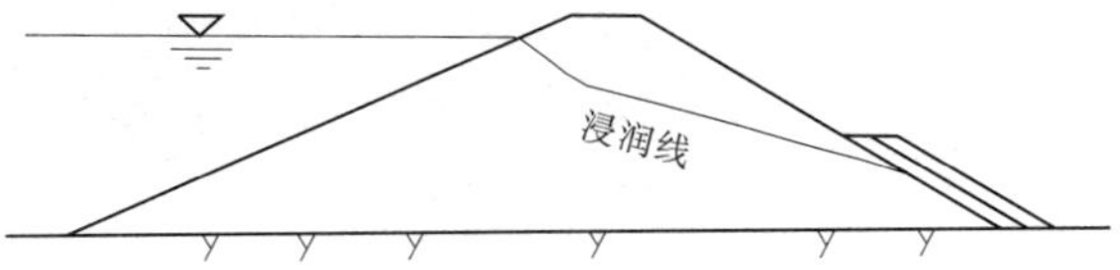

图 5-2 浸润线

2.4 沉降方面

由于土石料存在较大的孔隙,且易产生相对的移动,在自重及其他荷载作用下产生沉陷,分为均匀沉陷和不均匀沉陷。均匀沉陷使坝顶高程不足,不均匀沉陷还会产生裂缝。

2.5 其他方面

严寒地区水库水面冬季结冰膨胀对坝坡产生很大的推力,导致护坡的破坏。地震地区的地震惯性力也会增加滑坡和液化的可能性。

3 土石坝的类型

3.1 按坝高分类

土石坝按坝高可分为低坝、中坝和高坝。我国《碾压式土石坝设计规范》(DL/T 5395—2007)规定,高度在 30 m 以下的为低坝,高度在 30 ~ 70 m 的为中坝,高度超过 70 m 的为高坝。土石坝的坝高应从坝体防渗体(不含混凝土的防渗墙、灌浆帷幕、截水墙等坝基防渗设施)底部或坝轴线部位的建基面算至坝顶(不含防浪墙),取其大者。

3.2 按施工方法分类

3.2.1 碾压式土石坝

分层铺填土石料,分层压实填筑的土石坝,坝体质量良好,目前最为常用,世界上现有的高土石坝都是碾压式的。本章主要讲述碾压式土石坝。

按照土料在坝身内的配置和防渗体所用的材料种类,碾压式土石坝可分为以下几种主要类型:

(1)均质坝[见图 5-3(a)]。坝体基本上是由均一的黏性土料筑成的,整个剖面起防渗和稳定作用。

(2)土质防渗透分区坝。主要包括黏土心墙坝[见图 5-3(b)、(c)、(f)]和黏土斜墙坝[见图 5-3(d)]。用透水性较好的砂石料做坝壳,以防渗性能较好的土质做防渗体。设在坝体中央或稍向上游倾斜的称为心墙坝或斜心墙坝;设在靠近上游面的称为斜墙坝。

(3)人工材料心墙和斜墙坝[见图 5-3(e)、(g)、(h)]。防渗体由沥青混凝土、钢筋混凝土或其他人工材料,其余部分用土石料构成。

3.2.2 水力冲填坝

水力冲填坝是以水力为动力完成土料的开采、运输和填筑全班工序而建成的坝。其施工方法是用机械抽水到高出坝顶的土场,以水冲击土料形成泥浆,然后通过泥浆泵将泥浆送到坝址,再经过沉淀和排水固结而筑成坝体。这种坝因筑坝质量难以保证,目前在国

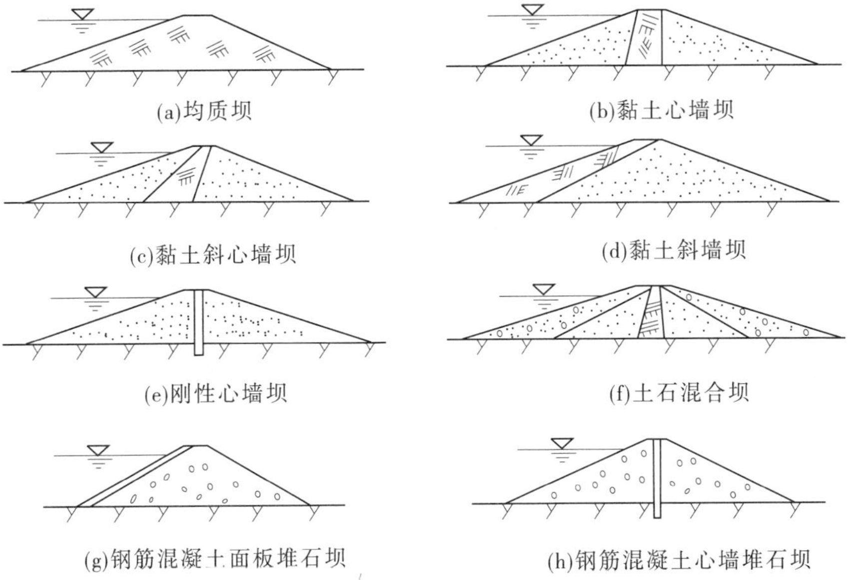

图5-3 土石坝的类型

内外很少采用。

3.2.3 水中填土坝

水中填土坝是用易于崩解的土料,一层一层倒入由许多小土堤分隔围成的静水中填筑而成的坝。这种施工方法无须机械压实,而是靠土的重量进行压实和排水固结。该法施工受雨季影响小,工效较高,且不用专门碾压设备,但由于坝体填土干容重低,抗剪强度小,要求坝坡缓,工程量大等,仅在我国华北黄土地区、广东含砾风化黏性土地区曾用此法建造过一些坝,并未得到广泛的应用。

3.2.4 定向爆破堆石坝

定向爆破堆石坝是按预定要求埋设炸药,使爆出的大部分岩石抛填到预定的地点而堆成的坝。这种坝填筑防渗部分比较困难。

以上四种坝应用最广泛的是碾压式土石坝。

3.3 按坝体材料所占比例分类

土石坝按坝体材料所占比例可分为以下三种:

(1)土坝。坝体材料以土和砂砾为主。

(2)土石混合坝[见图5-3(f)]。当两种材料均占相当比例时,称为土石混合坝。

(3)堆石坝。以石渣、卵石、爆破石料为主,除防渗体外,坝体的绝大部分或全部由石料堆筑起来的称为堆石坝。

任务 2　土石坝的构造、材料与填筑标准、地基处理

【任务描述】

深入学习土石坝的构造、材料、地基处理等知识，为土石坝初步设计的学习打下基础。

【任务分析】

土石坝的构造认知对学习土石坝有着重要的作用，也是学习者容易掌握的内容。土石坝的材料与填筑标准对学习者的建筑材料课程学习程度有一定的要求，需要进行复习。土石坝地基处理对学习者的土力学与地基基础课程学习程度有一定的要求，需要进行复习。

【任务知识点】

1　土石坝的构造

土石坝的构造主要包括坝顶、防渗体、排水设施、护坡与排水等部分。

1.1　坝顶

坝顶护面材料应根据当地材料情况及坝顶用途确定，宜采用砂砾石、碎石、单层砌石、或沥青混凝土等柔性材料，如图 5-4 所示。

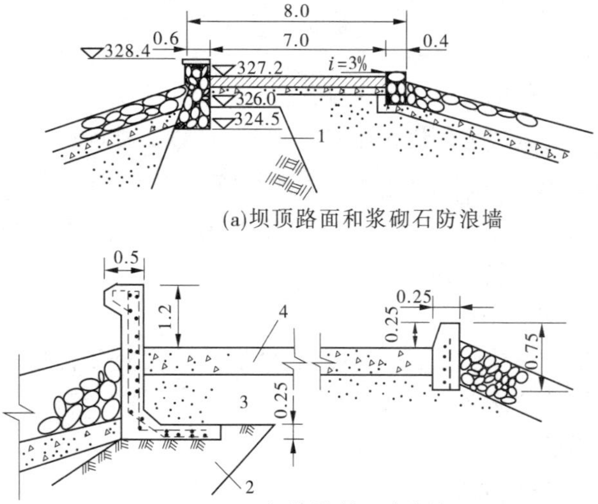

(a)坝顶路面和浆砌石防浪墙

(b)钢筋混凝土防浪墙

1—心墙；2—斜心墙；3—回填土；4—坝顶路面

图 5-4　土石坝坝顶构造　（单位：m）

坝顶面可向上下游侧或下游侧放坡，坡度宜根据降雨强度，在 2% ~3% 之间选择，并做好向下游的排水系统。坝顶上游侧宜设防浪墙，墙顶应高于坝顶 1.0 ~1.2 m，墙底必须与防渗体紧密结合。防浪墙应坚固而不透水。

1.2　防渗体

设置防渗设施的目的：①减少通过坝体和坝基的渗流量；②降低浸润线，增加下游坝

坡的稳定性；③降低渗透坡降，防止渗透变形。

防渗体主要有心墙、斜墙、铺盖、截水墙等，它的结构尺寸应能满足防渗、构造、施工和管理方面的要求。

1.2.1　黏土心墙

心墙一般布置在坝体中部，有时稍偏上游并稍为倾斜，如图 5-5 所示。

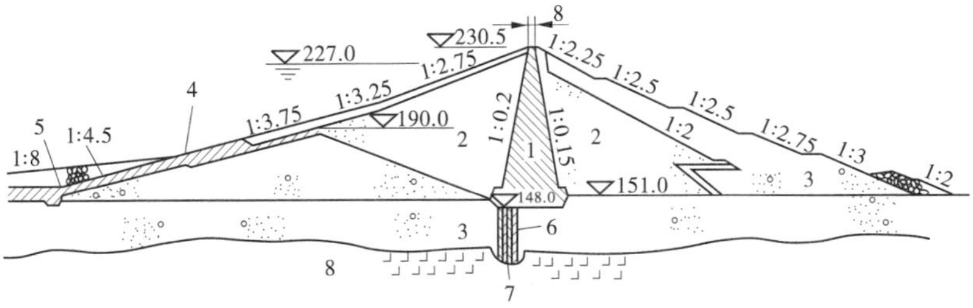

1—黏土心墙；2—半透水料；3—砂卵石；4—施工时挡土黏土斜墙；

5—盖层；6—混凝土防渗墙；7—灌浆帷幕；8—玄武岩

图 5-5　毛家村黏土心墙土石坝　（单位：m）

心墙坝顶部厚度一般不小于 3 m，底部厚度不宜小于作用水头的 1/4。黏土心墙两侧边坡多为 1∶0.15 ~ 1∶0.3。心墙的顶部应高出设计洪水位 0.3 ~ 0.6 m，且不低于校核洪水位，当有可靠的防浪墙时，心墙顶部高程也不应低于设计洪水位。心墙顶与坝顶之间应设有保护层，厚度不小于该地区的冰冻或干燥深度，同时按结构要求不宜小于 1 m。心墙与坝壳之间应设置过渡层，岩石地基上的心墙，一般还要设混凝土垫座，或修建 1 ~ 3 道混凝土齿墙。齿墙的高度为 1.5 ~ 2.0 m，切入岩基的深度常为 0.2 ~ 0.5 m，有时还要在下部进行帷幕灌浆。

1.2.2　黏土斜墙

顶厚（指与斜墙上游坡面垂直的厚度）不宜小于 3 m。底厚不宜小于作用水头的1/5。墙顶应高出设计洪水位 0.6 ~ 0.8 m，且不低于校核洪水位。同样，如有可靠的防浪墙，斜墙顶部也不应低于设计洪水位。斜墙顶部和上游坡都必须设保护层，厚度不得小于冰冻和干燥深度，一般为 2 ~ 3 m。一般内坡不宜陡于 1∶2.0，外坡常在 1∶2.5 以上。斜墙与保护层及下游坝体之间，应根据需要分别设置过渡层，如图 5-6 所示。

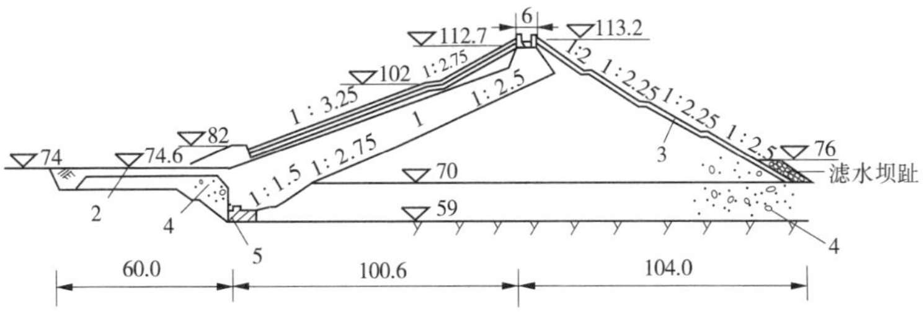

1—黏土斜墙；2—铺盖；3—坝坡；4—砂砾石；5—混凝土盖板齿墙

图 5-6　汤河土坝　（单位：m）

1.2.3 沥青混凝土防渗墙

沥青混凝土防渗墙的结构形式有心墙(见图 5-7)、斜墙。

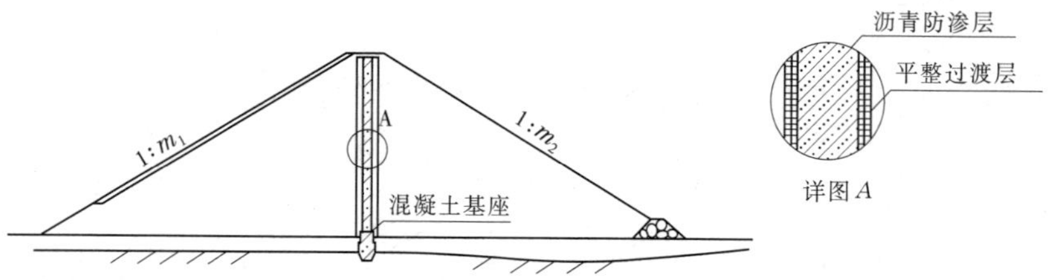

图 5-7 沥青混凝土心墙坝

沥青混凝土防渗墙的特点:①沥青混凝土具有良好的塑性和柔性,渗透系数为 $10^{-7}\sim10^{-10}$ cm/s,防渗性能好;②沥青混凝土在产生裂缝时,有较好的自行愈合能力;③施工受气候影响小。

沥青混凝土心墙,受外界温度影响小,结构简单,修补困难,厚度为 $H/30$,顶厚为 30 ~ 40 cm,上游侧设黏性土过渡层,沥青墙坏了可修补,下游侧设排水。

沥青混凝土斜墙,沥青不漏水,不需设排水;一层即可,斜墙与基础连接能适应变形,为柔性结构。

1.3 排水设施

由于在土石坝中渗流不可避免,所以土石坝应设置坝体排水,用以降低浸润线,改变渗流方向,防止渗流溢出处产生渗透变形,保护坝坡土不产生冻胀破坏。常用的坝体排水有以下几种形式。

1.3.1 贴坡排水

如图 5-8 所示,贴坡排水可以防止坝坡土发生渗透破坏,保护坝坡免受下游波浪淘刷,对坝体施工干扰较小,易于检修,但不能有效地降低浸润线,多用于浸润线很低和下游无水的情况。土质防渗体分区坝常用这种排水体。

贴坡排水设计应遵守下列规定:顶部高程应高于坝体浸润线的逸出点,超过的高度应使坝体浸润线在该地区的冻结深度以下,1 级、2 级坝不小于 2.0 m,3 ~5 级坝不小于 1.5 m,并应超过波浪沿坡面的爬高;底部应设排水沟和排水体,材料应满足防浪护坡的要求。

1.3.2 棱体排水

如图 5-9 所示,棱体排水可降低浸润线,防止渗透变形,保护下游坝脚不受尾水淘刷,且有支撑坝体增加稳定的作用。但石料用量较大、费用较高,与坝体施工有干扰,检修也较困难。

棱体排水设计应遵守下列规定:在下游坝脚处用块石堆成棱体,顶部高程应超出下游最高水位,超过高度 d,1 级、2 级坝不小于 1.0 m,3 ~5 级坝不小于 0.5 m,超出高度应大于波浪沿坡面的爬高;顶部高程应使坝体浸润线距坝面的距离大于该地区的冻结深度;顶部宽度应根据施工条件及检查观测需要确定,但不宜小于 1.0 m;应避免在棱体上出现锐角。

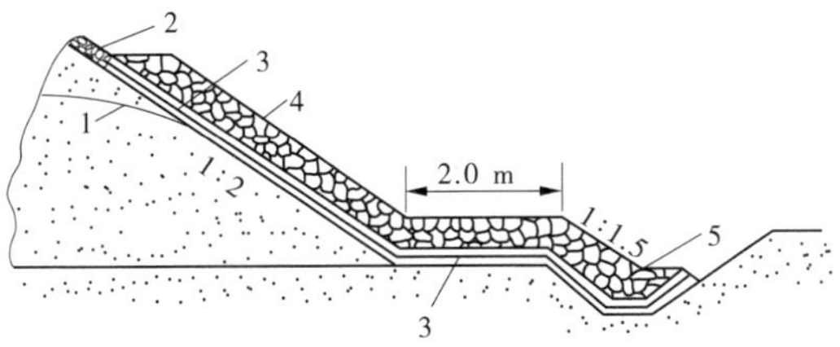

1—浸润线;2—护坡;3—反滤层;4—排水;5—排水沟

图5-8 贴坡排水

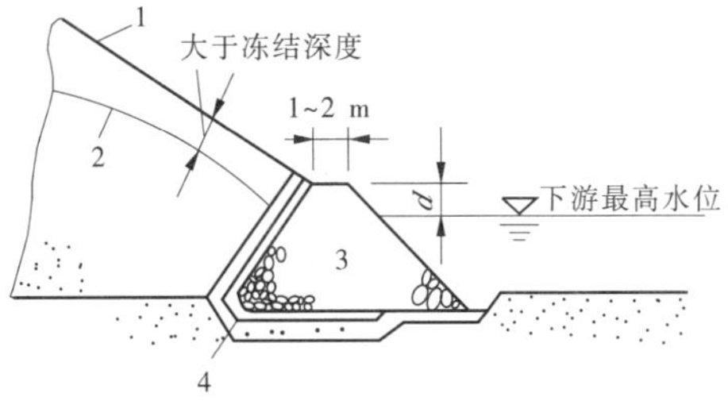

1—坝坡;2—浸润线;3—堆石棱体;4—反滤层

图5-9 棱体排水

1.3.3 褥垫排水

如图5-10所示,褥垫排水是伸展到坝体内的排水设施,在坝基面上平铺一层厚为0.4~0.5 m的块石,并用反滤层包裹。褥垫伸入坝体内的长度应根据渗流计算确定,对黏性土均质坝为坝底宽的1/2,对砂性土均质坝为坝底宽的1/3。

当下游水位低于排水设施时,褥垫排水降低浸润线的效果显著,还有助于坝基排水固结。但当坝基产生不均匀沉陷时,褥垫排水层易遭断裂,而且检修困难,施工时有干扰。

1.3.4 管式排水

如图5-11所示,管式排水埋入坝体的暗管可以是带孔的陶瓦管、混凝土管或钢筋混凝土管,还可以是由碎石堆筑而成的。平行于坝轴线的集水管收集渗水,经由垂直于坝轴线的排水管排向下游。

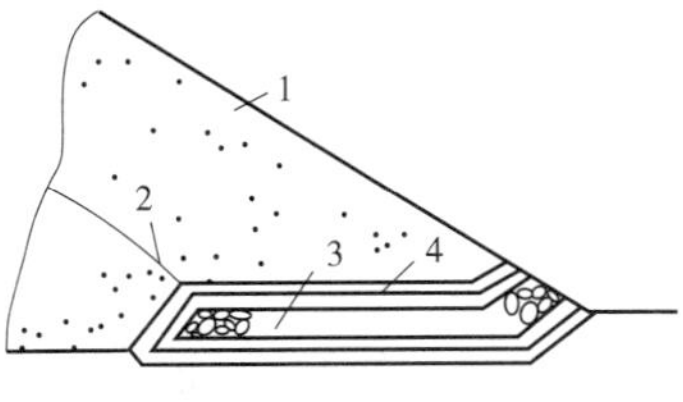

1—坝坡;2—浸润线;3—褥垫排水;4—反滤层

图5-10 褥垫排水

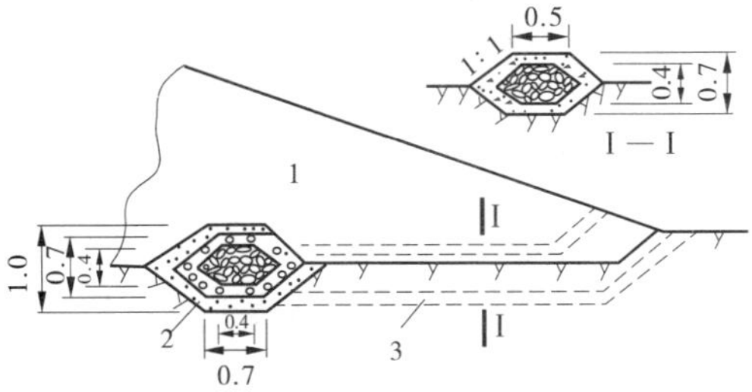

1—坝体;2—反滤层;3—横向排水带或排水管

图5-11 管式排水

管式排水的优缺点与褥垫排水相似。排水效果不如褥垫排水好,但用料少。一般用于土石坝岸坡地段,因为这里坝体下游经常无水,排水效果好。

1.3.5 综合式排水

在实际工程中,常根据具体情况采用几种排水形式组合在一起的综合式排水,如图5-12所示。

1.4 **护坡与排水**

护坡的形式、厚度及材料粒径应根据坝的等级、运用条件和当地材料情况,根据以下因素进行技术经济比较确定。上游护坡应考虑:①波浪淘刷;②顺坝水流冲刷;③漂浮物和冰层的撞击及冻冰的挤压。下游护坡应考虑:①冻胀、干裂及蚁鼠等动物的破坏;②雨水、大风、水下部位的风浪、冰层和水流的作用。

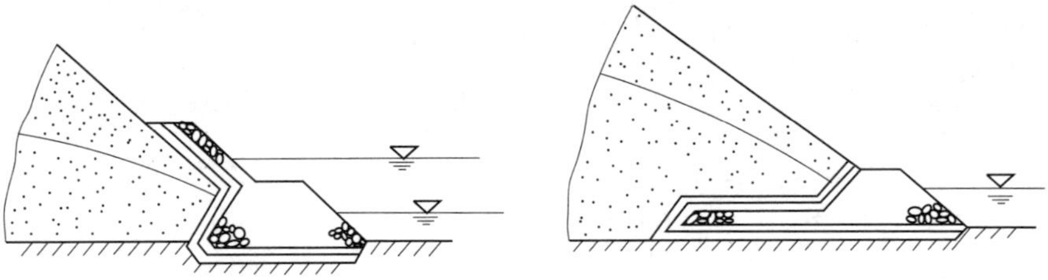

(a)贴坡+棱体　　(b)褥垫+棱体

图 5-12　综合式排水

1.4.1　上游护坡

上游护坡的形式有堆石(抛石)、干砌石、浆砌石、混凝土和钢筋混凝土板、沥青混凝土、其他形式(如水泥土)。

护坡的范围为:上部自坝顶起,如设防浪墙时应与防浪墙连接;下部至死水位以下不宜小于2.50 m,4 级、5 级坝可减至1.50 m,最低水位不确定时应护至坝脚。

1.4.1.1　抛石(堆石)护坡

它是将适当级配的石块倾倒在坝面垫层上的一种护坡。其特点是施工速度快,节省人力,但工程量比砌石护坡大。堆石厚度一般认为至少要包括2 ~3 层块石,这样便于在波浪作用下自动调整,不致因垫层暴露而遭到破坏。当坝壳为黏性小的细粒土料时,往往需要两层垫层,靠近坝壳的一层垫层最小厚度为15 cm。

1.4.1.2　砌石护坡

砌石护坡是用人工将块石铺砌在碎石或砾石垫层上,有干砌石和浆砌石两种。要求石料比较坚硬并耐风化。

干砌石应力求嵌紧,石块大小及护坡厚度应根据风浪大小经过计算确定,通常厚度为20 ~60 cm。有时根据需要用2 ~3 层的垫层,它也起反滤作用。砌石护坡构造如图5-13 所示。

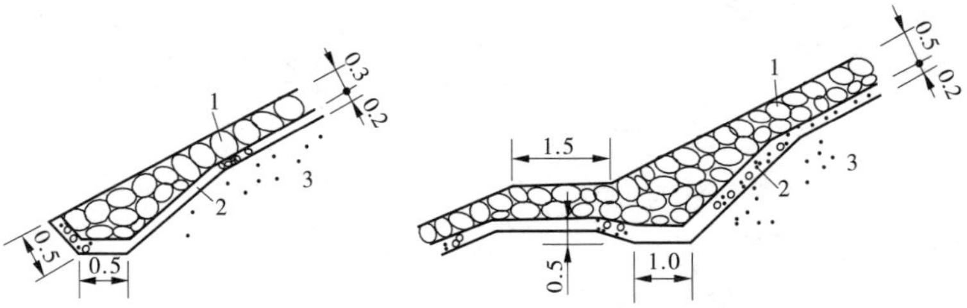

(a)马道　　(b)护坡坡脚

1—干砌石;2—垫层;3—坝体

图 5-13　砌石护坡构造　(单位:m)

浆砌块石护坡既能承受较大的风浪,也有较好的抗冰层推力的性能。但水泥用量大,造价较高。若坝体为黏性土,则要有足够厚度的非黏性土防冻垫层,同时也要留有一定缝隙以便排水通畅。

1.4.1.3　混凝土和钢筋混凝土板护坡

当筑坝地区缺乏石料时可考虑采用此种形式。预制板的尺寸一般采用:矩形板为

1.5 m×2.5 m、2 m×2 m 或 3 m×3 m，厚为 0.10～0.20 m。预制板底部设砂砾石或碎石垫层。现场浇筑的尺寸可大些，可采用 5 m×5 m、10 m×10 m，甚至 20 m×20 m。严寒地区冰推力对护坡危害很大，因此也有用混凝土板做护坡的，但其垫层厚度要超过冻结深度，如图 5-14 所示。

1.4.1.4　水泥土护坡

将粗砂、中砂、细砂掺上 7%～12% 的水泥（质量比），分层填筑于坝面作为护坡，叫作水泥土护坡。它是随着土石坝逐层填筑压实的，每层压实后的厚度不超过 15 cm。这种护坡厚度 0.6～0.8 m，相应的水平宽度 2～3 m，如图 5-15 所示。

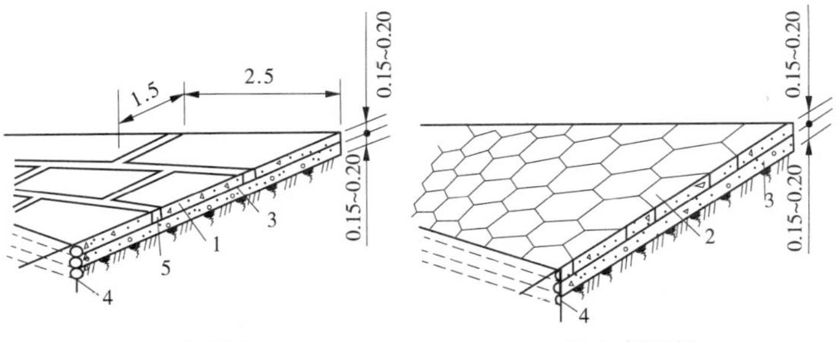

(a)矩形板　(b)六角形板

1—矩形混凝土板；2—六角形混凝土板；3—碎石或砾石；
4—木挡柱；5—结合缝

图 5-14　混凝土板护坡　（单位：m）

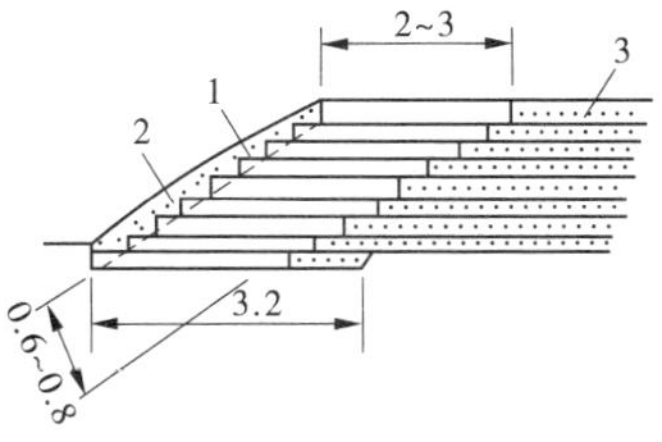

1—土壤水泥护坡；2—潮湿土壤保护层；
3—压实的透水土料

图 5-15　水泥土护坡　（单位：m）

1.4.1.5　渣油混凝土护坡

在坝面上先铺一层厚 3 cm 的渣油混凝土（夯实后的厚度），上铺 10 cm 的卵石做排水层（不夯），第三层铺 8～10 cm 的渣油混凝土，夯实后在第三层表面倾倒温度为 130～140 ℃的渣油砂浆，并立即将 0.5 m×1.0 m×0.15 m 的混凝土板平铺其上，板缝间用渣油砂浆灌满。这种护坡在冰冻区试用成功，如图 5-16 所示。

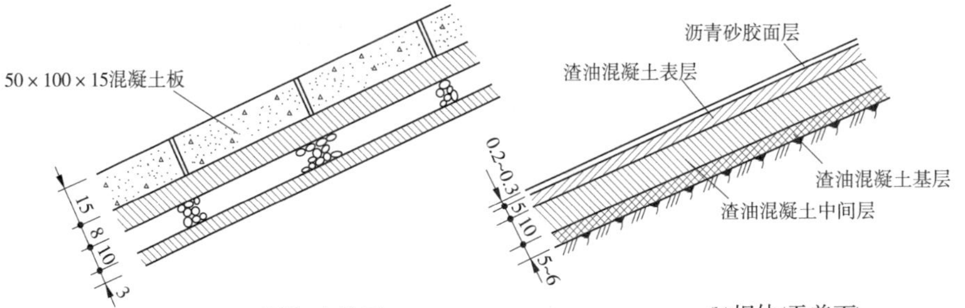

(a)坝体(有盖面)　(b)坝体(无盖面)

图 5-16　渣油混凝土护坡　（单位：cm）

以上各种护坡的垫层按反滤层要求确定。垫层厚度，对砂土一般可用 15～30 cm 以上，对卵砾石或碎石可用 30～60 cm 以上。

1.4.2　下游护坡

下游护坡形式有干砌石，堆石、卵石和碎石、草皮，钢筋混凝土框格填石，其他形式

(如土工合成材料)。

护坡的范围为,由坝顶护至排水棱体,无排水棱体时护至坝脚。

1.4.3 坝坡排水

为了防止雨水的冲刷,在下游坝坡上常设置纵横向连通的排水沟。常用的形式有纵沟、横沟和岸坡排水沟。

沿土石坝与岸坡的结合处,常设置岸坡排水沟以拦截山坡上的雨水。坝面上的纵沟沿马道内侧布置,用浆砌石或混凝土板铺设成矩形或梯形。若坝较短,纵沟拦截的雨水可引至两岸的排水沟排至下游。若坝较长,则应沿坝轴线方向每隔 50 ~ 100 m 设一横沟,以便排除雨水。排水沟的横断面,一般深 0.2 m、宽 0.3 m,如图 5-17 所示。

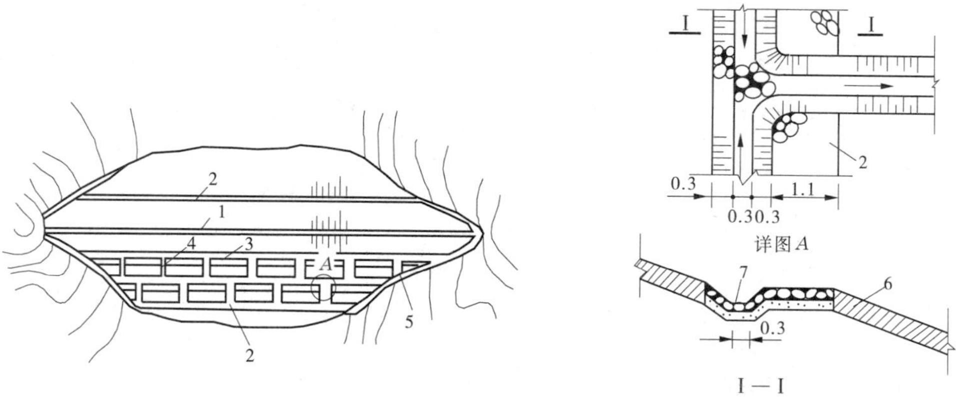

1—坝顶;2—马道;3—纵沟;4—横向排水沟;5—岸坡排水沟;6—草皮护坡;7—浆砌石排水沟

图 5-17 排水沟布置与构造 (单位:m)

2 筑坝材料与填筑标准

2.1 坝体各组成部分对材料的要求

坝体不同部分由于任务和工作条件不同,对材料的要求也有所不同。

2.1.1 均质坝材料

均质坝土料应具有一定的抗渗性能,其渗透系数不宜大于 1×10^{-4} cm/s;黏粒含量一般为 10% ~30%;有机质含量(按质量计)不大于 5%,最常用于均质坝的土料是砂质黏土和壤土。

2.1.2 防渗体土料

防渗体土料应满足下列要求:①渗透系数:均质坝应不大于 1×10^{-4} cm/s,心墙坝和斜墙应不大于 1×10^{-5} cm/s;②水溶盐(指易溶盐、中溶盐,按质量计)含量不大于 3%;③有机质含量(按质量计):均质坝应不大于 5%,心墙坝和斜墙坝应不大于 2%;④具有较好的塑性和渗透稳定性;⑤浸水与失水时体积变化较小。

以下几种黏性土不宜作为坝的防渗体填筑料,必须采用时,应根据其特性采取相应的措施:①塑性指数大于 20 和液限大于 40% 的冲积黏土;②膨胀土;③开挖、压实困难的干硬黏土;④冻土;⑤分散性黏土。

2.1.3 坝壳土石料

料场开采和建筑物开挖的无黏性土(包括砂、砾石、卵石、漂石等)、石料和风化料、砾石土均可作为坝壳料,并应根据材料性质用于坝壳的不同部位。均匀中细砂及粉砂可用于中低坝坝壳的干燥区,但地震区不宜采用。采用风化石料和软岩填筑坝壳时,应按压实后的级配研究确定材料的物理力学指标,并应考虑浸水后抗剪强度的降低、压缩性增加等不利情况。对软化系数低、不能压碎成砾石的风化石料和软岩宜填筑在干燥区。下游坝壳水下部位和上游坝壳水位变动区应采用透水料填筑。

2.1.4 排水体、护坡石料

反滤料、过渡层料和排水体料应符合下列要求:①质地致密;②抗水性和抗风化性能满足工程运用的技术要求;③具有符合使用要求的级配和透水性;④反滤料和排水体料中粒径小于0.075 mm 的颗粒含量应不超过5%。

反滤料可利用天然或经过筛选的砂砾石料,也可采用块石、砾石轧制,或天然和轧制的掺合料。3 级低坝经过论证可采用土工织物作为反滤层。

护坡石料应采用质地致密、抗水性和抗风化性能满足工程运用条件要求的硬岩石料。

2.2 土料填筑标准的确定

2.2.1 黏性土的压实标准

对不含砾或含少量砾的黏性土的填筑标准应以压实度和最优含水量作为控制指标。黏性土压实最优含水量多在塑限附近,设计干容重应以最大干容重乘以压实度确定。

$$\gamma_d = P\gamma_{dmax} \tag{5-1}$$

式中 γ_d——设计干容重,kN/m^3;

P——压实度;

γ_{dmax}——标准击实试验平均最大干容重,kN/m^3。

对于1、2 级坝和高坝压实度为 0.98 ~ 1.00,对于 3 级及以下的中坝,压实度为 0.96 ~ 0.98;设计地震烈度为 8 度、9 度地区,宜取上述规定的大值;有特殊用途和性质特殊的土料压实度宜另行确定。

2.2.2 非黏性土料的压实标准

砂砾石和砂的填筑标准以相对密度为设计控制指标,并应符合下列要求:①砂砾石的相对密度不应低于0.75,砂的相对密度不应低于0.70,反滤料宜为0.70;②砂砾料中粗粒料含量小于50%时,应保证细料(粒径小于5 mm 的颗粒)的相对密度也符合上述要求;③地震区的相对密度设计标准应符合《水工建筑物抗震设计规范》(SL 203—97)的规定。压实程度一般与含水量关系不大,而与粒径级配和压实功能有密切关系。非黏性土料设计中的一个重要问题是防止产生液化,解决的途径除要求有较高的密实度外,还要注意颗粒不能太小,级配要适当,不能过于均匀。

堆石料的填筑标准宜用孔隙率为设计控制指标,并应符合下列要求:①土质防渗体分区坝和沥青混凝土心墙坝的堆石料,孔隙率宜取 20% ~28%;②沥青混凝土面板坝堆石料的孔隙率宜在混凝土面板堆石坝和土质防渗体分区坝的孔隙率之间选择;③采用软岩、风化岩石筑坝时,孔隙率宜根据坝体变形、应力及抗剪强度等要求确定;④设计地震烈度为 8 度、9 度的地区,可取上述孔隙率的小值。

3　土石坝的地基处理

土石坝对地基的要求比混凝土坝低，可不必挖除地表透水土壤和砂砾石等，但地基性质对土石坝的构造和尺寸仍有很大的影响。据有关资料统计，土石坝约有 40% 的失事是由地基问题所引起的。

土石坝地基处理的任务是：①控制渗流，使地基与坝身不产生渗透变形，并把渗流流量控制在允许的范围内；②保证地基稳定不发生滑动；③控制沉降与不均匀沉降，以限制坝体裂缝的发生。

3.1　砂砾石地基的处理

砂砾石地基处理的主要问题是地基透水性大。处理的目的是减少地基的渗流量并保证地基和坝体的抗渗稳定。处理的方法是“上防下排”，上防包括垂直防渗措施和水平防渗措施，下排主要是排水减压。

3.1.1　垂直防渗措施

垂直防渗措施能够截断地基渗流，可靠而有效地解决地基渗流问题。

3.1.1.1　黏土截水墙

当覆盖层深度在 15 m 以内时，可开挖深槽直达不透水层或基岩，槽内回填黏性土而成黏土截水墙(也称黏土截水槽)，心墙坝、斜墙坝常将防渗体向下延伸至不透水层而成截水墙，如图 5-18 所示。

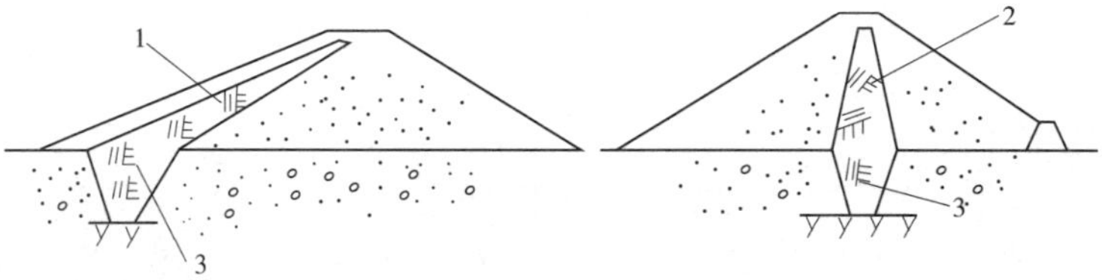

1—黏土斜墙；2—黏土心墙；3—黏土截水墙

图 5-18　透水地基黏土截水墙

黏土截水墙的优点是结构简单、工作可靠、防渗效果好，得到了广泛的应用。缺点是槽身挖填和坝体填筑不便同时进行，若汛前要达到一定的坝高拦洪度汛，则工期较紧。

3.1.1.2　混凝土防渗墙

用钻机或其他设备沿坝轴线方向造成圆孔或槽孔，在孔中浇混凝土，最后连成一片，成为整体的混凝土防渗墙，适用于透水层深度大于 50 m 的情况，如图 5-19 所示。

3.1.1.3　灌浆帷幕

当砂卵石层很厚，用上述处理方法都较困难或不够经济时，可采用灌浆帷幕防渗。

灌浆帷幕的施工方法是：采用高压定向喷射灌浆技术，通过喷嘴的高压气流切割地层成缝槽，在缝槽中灌压水泥砂浆，凝结后形成防渗板墙。其特点是可以处理较深的砂砾石地基，但对地层的可灌性要求高，地层的可灌性 $M<5$，不可灌；$M=5\sim10$，可灌性差；$M>10\sim15$，可灌水泥黏土砂浆或水泥砂浆。M 按下式计算：

$$M=\frac{D_{15}}{d_{85}} \tag{5-2}$$

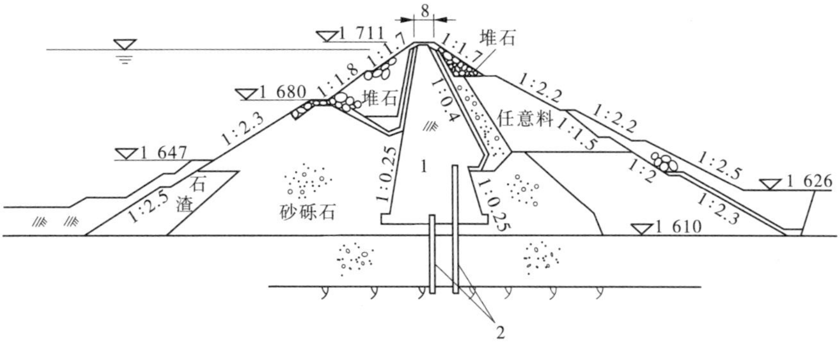

1—黏土心墙;2—混凝土防渗墙

图5-19 混凝土防渗墙 (单位:m)

式中 D_{15}——受灌土层中小于此粒径的土重占总土重的15%,mm;

d_{85}——灌浆材料中小于此粒径的土重占总土重的85%,mm。

灌浆帷幕的厚度T,根据帷幕最大作用水头H和允许水力坡降$[J]$,按下式估算:

$$T = \frac{H}{[J]} \tag{5-3}$$

式中 H——最大设计水头,m;

$[J]$——帷幕的允许比降,对于一般水泥黏土浆,可采用3~4。

3.1.2 上游水平防渗铺盖

铺盖是一种由黏性土做成的水平防渗设施,是斜墙坝、心墙坝或均质坝体向上游延伸的部分。当采用垂直防渗有困难或不经济时,可考虑采用铺盖防渗。防渗铺盖构造简单,造价低,但它不能完全截断渗流,只是通过延长渗径的办法,降低渗透坡降,减小渗透流量,所以防渗效果不如垂直防渗体。

3.1.3 下游排水减压措施

常用的排水减压措施有排水沟和排水减压井。

排水沟在坝趾稍下游平行坝轴线设置,沟底深入到透水的砂砾石层内,沟顶略高于地面,以防止周围表土的冲淤。按其构造,可分为暗沟和明沟两种。两者都应沿渗流方向按反滤层布置,明沟沟底与下游的河道连接,其构造如图5-20所示。

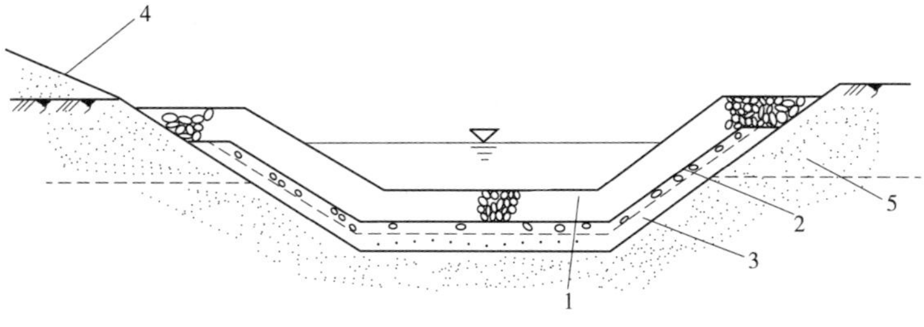

1—干砌石;2—碎石;3—粗砂;4—坝坡;5—砂砾石层

图5-20 排水减压沟

排水减压井是将深层承压水导出水面,然后从排水沟中排出的设施,其构造如图 5-21 所示。在钻孔中插入带有孔眼的井管,周围包以反滤料,管的直径一般为 20 ~ 30 cm,井距一般为 20 ~ 30 m。

3.2 细砂地基与淤泥地基的处理

3.2.1 细砂地基

饱和均匀的细砂地基在动力作用下,特别是在地震作用下易于液化,应采取工程措施加以处理。当厚度不大时,可考虑将其挖除。当厚度较大时,可首先考虑采取人工加密措施,使之达到与设计地震烈度相适应的密实状态,然后采取加盖重、加强排水等附加防护设施。

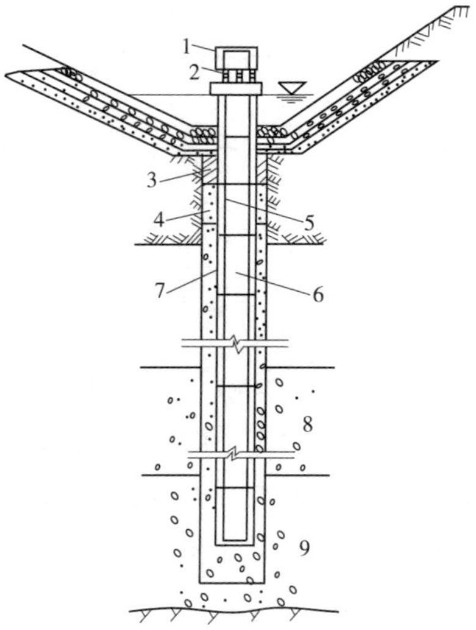

1—井帽;2—钢丝出水口;3—回填混凝土; 4—回填砂;
5—上升管;6—穿孔管;7—反滤层;8—砂砾石;9—砂卵石

图 5-21 排水减压井布置图

3.2.2 淤泥地基

淤泥地基天然含水量大,容重小,抗剪强度低,承载能力小。当埋藏较浅,且分布范围不大时,一般应把它全部挖除;当埋藏较深,分布范围又较宽时,则常采用压重法或设置砂井加速排水固结,压重施加于坝趾处。

砂井排水法,是在坝基中钻孔,然后在孔中填入砂砾,在地基中形成砂桩的一种方法。设置砂井后,地基中排除孔隙水的条件大为改善,可有效地增加地基土的固结速度。

3.3 软黏土地基和黄土地基的处理

软黏土层较薄时,一般全部挖除。当土层较薄而其强度并不太低时,可只将表面较薄的可能不稳定的部位挖除,换填较高强度的砂,称为换砂法。

黄土地基在我国西北部地区分布较广,其主要特点是浸水后沉降较大。处理的方法一般有:①预先浸水,使其湿陷加固;②将表层土挖除,换土压实;③夯实表层土,破坏黄土的天然结构,使其密实等。

3.4 土石坝坝体与地基及岸坡连接

3.4.1 坝体与土质地基及岸坡的连接

坝体与土质地基及岸坡的连接必须做到:①清除坝体与地基、岸坡接触范围内的草皮树干、树根、含有植物的表土、蛮石、垃圾及其他废料,并将清理后的地基表面土层压实。②对坝体断面范围内的低强度、高压缩性软土及地震时易于液化的土层,进行清除或处理。③土质防渗体必须坐落在相对不透水坝基上;否则,应采取适当的防渗处理措施。④地基覆盖层与下游坝壳粗粒料(如堆石)接触处,应符合反滤层要求;否则,必须设置反滤层,以防止坝基土流失到坝壳中。

心墙和斜墙在与两端岸坡连接处应扩大其断面(见图 5-22),加强连接处的防渗性。扩大断面与正常断面之间应以渐变的形式过渡,并且岸坡应大致平顺,不应成台阶状。

3.4.2　坝体与岩石地基及岸坡的连接

坝体与岩石地基及岸坡的连接必须做到以下几点：

(1)坝体断面范围内的岩石地基与岸坡，应清除表面松动石块、凹处积土和突出的岩石。

(2)土质防渗体和反滤层应与相对不透水的新鲜或弱风化岩石相连接。基岩面上一般宜设混凝土盖板、喷混凝土层或喷浆层，将基岩与土质防渗体分隔开来，以防止接触冲刷。

(3)对失水时很快风化变质的软岩石(如页岩、泥岩等)，开挖时应预留保护层，待开始回填时，随挖除、随回填。

(4)土质防渗体与岩石或混凝土建筑物相接处，如防渗土料为细粒黏性土，则在邻近接触面0.5～1.0 m范围内，在填土前用黏土浆抹面。如防渗土料为砾石土，临近接触面应采用纯黏性土或砾石含量少的黏性土，在略高于最优含水量下填筑，使其结合良好。

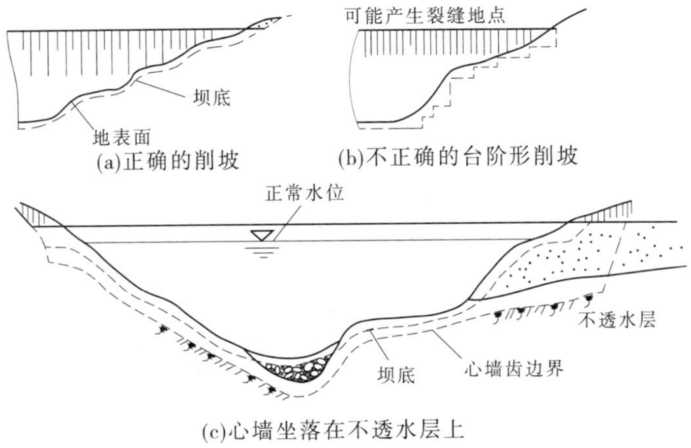

图5-22　土石坝与岸坡的连接

任务3　土石坝的初步设计

【任务描述】

学习土石坝初步设计的知识，掌握土石坝剖面尺寸的设计，掌握土石坝渗流计算的过程与方法，掌握土石坝稳定分析的过程与方法。

【任务分析】

通过学习，会进行简单的土石坝设计，会按照设计图纸进行识读，达到较好的学习效果。

【任务知识点】

1　土石坝的剖面尺寸

土石坝的剖面尺寸是根据坝高和坝的级别、筑坝材料、坝型、坝基情况及施工、运行等条件，参照工程经验初步拟定坝顶高程、坝顶宽度和坝坡，然后通过渗流、稳定分析，最终确定合理的剖面形状。

1.1 坝顶高程

坝顶高程等于水库静水位与相应的坝顶超高之和，应按以下运用条件计算，取其最大值：①设计洪水位加正常运用条件的坝顶超高。②正常蓄水位加正常运用条件的坝顶超高。③校核洪水位加非常运用条件的坝顶超高。④正常蓄水位加非常运用条件的坝顶超高，再加地震安全加高（地震区）。

坝顶超高 y（见图 5-23）用下式（适用于 $v_0 < 20$ m/s，$D < 20$ km 的情况）计算：

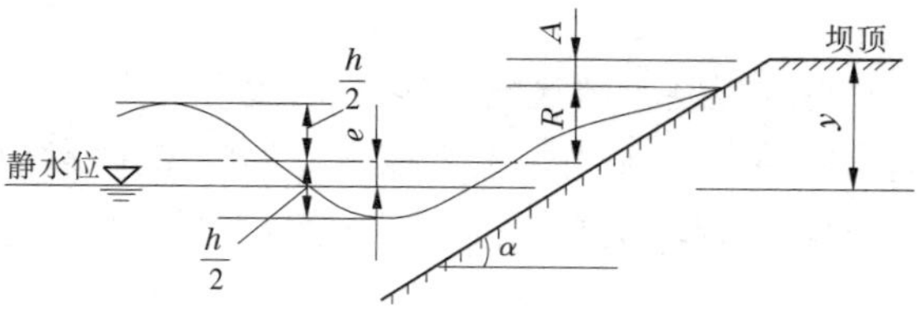

图 5-23 坝顶超高计算

$$y = R + e + A \tag{5-4}$$

式中 y——坝顶超高，m；

R——波浪爬高，即在坝坡上的最大爬高，m；

e——最大风壅水面高度，m，按式(5-5)计算；

A——安全加高，m，可参照表 5-1 确定。

表 5-1 安全加高 A （单位：m）

运用情况		坝的级别			
		1	2	3	4、5
设计		1.50	1.00	0.70	0.50
校核	山区、丘陵区	0.70	0.50	0.40	0.30
	平原、滨海区	1.00	0.70	0.50	0.30

$$e = \frac{Kv_0^2 D}{2gH_m}\cos\beta \tag{5-5}$$

式中 D——风区长度，m，取值方法见重力坝；

H_m——坝前水域平均水深，m；

K——综合摩阻系数，一般取 $K = 3.6 \times 10^{-6}$；

β——风向与水域中心线（或坝轴线法线）的夹角，(°)；

v_0——计算风速，m/s，正常运用条件下的 1、2 级坝采用多年平均最大风速的 1.5 ~ 2.0 倍，正常运用条件下的 3 ~ 5 级坝采用多年平均最大风速的 1.5 倍，非常运用条件下采用多年平均最大风速。

波浪爬高 R，是指波浪沿建筑物坡面爬升的垂直高度（由风壅水面算起），如图 5-23 所示中的 R。它与坝前的波浪要素（波高和波长）、坝坡坡度、坡面糙率、坝前水深、风速等因素有关。具体方法见《碾压式土石坝设计规范》（DL/T 5395—2007），其具体计算方法如下：

(1)波浪的平均爬高 R_m。当坝坡系数 $m=1.5\sim5.0$ 时，平均爬高 R_m 计算公式如下：

$$R_m = \frac{K_\Delta K_w}{\sqrt{1+m^2}}\sqrt{h_m L_m} \tag{5-6}$$

当 $m\leqslant1.25$ 时

$$R_m = K_\Delta K_w R_0 h_m \tag{5-7}$$

式中　R_0——无风情况下，平均波高 $h_m=1.0$ m，$K_\Delta=1$ 时的爬高值，可查表5-2；

K_Δ——斜坡的糙率渗透性系数，根据护面的类型查表5-3；

K_w——经验系数，按表5-4确定；

m——单坡的坡度系数，若单坡坡角为 α，则 $m=\cot\alpha$；

h_m、L_m——平均波高和波长，m，采用莆田实验站公式计算。

表5-2　R_0 值

m	0	0.5	1.0	1.25
R_0	1.24	1.45	2.20	2.50

表5-3　糙率渗透系数 K_Δ

护面类型	K_Δ	护面类型	K_Δ
光滑不透水护面(沥青混凝土)	1.00	砌石护面	0.75～0.80
混凝土板护面	0.90	抛填两层块石(不透水基础)	0.60～0.65
草皮护面	0.85～0.90	抛填两层块石(透水基础)	0.50～0.55

表5-4　经验系数 K_w

$\frac{v_0}{\sqrt{gH_m}}$	≤1	1.5	2.0	2.5	3.0	3.5	4.0	>5.0
K_w	1	1.02	1.08	1.16	1.22	1.25	1.28	1.33

当 $1.25<m<1.5$ 时，可由 $m=1.25$ 和 $m=1.5$ 的直线内插求得 R_m。

(2)设计爬高 R。不同累计频率的爬高 R_P 与 R_m 的比，可根据爬高统计分布(见表5-5)确定。设计爬高按建筑物级别而定，对于1～3级土石坝取累计频率 $P=1\%$ 的爬高 $R_{1\%}$；对4、5级坝取 $P=5\%$ 的 $R_{5\%}$。

表5-5　爬高统计分布(R_P/R_m)

h_m/H_m	$P(\%)$									
	0.1	1	2	4	5	10	14	20	30	50
<0.1	2.66	2.23	2.07	1.90	1.84	1.64	1.53	1.39	1.22	0.96
0.1～0.3	2.44	2.08	1.94	1.80	1.75	1.57	1.48	1.36	1.21	0.97
>0.3	2.3	1.86	1.76	1.65	1.61	1.48	1.39	1.31	1.19	0.99

(3)当风向与坝轴的法线成一夹角 β 时，波浪爬高应乘以折减系数 K_β，其值由表 5-6 确定。

表 5-6　斜向坡折减系数 K_β

β(°)	0	10	20	30	40	50	60
K_β	1	0.98	0.96	0.92	0.87	0.82	0.76

1.2　坝顶宽度

坝顶宽度应根据运行、施工、构造、交通和人防等要求综合确定。如无特殊要求，高坝可选用 10 ~ 15 m，中低坝可选用 5 ~ 10 m。

坝顶宽度必须考虑心墙和斜墙顶部及反滤层的需求。寒冷地区还需有足够的宽度以保护黏性土料防渗体免受冻害。

1.3　坝坡

坝坡应根据坝型、坝高、坝的等级、坝体和坝基材料的性质、坝所承受的荷载，以及施工和运用条件等因素，经技术经济比较确定。一般情况下，确定坝坡可参考如下规律：

(1)在满足稳定要求的前提下，尽可能采用较陡的坝坡，以减少工程量。

(2)从坝体的上部到下部，坝坡逐步放缓，以满足抗渗稳定和结构稳定的要求。

(3)均质坝的上下游坝坡常比心墙坝的坝坡缓。

(4)心墙坝两侧坝壳采用非黏性土料，土体颗粒的内摩擦角大，透水性大，上下游坝坡可陡些，坝体剖面较小，但施工干扰大。

(5)黏土斜墙坝的上游坝坡比心墙坝的坝坡缓，而下游坝坡可比心墙坝陡些，施工干扰小，斜墙易断裂。

(6)土料相同时上游坡缓于下游坡，原因是上游坝坡经常浸在水中，土的抗剪强度低，库水位下降时易发生渗流破坏。

(7)黏性土料的坝坡与坝高有关，坝高越大则坝坡越缓；而砂或砂砾料坝体的坝坡与坝高关系不大。通常用黏性土料做成的坝坡，常沿高度分成数段，每段 10 ~ 30 m，从上而下逐渐放缓，相邻坡率差值取 0.25 或 0.5。砂土和砂砾料坝体可不变坡，但一般也常采用变坡形式。

(8)碾压堆石坝的坝坡比土坝陡。

土石坝坝坡确定的步骤是：根据经验用类比法初步拟定，再经过核算、修改及技术经济比较后确定。

碾压式土石坝上下游坝坡常沿高程每隔 10 ~ 30 m 设置一条马道，其宽度不小于 1.5 ~ 2.0 m，用以拦截雨水，防止冲刷坝面，同时也兼作交通、检修和观测之用，还有利于坝坡稳定。马道一般设在坡度变化处。

2　土石坝的渗流分析

2.1　渗流计算的任务

(1)确定坝体浸润线和下游出逸点的位置，绘制坝体及坝基内的等势线分布图或流网图。

(2)确定坝体与坝基的渗流量,以便估计水库渗漏损失和确定坝体排水设备的尺寸。

(3)确定坝坡出逸段和下游地基表面的出逸坡降,以及不同土层之间的渗透比降。

(4)确定库水位降落时上游坝坡内的浸润线位置或孔隙压力。

(5)确定坝肩的等势线、渗流量和渗透比降。

2.2 渗流计算的方法

土石坝渗流分析通常是把一个实际比较复杂的空间问题近似转化为平面问题。土石坝的渗流分析方法主要有解析法、手绘流网法、实验法和数值法四种。

解析法分为流体力学法和水力学法。本节主要介绍水力学法。

手绘流网法是一种简单易行的方法,能够求渗流场内任一点渗流要素,并具有一定的精度,但在渗流场内具有不同土质,且其渗透系数差别较大的情况下较难应用。

2.2.1 渗流分析的计算情况

(1)上游正常蓄水位与下游相应的最低水位;

(2)上游设计洪水位与下游相应的水位;

(3)上游校核洪水位与下游相应的水位;

(4)库水位降落时上游坝坡稳定最不利的情况。

2.2.2 渗流分析的水力学法

基本假定如下:

(1)坝体土是均质的,坝内各点在各个方向的渗透系数相同。

(2)渗流是层流,符合达西定律,即 $v=KJ$。

(3)渗流是渐变流,过水断面上各点的坡降和流速是相等的。

(4)渗流计算基本公式如下:

对于不透水地基上矩形土体内的渗流,如图5-24所示。

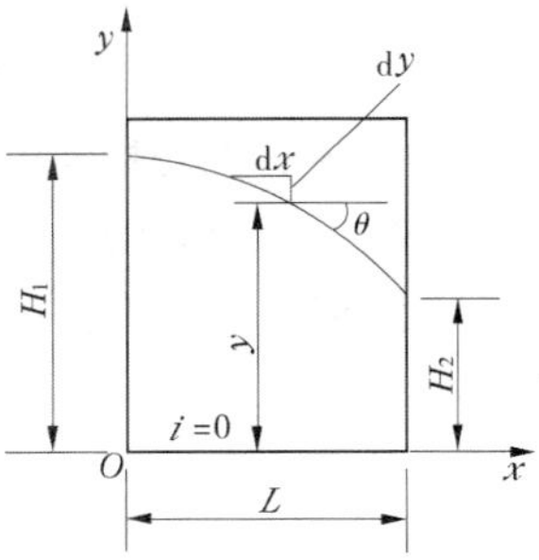

图5-24 渗流计算图

应用达西定律,并假定任一铅直过水断面内各点的渗透坡降相等,对不透水地基上的矩形土体,流过断面上的平均流速为

$$v=-K\frac{\mathrm{d}y}{\mathrm{d}x}=-KJ \tag{5-8}$$

单宽流量

$$q=vy=-Ky\frac{\mathrm{d}y}{\mathrm{d}x} \tag{5-9}$$

自上游向下游积分

$$q=\frac{K(H_1^2-H_2^2)}{2L} \tag{5-10}$$

自上游向区域中某点(x,y)积分,得浸润线方程为

$$y=\sqrt{H_1^2-\frac{2q}{K}x} \tag{5-11}$$

由式(5-11)可知,浸润线是一个二次抛物线。当渗流量 q 已知时,即可绘制浸润线,若边界条件已知,即可计算单宽渗流量。

2.3 均质坝的渗流计算

2.3.1 不透水地基上均质土石坝的渗流计算

2.3.1.1 土石坝下游有水而无排水设备的情况

以下游有水而无排水设备或设有贴坡排水的情况。过 B' 点做铅垂线将坝体分为两部分,用虚拟矩形 $AEOF$ 代替三角形 AMF,如图 5-25 所示。

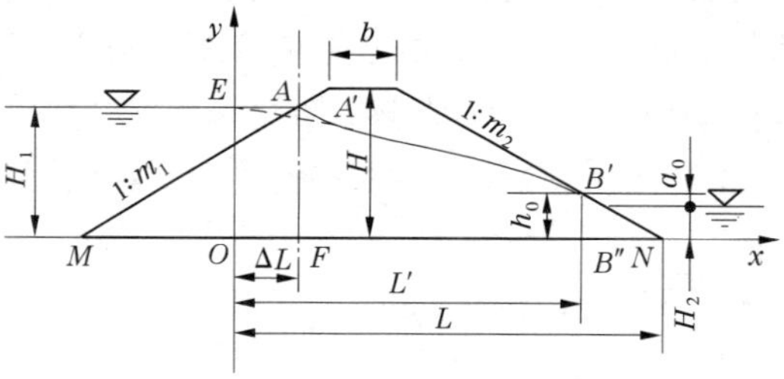

图 5-25 不透水地基上均质土坝的渗流计算图

等效矩形宽度 $\Delta L=\lambda H_1$,λ 值由下式计算:

$$\lambda=\frac{m_1}{2m_1+1} \tag{5-12}$$

式中 m_1——上游坝面的边坡系数,如为变坡则取平均值;

H_1——上游水深,m。

上游坝体段计算:

$$q_1=K\frac{H_1^2-(H_2+a_0)^2}{2L'} \tag{5-13}$$

式中 a_0——浸润线出逸点在下游水面以上的高度,m;

K——坝身土料渗透系数;

H_1——上游水深,m;

H_2——下游水深,m;

L'——见图 5-25。

下游坝体段计算,下游水位以上部分(见图 5-26)单宽渗流量用下式计算:

$$q_2'=K\frac{a_0}{m_2+0.5} \tag{5-14}$$

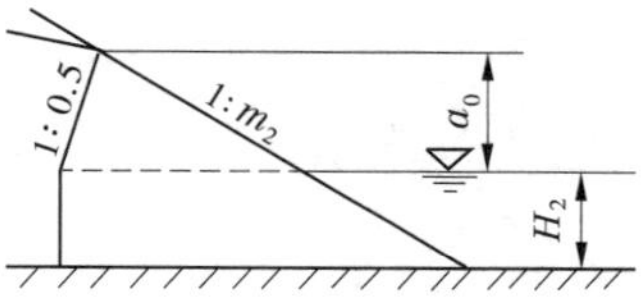

图 5-26 下游楔形体渗流计算图

下游水位以下部分单宽渗流量用下式计算:

$$q_2''=K\frac{a_0H_2}{(m_2+0.5)a_0+\dfrac{m_2H_2}{1+2m_2}} \tag{5-15}$$

通过下游坝体总单宽渗流量为

$$q_2 = q_2' + q_2'' = K\frac{a_0}{m_2 + 0.5}\left(1 + \frac{H_2}{a_0 + a_m H_2}\right) \tag{5-16}$$

其中

$$a_m = \frac{m_2}{2(m_2 + 0.5)^2} \tag{5-17}$$

根据水流连续条件：

$$q_1 = q_2 = q \tag{5-18}$$

根据以上可求两个未知数，渗流量 q 和逸出点高度 a_0。然后可由式(5-11)确定浸润线。上游坝面附近的浸润线需做适当修正，自 A 点做与坝坡 AM 正交的平滑曲线，曲线下端与计算求得的浸润线相切于 A' 点。

当下游无水时，以上各式中的 $H_2 = 0$；当下游有贴坡排水时，因贴坡排水基本上不影响坝体浸润线的位置，所以计算方法与下游不设排水时相同。

2.3.1.2　土石坝下游有褥垫排水的情况

如图5-27所示，浸润线为抛物线，其方程为

$$L' = \frac{y^2 - h_0^2}{2h_0} + x \tag{5-19}$$

$$h_0 = \sqrt{L'^2 + H_1^2} - L' \tag{5-20}$$

通过坝身的单宽渗流量为

$$q = \frac{K}{2L'}(H_1^2 - h_0^2) \tag{5-21}$$

2.3.1.3　土石坝下游有棱体排水的情况

如图5-28所示，当下游无水时，按上述褥垫排水情况计算。

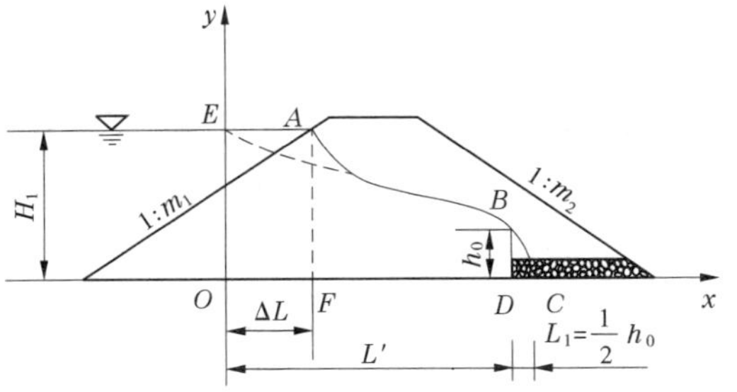

图5-27　有褥垫排水时的渗流计算图

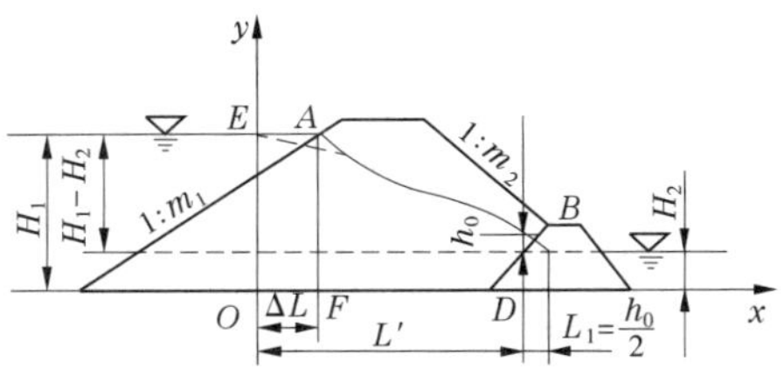

图5-28　有棱体排水时的渗流计算图

当下游有水时，将下游水面以上部分按照褥垫式的下游无水情况处理，即

$$y = \sqrt{H_1^2 - \frac{2q}{K}x} \tag{5-22}$$

$$q = \frac{K}{2L'}[(H_1^2 - (H_2 + h_0)^2] \tag{5-23}$$

$$h_0 = \sqrt{L'^2 + (H_1 - H_2)^2} - L' \tag{5-24}$$

2.3.2 有限深透水地基上均质土石坝的渗流计算

对坝体和地基渗透系数相近的均质土坝，可先假定地基不透水，按上述方法确定坝体的渗流量 q_1 和浸润线；坝体浸润线可不考虑坝基渗透的影响，仍用地基不透水情况下算出的结果，然后再假定坝体不透水，计算坝基的渗流量 q_2；最后将 q_1 和 q_2 相加，即可近似地得到坝体坝基的渗流量。当坝体的渗透系数是坝基渗透系数的1%时，认为坝体是不透水的。反之，当坝基的渗透系数是坝体渗透系数的1%时，认为坝基是不透水地基。

考虑坝基透水的影响，上游面的等效矩形宽度应按下式计算：

$$\Delta L = \frac{\beta_1\beta_2 + \beta_3 \dfrac{K_T}{K}}{\beta_1 + \dfrac{K_T}{K}} \tag{5-25}$$

$$\beta_1 = \frac{2m_1H_1}{T} + \frac{0.44}{m_1} - 0.12, \qquad \beta_2 = \frac{m_1H_1}{1 + 2m_1}, \qquad \beta_3 = m_1H_1 + 0.44T$$

式中 T——透水地基厚度；

K_T——透水地基的渗透系数。

下游无水时，通过坝体和坝基的单宽渗流量为

$$q = q_1 + q_2 = K\frac{H_1^2}{2L'} + K_T\frac{TH_1}{L' + 0.44T} \tag{5-26}$$

下游有水时，通过坝体和坝基的单宽渗流量为

$$q = K\frac{H_1^2 - H_2^2}{2L'} + K_T\frac{H_1 - H_2}{L' + 0.44T}T \tag{5-27}$$

浸润线仍按式(5-11)计算，式中的 q 用坝身的渗流量 q_1 代入。

用这种近似方法计算的渗流量比实际值小，浸润线比实际的高。

2.4 心墙坝的渗流计算

有限深透水地基上的心墙坝，一般都做有截水槽以拦截透水地基渗流。心墙土料的渗透系数 K_e 常比坝壳土料的渗透系数小得多，故可近似地认为上游坝壳中无水头损失，心墙前的水位仍为水库的水位。计算时一般分下述两段进行。

(1)心墙、截水墙段：其土料一般是均一的，可取平均厚度 δ 进行计算。若心墙后的浸润线高度为 h，则通过心墙、截水墙的渗流量 q_1 为

$$q_1 = K_e\frac{(H_1 + T)^2 - (h + T)^2}{2\delta} \tag{5-28}$$

式中符号意义如图5-29所示。

(2)下游坝壳和坝基段：由于心墙后浸润线的位置较低，可近似地取浸润线末端与堆石棱体的上游相交，然后分别计算坝体和坝基的渗流量：

$$q_2 = K\frac{h_2}{2L} + K_TT\frac{h}{L + 0.44T} \tag{5-29}$$

根据连续性公式 $q_1 = q_2 = q$，可由式(5-28)和式(5-29)求得 q 和 h。心墙后的浸润线可按下式近似计算：

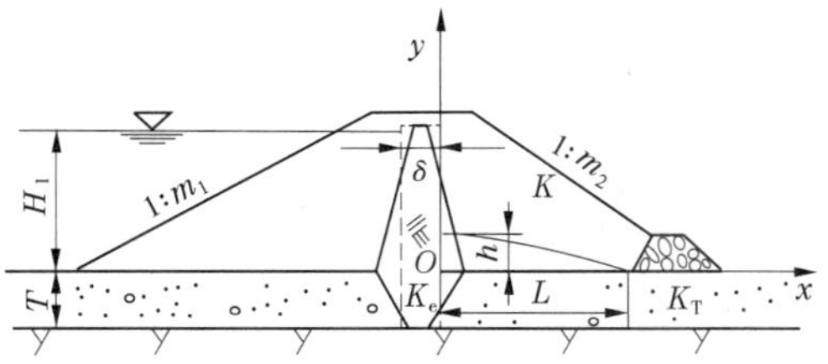

图 5-29　心墙坝渗流计算图

$$y = \sqrt{h^2 - \frac{h^2}{L}x} \tag{5-30}$$

取 $T=0$，即可得到不透水地基心墙坝的渗流量计算公式。当下游有水时，可近似地假定浸润线逸出点在下游水面与堆石棱体内坡的交点处，用上述同样的方法进行计算。

2.5　斜墙坝的渗流计算

有限深透水地基上的斜墙坝，一般同时设有截水墙或铺盖。前者用于地基透水层较薄时截断透水地基渗流；后者用于透水地基较厚时延长渗径、减少渗透坡降，防止渗透变形。

2.5.1　有截水墙的情况

它与心墙坝的情况类似，也可分为两段：斜墙和截水墙段、坝体和坝基段。计算前一段时，取斜墙和截水墙的平均厚度分别为 δ 和 δ_1。当斜墙后浸润线起点距坝底面的高度为 h 时，可取该点以下斜墙及截水墙上下游面水头差都为 H_1-h[见图 5-30(a)]，则通过第一段的渗流量 q_1 可近似地用下式计算：

$$q_1 = \frac{K_0(H_1^2 - h^2)}{2\delta\sin\alpha} + \frac{K_0(H_1 - h)}{\delta}T \tag{5-31}$$

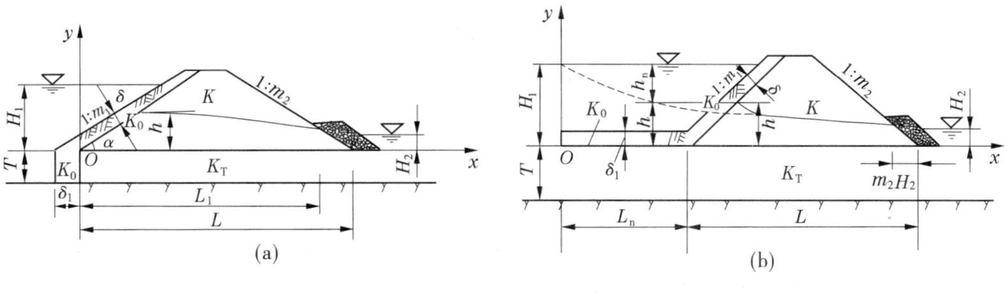

图 5-30　透水地基斜墙坝渗流计算

第二段，即斜墙后的坝体和坝基段，当下游无排水或只设贴坡排水时，渗流量 q_2 为

$$q_2 = \frac{K(h^2 - H_2^2)}{2(L - m_2H_2)} + \frac{K_T(h - H_2)}{L + 0.44T}T \tag{5-32}$$

根据 $q_1=q_2=q$，可由式(5-31)和式(5-32)求得 q 和 h。当 $T=0$ 时，也可得出不透水地基上斜墙坝的渗流量计算公式。

斜墙后坝体浸润线方程为

$$y = \sqrt{\frac{L_1}{L_1 - m_1 h}h^2 - \frac{h^2}{L_1 - m_1 h}x} \tag{5-33}$$

2.5.2 有铺盖的情况

当铺盖与斜墙的渗透系数比坝体和坝基的渗透系数小很多时,可近似地认为铺盖与斜墙是不透水的,并以铺盖末端为分界线,将渗流区分为两段进行计算。设坝体的浸润线起点高度为 h,可取第一段的水头损失为 $H_1 - h$[见图 5-30(b)],则两段的渗流量计算公式为

$$q_1 = K_T \frac{H_1 - h}{L_n + 0.44T} T \tag{5-34}$$

$$q_2 = K \frac{h^2 - H_2^2}{2(L - m_2 H_2)} + K_T \frac{h - H_2}{L + 0.44T} T \tag{5-35}$$

同理,取 $q_1 = q_2 = q$ 求解两式可得出 q 和 h。斜墙后坝体浸润线方程用式(5-33)求得。

2.6 总渗流量的计算

计算总渗流量时,应根据地形、地质、防渗排水的变化情况,将土石坝沿坝轴线分为若干段,如图 5-31 所示,然后分别计算各段的平均单宽渗流量,再按式(5-36)计算总渗透流量。

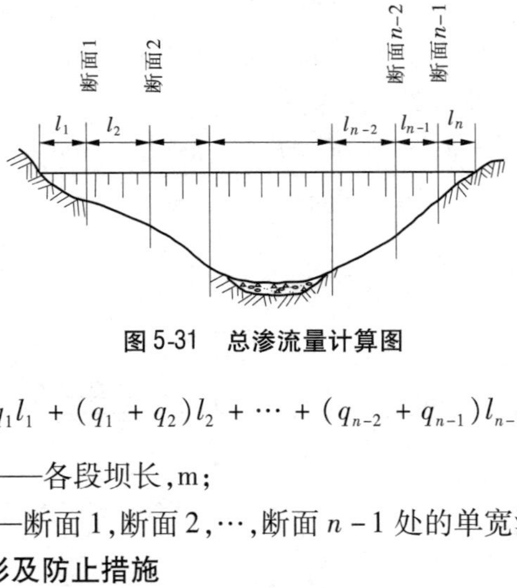

图 5-31 总渗流量计算图

$$Q = \frac{1}{2}[q_1 l_1 + (q_1 + q_2) l_2 + \cdots + (q_{n-2} + q_{n-1}) l_{n-1} + q_{n-1} l_n] \tag{5-36}$$

式中 $l_1, l_2, \cdots, l_{n-1}, l_n$——各段坝长,m;

$q_1, q_2, \cdots, q_{n-1}$——断面 1,断面 2,…,断面 $n-1$ 处的单宽流量,$m^3/(s \cdot m)$。

2.7 土石坝的渗透变形及防止措施

2.7.1 渗透变形的形式

(1)管涌。在渗流作用下,坝体或坝基中的细小颗粒被渗流带走逐步形成渗流通道的现象称为管涌,常发生在坝的下游坡或闸坝下游地基面渗流逸出处。没有凝聚力的无黏性砂土、砾石砂土中容易出现管涌;黏性土的颗粒之间存在有凝聚力(或称黏结力),渗流难以把其中的颗粒带走,一般不易发生管涌。

(2)流土。在渗流作用下,成块土体被掀起浮动的现象称为流土。它主要发生在黏性土及均匀非黏性土体的渗流出口处。发生流土时的水力坡降称为流土的破坏坡降。

(3)接触冲刷。当渗流沿两种不同土壤的接触面流动时,把其中细颗粒带走的现象,

称为接触冲刷。接触冲刷可能使临近接触面的不同土层混合起来。

(4)接触流土和接触管涌。渗流方向垂直于两种不同土壤的接触面时,例如在黏土心墙(或斜墙)与坝壳砂砾料之间,坝体或坝基与排水设施之间,以及坝基内不同土层之间的渗流,可能把其中一层的细颗粒带到另一层的粗颗粒中去,称为接触管涌。当其中一层为黏性土,由于含水量增大凝聚力降低而成块移动,甚至形成剥蚀时,称为接触流土。

2.7.2　渗透变形的临界坡降和容许坡降

2.7.2.1　产生管涌的临界坡降 J_c 和容许坡降[J]

当渗流方向为由下向上时,根据土粒在渗流作用下的平衡条件,在非黏土中产生管涌的临界坡降 J_c,可用南京水利科学研究院的经验公式推算,适用于中小型工程及初步设计。

$$J_c = \frac{42d_3}{\sqrt{\frac{K}{n^3}}} \tag{5-37}$$

式中　d_3——相应于粒径曲线上含量为3%的粒径,mm;

K——渗透系数,cm/s;

n——土壤孔隙率(%)。

容许渗透坡降[J_c],可根据建筑物的级别和土壤的类型选用安全系数2~3。

2.7.2.2　产生流土的临界坡降 J_B 和容许坡降[J_B]

当渗流自下向上作用时,常采用根据极限平衡得到的太沙基公式计算,即

$$J_B = (G-1)(1-n) \tag{5-38}$$

式中　G——土粒比重;

n——土的孔隙率(%)。

J_B 一般为0.8~1.2。南京水利科学研究院建议把式(5-38)乘以1.17。容许渗透坡降[J_B]也要采用一定的安全系数,对于黏性土,可用1.5;对于非黏性土,可用2.0~2.5。

2.7.2.3　防止渗透变形的工程措施

为防止渗透变形,常采取的工程措施有:①全面截阻渗流,延长渗径;②设置排水设施,设置反滤层;③设排渗减压井。这里只介绍反滤层。

反滤层作用是滤土排水,可提高抗渗破坏能力,防止各类渗透变形,特别是防止管涌的有效措施。在任何渗流流入排水设施处一般都要设置反滤层。

砂石反滤层的结构:反滤层一般是由2~3层不同粒径的非黏性土、砂和砂砾石组成的。层次排列应尽量与渗流的方向垂直,各层次的粒径则按渗流方向逐层增加,如图5-32所示。

砂石反滤层的设计原则:被保护土壤的颗粒不得穿过反滤层,各层的颗粒不得发生移动。相邻两层间,较小的一层颗粒不得穿过较粗一层的孔隙;反滤层不能被堵塞,而且应具有足够的透水性,以保证排水畅通,应保证耐久、稳定。

砂石反滤层的材料:质地坚硬,抗水性和抗风化能满足工程条件要求;具有要求的级配;具有要求的透水性;粒径小于0.075 mm的粒径含量应不超过5%。

土工织物已广泛应用于坝体排水反滤及作为坝体和渠道的防渗材料。在土坝坝体底

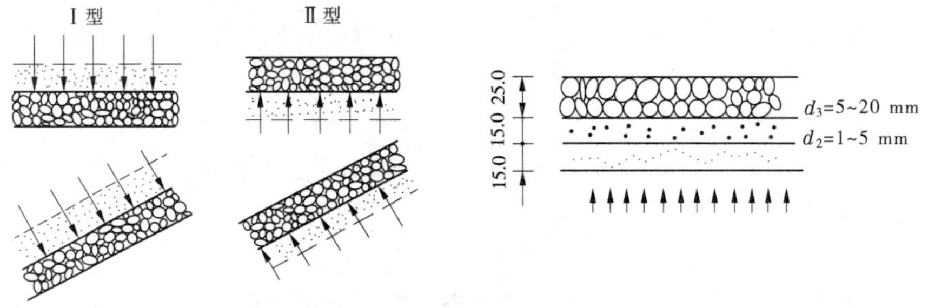

图 5-32　反滤层布置图　（单位:cm）

部或在靠下游边坡的坝体内部沿水平方向铺设土工织物,可提高土体抗剪强度,增加边坡稳定性,详见《土工合成材料应用技术规范》(GB/T 50290—2014)。

3　土石坝的稳定分析

3.1　稳定计算的目的

稳定分析是确定坝体设计剖面经济安全的主要依据。由于土石坝体积大,坝体重,不可能产生水平滑动,其失稳形式主要是坝坡滑动或坝坡与坝基一起滑动。

土石坝稳定计算的目的是保证土石坝在自重、孔隙压力、外荷载的作用下,具有足够的稳定性,不致发生通过坝体或坝基的整体或局部剪切破坏。

3.2　滑裂面的形状及工作情况

坝坡稳定计算时,应先确定滑裂面的形状,土石坝滑坡的形式与坝体结构、土料和地基的性质及坝的工作条件密切相关。图 5-33 为各种可能的滑裂面形式。

3.2.1　曲线滑裂面

当滑裂面通过黏性土的部位时,其形状常是上陡下缓的曲面,由于曲线近似圆弧,因而在实际计算中常用圆弧表示,如图 5-33(a)、(b)所示。

3.2.2　直线或折线滑裂面

当滑裂面通过无黏性土时,滑裂面的形状可能是直线或折线形。当坝坡干燥或全部浸入水中时,呈直线形;当坝坡部分浸入水中时,呈折线形,如图 5-33(c)所示。当斜墙坝的上游坡失稳时,通常是沿着斜墙与坝体交界面滑动,如图 5-33(d)所示。

3.2.3　复合滑裂面

当滑裂面通过性质不同的几种土料时,可能是由直线和曲线组成的复合形状滑裂面,如图 5-33(e)、(f)所示。

3.3　稳定安全系数标准

(1)正常运用情况:

①上游为正常蓄水位,下游为相应的最低水位或上游为设计洪水位,下游为相应的最高水位,坝内形成稳定渗流时,上下游坝坡的稳定计算。

②水库水位位于正常水位和设计水位之间范围内的正常降落,上游坝坡的稳定计算。

(2)非常运用情况Ⅰ:

①施工期,考虑孔隙压力时的上下游坝坡稳定计算。

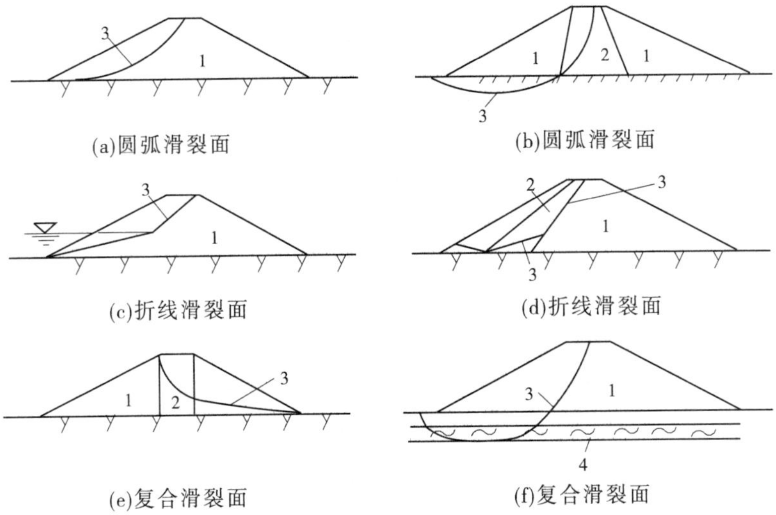

1—坝壳;2—防渗体;3—滑裂面;4—软弱层

图5-33 滑裂面形式

②水库水位非常降落,如自校核洪水位降落至死水位以下,以及大流量快速泄空等情况下的上游坝坡稳定计算。

③校核洪水位下有可能形成稳定渗流时的下游坝坡稳定计算。

(3)非常运用情况Ⅱ:正常运用情况遇到地震时上下游坝坡稳定验算。

采用计入条块间作用力计算方法时,坝坡的抗滑稳定安全系数应不小于表5-7规定的数值。采用不计入条块间作用力的瑞典圆弧法计算坝坡稳定时,对1级坝,正常应用情况下最小稳定安全系数应不小于1.30,其他情况应比表5-7中规定的降低8%。

表5-7 容许最小抗滑稳定安全系数

运用条件	工程等级			
	1	2	3	4、5
正常运用情况	1.50	1.35	1.30	1.25
非常运用情况Ⅰ	1.30	1.25	1.20	1.15
非常运用情况Ⅱ	1.20	1.15	1.15	1.10

3.4 土料抗剪强度指标的选取

稳定计算时应该采用黏性土固结后的强度指标。确定抗剪强度指标的方法有前述的有效应力法和总应力法两种,《碾压式土石坝设计规范》(DL/T 5395—2007)规定,对1级坝和2级以下高坝在稳定渗流期必须采用有效应力法作为依据,2级以下中低坝可采用两种方法的任一种。

土料的抗剪强度指标 φ 为颗粒间的内摩擦角,c 为凝聚力。对同一种土料,其抗剪强度指标 φ、c 并不是一个常量,它与土的性质、土料的固结度、应力历史、荷载条件等诸多因素有关。

3.4.1 黏性土的抗剪强度选用

施工期与竣工时：按不排水剪或快剪测定的指标 φ、c 进行总应力分析，但实际上在施工期，孔隙水压力会部分消散，故按总应力分析偏于保守。

稳定渗流期：采用有效应力强度指标进行有效应力分析具有良好的精度。

水库水位降落期：上游坝坡的控制情况，适宜采用有效应力分析。

对于重要的工程，抗剪强度指标的选择应注意填土的各向性、应力历史等。

3.4.2 非黏性土的抗剪强度选用

非黏性土的透水性强，其抗剪强度取决于有效法向应力和内摩擦角，一般通过排水剪确定强度指标。

非黏性土的抗剪强度的选取，浸润线以上的土体采用湿土的抗剪强度，浸润线以下的土体采用饱和土的抗剪强度。

3.5 稳定分析方法

3.5.1 圆弧滑动面稳定计算

土石坝设计中目前最广泛应用的圆弧滑动计算方法有瑞典圆弧法和简化的毕肖普法。

3.5.1.1 瑞典圆弧法

瑞典圆弧法（见图 5-34）是不计条块间作用力的方法，计算简单，已积累了丰富的经验，但理论上有缺陷，且孔隙水压力较大和地基软弱时误差较大。其基本原理是将滑动面上的土体按一定宽度分为若干个铅直土条，不计条块间作用力，计算各土条对滑动圆心的抗滑力矩和滑动力矩，再分别取其总和，其比值即为该滑动面的稳定安全系数。

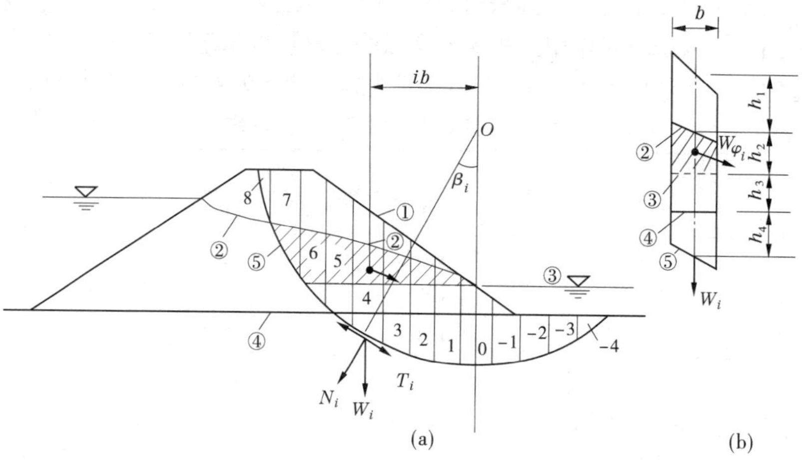

①—坝坡线；②—浸润线；③—下游水面；④—地基面；⑤—滑裂面

图 5-34 圆弧滑动计算简图

计算步骤如下：

（1）确定圆心、半径，绘制圆弧。

（2）将土条编号。为便于计算，土条宽度取 $b=0.1R$（R 为圆弧半径）。各块土条编号的顺序为：零号土条位于圆心之下，向上游（对下游坝坡而言）各土条的顺序为 1、2、3…，往下游的顺序为 -1、-2、-3…。

(3)计算各土条重量。计算抗滑力时,浸润线以上部分用湿容重,浸润线以下用浮容重;计算滑动力时,下游水面以上部分用湿容重,下游水面以下部分用饱和容重。

(4)计算稳定安全系数。计算公式为

$$K=\frac{\sum\left\{\left[(W_i\pm V)\cos\beta_i-ub\sec\beta_i-Q\sin\beta_i\right]\tan\varphi_i'+c_i'b\sec\beta_i\right\}}{\sum\left[(W_i\pm V)\sin\beta_i+M_c/R\right]} \tag{5-39}$$

式中 W_i——土条重量,kN;

Q、V——水平和垂直地震惯性力(向上为负,向下为正),kN;

u——作用于土条底面的孔隙水压力,kN/m²;

β_i——条块重力线与通过此条块底面中点的半径之间的夹角;

b——土条宽度,m;

c_i'、φ_i'——土条底面的有效应力抗剪强度指标;

M_c——水平地震惯性力对圆心的力矩,kN·m;

R——圆弧半径,m。

3.5.1.2 简化的毕肖普(Bishop)法

简化的毕肖普法(见图5-35)近似地考虑了土条间相互作用力的影响,能反映土体滑动土条之间的客观状况,但计算比瑞典圆弧法复杂。图5-35中E_i和X_i分别表示土条间的法向力和切向力;W_i为土条自重,在浸润线上、下分别按湿容重和饱和容重计算;N_i和T_i分别为土条底部的总法向力和总切向力。为使问题可解,毕肖普假设$X_i=X_{i+1}$,即略去土条间的切向力,使计算工作量大为减少,而成果与精确法计算得仍很接近,故称为简化的毕肖普法。计算公式为

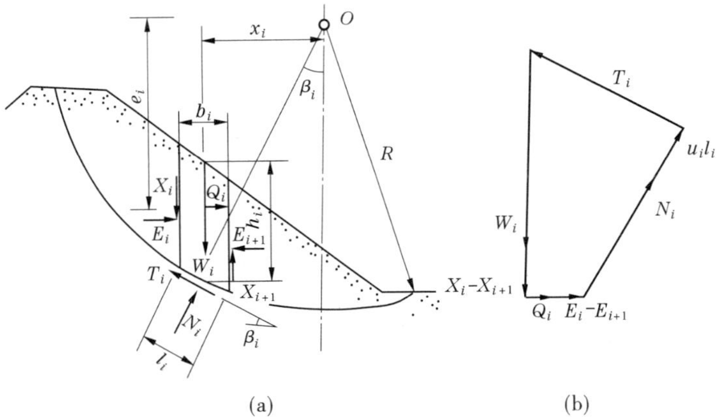

图5-35 简化的毕肖普法

$$K=\frac{\sum\left\{\left[(W_i\pm V)\sec\beta_i-ub\sec\beta_i\right]\tan\varphi_i'+C_i'b\sec\beta_i\right\}\left[1/(1+\tan\beta_i\tan\varphi_i'/K)\right]}{\sum\left[(W_i\pm V)\sin\beta_i+M_c/R\right]} \tag{5-40}$$

3.5.1.3 考虑渗透动水压力时的坝坡稳定计算

当坝体内有渗流作用时,还应考虑渗流对坝坡稳定的影响。在工程中常采用替代法。

例如，在审查下游坝坡稳定时，可将下游水位以上、浸润线与滑弧间包围的土体在计算滑动力矩时用饱和容重；而计算抗滑力矩时则用浮容重，浸润线以上仍用湿容重计算，下游水位以下土体仍用浮容重计算，其稳定安全系数表达式为

$$K = \frac{\sum b_i(\gamma_m h_{1i} + \gamma' h_{2i})\cos\beta_i \tan\varphi_i + \sum c_i l_i}{\sum b_i(\gamma_m h_{1i} + \gamma_{sat} h_{2i})\sin\beta_i} \tag{5-41}$$

式中 γ_m——土体的湿容度，kN/m^3；

γ'——土体的浮容重，kN/m^3；

γ_{sat}——土体的饱和容重，kN/m^3；

h_1、h_2——浸润线以上和浸润线与滑弧之间的土条高度，m。

替代法适用于浸润面与滑动面大致平行，而且β_i角较小的情况，因而是近似的。

3.5.1.4 最危险圆弧位置的确定

如图5-36所示，首先由下游坝坡中点 a 引出两条直线，一条是铅直线，另一条与坝坡线成85°角，再以 a 为圆心，以 $R_内$、$R_外$为半径（$R_内$、$R_外$由表5-8查得）做两个圆弧，得到扇形 $bcdf$，然后按图示做直线 M_1M_2并延长使其与扇形相交，交点为 eg。最危险的滑弧圆心就在扇形面积中的 eg 线附近。

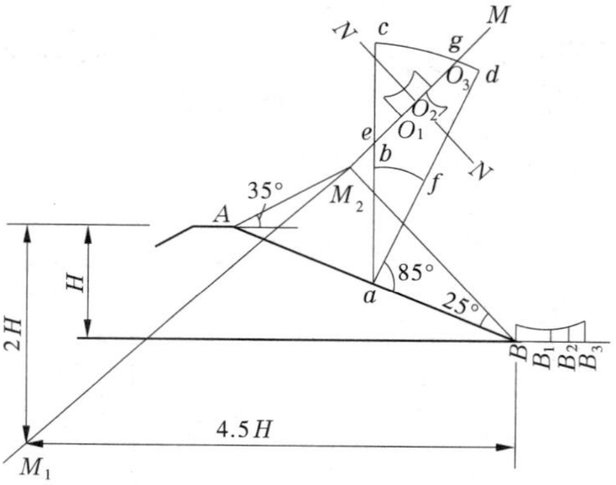

图5-36 最危险滑弧求解

表5-8 $R_内$、$R_外$值

坝坡	1∶1	1∶2	1∶3	1∶4
$R_内/H$	0.75	0.75	1.00	1.50
$R_外/H$	1.50	1.75	2.30	3.70

计算最小稳定安全系数的步骤如下：

(1)首先在 eg 线上假定几个圆心 O_1、O_2、O_3等，从每个圆心做滑弧通过坝脚点，按公式分别计算其 K_c值。按比例将 K_c值画在相应的圆心上，绘制 K_c值的变化曲线，可找到该曲线上的最小 K_c值，例如 O_2点。

(2)再通过 eg 线上 K_c最小的点 O_2，做 eg 垂线 N—N。在 N—N 线上取数点为圆心，画弧仍通过 B 点，求出 N—N 线上最小的 K_c值。一般认为，该 K_c值即为通过 B 点的最小

安全系数,并按比例画在 B 点。

(3)根据坝基土质情况,在坝坡上或坝脚外,再选数点 B_1、B_2、B_3等,仿照上述方法,求出相应的最小安全系数 K_{c1}、K_{c2}、K_{c3}等,并标注在相应点上,与 B 点的 K_c连成曲线找到 K_{cmin}。一般至少要计算 15 个滑弧才能得到答案。

3.5.2　非圆弧滑动稳定计算

非黏性土坝坡,例如心墙坝的上下游坡和斜墙坝的下游坝坡,以及斜墙坝的上游保护层和保护层连同斜墙一起滑动时,常形成折线滑动面。

折线法常采用两种假定:滑楔间作用力为水平向,采用与圆弧滑动法相同的安全系数;滑楔间作用力平行滑动面,采用与毕肖普法相同的安全系数。

3.5.2.1　非黏性土坝坡部分浸水的稳定计算

如图 5-37 所示,对于部分浸水的非黏性土坝坡,由于水上与水下土的物理性质不同,滑裂面不是一个平面,而是近似折线面。图中 ADC 为一滑裂面,折点 D 在上游水位处;用铅直线 DE 将滑动土体分为两块,重量为 W_1、W_2;假设条块间的作用力为 P_1,方向平行于 DC;两块土体底面的抗剪强度指标分别为 $\tan\varphi_1$、$\tan\varphi_2$。

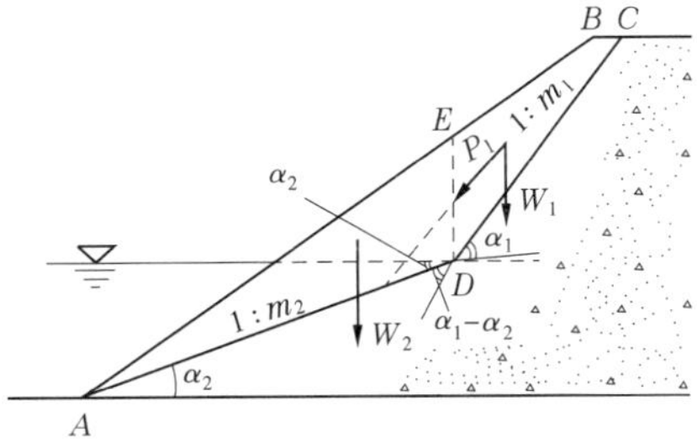

图 5-37　非黏性土坝坡部分浸水的稳定计算

土块 $BCDE$ 沿 CD 滑动面的力平衡式为

$$P_1 - W_1\sin\alpha_1 + \frac{1}{K}W_1\cos\alpha_1\tan\varphi_1 = 0 \tag{5-42}$$

土体 ADE 沿 AD 滑动面的力平衡式为

$$\frac{1}{K}[W_2\cos\alpha_2 + P_1\sin(\alpha_1 - \alpha_2)]\tan\varphi_2 - W_2\sin\alpha_2 - P_1\cos(\alpha_1 - \alpha_2) = 0 \tag{5-43}$$

由以上两式联立,可以求得安全系数 K。

坝坡的最危险滑动面的稳定安全系数:先假定 α_2和上游水位不变的情况下,一般至少假设三个 α_1才能求出最危险的 α_1,同理求最危险的水位和 α_2。最危险的水位和 α_1、α_2对应的滑动面的安全系数即为最小稳定安全系数。

3.5.2.2　斜墙坝上游坝坡的稳定计算

斜墙坝上游坝坡的稳定计算,包括保护层沿斜墙和保护层连同斜墙沿坝体滑动两种情况,因为斜墙同保护层和斜墙同坝体的接触面是两种不同的土料填筑的,接触面处往往强度低,有可能斜墙和保护层共同沿斜墙底面折线滑动,如图 5-38 所示,对厚斜墙还应计算圆弧滑动稳定。

设试算滑动面 $abcd$,将滑动土体分成三块。土体重量为 W_1、W_2、W_3,滑面折线与水平面的夹角分别为 α_1、α_2、α_3,P_1、P_2分别沿着 α_1、α_2的方向。分别对三块土体沿滑动面方向建立力平衡方程,即

$$P_1 - W_1\sin\alpha_1 + \frac{1}{K}W_1\cos\alpha_1\tan\varphi_1 = 0 \tag{5-44}$$

$$P_2 - P_1\cos(\alpha_1 - \alpha_2) - W_2\sin\alpha_2 - \frac{1}{K}\left\{[W_2\cos\alpha_2 + P_1\sin(\alpha_1 - \alpha_2)]\tan\varphi_1 + c_2 l_2\right\} = 0 \tag{5-45}$$

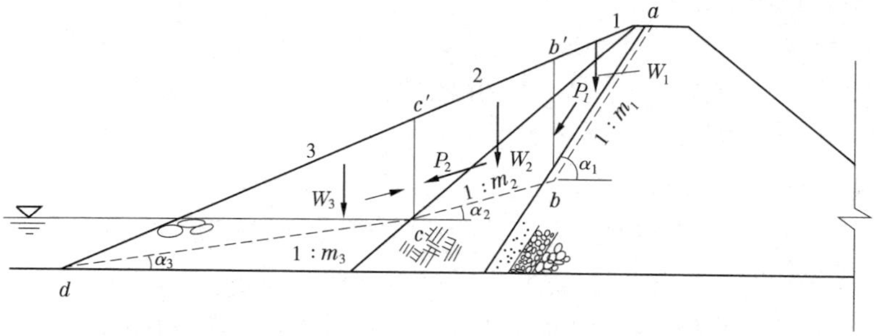

图 5-38 斜墙同保护层一起滑动的稳定计算

$$P_2\cos(\alpha_2-\alpha_3)-W_3\sin\alpha_3-\frac{1}{K}[W_3\cos\alpha_3+P_2\sin(\alpha_2-\alpha_3)]\tan\varphi_3=0 \quad (5\text{-}46)$$

求最危险滑动面方法原理同 3.5.2.1。

3.5.3 复合滑动面稳定计算

当滑动面通过不同土料时,常为直线与圆弧组合的形式。例如,厚心墙坝的滑动面,通过砂性土部分为直线,通过黏性土为圆弧。当坝基下不深处存在有软弱夹层时,滑动面也可能通过软弱夹层而形成如图 5-39 所示的复合滑动面。

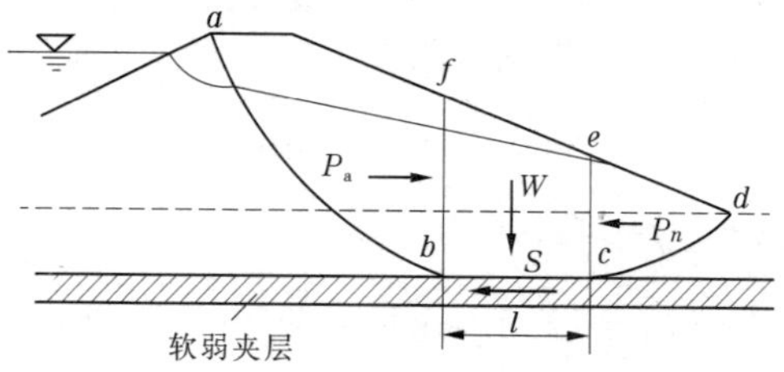

图 5-39 复合滑动面

计算时,可将滑动土体分为 3 个区,在左侧有主动土压力 P_a,在右侧有被动土压力 P_p,并假定它们的方向均水平,中间的土体的重量 W,同时在 BC 面上有抗滑力 $S=G\tan\varphi+cl$,则安全系数 K 可表示为

$$K=\frac{P_p+S}{P_a} \quad (5\text{-}47)$$

经过多次试算,才能求出沿这种滑动面的最小稳定安全系数。

小 结

本项目从土石坝概念入手,介绍了土石坝的分类、特征、构造材料与填筑要求、地基处理、渗流分析、稳定分析等内容。其重心是土石坝的初步设计,重点在于渗流和稳定分析。

知识技能训练

一、填空题

1. 土石坝按施工方法可分为________、________和________等形式。

2. 土坝按防渗体的位置分为________、________、________、________。

3. 当有可靠防浪墙时，心墙顶部高程应________；否则，心墙顶部高程应不低于________。

二、简答题

1. 通过本章的学习，请结合有关资料，列举我国有代表性的五座土石坝，并做简单介绍。

2. 土石坝的工作特点是什么？试说明浸润性对土石坝稳定的影响。

3. 土石坝分类方式有哪些？试举例说明。

4. 如何确定土石坝的坝项高程？影响土坝坝坡的因素有哪些？

5. 常见的防渗体有哪几种形式，各有何要求？

6. 土石坝为何需要设排水设备？常见的排水设备有哪几种形式？各有何要求？

7. 土石坝各组成部分对土料要求有何不同？黏性土料和非粗性土料填筑标准用什么指标控制？如何确定这些指标？

8. 土石坝地基处理要解决哪些问题？各种地基存在的问题是什么？

9. 土石坝初步设计主要包含哪些内容？

10. 如何确定土石坝坝顶高程？

11. 土石坝稳定分析的目的是什么？

12. 土石坝稳定分析的方法有哪些？

13. 土石坝渗流计算的方法有哪些？

三、名词解释

1. 反滤层　2. 褥垫排水　3. 黏性土截水槽

【实例解析】

请扫描以下二维码，学习土石坝设计实例。

土石坝设计实例解析

项目6 水 闸

荆江分洪工程位于湖北省公安县境内,始建于1952年4月5日。参加工程建设的30万军民,以75 d的惊人速度建成荆江分洪第一期主体工程,包括右岸沙市对面上游15 km处的虎渡河太平口进洪闸、黄山头东麓节制闸和分洪区南线大堤等主体工程。荆江河道安全泄洪能力由此得到显著提高,缓解了与上游巨大而频繁的洪水来量不相适应的矛盾。

荆江分洪工程进洪闸(荆沙人称北闸),有54个进洪孔,长1 054.375 m;设计进洪流量为8 000 m^3/s,可有效吞蓄洪水总量达54亿m^3。其主要作用是分泄荆江上游巨大的超额洪水峰量,降低沙市水位,以确保180余km的荆江大堤安全,同时,减少荆江四口注入洞庭湖的水沙量。

位于湘、鄂边陲黄山头东麓的泄洪闸(又称节制闸,当地人称南闸),有32个泄洪孔,闸身长336.825 m,设计泄洪流量为3 800 m^3/s。其作用是控制虎渡河向洞庭湖分流量不超过3 800 m^3/s,以确保洞庭湖地区数以百万人口与广大农田的安全。

荆江分洪工程位于湖北省公安县境内,始建于1952年4月5日,是新中国成立后兴建的第一个大型水利工程。主体工程包括进洪闸(北闸)、节制闸(南闸)和208.38 km围堤。荆江分洪工程进洪闸(北闸)为钢筋混凝土结构,闸长1 054.4 m、高46.5 m,分设54孔,每孔跨度18 m,为开敞式钢质弧形闸门,设计进洪流量为8 000 m^3/s,可有效吞蓄洪水总量达54亿m^3。

工程的主要作用是:当长江出现特大洪水时,可缓解长江上游洪水来量与荆江河槽安全泄量不相适应的矛盾,开启北闸分蓄洪水,确保荆江大堤、江汉平原和武汉市的安全。同时,利用南闸(节制闸)控制由虎渡河入洞庭湖流量不超过3 800 m^3/s,以减轻洪水对洞庭湖的压力。同时,在上游三峡水库和山谷水库建成后,负担配合组成长江远期防洪系统,解决长江较大和稀遇洪水的危害。

1. 什么是水闸? 水闸和大坝有什么区别?
2. 水闸的构造有哪些?
3. 水闸的荷载有哪些? 怎样保证水闸的安全?
4. 水闸如何设计?

【知识目标】

1. 熟悉水闸的概念、类型、工作特点。
2. 掌握水闸的组成、闸室的布置构造。
3. 掌握水闸的抗滑稳定计算及强度校核计算方法。
4. 掌握水闸的孔口设计、过水能力校核、防渗排水和消能防冲设计。
5. 掌握水闸地基的处理方法。

【技能目标】

1. 能识别水闸的各种类型，熟悉水闸的构造和工作特点。

2. 能够正确运用规范、手册等资料进行水闸的初步设计。

3. 具备释读和绘制水闸施工图的能力。

任务1　认识水闸

【任务描述】

认识水闸，掌握水闸的概念，了解水闸的发展概况，掌握水闸的特点、类型。

【任务分析】

水闸既是挡水建筑物又是泄水建筑物，一般建在土基上。水闸的工作特点主要是防渗、稳定、消能防冲和沉降等四个方面。水闸按照所承担的任务、闸室结构、过闸流量等分为不同的类型。

【任务知识点】

1　水闸的概念

水闸是修建在河道或渠道上利用闸门控制流量和调节水位的低水头水工建筑物，具有挡水和泄(引)水的双重功能。关闭闸门可以拦洪、挡潮或抬高上游水位，以满足灌溉、发电、航运、水产、环保、工业和生活用水等需要，开启闸门，可以宣泄洪水、涝水、弃水或废水，也可对下游河道或渠道供水。在防洪、灌溉、供水、治涝、航运、发电、挡潮、冲沙等水利工程中的应用十分广泛。

2　水闸的发展概况

我国修建水闸的历史悠久。公元前598～前591年，楚令尹孙叔敖在今安徽省寿县建芍陂灌区时设了五个闸门引水。以后随建闸技术的提高和建筑材料新品种的出现，水闸建设也日益增多。1949年后我国普遍兴起大规模现代化水闸的建设，并积累了丰富的经验。我国水闸数量已建3万多座，其中大型水闸500多座。国际上修建水闸的技术也在不断发展和创新，如荷兰兴建的东斯海尔德挡潮闸，共63孔，闸高53 m，闸身净长3 000 m，连同两端的海堤全长4 425 m，被誉为“海上长城”。现代水闸建设发展的趋势是形式多样化、结构轻型化、施工装配化、操作自动化和遥控化。

3　水闸的工作特点

(1)防渗方面。由于上下游水位差的作用，水将通过地基和两岸向下游渗透。渗流会引起水量损失，同时地基土在渗流作用下，容易产生渗透变形。严重时闸基和两岸的土壤会被淘空，危及水闸安全。渗流对闸室和两岸连接建筑物的稳定也不利。因此，应妥善进行防渗设计。

(2)稳定方面。关门挡水时，水闸上下游较大的水位差造成较大的水平推力，使水闸有可能沿基面产生向下游的滑动，同时渗流将对水闸底部施加向上的渗透压力，减小了水闸的有效重量，从而降低了水闸的抗滑稳定性。因此，水闸必须具有足够的重量维持自身的稳定。

(3)消能防冲方面。水闸开闸泄水时，在上下游水位差的作用下，过闸水流往往具有较大的动能，流态也较复杂，而土质河床的抗冲能力较低，可能引起冲刷。此外，水闸下游常出现波状水跃和折冲水流，会进一步加剧对河床和两岸的淘刷。因此，设计水闸除应保证闸室具有足够的过水能力外，还必须采取有效的消能防冲措施，以防止河道产生有害的冲刷。

(4)沉降方面。土基上建闸，由于土基的压缩性大，抗剪强度低，在闸室的重力和外部荷载作用下，可能产生较大的沉降影响正常使用，尤其是不均匀沉降会导致水闸倾斜，甚至断裂。在水闸设计时，必须合理地选择闸型、构造，安排好施工程序，采取必要的地基处理等措施，以减小地基沉降。

4　水闸的类型

4.1　按水闸所承担的任务分类

(1)进水闸(或取水闸)。建在河道、渠道、水库或湖泊的岸边，用来控制引水流量，以满足灌溉、发电或供水的需要。位于干渠首部的进水闸又称为渠首闸，位于支渠首部的进水闸常称为分水闸，位于斗渠、农渠首部的进水闸又称为斗门、农门。

(2)节制闸。拦河或在渠道上建造。枯水期用以拦截河道，抬高水位，以利上游取水或航运要求；洪水期则开闸泄洪，控制下泄流量。位于河道上的节制闸称为拦河闸。

(3)冲沙闸(或排沙闸)。多建在多泥沙河流上的引水枢纽或渠系中沉沙池的末端，也可设在引水渠内布置有节制闸的分水枢纽处，并常与节制闸并排布置。用于排除进水闸、节制闸前河道或渠系中沉积的泥沙，防止闸前河段或渠道的淤积。也可利用泄水闸排沙。

(4)分洪闸。建造在天然河道的一侧，用来将超过下游河道安全泄量的洪水泄入预定的湖泊、洼地等滞洪区，以削减洪峰，保证下游河道的安全。

(5)排水闸。在江河沿岸建造。外河水位上涨时关闸以防河水倒灌，外河水位较低时开闸排除其附近低洼地区的积水，防止农田涝渍。因此，排水闸具有闸身高度较大而闸底板高程较低的特点，且受双向水头作用。

(6)挡潮闸。建在入海河口附近，涨潮时关闸不使海水沿河上溯，退潮时开闸泄水，以达到挡潮、排水和蓄淡的目的。挡潮闸具有双向挡水的特点。

上述各闸的相对位置布置如图 6-1 所示。

4.2　按闸室结构形式分类

(1)开敞式水闸。是闸室上面不填土、不封闭的水闸，应用较为普遍。又可分为无胸墙和有胸墙两种形式，如图 6-2(a)、(b)所示 。一般有泄洪、排水、过木等要求时，多采用无胸墙开敞式水闸，多用于拦河闸、排冰闸等；当上游水位变幅大，而下泄流量又有限制时，为避免闸门过高，常采用有胸墙开敞式水闸，多用于进水闸、排水闸、挡潮闸等。

(2)涵洞式水闸。是闸(洞)身上面填土封闭的水闸，又称封闭式水闸，见图 6-2(c)。常用于穿堤取水或排水的水闸。洞内水流可以是有压的或者是无压的。

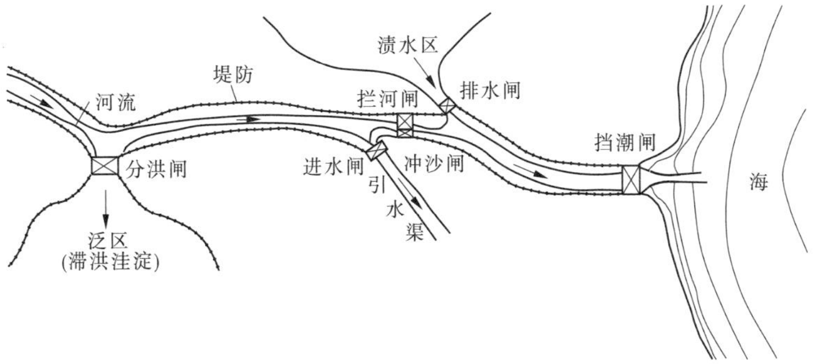

图6-1 水闸的分类及位置示意

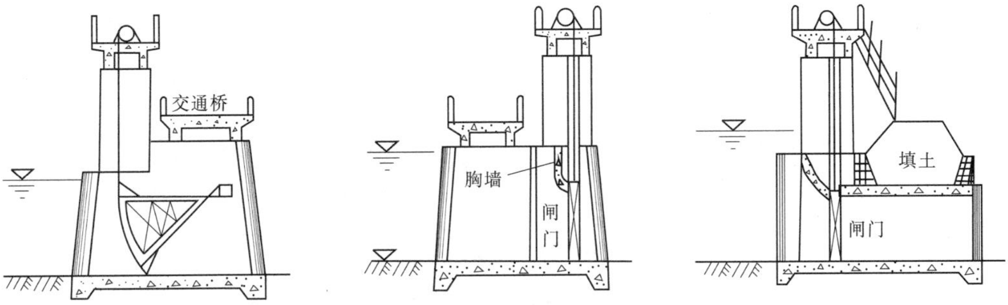

(a)无胸墙开敞式水闸 (b)有胸墙开敞式水闸 (c)涵洞式水闸

图6-2 闸结构形式

4.3 按过闸流量大小分类

按照水闸过闸流量的大小，将水闸分为大、中、小型三种。过闸流量在1 000 m^3/s以上的为大型水闸，过闸流量在100～1 000 m^3/s的为中型水闸，过闸流量小于100 m^3/s的为小型水闸。

任务2 水闸的组成、闸室构造与布置、地基处理

【任务描述】

水闸的组成包括上游连接段、闸室段、下游连接段；闸室构造包括闸底板、闸墩、闸门、胸墙、工作桥、交通桥、启闭设备等，以及各构造的作用和布置形式，包括分缝和止水；地基处理主要是针对土基进行的各种处理措施。

【任务分析】

水闸的三个组成部分中，上游连接段的主要作用是引导水流、防渗和防冲刷等；闸室段的主要作用是挡水和调节水流；下游连接段的主要作用是消能和防冲；闸室结构主要包括底板、闸墩、胸墙、闸门、启闭机、工作桥、交通桥等分部结构的布置和尺寸的初步拟订；地基处理主要是增加地基承载能力、减少地基的渗漏、提高地基的抗滑稳定、降低闸基的沉降量。

【任务知识点】

1 水闸的组成

水闸一般由上游连接段、闸室段和下游连接段三部分组成,如图 6-3 所示。

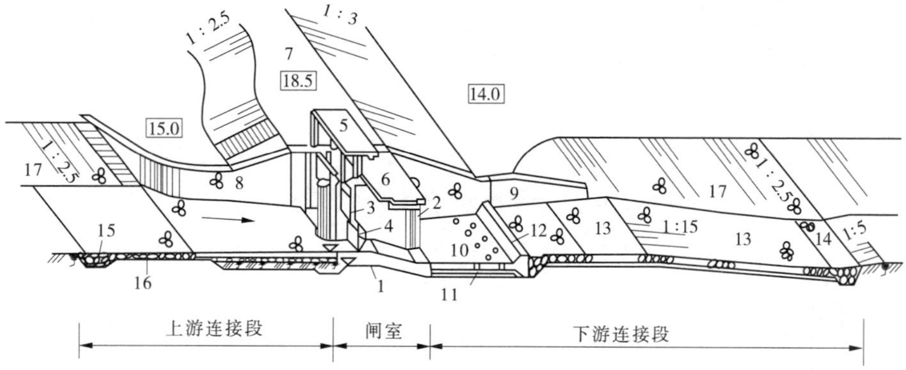

1—闸室底板;2—闸墩;3—胸墙;4—闸门;5—工作桥;6—交通桥;7—堤顶;8—上游翼墙;
9—下游翼墙;10—消力池;11—排水孔;12—消力坎;13—海漫;14—下游防冲槽;
15—上游防冲槽;16—上游护底;17—上下游护坡

图 6-3 水闸的组成

(1)上游连接段。主要作用是引导水流平顺、均匀地进入闸室,避免对闸前河床及两岸产生有害冲刷,减少闸基或两岸渗流对水闸的不利影响。一般由铺盖、上游翼墙、上游护底、防冲槽(或防冲齿墙)及两岸护坡等部分组成。铺盖紧靠闸室底板上游,主要起防渗、防冲作用;上游翼墙的作用是引导水流平顺地进入闸孔、侧向防渗、防冲和挡土;上游护底、防冲槽及两岸护坡是用来防止进闸水流冲刷河床、破坏铺盖、保护两侧岸坡的。

(2)闸室段。是水闸的主体部分,起挡水和调节水流作用。它包括底板、闸墩、闸门、胸墙、工作桥和交通桥等。底板是水闸闸室基础,承受闸室全部荷载并较均匀地传给地基,兼起防渗和防冲作用,同时闸室的稳定主要由底板与地基间的摩擦力来维持;闸墩的主要作用是分隔闸孔,支撑闸门,承受和传递上部结构荷载;闸门则用于控制水位和调节流量;工作桥和交通桥是用来安装启闭设备、操作闸门和联系两岸交通的。

(3)下游连接段。主要用来消能、防冲及安全排出流经闸基和两岸的渗流。一般包括消力池、海漫、下游防冲槽、下游翼墙及两岸护坡等。消力池主要用来消能,兼有防冲作用;海漫的作用是继续消除水流余能、扩散水流、调整流速分布、防止河床产生冲刷破坏;下游防冲槽是用来防止下游河床冲坑继续向上游发展的防冲加固措施;下游翼墙则用来引导过闸水流均匀扩散,保护两岸免受冲刷;两岸护坡是用来保护岸坡,防止水流冲刷的。

2 闸室构造与布置

闸室结构主要包括底板、闸墩、胸墙、闸门、启闭机、工作桥、交通桥等分部结构的布置和尺寸的初步拟订。在保证稳定的前提下,要做到轻型化、整体性好、刚性大、布置紧凑合理,并能适应地基可能的沉降变形。

2.1 底板

闸室底板形式通常有平底板、低堰底板、折线底板等。可根据地基、泄流等条件进行选用。一般情况下,平底板使用较多;在松软地基上且荷载较大时,可采用箱式平底板;当单宽流量受限制而闸底高程不能抬高,或地基表层松软需要降低闸底建基高程时,或多泥沙河流有拦沙要求时,可采用低堰底板;在地基坚实,闸室高度不大而上下游河(渠)底高差较大时,可采用折线底板。本任务重点介绍平底板。

平底板按照闸墩与底板的连接方式又可分为整体式和分离式两种。

2.1.1 整体式底板

闸墩与底板浇筑成整体的为整体式底板。整个底板起着承受荷载、传递荷载、防冲和防渗的作用。闸孔宽度较大时,一般沿水流方向设永久缝形成二至四孔一联的闸段,边闸段考虑到边荷载的影响,宜为单孔一联,缝中应设止水。

整体式闸底板有两种分缝形式。①缝墩式:将缝设置在闸墩中间,见图6-4(a),其优点是闸室结构整体性好,缝间闸段各自独立,各闸段间有不均匀沉降时,水闸仍能正常工作,且具有较好的抗震性能。缺点是缝墩施工工期较长,且比其他中墩厚,当缝墩较多时,将增加工程量和施工难度,且闸孔孔径过大时,底板应力很大,需配置较多的钢筋。缝墩式适用于地质条件较差的地基或地震区。②中墩式:将缝设在闸孔底板中间,如图6-4(b)所示。中墩式适用于地基条件较好,相邻闸段不致出现不均匀沉降的情况,优点是可缩短工期,减小闸的总宽度和底板的跨中弯矩。

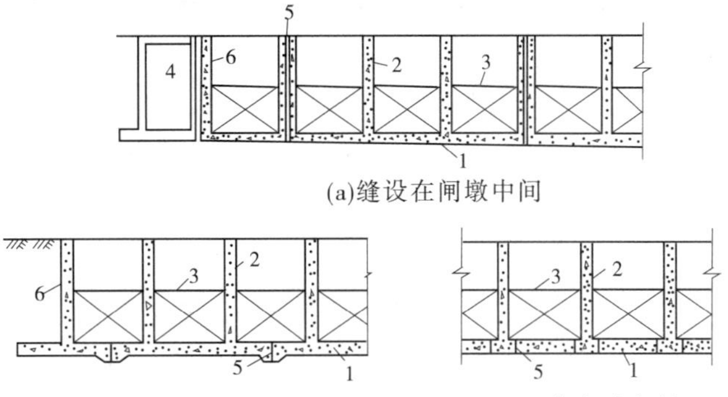

(a)缝设在闸墩中间

(b)缝设在闸孔底板中间 (c)分离式底板

1—底板;2—闸墩;3—闸门;4—空箱式岸墙;5—温度沉降缝;6—边墩

图6-4 底板的类型

2.1.2 分离式底板

在闸墩两侧附近设缝,将底板与闸墩断开,称为分离式底板,如图6-4(c)所示。缝中设止水。其闸室上部结构的重量将直接由闸墩或连同部分底板传给地基。中间底板仅起防冲、防渗和稳定的作用,其厚度根据自身稳定的需要确定。优点是可缩短工期,减小闸的总宽度,工程量小;缺点是底板接缝较多,闸室结构的整体性较差,对地基要求较高。一般适用于地质条件较好、承载能力较大的地基。

2.1.3 底板长度

底板顺水流方向的长度应根据闸室地基条件和上部结构布置要求,以满足闸室整体稳定和地基允许承载力为原则来分析确定。初拟时对于碎石土和砾(卵)石地基可取(1.5 ~2.5)H(H 为水闸上下游最大水位差);砂土和砂壤土可取(2.0 ~ 3.5)H;黏土取(2.5 ~4.5)H。

2.1.4　底板厚度

底板厚度必须满足强度和刚度的要求,大中型水闸可取单孔闸室净宽的1/8 ~ 1/6,一般为1 ~2 m,最薄不小于0.7 m,小型水闸可薄至0.3 m。

2.1.5　底板材料

闸底板应具有足够的整体性、坚固性、抗渗性和耐久性。一般采用钢筋混凝土结构,小型水闸可采用混凝土,必要时加少量钢筋,常用的混凝土强度等级为C15 或 C20。水头小、闸孔小且地质条件好的水闸也可采用浆砌石建造,但其整体性差,强度低,水泥砂浆强度等级不低于 M15。

2.2　闸墩

闸墩的作用是分隔闸孔,支撑上部结构物。闸墩的结构形式应根据闸室结构抗滑稳定性和闸墩纵向刚度要求确定,一般是实体式,用混凝土、少筋混凝土或浆砌石建造。闸墩的外形轮廓应满足过闸水流平顺、侧向收缩小、过流能力大的要求。闸墩上游墩头宜采用半圆形或三角形,下游宜采用流线形,如图6-5 所示。

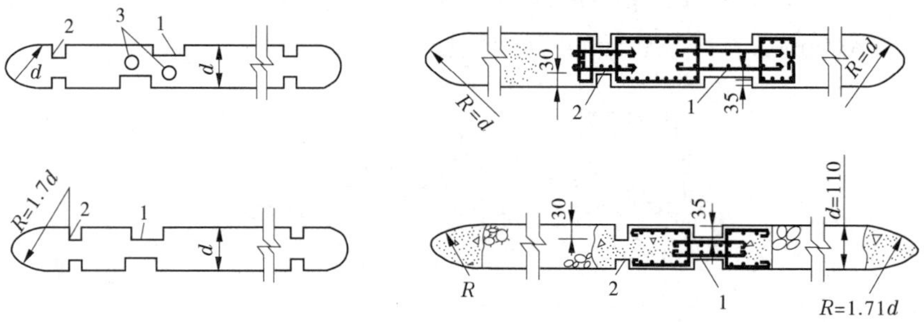

1—工作门槽;2—检修门槽;3—通气孔

图6-5　闸墩的布置形式　(单位:cm)

2.2.1　闸墩高程

闸墩上游部分的顶面高程主要应满足两种运用情况:①挡水时,闸顶高程不应低于水闸正常蓄水位(或最高挡水位)加波浪计算高度与相应安全超高值之和;②泄水时,不低于设计洪水位(或校核洪水位)与相应安全超高值之和。下游部分的闸顶高程可适当降低,但应保证下游的交通桥底部高出泄洪水位0.5 m 以上及桥面能与闸室两岸道路衔接。

2.2.2　闸墩的长度

闸墩的长度一般取决于上部结构布置和闸门的形式,一般与底板等长或稍短些。闸墩上下游面常为铅直面;如上部结构布置后闸墩有富裕,两端可做成10∶1 ~5∶1的竖坡,如上部结构布置不下,顶部可做成向外挑出的牛腿。通常弧形闸门的闸墩长度比平面闸门的闸墩长。

2.2.3　闸墩厚度

闸墩厚度应满足稳定和强度要求,根据闸孔孔径、受力条件、结构构造要求、闸门形式和施工方法等确定。根据经验，一般混凝土闸墩厚 1.0 ~ 1.6 m ，少筋混凝土闸墩厚 0.9 ~1.4 m，钢筋混凝土闸墩厚 0.7 ~1.2 m，浆砌石闸墩厚 0.8 ~1.5 m。平面闸门的闸墩厚度主要受门槽深度控制，闸墩在门槽处的最小厚度主要根据结构强度和刚度的需要确定，一般不宜小于 0.4 m。弧形闸门的闸墩因没有门槽，可采用较小的厚度。兼作岸墙的边闸墩还应考虑承受侧向土压力的作用，其厚度应根据结构抗滑稳定性能和结构强度的需要计算确定。

2.2.4 闸门槽尺寸

平面闸门的门槽尺寸取决于闸门尺寸和支撑形式。工作门槽深一般不小于 0.3 m，宽为 0.5 ~1.0 m，最优宽深比宜取 1.6 ~1.8。检修门槽深一般为 0.15 ~0.25 m，宽为 0.15 ~0.30 m。检修门槽与工作门槽之间应留 1.5 ~2.0 m 净距以便安装和检修。弧形闸门的闸墩不需设主门槽。

2.3 胸墙

2.3.1 胸墙的结构形式

胸墙的结构形式常采用板式和梁式。①板式胸墙。当闸孔孔径小于或等于 6.0 m 时，一般采用板式胸墙，墙板可做成上薄下厚的楔形板[见图 6-6(a)]，其顶部厚度一般不小于 0.2 m。②梁式胸墙。当孔径大于 6.0 m 时，宜采用梁式胸墙[见图 6-6(b)]，主要由墙板、顶梁和底梁组成，其板厚一般不小于 0.12 m；顶梁梁高为胸墙跨度的 1/15 ~ 1/12，梁宽常取 0.4 ~0.8 m；底梁由于与闸门顶接触，要求有较大的刚度，梁高为胸墙跨度的 1/9 ~1/8，梁宽为 0.6 ~1.2 m。当胸墙高度大于 5.0 m，且跨度较大时，可增设中梁及竖梁构成肋形结构[见图 6-6(c)]。胸墙常用钢筋混凝土结构，各结构尺寸应根据受力条件和边界支撑情况计算确定。

2.3.2 胸墙与闸墩的连接方式

胸墙与闸墩的连接方式有简支式和固接式两种，如图 6-7 所示。①简支式。胸墙与闸墩分开浇筑，缝间涂沥青；也可将预制墙体插入闸墩预留槽内，成为活动胸墙。其优点是可避免在闸墩附近迎水面出现裂缝，但断面尺寸较大。②固接式。胸墙与闸墩整浇在一起，胸墙钢筋伸入闸墩内，形成刚性连接。其优点是断面尺寸小，可增强闸室的整体性，但受温度变化和闸墩变位的影响，易在胸墙支点附近的迎水面产生裂缝。整体式底板可用固接式，分离式底板多用简支式。

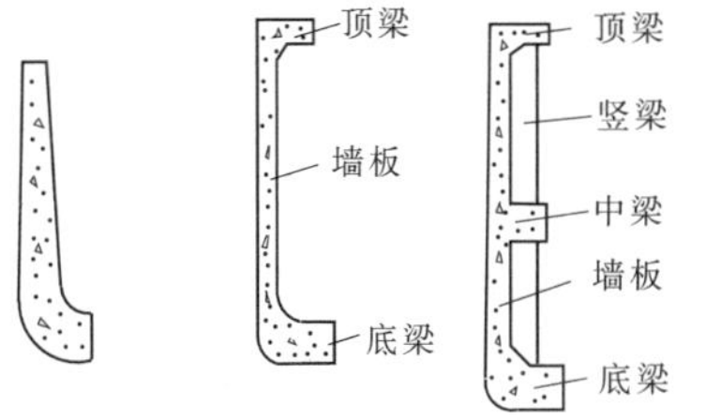

(a)楔形板 (b)梁式 (c)肋形结构

图 6-6 胸墙的结构形式

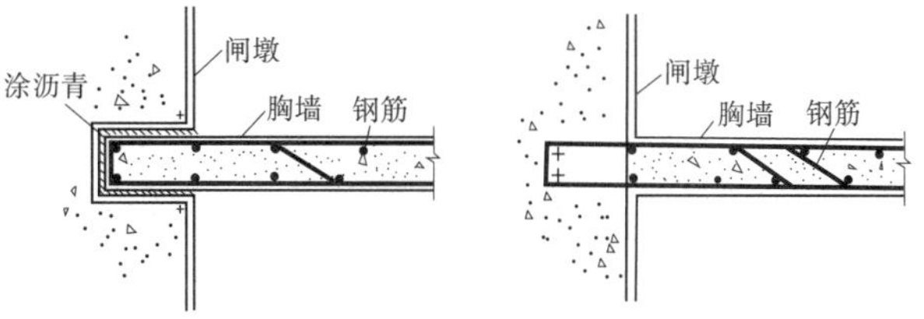

(a)简支式 (b)固接式

图 6-7 胸墙的支承形式

胸墙顶宜与闸顶齐平。胸墙底部高程应根据孔口流量要求计算确定，应不影响泄水。

2.3.3　胸墙相对位置

胸墙相对于闸门的位置取决于闸门的形式。若采用弧形闸门,胸墙设在闸门上游侧;若采用平面闸门,胸墙可设在闸门上游侧,也可设在闸门下游侧,如图 6-8 所示。前者止水放在闸门前面,启闭机螺杆或钢丝绳与吊耳等铁环不致因浸在水中而锈蚀,但其止水设备较复杂,且易磨损。后者闸门紧靠胸墙,使止水设备简单,且止水效果好,只是对螺杆等防锈蚀不利。

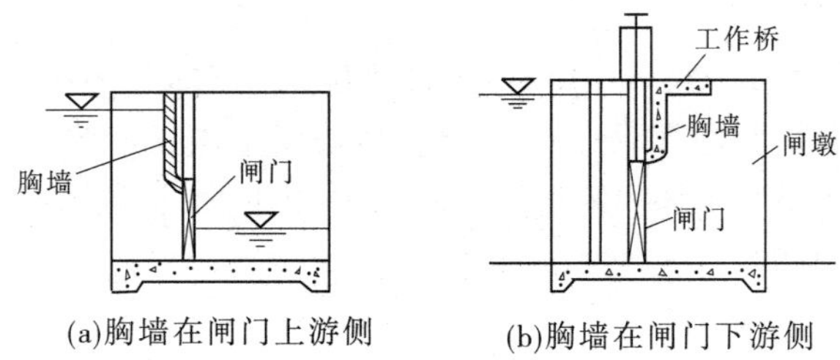

图 6-8　胸墙与闸门的相对位置

2.4　闸门

闸门是水闸的一个重要组成部分,水闸利用它的启闭来达到控制水位和调节流量的目的。

2.4.1　闸门的分类

2.4.1.1　按结构形式分类

闸门按其结构形式不同可分为平面闸门、弧形闸门等。平面闸门是平板形式的门叶,按提升方式不同又可分为直升式和升卧式两种。弧形闸门的挡水面板是圆弧面,启闭时绕位于弧形挡水面圆心处的支撑铰转动。弧形闸门与平面闸门比较,其主要优点是启门力小,可以封闭较大面积的孔口,无影响孔口水流状态的门槽,闸墩厚度较小,机架桥的高度较低,埋件少。其主要缺点是所需闸墩较长;不能提出孔口以外进行检修维护,也不能在孔口之间互换;总水压力集中于支铰处,闸墩受力复杂。

2.4.1.2　按工作性质分类

闸门按工作性质不同可分为工作闸门、检修闸门和事故闸门。工作闸门是在正常运行情况下使用的,要求其在动水中启闭;检修闸门是检修时临时挡水用的,通常在平压静水中启闭;事故闸门是在水闸或机械设备出现事故时用的,要求在动水中快速关闭,在静水中开启。

2.4.1.3　按所用材料分类

闸门按其所用材料不同可分为钢闸门、钢筋混凝土闸门及钢丝网水泥闸门、钢木混合结构闸门、木闸门和铸铁闸门等。钢闸门具有自重轻、工作可靠的优点,故在大中型水闸中应用广泛。钢筋混凝土闸门及钢丝网水泥闸门和铸铁闸门可节约钢材,近些年有所发展,但有的较重,增加了启闭设备的造价,有的耐久性或韧性较差,一般只用于小型水闸。木闸门因其耐久性差,已很少采用。

2.4.2　闸门的构造组成

闸门结构一般由活动部分、埋固构件和悬吊设备三部分组成。活动部分主要是由面板、梁格系统组成的门体结构;埋固构件是预埋在闸墩和胸墙等结构内部的固定构件;悬吊设备是指连接闸门和启闭设备的拉杆或牵引索等。

平面钢闸门的活动部分(也称门叶,如图6-9所示),由承重结构、支撑移动装置(或称行走支撑)、止水装置及吊耳等组成,其中承重结构包括面板、梁格、竖向联结系、门背(纵向)联结系和支撑边梁等。支撑移动装置有轮式支撑和滑块支撑两种,常用的是轮式支撑。弧形钢闸门的活动部分由弧形面板、主梁、次梁、竖向联结系(或隔板)、起重桁架、支臂和支铰等组成,如图6-10所示。

闸门的基本尺寸根据孔口尺寸确定。露顶式闸门顶部应在可能出现的最高挡水位以上有0.3~0.5 m的超高。

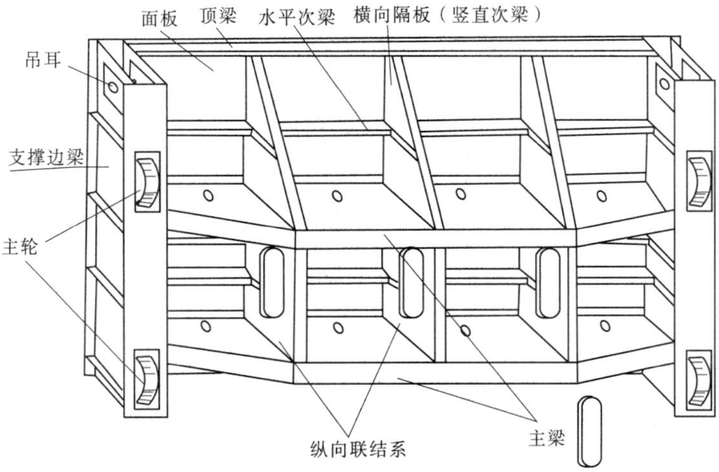

图6-9 直升式平面钢闸门

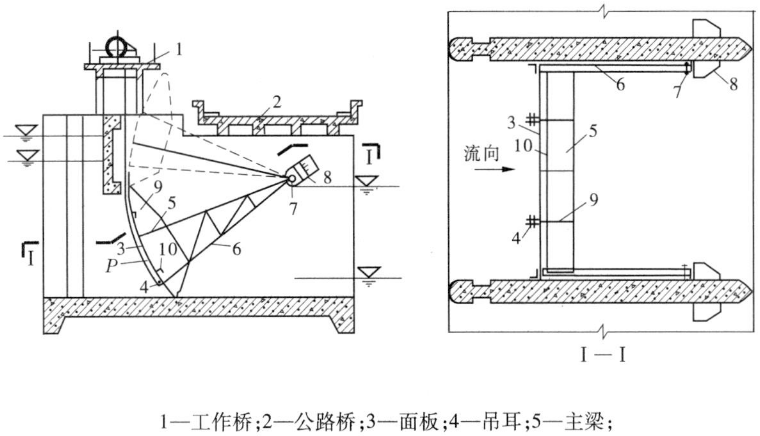

1—工作桥;2—公路桥;3—面板;4—吊耳;5—主梁;
6—支臂;7—支铰;8—牛腿;9—竖隔板;10—水平次梁

图6-10 弧形钢闸门布置

2.5 启闭机

闸门启闭机可分为固定式和移动式两种。常用的固定式启闭机有卷扬式、螺杆式和油压式三种。移动式一般有门架式和桥式两种。启闭机的形式应根据门型、尺寸及其运用条件等因素选定。所选用启闭机的启闭力应大于或等于计算的启闭力，同时应符合国家相关规范所规定的启闭机系列标准。若要求短时间内全部均匀开启或多孔闸门启闭频繁，每孔应设一台固定式启闭机。

2.5.1 卷扬式启闭机

固定卷扬式启闭机广泛应用于大中型水闸，其定型产品有卷扬式平板闸门启闭机和卷扬式弧形闸门启闭机两种。主要由电动机、减速箱、传动轴和绳鼓组成。绳鼓固定在传动轴上，围绕钢丝绳，钢丝绳连接在闸门吊耳上。启闭闸门时，通过电动机、减速箱和传动轴使绳鼓转动，进而钢丝绳牵引闸门升降，并通过滑轮组的作用，使用较小的钢丝绳拉力，便可获得较大启门力。固定卷扬式启闭机适用于闭门时不需施加压力，且要求在短时间内全部开启的闸门。一般每孔布置一台。

2.5.2 螺杆式启闭机

螺杆式启闭机主要由摇柄、主机和螺杆组成，见图6-11。螺杆的下端与闸门的吊头连接，上端利用螺纹与承重螺母相扣合。当用机械或人力转动主机时，迫使螺杆连同闸门上下移动，从而启闭闸门。其优点是结构简单、使用方便，价格较低且易于制造；缺点是启闭速度慢，启闭力小。因此，只适用于小型水闸。当水压力较大，门重不足时，可通过螺杆对闸门施加压力，以便使闸门关闭到底。当螺杆长度较大（如大于 3 m）时，可在胸墙上每隔一定距离设支撑套环，以防止螺杆受压失稳。其启门力一般为 3 ~ 100 kN。

2.5.3 油压式启闭机

油压式启闭机主体由油缸和活塞组成，见图6-12。

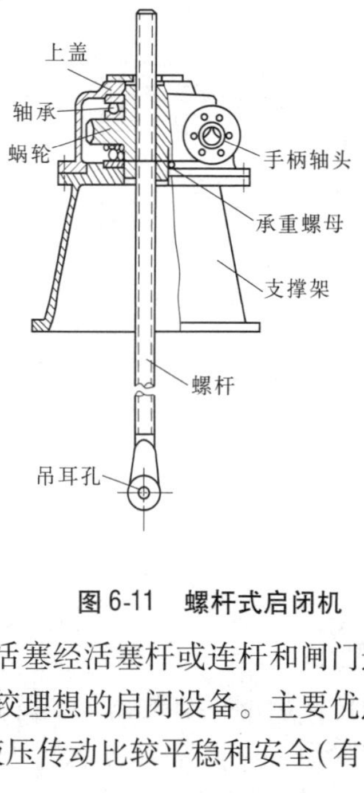

图 6-11 螺杆式启闭机

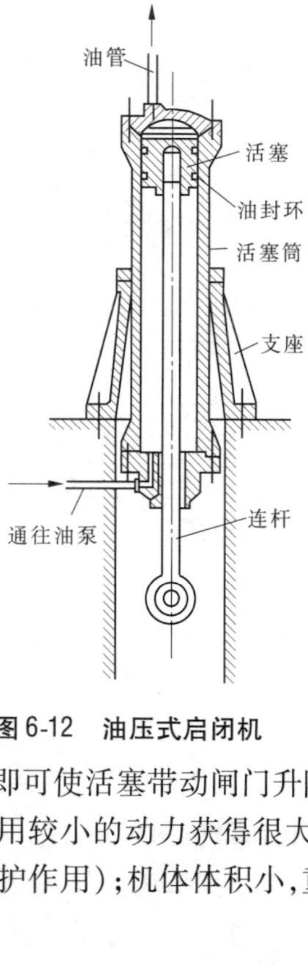

图 6-12 油压式启闭机

活塞经活塞杆或连杆和闸门连接，改变油管中的压力即可使活塞带动闸门升降，是一种比较理想的启闭设备。主要优点是利用液压原理，可以用较小的动力获得很大的启门力；液压传动比较平稳和安全（有溢流阀，超载时起自动保护作用）；机体体积小，重量轻，当闸孔较多时,可以降低机房、管路及工作桥的工程造价;较易实现遥测、遥控和自动化。主要缺点是对金属加工条件要求较高,质量不易保证,造价较高。同时,设计选用时要注意解决闸门起吊同步的问题;否则,会发生闸门歪斜、卡阻的现象。

2.6 工作桥、交通桥

2.6.1 工作桥

为了安装启闭设备和便于工作人员操作的需要,通常在闸墩上设置工作桥,如图6-3所示。桥的位置由启闭设备、闸门类型及其布置和启闭方式而定。如桥面很高,也可在闸墩上部另建支柱或排架来支撑工作桥,以减小闸墩高度,节省材料。

工作桥的高程与闸门和启闭设备的形式、闸门高度有关,一般应使闸门开启后,门底高于上游最高水位,以免阻碍过闸水流。对于平面直升门,若采用固定启闭设备,桥的高度(横梁底部高程与底板高程的差值)为门高的2倍加上1.0~1.5 m的富余高度;若采用活动式启闭设备,则桥高可以低些,但也应大于1.7倍的闸门高度。对于弧形闸门及升卧式平面闸门,工作桥高度可以降低很多,具体应视工作桥的位置及闸门吊点位置等条件而定。

大中型水闸的工作桥一般采用板梁结构。小型水闸多采用板式结构。工作桥的总宽度取决于启闭机的类型、容量和操作需要,大型水闸为2.5~4.5 m,小型水闸为2.0~2.5 m。

2.6.2 交通桥

建闸后为便于行人或车马通行,通常在闸墩上设置交通桥,见图6-3。交通桥的位置应根据闸室稳定及两岸交通连接的需要而定,一般布置在闸墩的下游侧。交通桥的梁(板)底高程应高出最高洪水位0.5 m以上;如果有流冰,则应高出流冰面以上0.2 m。交通桥可根据闸孔孔径、设计荷载标准等具体条件来选用板式、梁板式或板拱式,有条件时,可采用预制构件,现场吊装。仅供人畜通行的交通桥,其宽度常不小于3 m;行驶汽车等的交通桥按交通部制定的相应规范进行设计。

2.7 分缝与止水

2.7.1 分缝

除上述闸室本身分缝外,凡是相邻结构荷重相差悬殊或结构较长、面积较大的地方也要设缝分开,如铺盖与闸室底板、翼墙的连接处及消力池与闸室底板、翼墙的连接处要分别设缝。另外,翼墙本身较长,混凝土铺盖、消力池的护坦在面积较大时也需设缝,以防产生不均匀沉降。缝的间距一般为15~20 m,缝宽2~3 cm。

2.7.2 止水

凡具有防渗要求的缝,都应设止水。按照止水设备的方向,有铅直止水和水平止水两种。前者设在缝墩中、边墩与翼墙之间及各段翼墙之间等,后者设在铺盖、消力池底板与闸底板、翼墙之间,闸底板与铺盖、消力池底板间的分缝处等,止水布置如图6-13所示。

(1)铅直止水。用于闸墩(缝墩)中的边墩与岸墙之间的接缝、岸墙与翼墙之间的接缝、翼墙的分段缝。

(2)水平止水。用于铺盖与底板之间的接缝;铺盖与两侧翼墙底板之间的接缝;底板分缝隙段;混凝土或混凝土铺盖的分坝缝;闸后护坦与闸底板之间的分缝;护坦与翼墙之

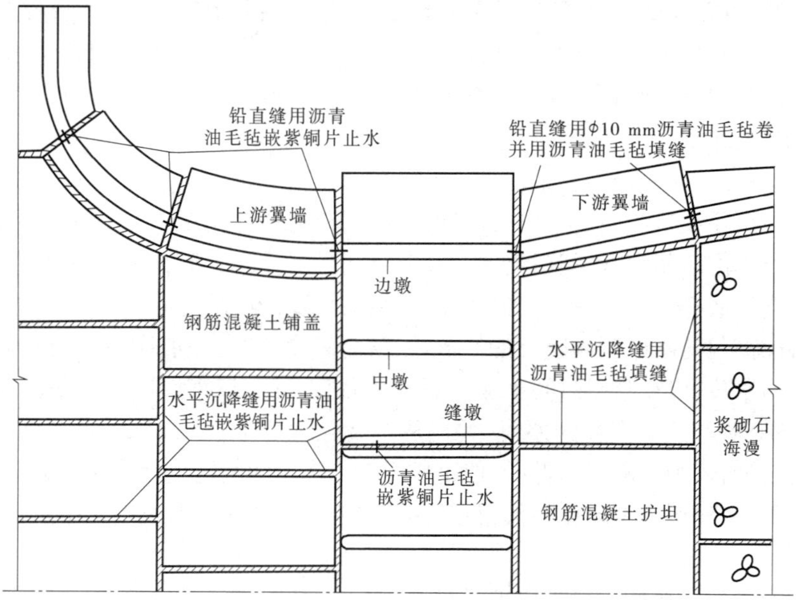

图 6-13　水闸的分缝与止水布置

间的接缝;护坦分坝缝。

铅直止水设备一般都设在靠近上游挡水面处(临水面 0.2 ~ 0.5 m)。止水设备上游部分的缝应该是不透水的,下游宜保持通畅。此外,止水设备应防止两个相邻构件之间因发生相对垂直位移而被撕裂。

水平止水多布置在距缝上面 0.2 ~ 0.3 m 处,在缝下面铺设 2 ~ 3 层油毛毡或沥青片。材料为紫铜片、塑料止水带、橡皮止水带。

两种止水交叉处的构造必须妥善处理,以便形成一个完整的止水体系。交叉连接有两类,即铅直交叉和水平交叉。交叉处止水片的连接方式也可分为两种:一种是柔性连接,即将金属止水片的接头部分埋在沥青块体中;另一种是刚性连接,即将金属止水片剪裁后焊接成整体。在实际工程中,可根据交叉类型及施工条件确定连接方式,铅直交叉常用柔性连接,而水平交叉则多用刚性连接,如图 6-14 所示。

3　地基处理

水闸设计应尽可能利用天然地基。但对于淤泥质土、高压缩性黏土和松砂等软弱地基,只采取改进上部结构的措施不能满足稳定和沉降要求时,则需进行必要的地基处理。

地基处理的对象是软弱地基和特殊土地基。软弱地基系指主要由淤泥、淤泥质土、冲填土、杂填土或其他高压缩性土层构成的地基。特殊土地基带有地区性的特点,它包括软土、湿陷性黄土、膨胀土、冻土、红黏土等地基。

水闸地基处理的主要目的是:①增加地基承载能力;②减少地基的渗漏;③提高地基的抗滑稳定;④降低闸基的沉降量。

水闸一般建在土基上,地基处理的目的主要是:①提高地基的承载能力;②控制地基的沉降量;③减少地基的渗漏;④提高地基的抗滑稳定性。

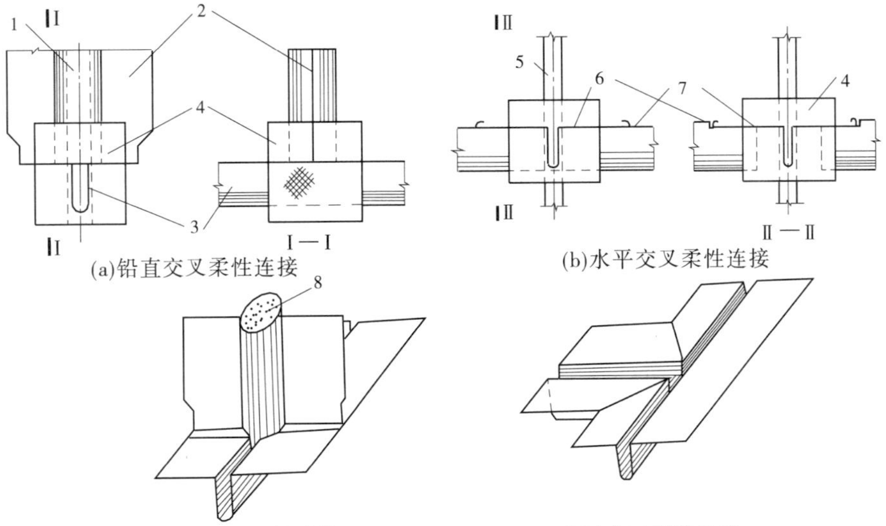

(a)铅直交叉柔性连接　(b)水平交叉柔性连接

(c)铅直交叉刚性连接　(d)水平交叉刚性连接

1—铅直缝;2—铅直止水片;3—水平止水片;4—沥青块体;5—接缝;
6—纵向水平止水;7—横向水平止水;8—沥青柱

图 6-14　止水及止水交叉构造

目前,实际工程中常用的土基的处理方法如表 6-1 所示。

表 6-1　土基常用处理方法

处理方法	基本作用	适用范围	主要设计内容	说明
换土垫层法	改善地基应力分布,减少沉降量,适当提高地基稳定性和抗渗稳定性	厚度不大的软土地基	确定垫层厚度、宽度及所用材料	用于深厚的软土地基时,仍有较大的沉降量
桩基础	增加地基承载力,减少沉降量,提高抗滑稳定性	较深厚的松软地基,尤其适用于上部为松软土层、下部为硬土层的地基	确定桩型、桩的根数和尺寸,进行平面布置和桩的结构计算等	①桩尖未嵌入硬土层的摩擦桩,仍有一定的沉降量;②用于松砂、砂壤土地基时,应注意渗透变形问题
沉井基础	除与桩基础作用相同外,对防止地基渗透变形有利	适用于上部为软土层或粉细砂层、下部为硬土层或岩层的地基	进行平面布置,确定分节浇筑高度、下沉系数、是否封底及结构尺寸等	不宜用于上部夹有蛮石、树根等杂物的松软地基或下部为顶面倾斜度较大的岩基
强力夯实法	增加地基承载力,减少沉降量,提高抗振动液化的能力	透水性较好的松软地基,尤其适用于稍密的碎石土或松砂地基	夯点布置,确定锤重及落距、夯点夯击遍数、每遍击数和前后两遍的间歇时间及有效加固深度等	用于淤泥或淤泥质土地基时,需采用有效的排水措施

续表 6-1

处理方法	基本作用	适用范围	主要设计内容	说明
振动水冲法	增加地基承载力,减少沉降量,提高抗振动液化的能力	松砂、软弱的砂壤土或砂卵石地基	进行振冲孔布置,确定振冲孔孔距、孔深、选用的填料及挤扩成桩的桩径等	①处理后地基的均匀性和防止渗透变形的条件较差;②用于不排水抗剪强度小于20 kPa的软土地基时,处理效果不显著
预压加固法	对地基进行预压,增加地基承载力,减少沉降量,提高抗滑稳定性	透水性较好的松软地基	确定预压堆石(或土)的范围、荷重、分层堆筑的每层高度及间歇时间等	对含水量较大的黏性土地基可设砂井改善排水条件

注:1. 深层搅拌法、高压喷射法等其他处理方法,经论证后也可采用。
2. 各种地基处理方法中涉及的具体设计可参考有关资料。

任务3 水闸的初步设计

【任务描述】

水闸的初步设计包括孔口设计、过流能力校核、消能防冲设计、防渗排水设计、闸室结构设计、稳定分析、应力分析及两岸连接建筑物的设计。

【任务分析】

重力坝的剖面设计主要是确定坝体的高程、坝顶宽度、坝坡系数等;稳定分析是通过对坝体的荷载计算,验算坝体的抗滑稳定;应力分析是用材料力学法和有限元计算法验算坝体各部位的应力是否超过坝体材料的容许值;坝体构造设计主要包括分缝、止水、廊道、坝体泄水孔、排水管等;地基处理主要是加固处理和防渗处理;溢流坝孔口设计是确定溢流坝段的长度和堰顶高程,以满足泄水要求;溢流坝面设计包括堰面曲线、反弧半径等;消能防冲包括消能形式的选择、设计和防冲设施的设计。

【任务知识点】

1 水闸设计的基本资料

本工程位于河南省某县城郊处,是某河流梯级开发中最末一级工程。该河属稳定性河流,河面宽约200 m,深7～10 m。为解决当地40万亩农田的灌溉问题,经上级批准修建水闸枢纽工程。该水闸所承担的任务是正常情况下拦河挡水,抬高水位,以利灌溉,洪水时开闸泄水,以保安全。

1.1 地质地形资料

根据钻孔了解闸址地层属河流冲积相,河床部分地层属第四更新世 Q_3 层与第四纪全新世 Q_4 层的交错出现,闸址两岸高程均在41 m左右。

闸址处地层向下分布情况见表6-2。

表6-2 闸址处地层向下分布情况

土质名称	重粉质壤土	细砂	中砂	重粉质壤土	中粉质壤土
分布范围 由上而下	河床表面 以下深约3 m	高程 28.80 m以下	厚度约5 m	高程 22.00 m以下	厚度5~8 m

闸址处系平原型河段,两岸地势平坦,地面高程约为40.00 m,河床坡降平缓,纵坡约为1/10 000,河床平均标高约30.00 m,主河槽宽度80~100 m,河滩宽平,呈复式河床横断面,河流比较顺直。

1.2 水文气象

(1)气温。本地区年最高气温42.2 ℃,最低气温-20.7 ℃,平均气温14.4 ℃。

(2)风速。最大风速为20 m/s,吹程为0.6 km。

(3)径流量。非汛期(1~6月及10~12月)9个月月平均最大流量为9.1 m^3/s。汛期(7~9月)3个月月平均最大流量为149 m^3/s,年平均最大流量 $Q=26.2\ m^3/s$,最大年径流总量为8.25亿 m^3。

(4)冰冻。闸址处河水无冰冻现象。

1.3 土的物理力学性质指标

土的物理力学性质指标主要包括物理性质、允许承载力、渗透系数等,具体数值见表6-3、表6-4。

表6-3 土的物理性质指标 (单位:kN/m^3)

湿容重	饱和容重	浮容重	细砂相对密度	细砂干容重
19	21	11	27	15

表6-4 土的力学性质指标

内摩擦角	土基允许承载力	摩擦系数	不均匀系数	渗透系数(cm/s)
自然含水量时 $\varphi=28°$	$[\sigma]=200\ kN/m^2$	混凝土、砌石与土基的摩擦系数,当土基为密实细砂层时 $f=0.36$	黏土$[\eta]=1.5\sim2.0$	中细砂层 $K=5\times10^{-3}$
饱和含水量时 $\varphi=25°$			黏土$[\eta]=2.4$	土层 $K=5\times10^{-5}$

1.4 工程材料

(1)石料。本地区不产石料,需从外地运进,距公路很近,交通方便。

(2)黏土。经调查本地区附近有较丰富的黏土材料。

(3)砂料。闸址处有足够的中细砂。

1.5 批准的规划成果

(1)根据《水利水电枢纽工程等级划分及设计标准》(SD J12—78)的规定,本枢纽工程为Ⅲ等工程,其中永久性主要建筑物为3级。

(2)灌溉用水季节,拦河闸正常挡水位为 38.50 m。

(3)洪水标准见表 6-5。

表 6-5 洪水标准

项目	重现期(年)	洪水流量(m^3/s)	闸前水位(m)	下游水位(m)
设计洪水	20	937	39.15	39
校核洪水	50	1 220	40.35	40.2

1.6 施工条件

(1)工期为 2 年。

(2)材料供应情况:水泥由某水泥厂运输 260 km 至某市,再运输 80 km 至工地仓库,其他材料由汽车运至工地;电源由电网供电,工地距电源线 1.0 km;地下水位平均为 28.0 ~ 30.0 m。

2 水闸的孔口设计

2.1 闸孔形式选择

闸孔形式有宽顶堰孔口、低堰孔口两种形式,如图 6-15(a)、(b)所示。当上游水位变幅较大,且高水位需要控制泄量时,在孔口顶部常设胸墙,可以减小闸门高度,宽顶堰和低堰均可以设置胸墙,如图 6-15(c)所示。

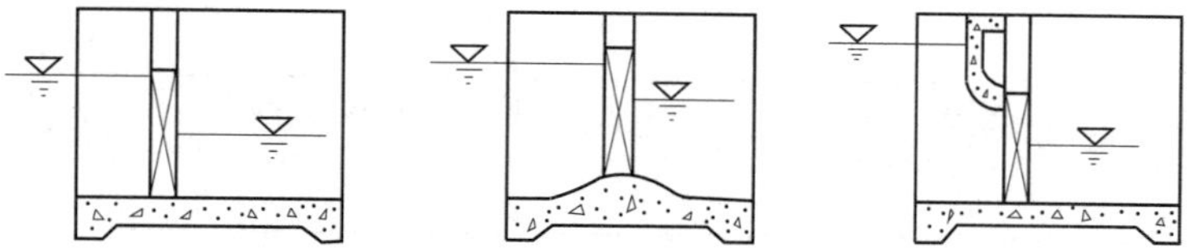

(a)宽顶堰孔口　(b)低堰孔口　(c)带胸墙的宽顶堰孔口

图 6-15 闸孔形式

2.1.1 宽顶堰孔口

闸底板为平底板,主要优点是结构简单,施工方便,泄流能力比较稳定;其缺点是自由泄流时流量系数较小,比较容易产生波状水跃。它可用作泄洪、冲沙、通航、排污、排冰等。

2.1.2 低堰孔口

闸底板为曲面底板,具体有 WES 低堰、梯形堰和驼峰堰等形式。其优点是自由泄流时流量系数较大,水流条件较好,泄流能力较强,且闸门高度可减小;缺点是泄流能力不如平底板孔口泄流时稳定,下游水位变化对泄流能力有显著的影响,同时施工也较平底板孔口复杂。当上游水位较高,为限制过闸单宽流量,需要抬高堰顶高程时,或由于地基表层松软,需要降低闸底高程以避免地基处理时,以及在多泥沙河道上有拦沙要求时,常选用这种形式。

2.2 闸底板顶面高程的确定

闸底板顶面高程的确定关系到闸孔形式和尺寸的确定,也直接影响整个水闸的工程量和造价。如将闸底板高程定得低些，闸前水深和过闸单宽流量都要大些，从而使闸孔总宽度缩短，减少工程投资。但是，闸底板高程定得太低，将增大闸身和两岸结构的高度，并增加基坑开挖和闸下消能防冲布置上的困难，可能反而增加工程投资。可见，闸底板高程的确定应依据河（渠）底高程、水流、泥沙、闸址地形、闸址地质等条件，结合水闸规模、所选用的堰型、门型，经技术经济比较确定。应将闸底板置于较为坚实的地基上，并应尽量利用天然地基。

一般情况下，节制闸、泄洪闸、进水闸、冲砂闸的闸底板高程与河（渠）底齐平，以便多泄水，多冲砂；多泥沙河流上的进水闸、分水闸、分洪闸，在满足引水、分水、泄水的条件下，闸底板高程可比河底略高，以防止大量推移质泥沙被挟带入渠或分洪区；排水闸、泄水闸、挡潮闸，在满足排水、泄水的条件下，闸底板高程应尽量低些，以保证将涝水或渠系积水面积内的洪水迅速排走；建造在复式河床上的水闸，当闸基为岩石或坚硬的黏性土时，可选用高、低闸底板的布置形式。

2.3 过闸单宽流量的确定

过闸单宽流量的采用，对水闸的工程造价和下游消能防冲设施的安全运用都有直接的影响。所选单宽流量越大，所需要的闸孔净宽越小，闸的总宽便可以缩短，但过闸单宽流量越大，下游消能防冲越困难，则消能防冲设备的投资越大，工程总费用也不一定经济。单宽流量的确定主要应综合考虑以下因素：①下游河床地质条件；②上下游水位差；③下游尾水深度；④闸室总宽度与河道宽度的比值；⑤闸的结构特点；⑥下游消能防冲设施。在不致造成下游消能防冲过大困难的条件下，一般选用较大的过闸单宽流量，但对其数值应有所限制。

在水闸的可行性研究阶段，其过闸单宽流量可按下列数据选用：黏土地基，可取15～25 $m^3/(s \cdot m)$；壤土地基，可取15～20 $m^3/(s \cdot m)$；砂壤土地基，可取10～15 $m^3/(s \cdot m)$；粉砂、细砂、粉土和淤泥地基，可取5～10 $m^3/(s \cdot m)$。

2.4 过闸水位差的选用

过闸水位差的选用，关系到水闸的上游淹没影响和工程造价。若采用较大的过闸水位差，虽可缩减闸孔总净宽，降低工程造价，但却抬高了闸的上游水位，不仅要加高上游堤坝顶高程，而且有可能增加上游淹没损失。因此，选用水闸的过闸水位差时，应认真处理好水闸工程造价、上游堤防工程量及淹没影响等方面的关系。设计中应结合水闸所承担的任务、特点、运用要求等具体情况来选定。一般水闸的过闸水位差可采用0.1～0.3 m。

2.5 孔口宽度设计

确定闸孔宽度时，首先要计算闸孔总净宽 B_0，然后根据运用要求选定每孔净宽 b，进而求得孔数 n，最后通过过流能力校核验证其经济合理性。

2.5.1 计算闸孔总净宽

闸孔总净宽 B_0，应根据下游闸槛形式和布置、上下游水位衔接要求、泄流状态等因素计算确定。本书只列举了常用的宽顶堰（平底板）闸孔的总净宽计算公式，对于低堰或其他形式的水闸闸孔总净宽计算，可参考水力学计算手册。

（1）判别堰的出流流态（平底板）。

当$\frac{h_e}{H} > 0.65$时，为堰流；当$\frac{h_e}{H} \leqslant 0.65$时，为孔流。

其中，h_e为孔口高度，m；H为闸前堰上水深，m。

(2)计算闸孔总净宽B_0。

对于平底板宽顶堰，采用以下公式进行计算：

①当为堰流时，闸孔总净宽B_0可按式(6-1)进行计算，计算示意图如图6-16所示。

$$B_0 = \frac{Q}{\sigma \varepsilon m \sqrt{2g} H_0^{3/2}} \tag{6-1}$$

式中 B_0——闸孔总净宽，m；

Q——过闸流量，m^3/s；

H_0——计入行近流速水头的堰上水深，m；

σ、ε、m——堰流淹没系数、侧收缩系数和堰流流量系数，可由《水闸设计规范》(SL 265—2016)的附表A中查得，设计时，要先拟订，后校核；

g——重力加速度，采用9.81 m/s^2。

当$\frac{h_s}{H} \geqslant 0.9$时，为堰流的高淹没状态，$B_0$也可按式(6-2)和式(6-3)进行计算。

$$B_0 = \frac{Q}{\mu_0 h_s \sqrt{2g(H_0 - h_s)}} \tag{6-2}$$

$$\mu_0 = 0.877 + \left(\frac{h_s}{H_0} - 0.65\right)^2 \tag{6-3}$$

式中 h_s——下游水深，m；

μ_0——高淹没度下的综合流量系数；

其他符号意义同前。

②当为孔流时，闸孔总净宽B_0可按式(6-4)计算，计算示意图如图6-17所示。

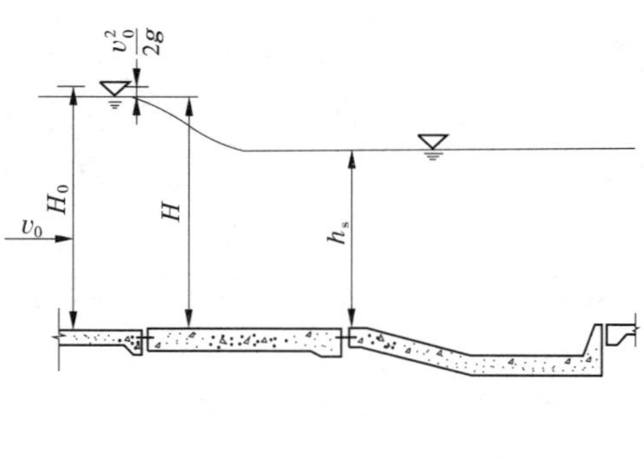

图6-16 平底板堰流计算示意图

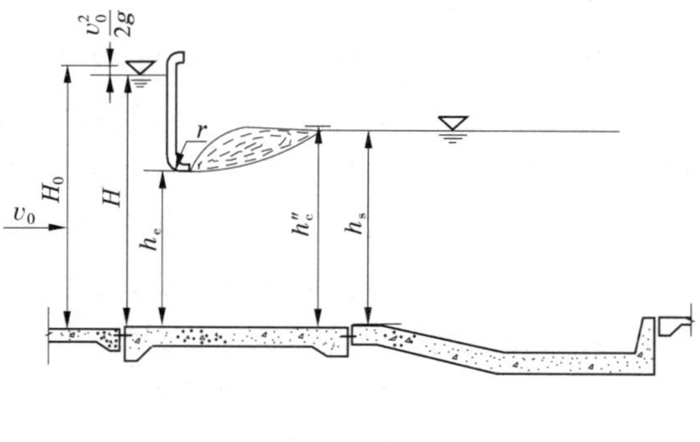

图6-17 平底板孔流计算示意图

$$B_0 = \frac{Q}{\sigma' \mu h_e \sqrt{2gH_0}} \tag{6-4}$$

式中 h_e——孔口高度，m；

σ'、μ——孔流的淹没系数和流量系数，可由SL 265—2016中查得；

其他符号意义同前。

(3)确定每孔孔径 b_0。

选定 b_0时要综合考虑闸的地基条件、运用要求、闸门结构形式、启闭机容量,以及闸门的制作、运输、安装等因素,进行综合分析确定,一般大中型水闸的 b_0可取 8 ~12 m,小型水闸的 b_0可取 3 ~8 m。选用的闸孔孔径应符合《水利水电工程钢闸门设计规范》(SL 74—2013)等所规定的闸门孔口尺寸系列标准。

(4)确定闸孔数目 n。

选定每孔净宽 b_0后,则所需闸孔数目 $n\approx B_0/b_0$,n 值取略大于计算值的整数,但总净宽不宜超过计算值的3% ~5% 。当闸孔孔数少于 8 孔时,n 值最好采用单数,以使过闸水流匀称。

2.5.2 确定闸室总宽度 B

闸室总宽度 $B = nb_0 + (n-1)d_z + 2d_b$,其中 d_z为中墩厚;d_b为边墩厚。从过水能力和消能防冲两方面考虑,闸室总宽度 B 值应与上下游河道或渠道宽度相适应。一般闸室总宽度应大于或等于河(渠)道宽度的60% ~85% ,河(渠)道宽度较大时,取较大值。

2.6 过流能力校核

按拟订的闸孔尺寸,考虑闸墩形状等的影响,进一步验算水闸的过水能力。一般实际过流量与设计过流量的差值不得超过 ±5% ,否则需调整闸孔尺寸,直至满足要求为止。

【例 6-1】 水闸的孔口设计。

根据前面的水闸设计基本资料,设计任务如下:

(1)判别堰的出流流态。

(2)确定闸室总宽度。

(3)泄洪能力校核。

设计参考步骤如下:

由于已知上下游水位,可推算上游水头及下游水深,如表 6-6 所示。

表 6-6 上游水头计算

流量 Q (m^3/s)	下游水深 h_s (m)	上游水深 H (m)	过水断面面积 (m^2)	行近流速 (m/s)	$\frac{v_0^2}{2g}$	上游水头 H_0 (m)
937(设计)	9	9.15	995. 768	0.941	0.045	9.195
1 220(校核)	10.20	10.35	1 166.768	1.046	0.056	10.406

1.判别堰的出流流态

闸门全开泄洪时,为平底板宽顶堰堰流,根据公式判别是否为淹没出流,如表 6-7 所示。

表 6-7 淹没出流判别

计算情况	下游水深 h_s(m)	上游水头 H_0(m)	$h_s \geq 0.8H_0$	流态
设计水位	9	9.195	9≥7.357	淹没出流
校核水位	10.20	10.406	10≥8.203 25	淹没出流

2. 确定闸孔总净宽及墩厚

闸门总净宽按照式(6-1)计算,根据设计洪水和校核洪水两种情况分别计算,如表6-8所示。其中,ε 为堰流侧收缩系数,取0.96;m 为堰流流量系数,取0.385。

表6-8 闸孔总净宽计算

流量 Q (m^3/s)	下游水深 h_s (m)	上游水头 H_0 (m)	$\frac{h_s}{H_0}$	淹没系数 σ	b_0 (m)
937(设计)	9	9.195	0.979	0.045	50.07
1 220(校核)	10.20	10.406	0.98	0.056	55.50

根据《水利水电工程钢闸门设计规范》(SL 74—2013)中闸孔尺寸和水头系列标准,选定单孔净宽 $b_0=8$ m,同时为了保证闸门对称开启,防止不良水流形态,选用7孔,闸室总宽度为

$$L=7\times 8+2\times 1.6+4\times 1.2+2\times 1.0=66(\text{m})$$

拟订闸墩厚度,由于闸基为软基河床,选用整体式闸底板,采用缝墩形式,中墩厚1.2 m,缝墩厚1.6 m,边墩厚1 m。取中间三孔为一联,两边各为两孔一联。

3. 泄洪能力校核

根据孔口与闸墩的尺寸,计算侧收缩系数,可查SL 265—2016,得到结果如下:

对于中孔,$\frac{b_0}{b_s}=\frac{8}{8+1.2}=0.870$,得 $\varepsilon_{中1}=0.976$。

靠缝墩孔,$\frac{b_0}{b_s}=\frac{8}{8+1.6}=0.833$,得 $\varepsilon_{中2}=0.973$。

对于边孔,$\frac{b_0}{b_s}=\frac{8}{8+41.05}=0.163$,得 $\varepsilon_{中3}=0.909$。

所以

$$\varepsilon=\frac{n_1\varepsilon_{中1}+n_2\varepsilon_{中2}+n_3\varepsilon_{中3}}{n_1+n_2+n_3}=0.956$$

与假定接近,根据选定的孔口尺寸与上下游水位,进一步换算流量,如表6-9所示。

表6-9 过流能力校核计算结果

计算情况 (m^3/s)	堰上水头 H_0 (m)	$\frac{h_s}{H_0}$	σ	ε	计算情况 (m^3/s)	校核过流能力
937(设计)	9.195	0.979	0.41	0.96	1 048.04	11.8%
1 220(校核)	10.406	0.980	0.40	0.96	1 230.99	0.8%

设计情况超过了规定的5%要求,说明孔口尺寸偏大,但满足校核流量要求,所以不再进行孔口尺寸的调整。

3 水闸的消能防冲设计

水闸泄水时,水的部分势能转为动能,流速增大,具有较强的冲刷能力,而土质河床一般抗冲能力较低。因此,为了保证水闸的安全运行,必须采取适当的消能防冲措施,进行

水闸的消能防冲设计。

3.1 水闸的泄流特点及消能方式的选择

3.1.1 水闸的泄流特点

(1)水流形式复杂。初始泄流时,闸下水深较浅,随着闸门开度的增大而逐渐加深,闸下出流由孔流到堰流,由自由出流到淹没出流都会发生,水流形态比较复杂。因此,消能设施应在任意工作情况下,均能满足消能的要求并与下游水流很好地衔接。

(2)闸下易形成波状水跃。水闸上下游水位差较小,出闸水流的弗劳德数较低($Fr=1\sim1.7$),容易发生波状水跃,特别在平底板的情况下更是如此。此时,无强烈的水跃漩滚,水面波动,消能效果差,具有较大的冲刷能力。另外,水流处于急流状态,不易向两侧扩散,致使两侧产生回流,缩小河槽过水有效宽度,局部单宽流量增大,加剧对下游河道的冲刷。

(3)闸下易出现折冲水流。一般水闸的宽度较上下游河道窄,水流过闸时先收缩而后扩散。若工程布置或运行操作不当,出闸水流不能均匀扩散,使主流集中,蜿蜒蛇行,左冲右撞,形成折冲水流,冲毁消能防冲设施和下游河道。

3.1.2 消能方式的选择

水闸消能方式一般有底流式、挑流式和面流式三种。平原土基上的水闸,河床及岸坡的抗冲能力较低,且承受水头不高,闸下跃前水流弗劳德数较低,故宜采用底流式消能;当水闸承受较高水头,且闸下河床及岸坡为坚硬岩体时,可采用挑流式消能;当水闸闸下尾水深度较深且变化较小,河床及岸坡抗冲能力较强时,可采用面流式消能。

在夹有较大砾石的多泥沙河流上的水闸,不宜设消力池,可采用抗冲耐磨的斜坡护坦与下游河道连接,末端应设防冲墙。在高速水流部位,尚应采取抗冲磨与抗空蚀的措施。

3.2 水闸消能防冲设施的布置与构造

我国水闸多修建在平原地区的土基上,最常用的是底流式消能,这里主要介绍底流式消能形式。底流式消能的作用是通过增加下游水深,保证产生淹没式水跃,防止土基冲刷破坏,保证闸室安全。底流式消能防冲设施主要由消力池、海漫、防冲槽等部分组成。

3.2.1 消力池

3.2.1.1 消力池的布置形式

底流式消能的消力池形式主要有下挖式消力池、突槛式消力池、综合式消力池等三种,见图6-18。当闸下尾水深度小于跃后水深时,可采用下挖式消力池消能。消力池可采用斜坡面与闸底板相连接,斜坡面的坡度不宜陡于1:4;当闸下尾水深度略小于跃后水深时,可采用突槛式消力池消能;当闸下尾水深度远小于跃后水深,且计算消力池深度又较深时,可采用下挖式消力池与突槛式消力池相结合的综合式消力池消能。当水闸上下游水位差较大,且尾水深度较浅时,宜采用二级或多级消力池消能。

3.2.1.2 消力池的尺寸确定

消力池的尺寸主要包括深度、长度和底板厚度等。计算步骤:首先分析下游水流的衔接形式,判断是否要建消力池,再选定消力池形式,经过水力计算,最终确定池深、池长。

(1)消力池的深度。

消力池的深度可按式(6-5)~式(6-8)计算,计算示意图如图6-18所示。

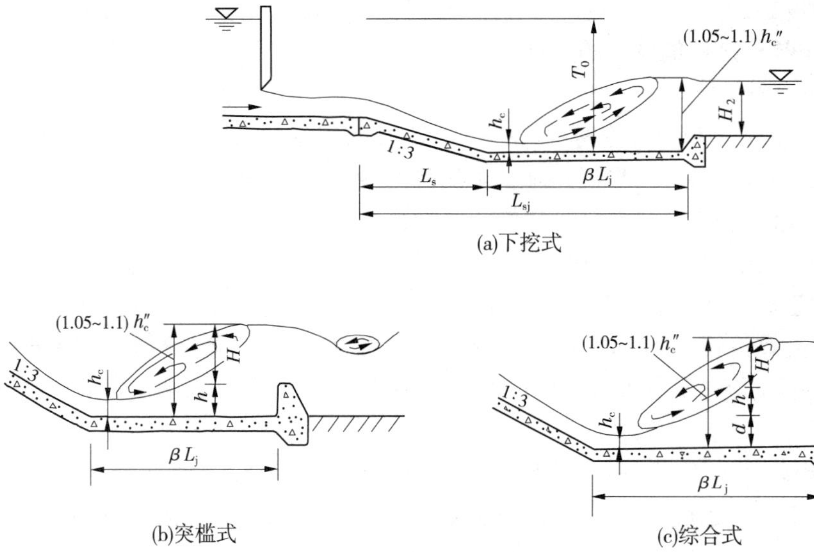

图 6-18　消力池形式示意图

$$d = \sigma_0 h_c'' - h_s' - \Delta Z \tag{6-5}$$

$$h_c'' = \frac{h_c}{2}\left(\sqrt{1 + \frac{8\alpha q^3}{g h_c^3}} - 1\right)\left(\frac{b_1}{b_2}\right)^{0.25} \tag{6-6}$$

$$h_c^3 - T_0 h_c^2 + \frac{\alpha q^2}{2g\varphi^2} = 0 \tag{6-7}$$

$$\Delta Z = \frac{\alpha q^2}{2g\varphi^2 h_s'} - \frac{\alpha q^2}{2g h_c''} \tag{6-8}$$

式中　d——消力池的深度，m；

σ_0——水跃淹没系数，可采用 1.05 ~ 1.10；

h_c''———跃后水深，m；

h_s'——出池河床水深，m；

q——过闸单宽流量，$m^3/(s \cdot m)$；

h_c——收缩水深，m；

α——水流动能校正系数，可采用 1.0 ~ 1.05；

b_1——消力池首端宽度，m；

b_2——消力池末端宽度，m；

T_0——由消力池底板算起的总势能，m；

ΔZ——出池落差，m。

(2)消力池的长度。

消力池的长度可按式(6-9)和式(6-10)计算，计算示意图如图 6-18 所示。

$$L_{sj} = L_s + \beta L_j \tag{6-9}$$

$$L_j = 6.9(h_c'' - h_c) \tag{6-10}$$

式中　L_{sj}——消力池的长度，m；

L_s——消力池斜坡段水平投影长度，m；

β——水跃长度校正系数，可采用0.7～0.8；

L_j——水跃长度，m。

(3)消力池实底板厚度。

消力池实底板厚度，可根据抗冲和抗浮要求，按照有关公式计算。一般大中型水闸为0.5～1.0 m，长消力池可自上而下逐渐减薄，采用不同的厚度。末端厚度，可采用$t/2$(t为消力池底板始端厚度)，但不宜小于0.5 m，个别大型水闸可更厚。小型水闸一般是等厚的，可减薄，但也不宜小于0.3 m。

大型水闸的消力池深度和长度，在初步设计阶段应进行水工模型实验验证。

3.2.1.3　消力池的构造

(1)消力池底板(护坦)。承受水流的冲击力、水流脉动压力和底部扬压力等作用，应具有足够的重量、强度和抗冲耐磨的能力，一般采用C15或C20混凝土浇筑而成。底板一般配置Φ(10～12)@(25～30) cm的构造钢筋，大型水闸消力池的顶、底面均需配筋，中小型的可只在顶面配筋。为了降低护坦底部的渗透压力，可在水平护坦的中后部设置排水孔，孔下铺设反滤层，排水孔孔径一般为5～10 cm，间距为1.0～3.0 m，呈梅花形布置。护坦的构造如图6-19所示。

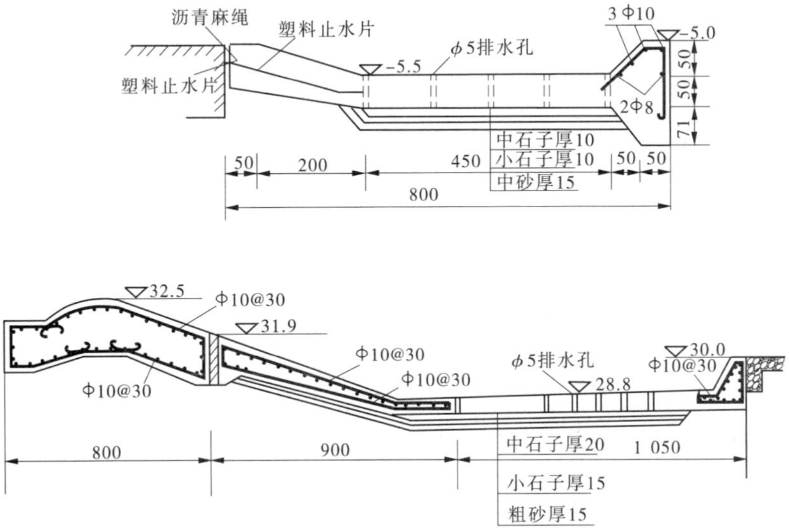

图6-19　护坦的构造　(单位：高程，m；尺寸，cm)

(2)分缝与止水。消力池与闸底板、翼墙、海漫之间及消力池本身顺水流方向均应分缝，以适应不均匀沉降和温度变形。缝距为10～20 m，地基差时为8～12 m，靠近翼墙的消力池缝距应取得小一些。垂直水流方向通常不设缝，以保证其整体稳定性。缝宽2.0～2.5 cm。缝的位置如在闸基防渗范围内，缝中应设止水；否则，不用设止水，但一般都铺设沥青油毛毡。

(3)尾槛和齿墙。消力池末端通常还设有尾槛，其作用是壅高池内水位，形成水跃，缩短水跃长度,将出流挑向水面,调整出池水流的流速分布,减小下游河床的冲刷。尾槛的形式可分为连续式的实体槛和差动式的齿槛两大类。为增强护坦的抗滑稳定性,常在消力池的末端设置齿墙,墙深一般为0.8~1.5 m,宽为0.6~0.8 m。

3.2.2 辅助消能工

辅助消能工的形式主要有消力墩、消力齿等,如图6-20所示。其作用是使下泄水流受阻,促使水流撞击,形成涡流,加强紊动扩散,稳定水跃,减小消力池尺寸,提高消能效果,节省工程量。消力墩一般布置在消力池的前部或后部,成两排或三排交错排列。消力齿的作用是将部分高速水流挑起,促使水流在池内形成水跃,避免射流冲击尾槛,并分散池水流,使各股水流在齿槛后互相冲击产生漩涡,消除一部分动能,以改善水闸开门放水的始流条件。消力齿一般设置在消力池的陡坡坡脚处,适用于下游水位较小的情况。

辅助消能工的消能效果与其自身形状、尺寸、在池中的布置情况及池中水深、泄量变化等因素有关,应慎重布置。对于大型水闸,应通过水工模型试验来进行布置。

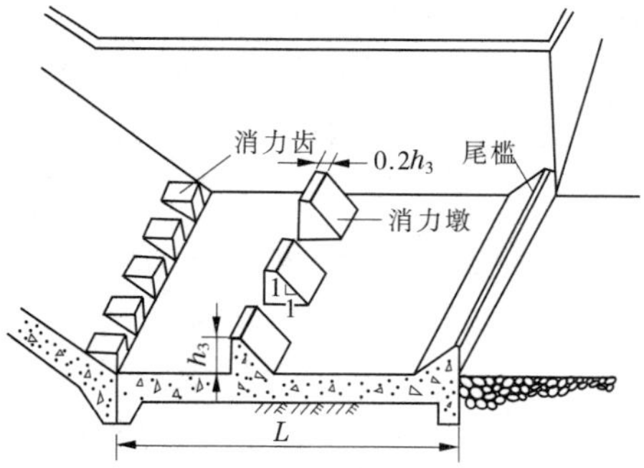

图6-20 消力池辅助消能工

3.2.3 海漫

在消力池底板(护坦)下游需设置海漫等防冲加固措施,以便进一步消能,使水流均匀扩散,调整流速分布逐步接近天然河道的水流形态。

3.2.3.1 海漫的作用

海漫的作用如下:进一步消除水流剩余能量;扩散水流;调整流速分布,保护消力池后面的一段河床不受冲刷,保证消力池的安全。

3.2.3.2 海漫的要求

海漫应具有一定的柔性,以适应下游河床可能的冲刷变形;具有一定的透水性,以便使渗水自由排出,降低扬压力;具有一定的表面粗糙性,以利进一步消除余能;具有与水流流速相适应的抗冲能力,以保证海漫本身不致被水流冲动,从而达到保护河床的目的。

3.2.3.3 海漫长度计算

海漫长度应根据可能出现的不利水位、流量组合情况按式(6-11)进行计算确定。

$$L_p = K_s \sqrt{q_s \sqrt{\Delta H'}} \tag{6-11}$$

式中 L_p——海漫长度,m;

K_s——海漫长度计算系数,可由表6-10查得;

q_s——消力池末端单宽流量,$m^3/(s \cdot m)$;

$\Delta H'$——闸孔泄水时的上下游水位差,m。

式(6-11)适合于$\sqrt{q_s \sqrt{\Delta H'}} = 1 \sim 9$且消能扩散良好的情况。

表6-10 K_s 值

河床土质	粉砂、细砂	中砂、粗砂、粉质壤土	粉质黏土	坚硬黏土
K_s	13 ~ 14	11 ~ 12	9 ~ 10	7 ~ 8

3.2.3.4 海漫的布置和构造

海漫一般采用整体向下游倾斜的形式或将前 5 ~ 10 m 做成水平段,其顶面高程可与护坦齐平或在消力池尾槛顶以下 0.5 m,水平段后宜做成等于或缓于 1∶10 的斜坡,同时沿水流方向在平面上向两侧逐渐扩散,如图 6-21 所示。

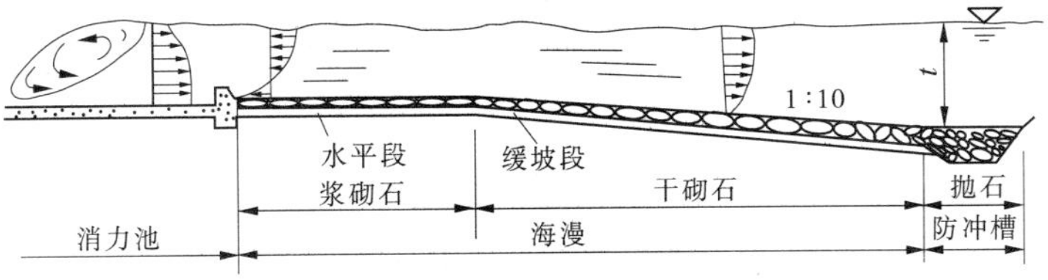

图 6-21 海漫布置示意图

3.2.3.5 海漫常用的结构形式

海漫构造示意图如图 6-22 所示。

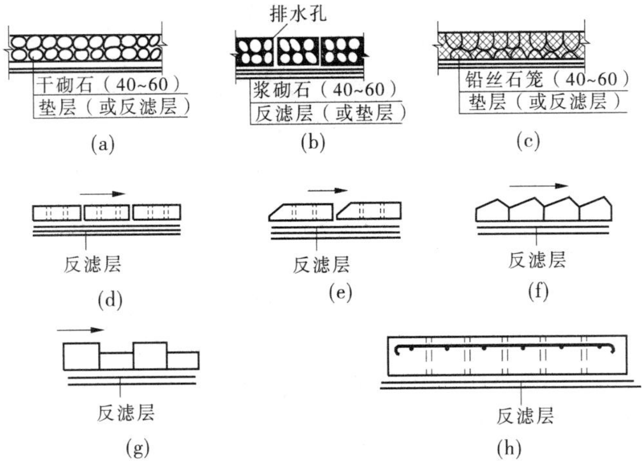

图 6-22 海漫构造示意图 （单位:cm）

(1)干砌石海漫。一般由粒径大于 30 cm 的块石砌成,厚度为 0.3 ~ 0.5 m,下面铺设垫层,厚度为 10 ~ 15 cm。其抗冲流速为 2.5 ~ 4.0 m/s。为了增大其抗冲能力,可每隔 6 ~ 10 m设一浆砌石梗。常用在海漫后段。

(2)浆砌石海漫。常以粒径大于 30 cm 的块石,用强度等级 M5 或 M8 的水泥砂浆砌筑而成,厚度为 0.3 ~ 0.5 m,砌石设排水孔,下面铺设反滤层或垫层。其抗冲流速可达 3 ~ 6 m/s,但柔性和透水性较差。一般用于海漫的前部水平段。

(3)混凝土海漫。整个海漫由边长为 2 ~ 5 m、厚度为 0.1 ~ 0.2 m 的板块拼铺而成,板中有排水孔,下面铺设反滤层或垫层。其抗冲流速可达 6 ~ 10 m/s。通常采用斜面式或垛式拼铺形式，以增加表面糙率。

(4)钢筋混凝土海漫。当出池水流的剩余能量较大时，可在尾槛下游 5 ~ 10 m 范围内采用钢筋混凝土海漫，板中有排水孔，下面铺设反滤层或垫层。

(5)其他形式海漫。如铅丝石笼海漫等。

3.2.4　防冲槽和其他防冲加固设施

为了防止海漫末端处发生冲刷破坏而危及海漫和消力池的稳定，进而危及闸室安全，常在海漫末端设置防冲槽或其他加固措施。

3.2.4.1　防冲槽

在海漫末端挖槽抛填足够的粒径大于 30 cm 的块石，以便当水流冲刷河床形成冲坑时，槽内石块便可沿着冲刷坑的上游斜坡陆续滚下，铺满整个上游斜坡，防止冲刷坑向上游扩展，保护海漫安全，如图 6-23 所示。

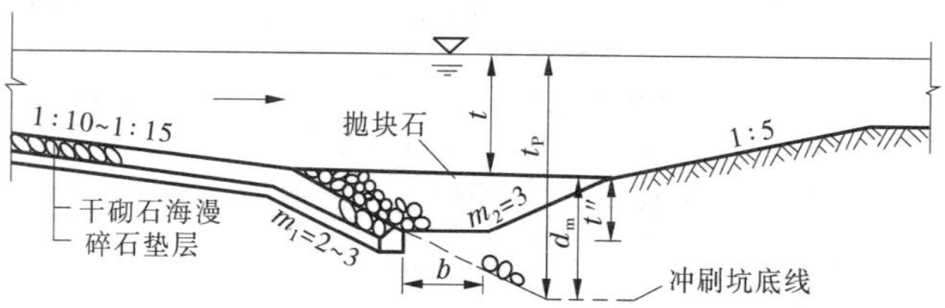

图 6-23　防冲槽

防冲槽的尺寸主要取决于抛石量的多少，而抛石体积可根据下游冲至最深时，石块坍塌铺满冲刷坑上游斜坡所需要的方量来定。已建工程多将防冲槽开挖成宽浅式的梯形断面，槽深一般取 1.5 ~ 2.5 m，底宽 b 取 2 ~ 3 倍的槽深，防冲槽上下游边坡 m 按河床土质的安全坡度确定，一般为 1∶2 ~ 1∶4，两侧边坡坡度可与两岸河坡相同。

3.2.4.2　其他防冲加固设施

其他防冲加固设施主要有齿墙、板桩、沉井等形式。对于冲坑深度较小的工程，可以采用深度为 1 ~ 2 m 的防冲齿墙代替防冲槽；当冲深较大，河床为粉细砂时，采用板桩、井柱或沉井等形式的防冲加固设施较安全，此时应尽量缩短海漫长度，减小工程量。

3.2.5　上游河床和上下游岸坡的防护

为了避免水流对上游河床及上下游岸坡的冲刷，一般上游河床在靠近铺盖的一段需要防护，其长度为上游水深的 3 ~ 5 倍。上游岸坡在对应铺盖和护底的范围内都要进行防护。护底、护坡在靠近铺盖和闸室的一段距离内，由于流速较大，防护材料一般都用浆砌块石，其他部分用干砌块石。下游岸坡的防护长度应大于河底防护长度，护坡材料同上游岸坡。必要时上游护底首端宜增设防冲槽，其深度较小，一般采用 1.0 ~ 1.5 m。

上下游护坡的顶部应在最高水位以上。砌石护坡、护底的厚度通常为 0.3 ~ 0.5 m，下面铺设卵石及砂垫层，厚度均为 10 cm，防止岸坡土壤在水位降落时被渗透水流带出。护坡每隔 8 ~ 10 m 常设置混凝土埂(或浆砌石埂)一道，在护坡坡脚处应做混凝土齿墙嵌入土中，以增加护坡的稳定性。若护坡改用现浇混凝土，其厚度一般采用 0.2 ~ 0.3 m，寒冷地区宜加厚至 0.3 ~ 0.5 m，若改用预制混凝土板铺砌，其厚度一般采用 0.1 ~ 0.2 m。

近年来,有的水闸工程也有采用土工织物进行护岸和防冲的。防护用土工合成材料主要有无纺土工织物、织造土工织物、土工模袋、土工膜、土工格室、三维植被网等,有时也需用土工格栅、土工网等加筋。

3.3 波状水跃、折冲水流的防止措施

(1)波状水跃的防止措施。①水闸底板采用低实用堰型,则有助于消除波状水跃。②对于平底板水闸,可在消力池斜坡段的顶部上游预留一段0.5～1.0 m宽的平台,其上设置一道小槛,使水流越槛入池,促成底流式水跃。槛高约为闸孔出流的第一共轭水深的1/4。小槛迎水面做成斜坡,以减弱水流的冲击作用,槛底设排水孔。③如将小槛改成齿形槛分水墩,效果会更好。

(2)折冲水流的防止措施。①直线对称布置。在平面布置上尽量使上游引河具有较长的直线段,并能在上游两岸对称布置翼墙,出闸水流与原河床主流的位置和方向一致。②合适的下游翼墙扩散角,每侧宜采用7°～12°,墙顶应高于下游最高水位,以免回流由墙顶漫向消力池。③制订合理的闸门开启程序。如低泄量时隔孔开启,使水流均匀出闸,或开闸时先开中间孔,继而开两侧邻孔至同一高度,直至全部开至所需高度,闭门与之相反,由两边孔向中间孔依次对称地操作。

3.4 消能防冲设计条件的选择

由于水闸的运用要求、上下游水位、过闸流量及泄流方式等常常是复杂多变的,这就要求消能防冲设施必须在各种可能出现的水力条件下,都能满足消散动能与均匀扩散水流的要求,且应与下游河道有良好的衔接。但是不同类型的水闸,其泄流特点各不相同,因而控制消能设计的水力条件也不尽相同。因此,应以闸门的开启程序、开启孔数和开启高度进行多种组合计算,进行分析比较确定。如拦河节制闸宜以在保持闸上最高蓄水位的情况下,排泄上游多余来水量为控制消能设计的水力条件;当闸的下游河道已渠化时,应考虑下一级的蓄水位对闸下水位的影响。又如分洪闸宜以闸门全开,通过最大分洪流量为控制消能设计的水力条件。再如排水闸(排涝闸)宜以冬、春季蓄水期通过排涝流量为控制消能设计的水力条件;挡潮闸宜以蓄水期排泄上游多余来水量时,有时需用闸门控制泄水,上下游可能出现较大的水位差为控制消能设计的水力条件等。

【例6-2】 水闸的消能防冲设计。

根据前面的水闸设计基本资料,设计任务如下:

(1)确定消能防冲设计的控制条件。

(2)消力池的深度、长度和构造设计。

(3)海漫的长度和构造设计。

(4)防冲槽的设计。

设计参考步骤如下:

(1)消能防冲设计的控制条件。

由于本闸位于平原地区,河床的抗冲刷能力较低,所以采用底流式消能。

设计洪水位或校核洪水位时闸门全开宣泄洪水,为淹没出流无须消能。闸前为正常高水位38.50 m,部分闸门局部开启,只宣泄较小流量时,下游水位不高,闸下射流速度较大,才会出现严重的冲刷河床现象,需设置相应的消能设施。为了保证无论何种开启高度

的情况下均能发生淹没式水跃消能，采用闸前水深 $H=8.5$ m，闸门局部开启情况作为消能防冲设计的控制情况。

为了降低工程造价，确保水闸安全运行，可以规定闸门的操作规程，本次设计按 1、3、5、7 孔对称方式开启，分别对不同开启孔数和开启度进行组合计算，找出消力池池深和池长的控制条件。

按式(6-5)～式(6-10)计算，结果列入表 6-11。

通过计算，为了节省工程造价，防止消力池过深，对开启 1 孔开启高度为 2.0 m 限开，得出开启 1 孔开启高度 2 m 为消力池的池深控制条件。

(2)消力池尺寸及构造。

①消力池深度。根据所选择的控制条件，估算池深为 2.0 m，用式(6-6)～式(6-8)计算挖池后的收缩水深 h_c 和相应的出池落差 ΔZ 及跃后水深 h_c''，验算水跃淹没系数符合在 1.05～1.10 的要求。

$$\sigma_0=\frac{d+h_s+\Delta Z}{h_c''}=\frac{2.0+3.25+0.01}{5.0}=1.05$$

②消力池长度。根据池深为 2.0 m，用式(6-9)及式(6-10)计算出相应的消力池长度为 32 m。

表 6-11　消力池池深、池长估算结果

开启孔数 n	开启高度 e (m)	堰流侧收缩系数 ε	泄流量 Q (m^3/s)	单宽流量 q [$m^3/(m \cdot s)$]	收缩水深 h_c(m)	跃后水深 h_c''(m)	下游水深 h_s (m)	流态判别	消力池尺寸			说明
									池深 d (m)	池长 L_s (m)	水跃长 L_{sj}(m)	
1	0.8	0.554	44	5.44	0.49	3.27	2.40	自由出流	1.03	21.5	19.2	
	1.0	0.616	60	7.55	0.62	4.03	2.65		1.6	24.5	23.5	
	1.2	0.617	73	9.08	0.74	4.41	2.95		1.7	25.7	25.3	
	1.5	0.619	91	11.4	0.93	4.90	3.25		1.9	27.2	27.4	池深控制限开
	2.0	0.621	122	15.3	1.24	5.53	3.62		2.2	31.7	29.6	
3	0.8	0.554	131	5.44	0.49	3.27	3.75	淹没出流				
	1.0	0.616	181	7.55	0.62	4.03	4.25					
	1.2	0.617	217	9.08	0.74	4.41	4.58					
	1.5	0.619	273	11.4	0.93	4.90						
	2.0	0.621	366	15.3	1.24	5.53						

③消力池的构造。采用挖深式消力池。为了便于施工，消力池的底板做成等厚，为了降低底板下部的渗透压力，在水平底板的后半部设置排水孔，孔下铺设反滤层，排水孔径为 10 cm，间距为 2 m，呈梅花形布置。

(3)海漫设计。

①海漫长度计算。用式(6-11)计算,海漫的长度为 40 m。

②海漫的构造。考虑海漫的柔性和粗糙性的要求,在海漫的起始段采用 10 m 的浆砌石水平段,后 30 m 做成 1∶15 的干砌石段。

(4)防冲槽设计。

防冲槽的深度为 1.7 m。采用宽浅的断面形式,底宽 3.4 m,上游边坡为 1∶2、下游边坡为 1∶3。出槽后与下游河床相连。

4 水闸的防渗排水设计

水闸的防渗排水设计任务是经济合理地确定水闸的地下轮廓线并采取必要、可靠的防渗排水措施,以消除和减小渗流对水闸产生的不利影响,防止闸基和两岸产生渗透破坏,保证水闸的工作安全。

4.1 闸基防渗长度的确定

(1)地下轮廓线。如图 6-24 所示,在上下游水位差 *H* 的作用下,水闸渗流的过程为上游水从河床入渗,绕过上游铺盖、板桩、闸底板经过反滤层由排水孔排至下游。其中,铺盖、板桩和闸底板等不透水部分与地基的接触线称为地下轮廓线,即图 6-24 中 0—1—2—3—…—16 的折线。

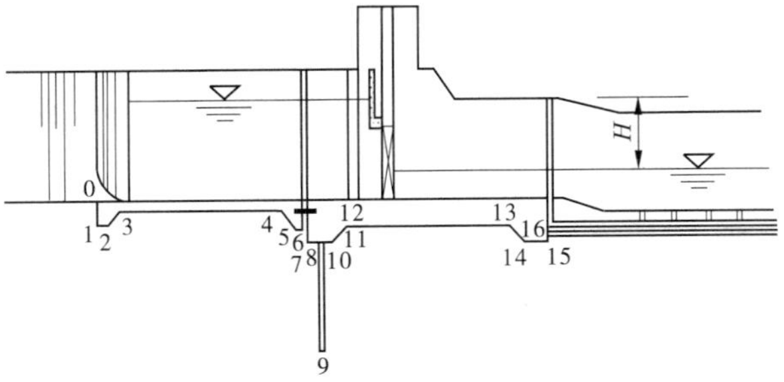

图 6-24 防渗长度示意图

(2)防渗长度。地下轮廓线是闸基渗流的第一根流线,其长度称为闸基防渗长度(又称渗径长度)。

在工程规划和可行性研究阶段,闸基防渗长度可按照式(6-12)初步拟订。

$$L = CH \tag{6-12}$$

式中 *L*——闸基防渗长度,即闸基轮廓线防渗部分水平段和垂直段长度的总和,m;

C——允许渗径系数,可查表 6-12;

H——水闸上下游水位差,m。

若在工程初步设计或施工图设计阶段,还应采用改进阻力系数法校验。

表 6-12 允许渗径系数 C

排水条件	地基类别									
	粉砂	细砂	中砂	粗砂	中砾、细砾	粗砾夹卵石	轻粉质砂壤土	轻砂壤土	壤土	黏土
有滤层	13 ~ 9	9 ~ 7	7 ~ 5	5 ~ 4	4 ~ 3	3 ~ 2.5	11 ~ 7	9 ~ 5	5 ~ 7	3 ~ 2
无滤层	—	—	—	—	—	—	—	—	7 ~ 4	4 ~ 3

4.2 闸基防渗排水布置

闸基防渗排水布置,即进行不同地基的地下轮廓布置。闸基防渗长度初步确定后,可根据地基特性,参考已建的工程经验确定闸基地下轮廓形状和尺寸。

4.2.1 布置原则

闸基防渗排水布置总的原则是“高防低排”。“高防”是在高水位一侧布置铺盖、板桩、齿墙等防渗设施,以延长渗径,减小作用在底板上的渗透压力,降低闸基渗流的平均坡降;“低排”是在低水位一侧布置排水孔、反滤层等排水设施,使渗透水流尽快地安全排走,防止渗流出口附近的土壤颗粒被渗透水流带走而发生渗透变形,减小闸底板上的渗透压力。

4.2.2 不同地基地下轮廓线的布置

4.2.2.1 黏性土地基

(1)特点:不易发生管涌等渗透变形,但摩擦力较小。

(2)排水布置:可将排水设施前移到闸底板下,以降低底板下的渗透压力并有利于黏土加速固结,提高闸室稳定性。

(3)防渗布置:防渗措施常采用水平铺盖,而不用板桩,以免破坏黏土的天然结构,在板桩与地基间造成集中渗流通道,如图 6-25(a)所示。

黏性土地基内夹有承压透水层时,应考虑设置垂直排水(如排水减压井),以便将透水层的承压水引出,如图 6-25(b)所示。

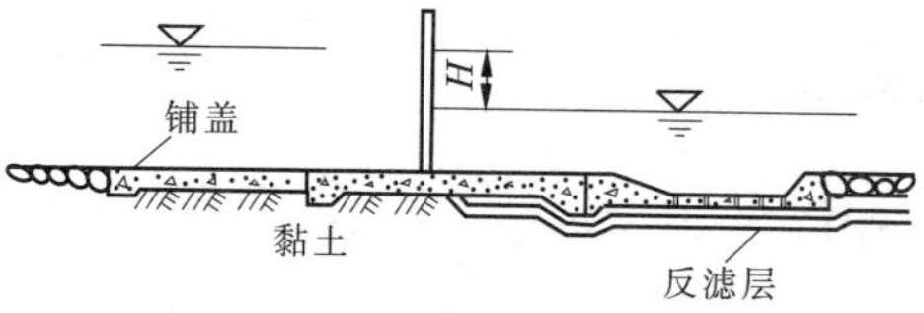

(a)黏性土地基

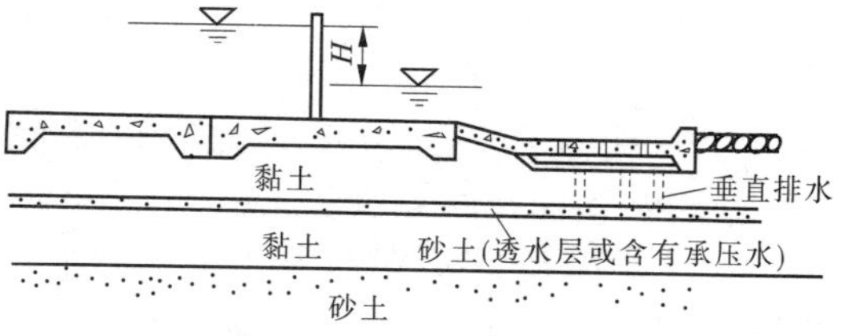

(b)黏性土地基夹有透水砂层

图 6-25 黏性土地基防渗排水布置

4.2.2.2 砂性土地基

(1)特点:砂性土粒间无黏着力,易产生管涌,主要应防止发生渗透变形。砂性土摩擦系数较大,对减小渗透压力要求相对较小。

(2)排水布置:当砂层很厚时,可采用铺盖与板桩相结合的形式,排水设施布置在护坦上。必要时,在铺盖前端再加设一道短板桩,以加长渗径,如图 6-26(a)所示;当砂层较薄,下面有不透水层时,可将板桩插入不透水层;当地基为粉细砂土基时,为了防止地基液化,常将闸基四周用板桩封闭起来,如图6-26(b)所示。在渗流水出口处需设置反滤层。

如水闸承受双向水头作用,水闸上下游均设有排水设施,设计时应以水头差较大的一边为主,另一边为辅,并采取除降低渗压力外的其他措施,提高闸室的稳定性,如图6-26(c)所示。

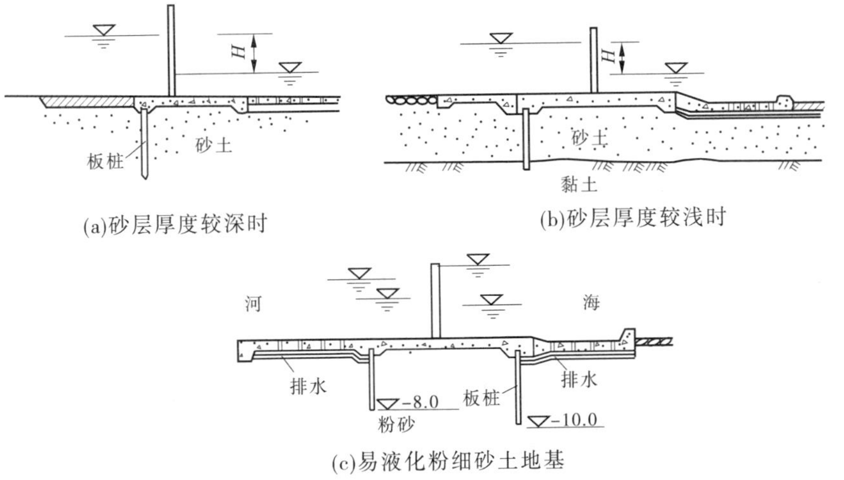

图6-26　砂性土闸基防渗排水布置

4.3　防渗设施

水闸的防渗设施包括水平防渗设施(铺盖)和垂直防渗设施(板桩、齿墙、防渗墙、灌注式水泥砂浆帷幕、高压喷射灌浆帷幕及垂直防渗土工膜等),而排水设施则是指铺设在护坦(消力池底板)、浆砌石海漫底部或闸底板下游段的排水孔和起导渗作用的砂砾石层,为防止渗透变形,砂砾石层一般做成反滤层的形式。

4.3.1　铺盖

铺盖应有可靠的不透水性及一定的柔性,以适应地基变形,保证防渗作用。实际工程中,常用的形式有黏土、混凝土、钢筋混凝土或土工膜防渗铺盖等。

4.3.1.1　黏土、黏壤土防渗铺盖

这种铺盖的渗透系数应比地基土的渗透系数至少要小100倍。铺盖的长度应由闸基防渗需要确定。

铺盖的厚度应根据铺盖土料的允许水力坡降值计算确定,实际工程中上游端一般采用0.6~0.8 m,并逐渐向闸室方向加厚,靠近闸室处为1.0~1.5 m。为了防止铺盖在施工期被损坏和运用时被水流冲刷,其上面应设置厚为0.3~0.5 m干砌块石或混凝土板保护层。保护层与铺盖间设置一、二层砂砾石垫层。铺盖与闸室底板连接处是薄弱环节,应处理好,如图6-27所示。

4.3.1.2　混凝土或钢筋混凝土防渗铺盖

如当地缺乏黏土、黏壤土,或要用铺盖兼作阻滑板以提高闸室抗滑稳定性,可采用混凝土或钢筋混凝土防渗铺盖(见图6-28)。其厚度一般根据构造要求确定,最小厚度不宜小于0.4 m,在与底板连接处应加厚至0.8~1.0 m。铺盖与底板、翼墙之间用沉降缝分

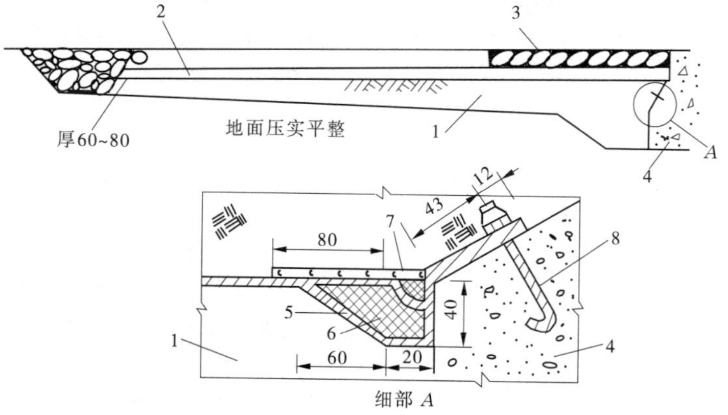

1—黏土铺盖;2—垫层;3—浆砌块石保护层(或混凝土板);4—闸室底板;
5—沥青麻袋;6—沥青填料;7—木盖板;8—斜面上螺栓

图 6-27　黏土铺盖构造　(单位:cm)

开。铺盖本身亦应设温度沉降缝,靠近翼墙的缝距应小一些。缝宽可采用 2 ~ 3 cm,缝中均应设止水。混凝土铺盖中混凝土强度等级一般为 C15,配置温度构造筋。对于起阻滑作用的钢筋混凝土铺盖则要根据受力情况配置轴向受拉钢筋。受拉钢筋与闸室在接缝处应采用铰接的构造形式。这种铺盖的混凝土强度等级一般不低于 C20。

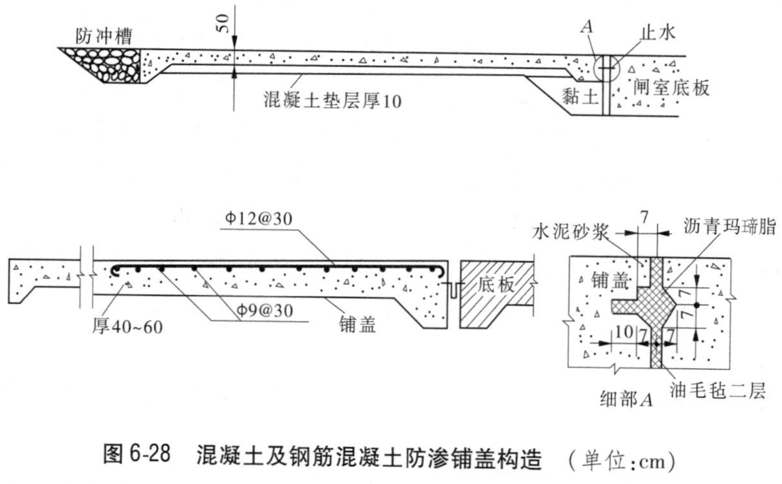

图 6-28　混凝土及钢筋混凝土防渗铺盖构造　(单位:cm)

4.3.1.3　土工膜防渗铺盖

水闸防渗铺盖也可用土工膜代替传统的弱透水土料。用于防渗的土工合成材料主要有土工膜或复合土工膜,其厚度应根据作用水头,膜下土体可能产生裂隙宽度、膜的应变和强度等因素确定,但不宜小于 0.5 mm。防渗土工膜上部可采用水泥砂浆、砌石或预制混凝土块做防护层、上垫层,下部应设下垫层。

4.3.2　板桩

板桩的作用随其位置不同而不同。一般设在闸底板上游端或铺盖前端,主要用以降低渗透压力,有时也设在底板下游端,以减小出口段坡降或出逸坡降。板桩长度与透水层深度有关，若透水层较浅，可用板桩插入不透水层0.5～1.0 m；若透水层较深，则采用悬挂式板桩，考虑防渗效果、工程造价、施工方法等因素，其入土深度一般为作用水头的0.7～1.2倍。

板桩的材料主要有钢筋混凝土板桩、钢板桩、砂浆板和木板桩等，目前采用最多的是钢筋混凝土板桩，它适合于各种地基。其最小厚度不宜小于0.2 m；宽度不宜小于0.4 m；其入土深度多数采用3～5 m，最长达8 m。

板桩与闸底板的连接形式有两种：①嵌入式。将板桩紧靠底板前缘，顶部嵌入黏土铺盖一定深度，适用于闸室沉降量较大，板桩尖已插入坚实土层的情况。②悬挂式。将板桩顶部嵌入底板底面特设的凹槽中，桩顶填塞沥青等可塑性较大的不透水材料，适用于闸室沉降量小而板桩桩尖未达到坚实土层的情况，如图6-29所示。

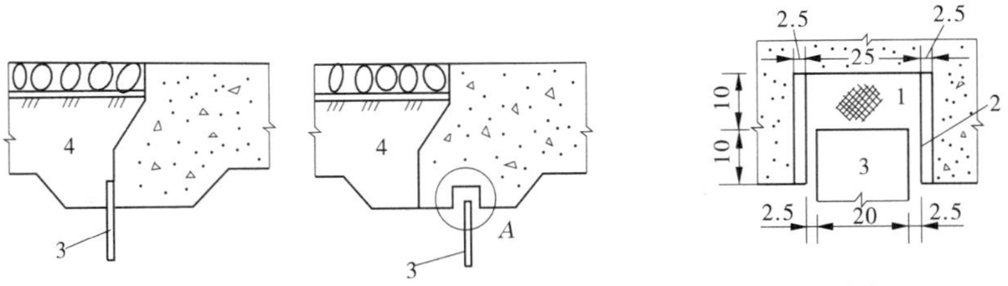

(a)顶部嵌入黏土　(b)顶部嵌入底板凹槽　细部A

1—沥青；2—预制挡板；3—板桩；4—铺盖

图6-29　板桩与闸底板的连接形式（单位：cm）

4.3.3　齿墙

闸底板和铺盖的上下游端及消力池底板的下游端一般设有齿墙，它有利于抗滑稳定，并可延长渗径。齿墙深度一般为0.5～1.5 m，最大不宜超过2.0 m，否则施工困难。

根据具体情况，水闸的防渗设施还可采用混凝土防渗墙、水泥砂浆帷幕、高压喷射灌浆帷幕及垂直防渗土工膜等。

4.4　排水设施

闸基排水设施的作用是将闸底渗透水流尽快排到下游，以减小渗透压力，因此要求排水设施透水性好，并与下游畅通。排水形式通常有：

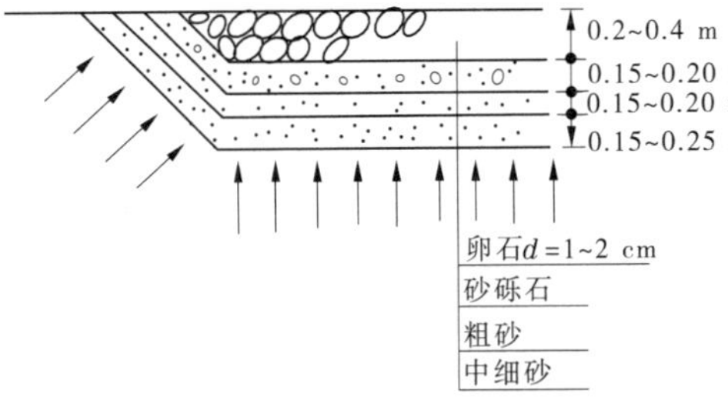

图6-30　反滤层构造

(1)平铺式排水。在护坦和浆砌石海漫的底部或深入底板下游齿墙稍前方平铺粒径为1～2 cm的卵石、砾石或碎石（见图6-30），平铺厚度为15～30 cm，为防止地基的细颗粒被渗流水带走而发生渗透变形，在排水和地基土的接触面需设置反滤层，一般将反滤层中最大粒径的一层适当加厚，作为排水体。

(2)垂直排水。在地基内有承压水层时，用垂直排水可有效地降低承压水头。将排水井伸入到该层内0.3～0.5 m，引出承压水，达到降压的目的。排水井的井径一般为0.3 m左右，间距3 m左右，内填滤料。

(3)水平带状排水。多用于岩基上,和重力坝地基排水设施相同。

5 闸基渗流计算

闸基渗流计算的目的:求解渗透压力、渗透坡降、渗透流量等,并验算地基土在初步拟订的地下轮廓线下的抗渗稳定性。土基上闸基渗流计算主要采用直线比例法(渗径系数法)、流网法、改进阻力系数法等近似计算方法。

5.1 直线比例法(渗径系数法)

该法原理是假定渗流沿地下轮廓线流动时,其渗透水头是成直线比例逐渐减小的,即沿程渗透坡降的大小都是相同的。因此,当总水头 H 及防渗长度 L 已定时,便可按直线比例关系求出防渗长度上各点(沿地下轮廓上各点)的渗透压力水头值。此法计算精度不高,特别是用该法进行渗透压力及出逸坡降计算时,误差较大。但由于此法具有一定的实践基础,又很简单,故在小型水闸设计中仍有使用。

按照防渗长度确定的方法不同,直线比例法又分为勃莱法和莱因法两种。

(1)勃莱法。假定闸基渗流沿防渗长度均匀地消减水头,即在单位长度上消减的水头是相同的,并假定防渗长度与水头的比值如不小于某一数值,闸基就不会产生渗透变形。

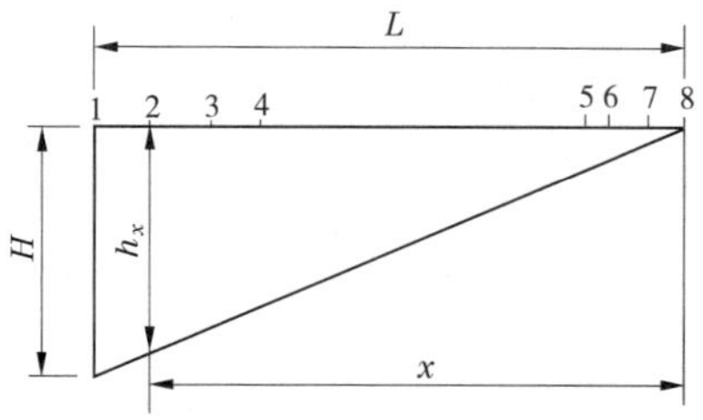

图 6-31 直线比例法计算渗透压强

用勃莱法确定距地下轮廓线下游端为 x 处的渗透压力 h_x(见图 6-31)时,可按式(6-13)计算:

$$h_x = \frac{x}{L} \cdot H \tag{6-13}$$

(2)莱因法。该法认为水平渗径不如铅直渗径的防渗效果好,并认为水平渗径的防渗效能只有铅直渗径的1/3。因此,用该法计算渗透压力时,应先将 x、L 中的水平渗径长度除以 3 后,再加上垂直渗径长度 ,然后代入式(6-13)计算。

5.2 流网法

对于边界条件复杂的渗流场,很难精确求得任一点的渗流要素值,工程上通常采用流网法来解决这类问题,误差可以控制在 5% 以内。流网的绘制可以采用电模拟等实验的方法或图解法来完成。前者适用于大型水闸复杂的地下轮廓线和土基,后者适用于均质地基上的水闸,既简便迅速,又有足够的精度。流网绘成后,如图 6-32 所示,便可应用其算出渗透压力、渗透坡降、渗透流速和渗透流量等要素。

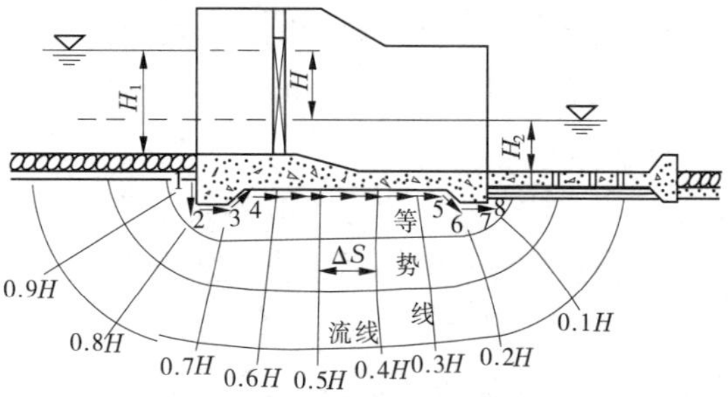

图 6-32 流网示意图

5.3 改进阻力系数法

改进阻力系数法是在阻力系数法的基础上发展起来的，这两个方法的基本原理非常相似。主要区别是前者的渗流区划分比后者多，在进出口局部修正方面考虑得更详细些。因此，改进阻力系数法是一种精度较高的近似计算方法。

5.3.1 基本原理

如图6-33所示，有一简单的矩形断面渗流区，其长度为L，透水土层厚度为T，两断面间的测压管水位差为h。根据达西定律，通过该渗流区的单宽渗流量q为

$$q = K\frac{h}{L}T \quad 或 \quad h = \frac{L}{T}\frac{q}{K} \tag{6-14}$$

令$L/T=\xi$，则得
$$h = \xi\frac{q}{K} \tag{6-15}$$

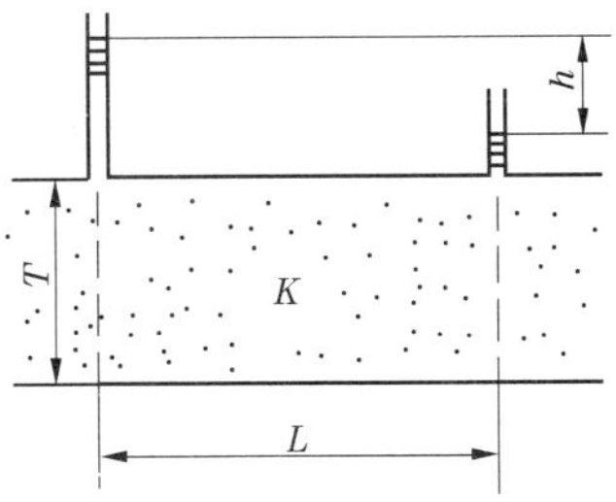

图6-33 基本原理示意图

式中，ξ称为阻力系数，ξ值仅和渗流区的几何形状有关，它是渗流边界条件的函数。对于比较复杂的地下轮廓，需要把整个渗流区大致按等势线位置分成若干个典型渗流段。每个典型渗流段都可利用解析法或实验法求得阻力系数ξ，其计算公式见表6-13。图6-34所示的简化地下轮廓线，可由2、3、4、5、6、7、8、9、10点引出等势线，将渗流区划分成10个典型流段，并按表6-13的公式计算出各段的ξ_i。再由式(6-16)得到任一典型流段的水头损失h_i。

$$h_i = \xi_i\frac{q}{K} \tag{6-16}$$

表6-13 典型流段的阻力系数

区段名称	典型流段形式	阻力系数ξ的计算公式
进口段和出口段	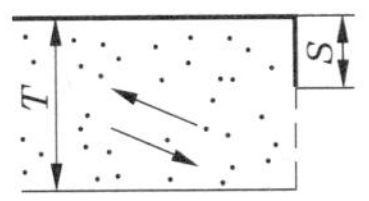	$\xi_0 = 1.5(\frac{S}{T})^{3/2} + 0.441$
内部垂直段	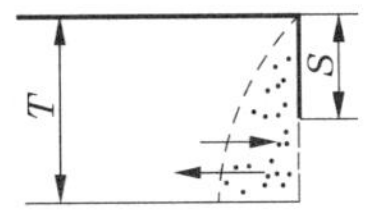	$\xi_y = \frac{2}{\pi}\ln\cot[\frac{\pi}{4}(1-\frac{S}{T})]$
内部水平段	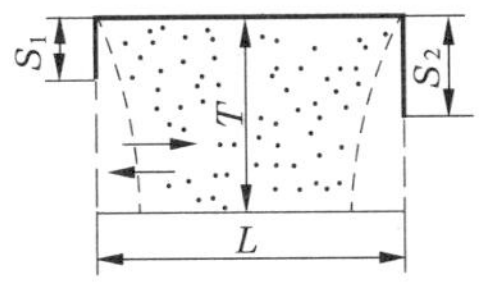	$\xi_x = \frac{L-0.7(S_1+S_2)}{T}$

对于不同的典型段，ξ值是不同的，而根据水流的连续原理，各段的单宽渗流量应该相同。所以，各段的q/K值相同，而总水头H应为各段水头损失的总和，于是得

$$H = \sum_{i=1}^{m} h_i = \frac{q}{K}\sum_{i=1}^{m}\xi_i \tag{6-17}$$

将式(6-17)代入式(6-15)得各段的水头损失为

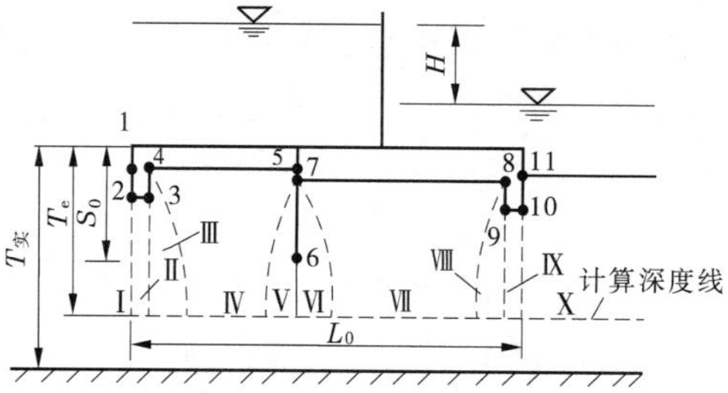

图 6-34　地下轮廓线简化示意图

$$h_i = \xi_i \frac{H}{\sum_{i=1}^{m} \xi_i} \tag{6-18}$$

求出各段的水头损失后，再由出口处向上游方向依次叠加，即得各段分界点的渗压水头。两点之间的渗透压强可近似地认为成直线分布。进出口附近各点的渗透压强，有时需要修正。如要计算 q，可按式(6-14)进行。

5.3.2　计算步骤

(1)确定地基计算深度。上述计算方法对地基相对不透水层较浅时可直接应用，但在相对不透水层较深时，须用有效深度 T_e 作为计算深度 T_c。T_e 可按下式计算确定：

$$\left.\begin{aligned} &\text{当}\frac{L_0}{S_0} \geq 5 \text{ 时} \quad && T_e = 0.5L_0 \\ &\text{当}\frac{L_0}{S_0} < 5 \text{ 时} \quad && T_e = \frac{5L_0}{1.6\frac{L_0}{S_0} + 2} \end{aligned}\right\} \tag{6-19}$$

式中　L_0——地下轮廓的水平投影长度，m；

S_0——地下轮廓的铅直投影长度，m。

计算出有效深度 T_e 后，再与相对不透水层的实际深度 $T_{实}$ 相比较，应取其中的小值作为计算深度 T_c。

(2)按地下轮廓形状将渗流区分成若干典型渗流段，利用表 6-13 计算各段的阻力系数 ξ_i，并计算各段的水头损失 h_i。

如果计算某一水平段的阻力系数值 $\xi_x \leq 0$，说明此段水平距离太短，即可判断其为不合理，此时可将该水平段与附近的渗流段合并后再进行计算。

(3)以直线连接各分段计算点的水头值，便可绘出渗透压强分布图。

(4)对进、出口段水头损失值和渗透压强分布图形进行局部修正。计算公式如下：

$$h_0' = \beta' h_0 \tag{6-20}$$

$$\beta' = 1.21 - \frac{1}{\left[12\left(\frac{T'}{T}\right)^2 + 2\right]\left(\frac{S'}{T} + 0.059\right)} \tag{6-21}$$

$$\Delta h = (1 - \beta')h_0 \tag{6-22}$$

式中　h_0'——进、出口段修正后的水头损失值，m；

h_0——按式(6-18)计算的水头损失值，m；

β'——阻力修正系数,按式(6-21)计算,当计算的 $\beta' \geq 1.0$ 时,则取 $\beta' = 1.0$;

S'——底板埋深与板桩入土深度之和,如图6-35(a)所示,m;

T'——板桩另一侧地基透水层深度或齿墙底部至计算深度线的铅直距离,如图6-35所示,m;

Δh——修正后的水头损失减小值,可按式(6-22)计算,m。

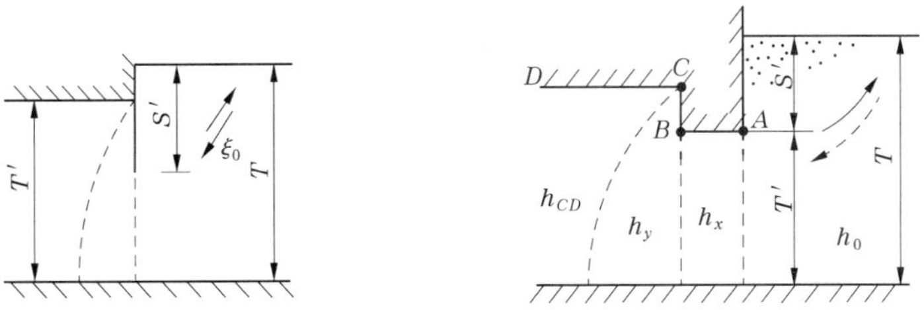

(a)有板桩的进出口渗流计算　　(b)有齿墙的进出口渗流计算

图6-35　进出口修正计算示意图

(5)当阻力修正系数 $\beta' < 1$ 时,除进、出口段的水头损失需做修正外,在其附近的内部典型段内仍需修正,即把进出口段的水头损失减小值 Δh 分别按不同情况加在附近的几个典型段内。①当 $h_x \geq \Delta h$ 时,可按下式修正:$h'_x = h_x + \Delta h$,式中 h'_x 为修正后的水平段水头损失值,h_x 为水平段的水头损失值。②当 $h_x < \Delta h$ 时,可按下面两种情况修正:当 $h_x + h_y \geq \Delta h$ 时,$h'_x = 2h_x$,$h'_y = h_y + \Delta h - h_x$,其中 h_y 为内部铅直段的水头损失值,h'_y 为修正后的内部铅直段水头损失值;当 $h_x + h_y < \Delta h$ 时,$h'_x = 2h_x$,$h'_y = 2h_y$,$h'_{CD} = h_{CD} + \Delta h - (h_x + h_y)$,其中 h_{CD} 为 CD 段的水头损失值,h'_{CD} 为修正后的 CD 段水头损失值,如图6-35所示。

(6)按式(6-23)计算出口段渗流坡降 J。

$$J = \frac{h'_0}{S'} \tag{6-23}$$

出口段和水平段的渗流坡降都应满足《水闸设计规范》(SL 265—2016)规定的允许渗流坡降值[J]的要求,防止地下渗流冲蚀地基土并造成渗透变形。

6　水闸的侧向绕渗

水闸建成挡水后,除闸基渗流外,渗流还从上游高水位绕过翼墙、岸墙和刺墙等流向下游。绕渗对翼墙、岸墙施加水压力,影响其稳定性;在渗流出口处,以及填土与岸墙、翼墙的接触面上可能产生渗透变形。此外,它还会影响闸和地基的安全。因此,应做好侧向防渗排水设施。

6.1　侧向绕渗计算

侧向绕渗具有自由水面,属于三维无压渗流。当河岸土质均一,在其下面有水平不透水层时,可将三维问题简化成二维问题,按与闸基有压渗流相似的方法或流网法或改进阻力系数法求解绕渗要素。如果墙后土层的渗透系数小于地基渗透系数,则侧向绕渗压力可以近似地采用相对应部位的闸基扬压力计算值。

6.2　侧向防渗措施

侧向防渗排水布置(包括刺墙、板桩、排水井等)应根据上下游水位、墙体材料和墙后土质及地下水位变化等情况综合考虑,并应与闸基的防渗排水布置相适应,使在空间上形成防渗整体。

【例 6-3】 水闸的防渗排水设计。

根据前面的水闸设计基本资料,设计任务如下:

(1)闸底地下轮廓线的布置。

(2)排水设备的构造设计。

设计参考步骤如下:

1. 闸底地下轮廓线的布置

(1)防渗设计的目的。防止闸基渗透变形;减小闸基渗透压力;减少水量损失;合理选用地下轮廓尺寸。

(2)布置原则。防渗设计一般采用防渗和排水相结合的原则,即在高水位侧采用铺盖、板桩、齿墙等防渗设施,用以延长渗径、减小渗透坡降和闸底板下的渗透压力;在低水位侧设置排水设施(如面层排水、排水孔排水或减压井)与下游连通,使地下渗水尽快排出,以减小渗透压力,并防止在渗流出口附近发生渗透变形。

(3)地下轮廓线布置。

①闸基防渗长度的确定。根据式(6-12)计算闸基理论防渗长度为 59.5 m。其中,C 为渗径系数,因为地基土质为重粉质壤土,查表 6-12 取 7。

$$L_{理} = 7 \times 8.5 = 59.5(\mathrm{m})$$

②防渗设备。由于闸基土质以黏性土为主,防渗设备采用黏土铺盖,闸底板上下游侧设置齿墙,为了避免破坏天然的黏土结构,不宜设置板桩。

③防渗设备尺寸和构造。

闸底板顺水流方向长度,根据上下游最大水位差 ΔH 为 8.5 m,闸基土质为重粉质壤土,系数 A 取 2.0,则

$$L_{底} = A \times \Delta H = 2 \times 8.5 = 17(\mathrm{m})$$

底板长度综合考虑上部结构布置及地基承载力等要求,确定为 18 m。

闸底板厚度 $t = 1/5 \times 8 = 1.6(\mathrm{m})$,实际取为 1.5 m。

闸底板设置齿墙,尺寸如图 6-36 所示。

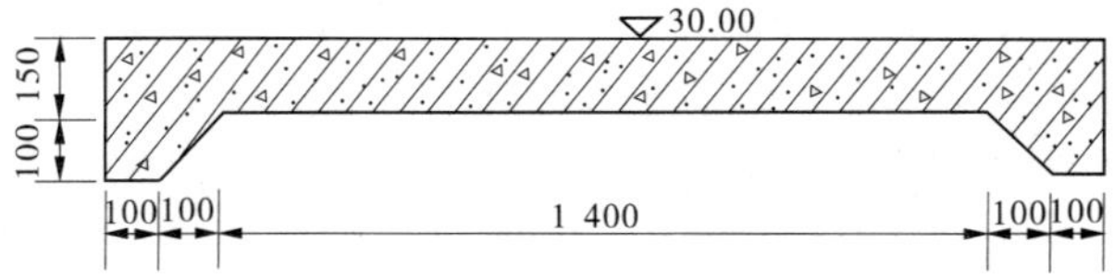

图 6-36 闸底板尺寸 (单位:cm)

铺盖长度根据 3 ~5 倍的上下游水位差,确定为 40 m。铺盖厚度确定:为便于施工,上游端取 0.6 m,末端取 1.5 m,以便和闸底板连接。为了防止水流冲刷及施工时破坏黏土铺盖,在其上设置 30 cm 厚的浆砌块石保护层,10 cm 厚的砂垫层。

(4)校核地下轮廓线的长度。根据以上设计数据,实际的地下轮廓线布置长度应大于理论的地下轮廓线长度,通过校核,满足要求。

铺盖长度+闸底板长度+齿墙长度 $=40+6.8+18=64.8(m)>L_{理}=59.5$ m

2. 排水设备的细部构造

(1)排水设备的作用。

采用排水设备,可降低渗透压力,排除渗水,避免渗透变形,增加下游的稳定性。排水的位置直接影响渗透压力的大小和分布,应根据闸基土质情况和水闸的工作条件,做到既减小渗透压力又避免渗透变形。

(2)排水设备的设计。

①水平排水。为加厚反滤层中的大颗粒层,形成平铺式。反滤层一般是由2~3层不同粒径的砂和砂砾石组成的。层次排列应尽量与渗流的方向垂直,各层次的粒径则按渗流方向逐层增大,其构造可参照图6-30所示。

反滤层的材料应是能抗风化的砂石料,并满足:被保护土壤的颗粒不得穿过反滤层;各层的颗粒不得发生移动;相邻两层间较小一层的颗粒不得穿过较粗一层的空隙;反滤层不能被阻塞,应具有足够的透水性,以保证排水通畅;同时还应保证耐久、稳定,其工作性能和效果应不随时间的推移和环境的改变而变差。

反滤层由碎石、中砂和细砂组成,其中上部为20 cm厚的碎石,中间为10 cm厚的中砂,下部为10 cm厚的细砂。

②竖直排水设计。在护坦的中后部设排水孔,孔距为2 m,孔径为10 cm,呈梅花形布置,孔下设反滤层。

③侧向排水设计。侧向防渗排水布置(包括刺墙、板桩、排水井等)应根据上下游水位、墙体材料和墙后土质及地下水位变化等情况综合考虑,并应与闸基的防渗排水布置相适应,在空间上形成防渗整体。

在消力池两岸翼墙设2~3层排水孔,呈梅花形布置,孔后设反滤层,排出墙后的侧向绕渗水流。

(3)止水设计。

凡具有防渗要求的缝,都应设止水设备。止水分铅直止水和水平止水两种。前者设在闸中间、边墩与翼墙间及上游翼墙竖直缝中;后者设在黏土铺盖保护层上的温度沉降缝、消力池与底板温度沉降缝、翼墙、消力池本身的温度沉降缝内,在黏土铺盖与闸底板沉降缝中设置沥青麻袋止水。

7 荷载及组合

7.1 荷载

作用在水闸上的荷载可分为基本荷载和特殊荷载两类。基本荷载主要有:水闸结构及其上部填料和永久设备的自重;相应于正常蓄水位或设计洪水位情况下水闸底板上的水重、静水压力、扬压力、浪压力;土压力;淤沙压力;风压力;冰压力;土的冻胀力;其他出现机会较多的荷载等。特殊荷载主要有:相应于校核洪水位情况下水闸底板上的水重、静水压力、扬压力、浪压力;地震荷载;其他出现较少的荷载等。

因水闸具有挡水作用，故其所承受的荷载的计算公式与重力坝基本类似。

(1)自重：应按其几何尺寸及材料容重计算确定。闸门、启闭机及其他永久设备应尽量采用实际重量。

(2)水重：指闸室范围内作用在底板顶面以上的水体重量。多泥沙河流上的水闸，还应考虑含沙量对水容重的影响。当上下游坝面倾斜时，应计入竖向静水压力。

(3)水平水压力：指作用在胸墙、闸门及闸墩上的水平水压力。上下游的水平水压力数值不同，方向相反。

作用在铺盖与底板连接处的水平水压力因铺盖所用材料不同而略有差异。当为黏土铺盖时，如图6-37(b)所示，a 点处按静水压强计算，b 点处则取该点的扬压力强度值，两点之间以直线相连，进行计算。当为混凝土或钢筋混凝土铺盖时，如图6-37(a)所示，止水片以上的水平水压力仍按静水压力分布计算，止水片以下按梯形分布计算，c 点的水平水压力强度等于该点的浮托力强度值加上 e 点的渗透压力强度值，d 点则取该点的扬压力强度值，c 点、d 点之间按直线连接计算。

底板上下游浅齿内侧斜面上的水平水压力因方向相反，数值相差不多，一般略而不计。

(4)扬压力：包括渗透压力和浮托力两部分。底板底部某一点的浮托力强度值等于该点与下游水位间的高差乘以水的容重。

(5)浪压力：根据相关规范，平原地区水闸按重力坝章节中莆田实验站的公式进行计算。

(6)土压力：应根据填土性质、挡土高度、填土内的地下水位、填土顶面坡角及超荷载等计算确定。对于向外侧移动或转动的挡土结构，可按主动土压力计算；对于保持静止不动的挡土结构，可按静止土压力计算。

(7)淤沙压力、地震荷载、冰压力的计算同重力坝。

7.2 荷载组合

水闸在施工、运用及检修过程中，各种作用荷载的大小、分布及出现的概率情况是经常变化的。因此，设计水闸时，应将可能同时作用的各种荷载进行组合。荷载组合分为基本组合与特殊组合两类。基本组合由基本荷载组成；特殊组合由基本荷载和一种或几种特殊荷载组成。但地震荷载只许与正常蓄水位情况下的相应荷载组合。

每种组合中所包含的计算情况及每种情况中所涉及的荷载参见表6-14。计算闸室稳定和应力时的荷载组合可按表6-14采用。必要时也可考虑其他可能的不利组合。

8 闸室的稳定分析

土基上的闸室稳定计算应满足：①在各种计算情况下，闸室平均基底应力不大于地基允许承载力，最大基底应力不大于地基允许承载力的1.2倍；②闸室基底应力的最大值与最小值之比不大于《水闸设计规范》(SL 265—2016)规定的允许值；③沿闸室基础底面的抗滑稳定安全系数，应不小于《水闸设计规范》(SL 265—2016)规定的允许值。

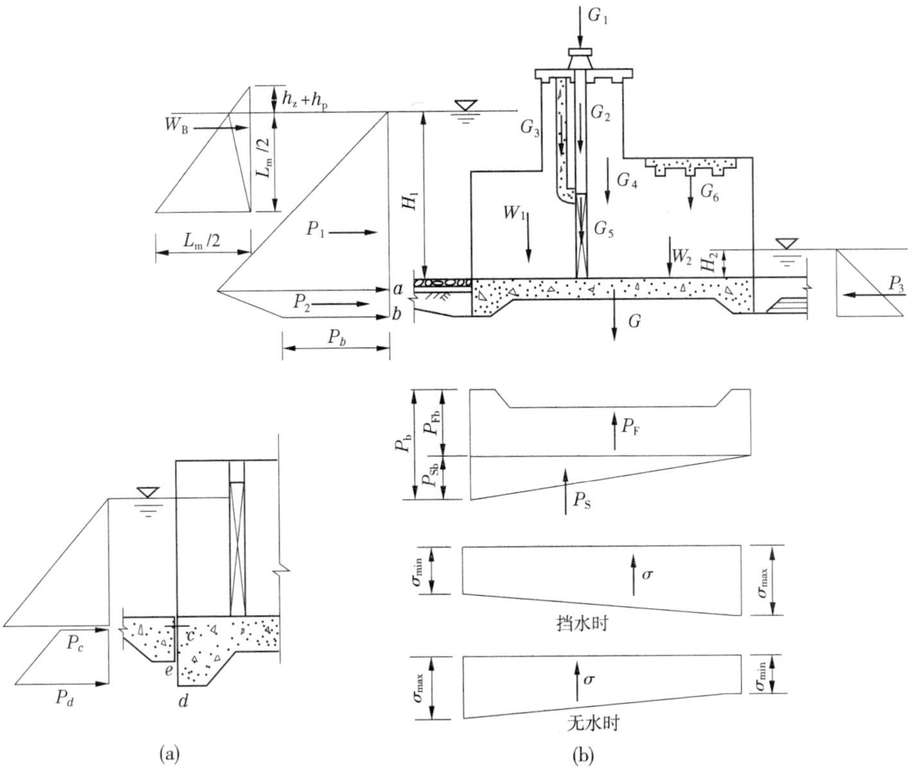

$P_1\sim P_3$—水压力；W_B—浪压力；G—底板重；G_1—启闭机重；G_2—工作桥重；G_3—胸墙重；G_4—闸墩重；G_5—闸门重；G_6—交通桥重；W_1、W_2—水重；P_F—浮托力；P_S—渗透压力；σ—地基反力

图6-37　闸室的作用力

表6-14　荷载组合

荷载组合	计算情况	荷载												说明
		自重	水重	静水压力	扬压力	土压力	淤沙压力	风压力	浪压力	冰压力	土的冻胀力	地震荷载	其他	
基本组合	完建情况	√	—	—	—	√	—	—	—	—	—	—	√	必要时，可考虑地下水产生的扬压力
	正常蓄水位情况	√	√	√	√	√	√	√	√	—	—	—	√	按正常蓄水位组合计算水重、静水压力、扬压力及浪压力
	设计洪水位情况	√	√	√	√	√	√	√	√	—	—	—	—	按设计洪水位组合计算水重、静水压力、扬压力及浪压力
	冰冻情况	√	√	√	√	√	√	√		√	√	—	√	按正常蓄水位组合计算水重、静水压力、扬压力及冰压力

续表 6-14

荷载组合	计算情况	荷载												说明
		自重	水重	静水压力	扬压力	土压力	淤沙压力	风压力	浪压力	冰压力	土的冻胀力	地震荷载	其他	
特殊组合	校核洪水位情况	√	√	√	√	√	√	√	√	—	—	—	—	按校核洪水位组合计算水重、静水压力、扬压力及浪压力
	施工情况	√	—	—	—	√	—	—	—	—	—	—	√	应考虑施工过程中各个阶段的临时荷载
	检修情况	√	—	√	√	√	√	√	√	—	—	—	√	按正常蓄水位组合(必要时可按设计洪水位组合或冬季低水位条件)计算静水压力、扬压力及浪压力
	地震情况	√	√	√	√	√	√	√	√	—	—	√	—	按正常蓄水位组合计算水重、静水压力、扬压力及浪压力

注:表中“√”为需要考虑荷载;“—”为不考虑荷载。

岩基上的闸室稳定计算应满足:①在各种计算情况下,闸室最大基底应力不大于地基允许承载力。②在非地震情况下,闸室基底不出现拉应力;在地震情况下,闸室基底拉应力不大于 100 kPa。③沿闸室基底面的抗滑稳定安全系数不小于《水闸设计规范》(SL 265—2016)规定的允许值。

对于土质地基,在竖向荷载作用下,可按限制塑性区开展深度的方法计算地基容许承载力;在竖向和水平向荷载共同作用下,可按 C_k 法验算地基的整体稳定,也可用汉森公式计算地基的容许承载力。对于碎石土地基的容许承载力可根据碎石土的密实度查表确定。对于岩石地基,地基的容许承载力可根据岩石类别及其风化程度查表确定。详细计算见《水闸设计规范》(SL 265—2016)的附录 H。

8.1 闸室稳定计算

计算时取两相邻顺水流向永久缝之间的闸段作为计算单元。

8.1.1 闸室基底应力验算

(1)当结构布置及受力情况对称时,按下式计算:

$$\sigma_{\substack{\max\\\min}} = \frac{\sum G}{A} \pm \frac{\sum M}{W} \quad (\mathrm{kPa}) \tag{6-24}$$

式中 $\sigma_{\max}$、$\sigma_{\min}$——闸室基底应力的最大值或最小值;

$\sum G$——作用在闸室上的所有竖向荷载总和,kN;

$\sum M$——作用在闸室上的所有竖向和水平向荷载对于基础底面垂直水流方向的形心轴的力矩和,kN · m;

A——闸室基础底面的面积，m^2；

W——闸室基础底面对于该底面垂直水流方向的形心轴的截面矩，m^3。

(2)当结构布置及受力情况不对称时，按下式计算：

$$\sigma_{\substack{max\\min}} = \frac{\sum G}{A} \pm \frac{\sum M_x}{W_x} \pm \frac{\sum M_y}{W_y} \quad (kPa) \tag{6-25}$$

式中 $\sum M_x$、$\sum M_y$——作用在闸室上的所有竖向和水平向荷载对于基础底面形心轴 x、y 的力矩和，kN·m；

W_x、W_y——闸室基础底面对于该底面形心轴 x、y 的截面矩，m^3。

8.1.2 闸室抗滑稳定验算

(1)土基上的水闸，一般情况下闸基面的法向应力较小，不会发生深层滑动，故只验算其在荷载作用下沿基底面的抗滑稳定。但当地基面的法向应力较大时，还需要核算深层抗滑稳定性。闸室沿基底面的抗滑稳定计算公式为：

$$K_c = \frac{f\sum G}{\sum H} \tag{6-26}$$

和

$$K_c = \frac{\tan\varphi_0 \sum G + c_0 A}{\sum H} \tag{6-27}$$

式中 K_c——沿闸室基底面的抗滑稳定安全系数；

f——闸室基底面与地基之间的摩擦系数，可查 SL 265—2016；

$\sum H$——作用在闸室上的全部水平向荷载，kN；

φ_0——闸室基础底面与土质地基之间的摩擦角，(°)，可查 SL 265—2016；

c_0——闸室基础底面与土质地基之间的黏结力，kPa，可查 SL 265—2016。

式(6-26)由于计算简便，故在水闸设计中，特别是在水闸的初步设计阶段，采用其进行闸室抗滑稳定计算的较多。但 f 值的取用较困难，并有一定的任意性。式(6-27)是根据现场混凝土板的抗滑实验资料进行分析研究后提出来的，即考虑了混凝土板底面与地基土之间的摩阻力，也考虑了两者之间的黏结力对闸室抗滑稳定的影响，故其计算成果能够比较真实地反映黏性土地基上水闸的实际运用情况，更具合理性。黏性土地基上的大型水闸宜按式(6-27)计算。

(2)对于土基上采用钻孔灌注桩基础的水闸，若验算沿闸室底板底面的抗滑稳定性，还应计入桩体材料的抗剪断能力。

(3)岩基上沿闸室基底面的抗滑稳定计算可按式(6-26)或式(6-28)进行。

$$K_c = \frac{f'\sum G + c'A}{\sum H} \tag{6-28}$$

式中 f'——闸室基底面与岩石地基之间的抗剪断摩擦系数，可查 SL 265—2016；

c'——闸室基底面与岩石地基之间的抗剪断黏结力，kPa，可查 SL 265—2016。

式(6-28)中不仅考虑了闸室基底与岩石地基之间的摩阻力，而且也考虑了客观存在于闸室基底与岩石地基之间的黏结力，因此按此公式计算更加合理。

当闸室承受双向水平向荷载作用时，应验算其合力方向的抗滑稳定性，其抗滑稳定安全系数应按土基或岩基分别不小于 SL 265—2016 规定的允许值。

8.2 提高闸室抗滑稳定性的措施

当沿闸室基底面抗滑稳定安全系数计算值小于允许值时，可在原有结构布置的基础上，结合工程的具体情况，采用下列一种或几种抗滑措施：①将闸门位置移向低水位一侧，或将水闸底板向高水位一侧加长，以增加水重；②适当增大闸室结构尺寸；③增加闸室底板的齿墙深度；④增加铺盖长度或帷幕灌浆深度，或在不影响防渗安全的条件下将排水设施向水闸底板靠近；⑤利用钢筋混凝土铺盖作为阻滑板，但闸室自身的抗滑稳定安全系数不应小于 1.0（计算由阻滑板增加的抗滑力时，阻滑板效果的折减系数可采用 0.80），阻滑板应满足抗裂要求；⑥增设钢筋混凝土抗滑桩或预应力锚固结构。

当利用钢筋混凝土铺盖作为阻滑板时，则在闸室与阻滑板之间必须用钢筋铰连接，以保证阻滑板与闸室底板共同起抗滑作用。

8.3 闸基沉降

由于土基压缩变形大，容易引起较大的闸基沉降。较大的均匀沉降可能会使闸顶部高程不足，达不到设计要求；过大的不均匀沉降，将导致闸室倾斜、产生裂缝，甚至断裂、止水破坏等，严重地影响水闸正常工作。因此，应计算闸基的沉降，以便了解和分析地基的变形情况，做出合理的地基处理方案。计算时应选择有代表性的计算点进行。然后用分层综合法计算其最终沉降量 S_∞：

$$S_\infty = m\sum_{i=1}^{n} \frac{e_{1i} - e_{2i}}{1 + e_{1i}}h_i \quad (\mathrm{m}) \tag{6-29}$$

式中 S_∞——土质地基最终沉降量，m；

m——地基沉降量修正系数，可取 1.0 ~ 1.6（坚实地基取小值、软土地基取大值）；

n——土质地基压缩层计算深度范围内的土层数；

e_{1i}——基础底面以下第 i 层土在平均自重应力作用下，由压缩曲线查得的相应孔隙比；

e_{2i}——基础底面以下第 i 层土在平均自重应力加平均附加应力作用下，由压缩曲线查得的相应孔隙比；

h_i——基础底面以下第 i 层土的厚度，m。

当软土地基上的水闸地基沉降计算不满足 SL 265—2016 规定的允许值时，可以考虑采用以下一种或几种措施：①采用沉降缝隔开；②改变基础形式或刚度；③调整基础尺寸与埋置深度；④必要时对地基进行人工加固；⑤安排合适的施工程序，严格控制施工速度；⑥变更结构形式（采用轻型结构或静定结构等）或加强结构刚度。

9 闸室的结构设计

通过对闸室各部分构件进行结构计算，验算其强度，以便最后确定各构件的形式、尺寸及构造。闸室是一空间结构，受力比较复杂，一般都将其分解成底板、闸墩、胸墙、工作桥及交通桥等若干构件分别计算，并在单独计算时，考虑它们之间的相互作用。这里主要介绍闸墩和底板。

9.1 闸墩的结构计算

闸墩的结构计算主要包括闸墩水平截面上的正应力和剪应力计算、平面闸门门槽或弧形闸门支座的应力计算。

计算时应考虑的工作情况有运用期和检修期两种。

运用期:①两边闸门都关闭时,闸墩受水压力、自重、上部结构及设备重作用。根据不同的水位,分别属于设计情况或校核情况。应验算平面闸门闸墩墩底应力和门槽应力,弧形闸门闸墩墩底应力、牛腿强度及牛腿附近闸墩的拉应力集中现象。当计入纵向地震力时则为校核情况。②一孔全开泄水、邻孔关闭或局部开启时,闸墩承受纵、横向水压力及其他荷载,应验算双向受力的墩底边缘应力。

检修期:相邻闸孔一孔关门检修、一孔开门放水时,闸墩承受纵、横向水压力及其他荷载,属校核情况。应验算双向受力的墩底边缘应力。

9.1.1 闸墩水平截面上的正应力和剪应力

闸墩水平截面上的正应力和剪应力(主要是墩底)主要包括纵向(顺水流方向)和横向(垂直水流方向)两个方向。闸墩每个高程的应力都不同,而最危险的断面则是闸墩与底板的接触面,因此主要以墩底截面为控制应力截面,将闸墩视为固结于闸底板上的悬臂结构,近似按材料力学中的偏心受压公式进行应力分析。

9.1.1.1 闸墩水平截面上的正应力计算

如图6-38所示,可按材料力学的偏心受压公式计算闸墩水平截面上的正应力σ:

$$\sigma = \frac{\sum G}{A} \pm \frac{\sum M_x}{I_x}y \pm \frac{\sum M_y}{I_y}x \quad (\text{kPa}) \tag{6-30}$$

式中 $\sum G$——计算截面以上竖向力的总和,kN;

A——计算截面的面积,m^2;

$\sum M_x$、$\sum M_y$——计算截面以上各力对截面形心轴x、y轴的力矩总和,kN·m;

I_x、I_y——计算截面对其形心轴x、y轴的惯性矩,m^4;

x、y——计算点至形心轴沿x、y轴向的距离,m。

9.1.1.2 闸墩水平截面上的剪应力计算

如图6-38所示,计算截面上顺水流方向和垂直水流方向的剪应力为

$$\left.\begin{aligned}\tau_x &= \frac{Q_x S_x}{I_x d} \quad (\text{kPa})\\ \tau_y &= \frac{Q_y S_y}{I_y B} \quad (\text{kPa})\end{aligned}\right\} \tag{6-31}$$

式中 Q_x、Q_y——计算截面上顺水流方向和垂直水流方向的剪力,kN;

S_x、S_y——计算点以外的面积对形心轴x、y轴的面积矩,m^3;

d——闸墩厚度,m;

B——闸墩长度,m。

对缝墩或一侧闸门开启另一侧闸门关闭的中墩,各水平力对水平截面形心还将产生扭矩M_T,位于y轴边缘的最大扭剪应力τ_{Tmax}可近似用下式计算:

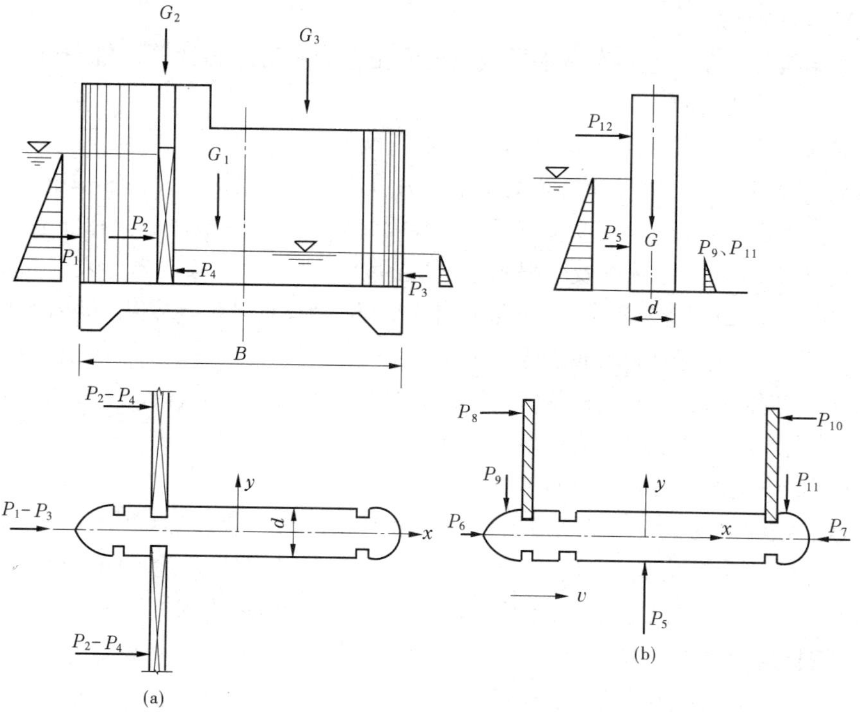

$P_1 \sim P_4$—运用期上下游顺水流流向水压力;$P_5 \sim P_{11}$—检修期作用于闸墩不同部位的水压力;
P_{12}—交通桥上车辆刹车制动力;G_1—闸墩自重;G_2—工作桥重;G_3—交通桥重

图 6-38 闸墩结构计算

$$\tau_{\mathrm{Tmax}} = \frac{M_{\mathrm{T}}}{0.3Bd^2} \tag{6-32}$$

9.1.2 平面闸门闸墩的门槽应力计算

平面闸门门槽颈部因受闸门传来的水压力而产生拉应力,过去常假定该拉应力完全由钢筋承担,以致造成浪费。实际上应考虑闸墩水平截面上的剪应力影响,它承担着一部分拉应力,这样可以减少钢筋用量。门槽颈部应力分析,目前还没有较完善的方法。下面介绍一种用材料力学法计算的方法。

如图 6-39 所示,取 1 m 高的闸墩作为计算单元。由左、右侧闸门传来的水压力为 P,在计算单元上、下水平截面上将产生剪力 $Q_{上}$ 和 $Q_{下}$,剪力差 $Q_{下} - Q_{上}$ 应等于 P。假设剪应力在上、下水平截面上呈均匀分布,并取门槽前的闸墩作为脱离体,由力的平衡条件可求得此 1 m 高门槽颈部所受的拉力 P_1 为

$$P_1 = (Q_{下} - Q_{上})\frac{A_1}{A} = P\frac{A_1}{A} \quad (\mathrm{kN}) \tag{6-33}$$

式中 A_1——门槽颈部以前闸墩的水平截面面积,m^2;

A——闸墩的水平截面面积,m^2。

从式(6-33)可以看出,门槽颈部所受拉力 P_1 与门槽的位置有关,门槽越靠下游,P_1 越大。

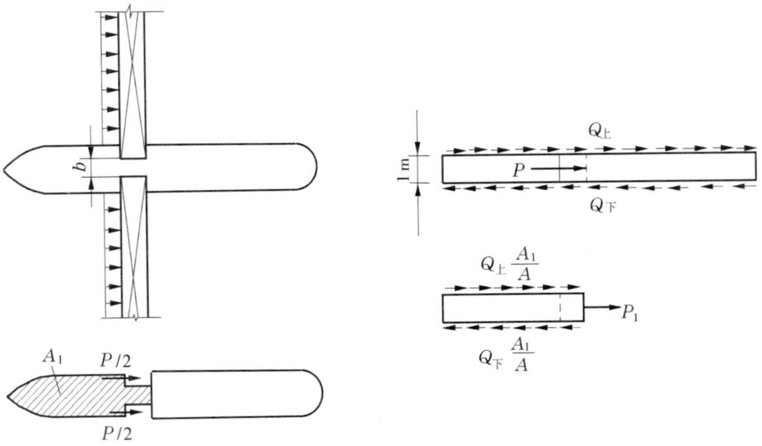

图 6-39 门槽应力计算

1 m 高闸墩在门槽颈部所产生的拉应力 σ_1 为

$$\sigma_1 = \frac{P_1}{b} \quad (\text{kPa}) \tag{6-34}$$

式中 b——门槽颈部厚度，m。

当 σ_1 小于混凝土的容许拉应力时，可按构造要求进行配筋；否则，应按实际受力情况配筋。

由于水压力是沿闸墩高度变化的，因此应在高度方向分段进行上述计算。

由于门槽承受的荷载是由滚轮或滑块传来的集中力，故还应验算混凝土的局部承压强度或配以一定数量的构造钢筋。

对于实体闸墩，除闸墩底部及门槽外，一般不会超过闸墩材料的容许应力，只需配置构造钢筋。

9.1.3 弧形闸门支座处应力计算

弧形闸门的支撑铰有两种布置形式：一种是在闸墩上直接布置铰座；另一种是将铰座布置在伸出于闸墩体外的牛腿上。后者结构简单，制造、安装方便，应用较多。

牛腿轴线呈斜向布置，与闸门关闭时的门轴作用力方向接近，一般为 1∶2.5～1∶3.5，宽度 b 不小于 50～70 cm，高度 h 不小于 80～100 cm，端部做成 1∶1的斜坡，如图 6-40 所示。牛腿承受力矩、剪力和扭矩作用，可按短悬臂梁计算内力并据以配置钢筋和验算牛腿与闸墩的接触面积。

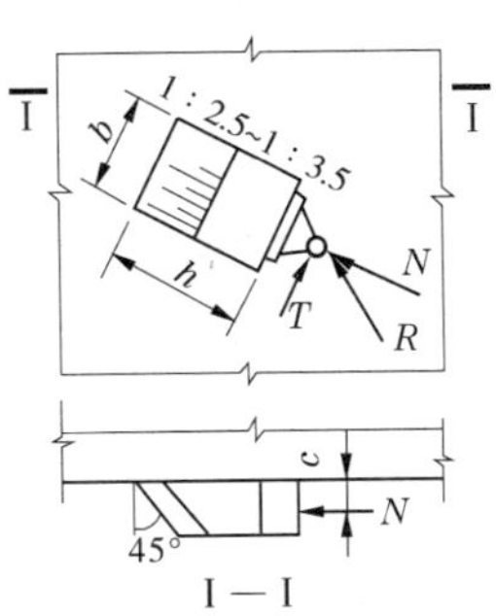

图 6-40 牛腿计算

当闸门关闭挡水时，由弧形闸门门轴传给牛腿的作用力 R 为闸门全部水压力合力的一半，该力可分为法向力 N 和切向力 T。分析时可将牛腿视为短悬臂梁，计算它在 N 与 T 两力作用下的受力钢筋，并验算牛腿与闸墩相连处的面积是否满足要求。分力 N 对牛腿引起弯矩和剪力，分力 T 则使牛腿产生扭矩和剪力。有关牛腿配筋计算可参阅有关书籍。

作用在弧形闸门上的水压力通过牛腿传递给闸墩，远离牛腿部位的闸墩应力仍可用前述方法进行计算，但牛腿附近的应力集中现象则需采用弹性理论进行分析。现介绍偏光弹性试验法。

分力 N 会使闸墩产生相当大的拉应力。三向偏光弹性试验结果表明：仅在牛腿前（靠闸门一边）的约 2 倍牛腿宽、1.5 ~2.5 倍牛腿高范围内（见图 6-41 虚线范围）的主拉应力大于混凝土的容许应力，需要配置受力钢筋，其余部位的拉应力较小，一般小于混凝土的容许拉应力，可按构造配筋或不配筋。在牛腿附近闸墩需配置的受力钢筋截面面积 A_g 可近似地按式(6-35)计算：

$$A_g = \frac{KN'}{R_g} \tag{6-35}$$

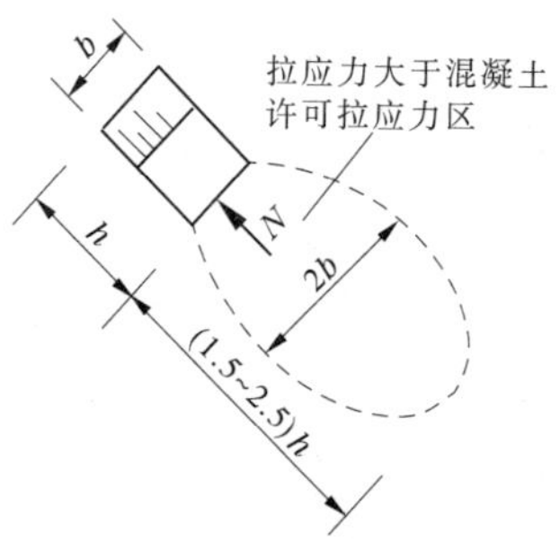

图 6-41　牛腿附近的闸墩拉应力

式中　N'——大于混凝土容许拉应力范围内的拉应力总和（见图 6-41 中虚线范围内的总拉力），该值为(70% ~80%)N，kN；

K——强度安全系数；

R_g——受拉钢筋设计强度，MPa。

有人把闸墩当作底部固定的矩形板，用有限元法分别计算各种单位荷载作用下闸墩各点的应力，并编制了计算用表，可供使用。上述成果，只能作为中小型弧形门闸墩牛腿附近的配筋依据，对于重要及大型水闸，需要直接通过模型实验确定支座及支座附近闸墩内的应力状态，并依此配置钢筋。

9.2　整体式底板内力计算

闸底板是整个闸室结构的基础，是全面支撑在地基上的一块受力条件复杂的弹性基础板。在实际工程中，一般近似地简化成平面问题，采用“截板成梁”的方法进行计算。因底板在顺水流方向的弯曲变形远较垂直水流方向小，故一般沿垂直水流方向截取单位宽度的板条作为梁来进行计算。由于闸门前后水重相差悬殊，底板所受荷载不同，常以闸门为界，分别在闸门上下游段的中间处截取单宽板条及墩条。

土基上的闸底板按照不同的地基情况可以采用不同的计算方法：对黏性土地基或 $D_r > 0.5$ 的非黏性土地基，采用弹性地基梁法；对 $D_r \leq 0.5$ 的非黏性土地基，采用反力直线分布法；对小型水闸，常采用倒置梁法。根据经验，重要的大型水闸宜按弹性地基梁法设计，按反力直线分布法校核。

岩基上的闸底板的应力分析，可按弹性地基梁法中的基床系数法计算。因为岩基弹性模量较大，其单位面积上的沉降变形与所受压力之间的关系比较符合文克尔假定。

9.2.1　倒置梁法

该法假定闸室地基反力沿顺水流方向呈直线分布，垂直水流方向为均匀分布，并把地基反力当作荷载，底板当作梁，闸墩当作支座，按倒置的连续梁计算底板内力。作用在梁上的荷载有底板自重 q_1、水重 q_2、扬压力 q_3 及地基反力 σ。将上述铅直荷载进行叠加，便得到倒置梁上的均布荷载 $q = q_3 + \sigma - q_1 - q_2$。用结构力学法计算连续梁的内力，进而配筋。

该法的优点是计算简便。缺点是:①没有考虑底板与地基变形的协调作用;②假定底板在垂直水流方向地基反力为均匀分布,有时与实际情况出入较大;③支座反力与闸墩铅直荷载不相等。因此,该法计算成果的误差较大,只在软弱地基上的小型水闸设计中使用。

9.2.2　反力直线分布法(荷载组合法或截面法)

该法仍假定闸室地基反力在顺水流方向按直线变化规律分布,在垂直水流方向呈均匀分布。在截取单宽板条计算时,不把闸墩当作底板的支座,而认为闸墩是作用在底板上的荷载,按截面法计算其内力,并考虑上部结构与底板的整体作用,即采用所谓的不平衡剪力分配法。该法计算简单,比倒置梁法有改进之处。但它没考虑底板与地基变形协调条件,且没有考虑边荷载对底板内力的影响。

反力直线分布法的具体计算方法和步骤如下:

(1)用偏心受压公式计算闸底在顺水流方向的地基反力。

(2)计算不平衡剪力。由于在顺水流方向闸室所受的荷载,无论在数值上或它们的分布情况都是不同的,而地基反力是连续变化的,所以当"截板成条"时,作用在单宽板条(包括底板和闸墩)上的竖直荷载不能平衡,即在单宽板条两侧必然作用有剪力 Q_1 及 Q_2,并由 Q_1 及 Q_2 的差值来维持板条上力的平衡,差值 $\Delta Q = Q_1 - Q_2$,称为不平衡剪力,如图6-42(a)所示。通常可根据静力平衡条件,采用做图法或数值积分法求得。

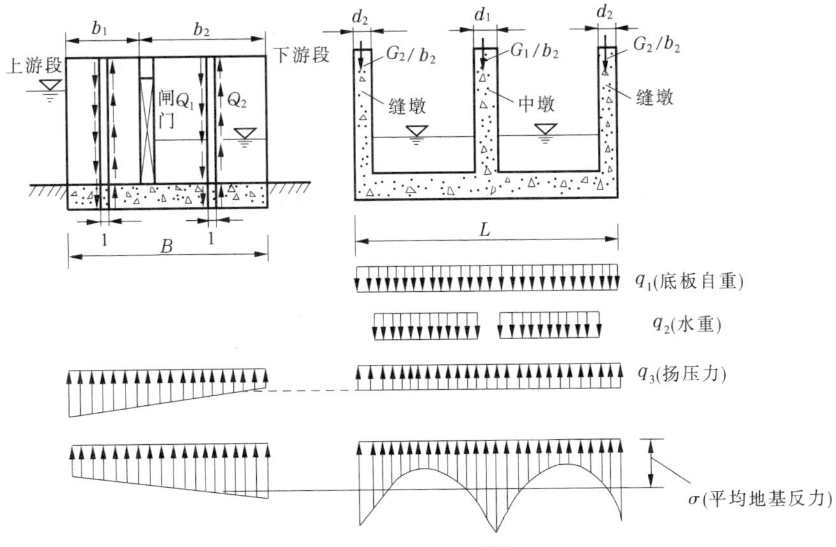

图6-42　闸底板结构计算

作用在单宽板条上的荷载有底板自重 q_1、水重 q_2、中墩重 G_1/b_2 及缝墩重 G_2/b_2,中墩及缝墩重中包括其上部结构及设备自重在内,在底板的底面有扬压力 q_3 及地基反力 σ,如图6-42(b)所示。以下游段为例,对所截取的单宽板条进行力的分析,取 $\sum Fy = 0$,则有

$$G_1/b_2 + 2G_2/b_2 + \Delta Q + (q_1 + q_2' - q_3 - \sigma)L = 0 \tag{6-36}$$

由式(6-36)便可求出 ΔQ。式中，$q_2' = q_2(L-2d_2-d_1)/L$，并假定 ΔQ 的方向向下，若算得结果为负值，则 ΔQ 的实际作用方向应向上。

(3)将不平衡剪力在底板和闸墩上进行分配。不平衡剪力 ΔQ 应由底板和闸墩共同承担，每部分所承担的剪力数值的大小，可通过剪力分布图确定。如图 6-43 所示，其截面上的剪力分布近似地用下列材料力学公式计算：

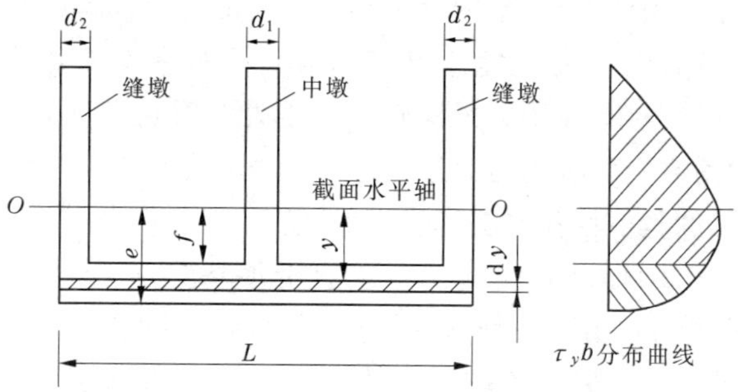

图 6-43　不平衡剪力 ΔQ 分配计算

$$\tau_y = \frac{\Delta Q}{bI}S \quad 或 \quad b\tau_y = \frac{\Delta Q}{I}S \tag{6-37}$$

式中　ΔQ——不平衡剪力，kN；

b——截面在 y 处的宽度，底板部分 $b=L$，闸墩部分 $b=d_1+2d_2$，m；

I——截面惯性矩，m^4；

S——计算截面以下的面积对全截面形心轴的面积矩，m^3。

当截面比较简单时，可直接用下列积分法求得底板和闸墩所承担的不平衡剪力 $\Delta Q_{板}$ 和 $\Delta Q_{墩}$ 为

$$\left.\begin{aligned} \Delta Q_{板} &= \int_f^e \tau_y L\mathrm{d}y = \int_f^e \frac{\Delta QS}{IL}L\mathrm{d}y = \frac{\Delta Q}{I}\int_f^e S\mathrm{d}y \\ &= \frac{\Delta Q}{I}\int_f^e (e-y)L\left(y+\frac{e-y}{2}\right)\mathrm{d}y \\ &= \frac{\Delta Q}{2I}L\left(\frac{2}{3}e^3 - e^2 f + \frac{1}{3}f^3\right) \\ \Delta Q_{墩} &= \Delta Q - \Delta Q_{板} \end{aligned}\right\} \tag{6-38}$$

根据经验，一般底板分担不平衡剪力的 10% ~15%，闸墩分担不平衡剪力的 85% ~ 90%。

$$\left.\begin{aligned} &中墩集中力 \quad P_1 = \frac{G_1}{b_2} + \Delta Q_{墩}\left(\frac{d_1}{2d_2+d_1}\right) \\ &缝墩集中力 \quad P_2 = \frac{G_2}{b_2} + \Delta Q_{墩}\left(\frac{d_2}{2d_2+d_1}\right) \end{aligned}\right\} \tag{6-39}$$

(4)计算作用在单宽板条上的荷载。将分配给闸墩上的不平衡剪力与闸墩及其上部

结构的重量作为梁的集中力,并将 P_1 和 P_2 化为局部均布荷载,其强度分别为 $q_1 = P_1/d_1$、$q_2 = P_2/d_2$,则作用在单宽板条上的均布荷载 q 为

$$q = q_3 + \sigma - q_1 - q_2' - \frac{\Delta Q_{板}}{L} \tag{6-40}$$

(5)按静定结构计算底板内力,据以验算强度和进行配筋。

9.2.3 弹性地基梁法

采用弹性地基梁法分析闸底板的应力时,还应考虑可压缩土层厚度 T 与弹性地基梁半长 $L/2$ 之比值的影响。当 $2T/L<0.25$ 时,可按基床系数法(文克尔假定)计算;当 $2T/L>2.0$ 时,可按半无限深的弹性地基梁法计算;当 $2T/L=0.25\sim2.0$ 时,可按有限深的弹性地基梁法计算。

该法认为在顺水流方向的地基反力仍是直线变化,但在垂直水流方向不再假定地基反力呈均匀分布,认为底板和地基都是弹性体,由于两者紧密接触,故变形是相同的,即地基反力在垂直水流方向按曲线形(或弹性)分布。同时,梁在荷载及地基反力作用下仍保持平衡。根据变形协调一致和静力平衡条件,求解地基反力和梁的内力,并且计及底板范围以外的边荷载对梁的影响。

该法的具体计算方法和步骤是:

(1)用偏心受压公式计算闸底板在顺水流方向的地基反力。

(2)计算不平衡剪力。

(3)将不平衡剪力在底板和闸墩上进行分配。

(4)计算作用在弹性地基梁上的荷载。由中墩或缝(边)墩传来的集中力 P_1、P_2 仍用公式(6-39)计算。作用在梁上的均布荷载 q 按下式计算:

$$q = q_1 + q_2' - q_3 + \frac{\Delta Q_{板}}{L} \tag{6-41}$$

底板自重 q_1 的取值,当采用弹性地基梁法计算时,不论是黏性土地基还是砂性土地基,都可不考虑闸室底板自重 q_1;但当不计底板自重致使作用在梁上的均布荷载 q 为负值时,则仍应考虑底板自重的影响,考虑的百分数则以使作用在基底面上的均布荷载 q 值等于零为限度确定。

(5)考虑边荷载对地基梁影响。边荷载是指计算闸段的底板两侧的闸室或边闸墩(岸墙)以及墩(墙)后回填土作用于地基上的荷载。如图6-44所示,计算闸段左侧的边荷载为其相邻闸孔的闸基压应力,右侧的边荷载为回填土的重力及侧向土压力所产生的弯矩。

《水闸设计规范》(SL 265—2016)规定,无须考虑边荷载是在计算闸段底板浇筑之前还是之后施加的问题,边荷载计算百分数见表6-15。

(6)计算地基反力及梁的内力。根据 $2T/L$ 判别所需采用的计算方法,然后利用已编制好的数表计算地基反力和梁的内力,进而验算强度并进行配筋。

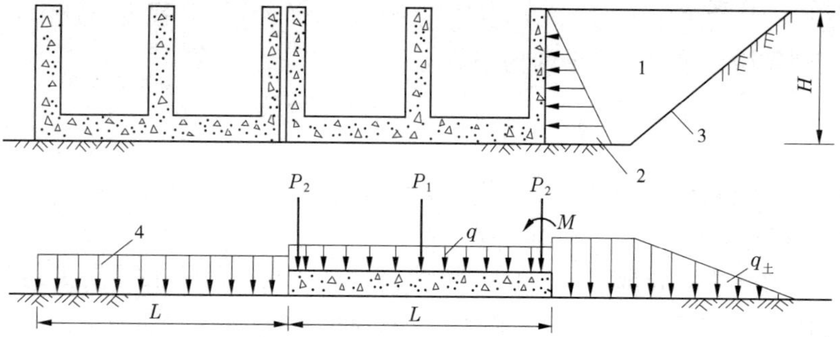

1—回填土;2—侧向土压力;3—开挖线;4—相邻闸孔的闸基压应力

图 6-44　边荷载示意图

表 6-15　边荷载计算百分数

地基类别	边荷载使计算闸段底板内力减小	边荷载使计算闸段底板内力增大
砂性土	50%	100%
黏性土	0	100%

注:1. 对于黏性土地基上的老闸加固,边荷载的影响可按本表规定适当减小。
2. 计算采用的边荷载作用范围可根据基坑开挖及墙后土料回填的实际情况研究确定,通常可采用弹性地基梁长度的 1 倍或可压缩层厚度的 1.2 倍。

【例 6-4】 水闸的结构设计。

根据前面的水闸设计基本资料,设计任务如下:

(1)闸室的布置设计。

(2)闸室的荷载计算。

(3)闸室的抗滑稳定计算。

设计参考步骤如下:

1. 闸室的布置设计

(1)闸底板的设计。

①形式。采用整体式平底板,沉降缝设在闸墩中间。

②长度。根据上述设计已知闸底板长度为 18 m。

③厚度。根据上述设计已知闸底板厚度为 1.5 m。

(2)闸墩设计。

①作用。分隔闸孔并支撑闸门、工作桥等上部结构,使水流顺利地通过闸室。

②外形轮廓。应能满足过闸水流平顺、侧向收缩小的,过流能力大的要求。上游墩头采用半圆形,下游墩头采用流线型。其长度采用与底板同长,为 18 m。

③厚度。中墩1.2 m、缝墩1.6 m、边墩1.0 m。平面闸门的门槽尺寸应根据闸门的尺寸确定,检修门槽深0.20 m、宽0.20 m,主门槽深0.3 m、宽0.8 m。检修门槽与工作门槽之间留3.0 m的净距,以便于工作人员检修,如图6-45所示。

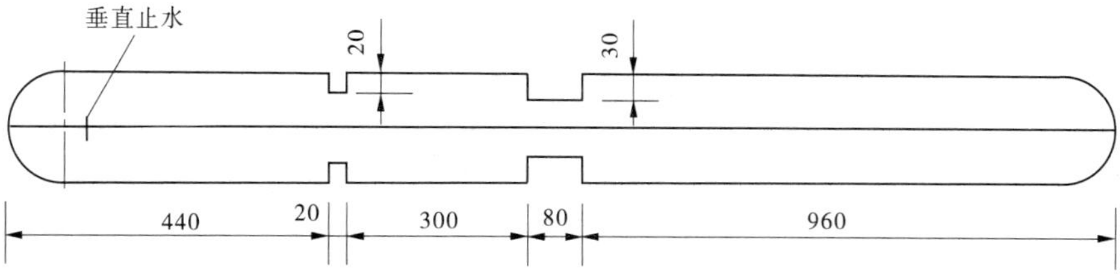

图6-45 缝墩尺寸详图 (单位:cm)

④高度。采用以下三种方法计算取较大值,根据计算墩高最大值为10.85 m,另根据SL 265—2016中规定有防洪任务的拦河闸闸墩高程不应低于两岸堤顶高程,两岸堤顶高程为41.00 m,经比较后取闸墩高度为11.00 m。

$$H_{墩} = 校核洪水位时水深 + 安全超高 = 10.35 + 0.5 = 10.85\ (m)$$

$$H_{墩} = 设计洪水位时水深 + 安全超高 = 9.15 + 0.7 = 9.85(m)$$

$$H_{墩} = 正常挡水位时水深 + \Delta h = 8.5 + 0.59 + 0.4 = 9.49(m)$$

式中,波浪高度按莆田公式计算。

(3)闸门与启闭机。

闸门按工作性质可分为工作闸门、事故闸门和检修闸门,按材料可分为钢闸门、混凝土闸门和钢丝网水泥闸门,按结构可分为平面闸门、弧形闸门等。

①工作闸门形式及基本尺寸。拟订闸门高9 m、宽8 m,采用平面钢闸门,双吊点,滚轮支撑。

②检修闸门形式及尺寸。采用叠梁式,闸门槽深为20 cm,宽为20 cm。

③启闭机。采用卷扬式启闭机,一门一机。

(4)工作桥。

根据启闭机的型号,工作桥的总宽度确定为6 m。工作桥设在工作闸门的正上方,用排架支撑工作桥,工作桥的高程为52 m。

(5)交通桥。

交通桥是连接两岸交通,采用板梁式、双车道,跨度为8 m,两侧设有宽75 cm的人行道。

2. 闸室的荷载计算

本次只计算正常挡水期的基本荷载组合,取中间三孔一联为一个计算单元。

(1)荷载计算。正常挡水期荷载计算除闸室自重外,还有静水压力、水重、闸底板所受扬压力,由于浪压力小于静水压力的5%,忽略不计。正常挡水期荷载分布如图6-46示,荷载计算见表6-16。

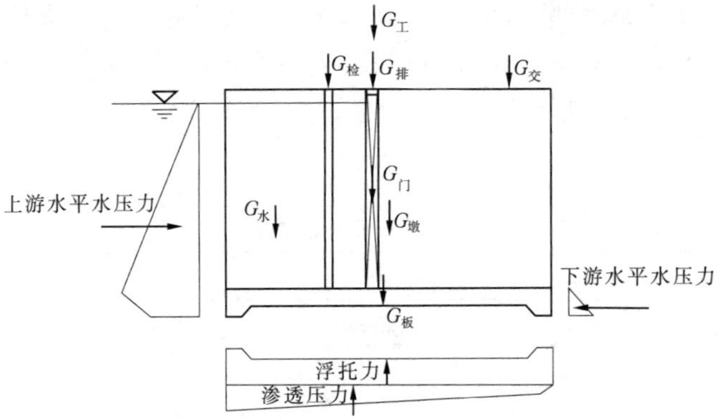

图6-46　正常挡水期荷载分布图

表6-16　正常挡水期荷载计算

荷载名称		垂直力(kN) ↓	垂直力(kN) ↑	水平力(kN) →	水平力(kN) ←	力臂(m)	力矩(kN·m) -↘	力矩(kN·m) ↙+
闸室自重		46 814.19					422 422.52	
上游水压力	P_1			9 922.82		2.83	28 081.58	
	P_2			3 392.81		1.13	3 833.88	
浮托力			8 240.40			9		74 163.60
渗透压力			7 431.01			7.14		53 057.40
水重		14 476.42				3.8	55 010.40	
合计		61 290.61	15 671.41				509 348.38	127 221.0
		45 619.2		13 315.63			382 127.38	

(2)地基承载力验算。根据荷载计算结果,用式(6-24)进行地基承载力的验算,可知正常挡水期的地基承载力及地基不均匀系数均满足要求,地基不会发生沉降和不均匀沉降。

偏心矩为

$$e = \frac{B}{2} - \frac{\sum M}{\sum G} = \frac{18}{2} - \frac{382\ 127.38}{45\ 619.2} = 0.62(\text{m})$$

地基承载力为

$$\sigma_{\min}^{\max} = \frac{45\ 619.2}{28 \times 18} \times (1 \pm \frac{6 \times 0.62}{18}) = \frac{109.52}{71.50}(\text{kPa})$$

地基承载力平均值为

$$\bar{\sigma} = \frac{109.52 + 71.50}{2} = 90.51 < [\sigma] = 200(\text{kPa})$$

地基不均匀系数为

$$\eta = \frac{109.52}{71.50} = 1.53 < [\eta] = 2.0$$

(3)闸室抗滑稳定计算。闸底板上下游端设置的齿墙深度为 1.0 m,按浅齿墙考虑,闸基下设有软弱夹层。滑动面沿闸底板与地基的接触面,采用抗滑稳定式(6-26)进行计算,其中的闸底板与地基之间的摩擦系数,根据闸址处地层分布可知为重粉质壤土和细砂,查闸室基础底面与地基之间的摩擦系数表得0.45,根据本工程主要建筑物为3级,允许的抗滑稳定安全系数为1.25。经计算闸室抗滑稳定满足要求。

抗滑稳定安全系数为

$$K = \frac{f\sum G}{\sum P} = \frac{0.45 \times 45\,619.2}{13\,315.63} = 1.54 > [K] = 1.25$$

因此,说明闸室是稳定的。

10 两岸连接建筑物的设计

10.1 两岸连接建筑物的作用

水闸两端与河岸或堤、坝等建筑物的连接处,需设置连接建筑物,它们包括上下游翼墙、边墩或岸墙、刺墙和导流墙等。其作用是:①挡住两侧填土,维持土坝及两岸的稳定;②引导水流平顺进闸,并使出闸水流均匀扩散;③阻止侧向绕渗,防止与其相连的岸坡或土坝产生渗透变形;④保护两岸或土坝边坡不受过闸水流的冲刷;⑤在软弱地基上设有独立岸墙,可减少地基沉降对闸身应力的影响,改善闸室受力状况。

两岸连接建筑物的工程量占水闸总工量的15% ~40%,闸孔愈少,所占比重愈大。因此,应十分重视其形式选择和布置。

10.2 两岸连接建筑物的布置

10.2.1 闸室与河岸的连接形式

水闸闸室与两岸(或堤、坝等)的连接形式主要与地基及闸身高度有关,主要有边墩或岸墙两种形式。当地基较好、闸身高度不大时,可用边墩直接与河岸连接;在闸身较高、地基软弱的条件下,可在边墩外侧设置轻型岸墙,边墩只起支撑闸门及上部结构的作用,而土压力全由岸墙承担。这种连接形式可以减小边墩和底板的内力,同时还可使作用在闸室上的荷载比较均衡,可减少不均匀沉降。当地基承载力过低时,可采用护坡岸墙的结构形式,如图6-47所示。

护坡岸墙的优点:边墩既不挡土,也不设岸墙挡土。因此,闸室边孔受力状态得到改善,适用于软弱地基。缺点:防渗和抗冻性能较差。为了挡水和防渗需要,在岸坡段设刺墙,其上游设防渗铺盖。

10.2.2 上下游翼墙的平面布置

边墩或岸墙向上下游延伸便形成了上下游翼墙。上游翼墙应与闸室两端平顺连接,其顺水流方向的投影长度应大于或等于铺盖长度。下游翼墙的平均扩散角每侧宜采用7°~12°,其顺水流方向的投影长度大于或等于消力池长度。上下游翼墙的墙顶高程应分别高于上下游最不利的运用水位。翼墙分段长度应根据结构和地基条件确定,可采用15~20 m。建筑在软弱地基或回填土上的翼墙分段长度可适当缩短。

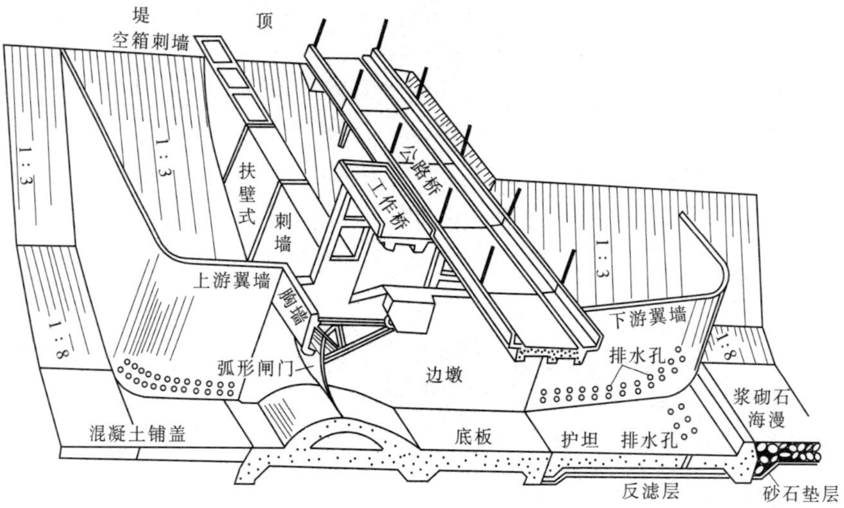

图 6-47　护坡岸墙连接形式

翼墙的平面布置通常有以下几种形式：

（1）圆弧形翼墙［见图 6-48（a）］。从边墩开始，向上下游用圆弧形的铅直翼墙与河岸连接。上游圆弧半径为 15 ~ 30 m，下游圆弧半径为 30 ~ 40 m。其优点是水流条件好；缺点是施工复杂，工程量大。适用于上下游水位差及单宽流量较大、闸身高、地基承载力较低的大中型水闸。

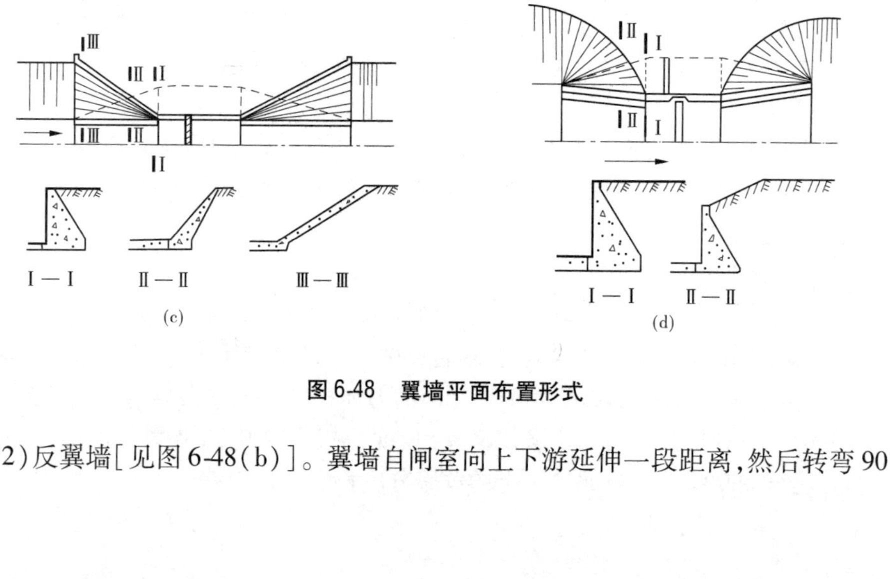

图 6-48　翼墙平面布置形式

（2）反翼墙［见图 6-48（b）］。翼墙自闸室向上下游延伸一段距离，然后转弯 90°插入堤岸,墙面铅直,转弯半径为2～5 m。这种布置形式的防渗效果和水流条件均较好,但工程量较大,一般适用于大中型水闸。对于渠系小型水闸,为节省工程量可采用一字形布置形式,即翼墙自闸室边墩上下游端即垂直插入堤岸。这种布置形式进出水流条件较差。

(3)扭曲面翼墙[见图6-48(c)]。翼墙迎水面是由与闸墩连接处的铅直面,向上下游延伸而逐渐变为倾斜面,直至与其连接的河岸(或渠道)的坡度相同为止。翼墙在闸室端为重力式挡土墙断面形式,另一端为护坡形式。这种布置形式的水流条件好,且工程量小,但施工较为复杂,应保证墙后填土的夯实质量;否则,容易断裂。这种布置形式在渠系工程中应用较广。

(4)斜降翼墙[见图6-48(d)]。在平面上呈八字形,随着翼墙向上下游延伸,其高度逐渐降低,至末端与河底齐平。这种布置的优点是工程量省,施工简单,但防渗条件差,泄流时闸孔附近易产生立轴漩涡,冲刷河岸或坝坡,一般用于较小水头的小型水闸。

10.3 两岸连接建筑物的结构形式

两岸连接建筑物的受力状态和结构形式与一般挡土墙基本相同,常用的结构形式有重力式、半重力式、衡重式、悬臂式、扶壁式、空箱式和连拱空箱式等,但在水闸工程中应用最多的是重力式、扶壁式和空箱式三种。

10.3.1 重力式

重力式挡土墙如图6-49所示,用混凝土或浆砌石等材料筑成,主要依靠自重来维持稳定的一种结构形式。其优点是可就地取材,结构简单,施工方便;缺点是材料用量大。适用于地基较好,墙高为6 m以下的挡土墙。墙身较高时,可用混凝土做成半重力式的。

为了改善地基压力分布和增强墙的耐久性,浆砌石结构的墙顶需设置高约0.3 m的混凝土盖帽,底板也常用混凝土浇筑。

10.3.2 悬臂式

悬臂式挡土墙如图6-50所示,是由直墙和底板组成的主要利用底板上的填土维持稳定的一种钢筋混凝土的轻型挡土结构。其断面用作翼墙时为倒T形,用作岸墙时则为L形。其优点是结构尺寸小,自重轻,构造简单。但建筑高度不能太高,适宜高度为6～10 m。

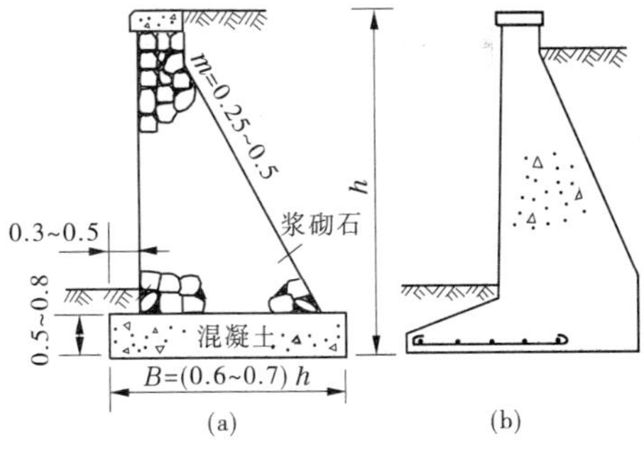

图6-49 重力式挡土墙 (单位:m)

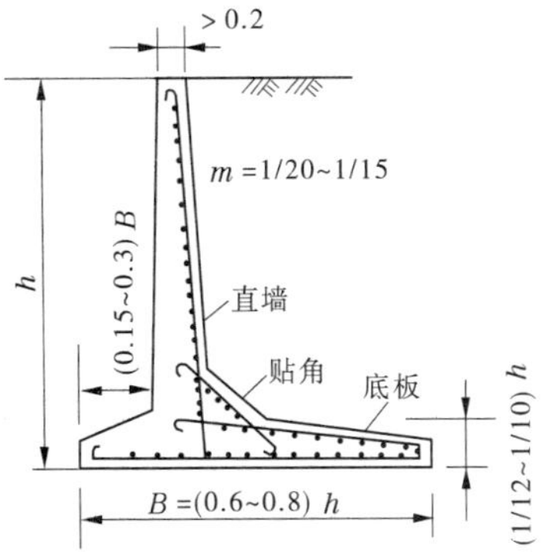

图6-50 悬臂式挡土墙剖面图 (单位:m)

10.3.3 扶壁式

扶壁式挡土墙如图 6-51 所示,通常采用钢筋混凝土修建,也是一种轻型结构。它由直墙、扶壁及底板三部分组成,利用扶壁和直墙共同挡土,并可利用底板上的填土维持稳定,适用于墙高大于 10 m 的坚实或中等坚实的地基的情况。

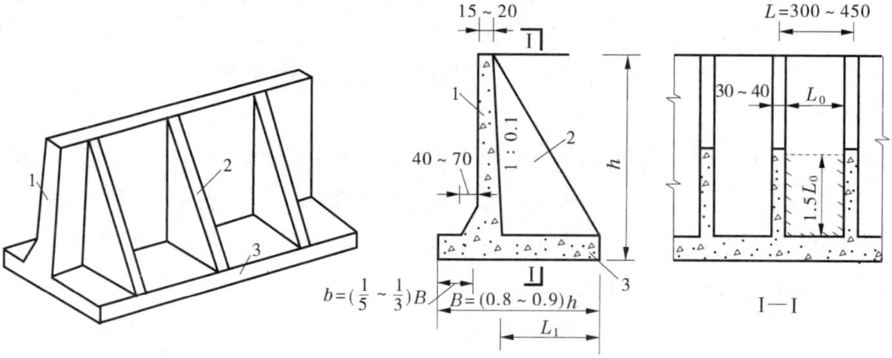

1—立墙;2—扶臂;3—底板

图 6-51 扶壁式挡土墙 (单位:cm)

10.3.4 空箱式

如图 6-52 所示,空箱式是一种轻型结构,由顶板、底板、前墙、后墙、扶壁和隔墙等组成,箱内不填土或填少量的土,但可以进水,主要依靠墙体本身的重量和箱内部分土重或水重维持其稳定性。其特点是作用于地基上的单位压力较小,且分布均匀,故适用于墙的高度很大且地基允许承载力较低的情况。但其结构复杂,需用较多的钢筋和木材,施工麻烦,造价较高。因此,在较差的松软地基上采用扶壁式挡土墙不能满足设计要求时,采用空箱式挡土墙。

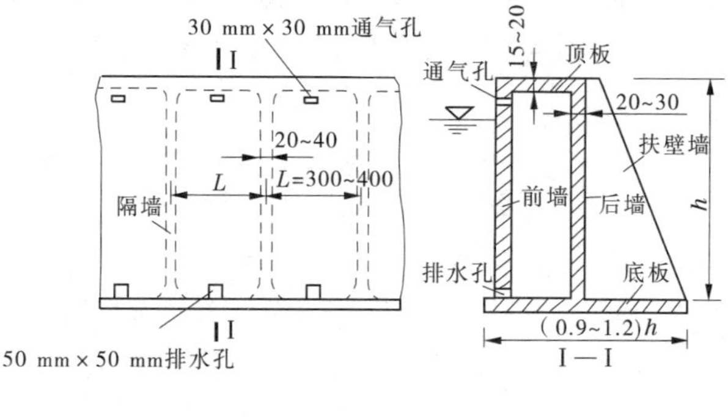

图 6-52 空箱式挡土墙 (单位:cm)

10.3.5 连拱空箱式

连拱空箱式挡土墙如图 6-53 所示,是空箱式挡土墙的一种形式。它由底板、前墙、隔墙和拱圈等部分组成。其特点是后墙用拱圈代替,充分利用材料的抗压性能。底板和拱圈一般为混凝土结构,前墙和隔墙多采用浆砌石结构。拱圈净跨一般为 2 ~ 3 m,矢跨比常为0.2 ~0.3,厚度为0.1 ~0.2 m。拱圈的强度计算可选取单宽拱条,按支撑在隔墙(扶壁)上的两铰拱进行计算。其优点是钢筋省、造价低、重量轻,适用于软土地基。缺点是挡土墙在平面布置上需转弯时施工较为困难,预制拼装的拱圈整体性和防渗性均较差。

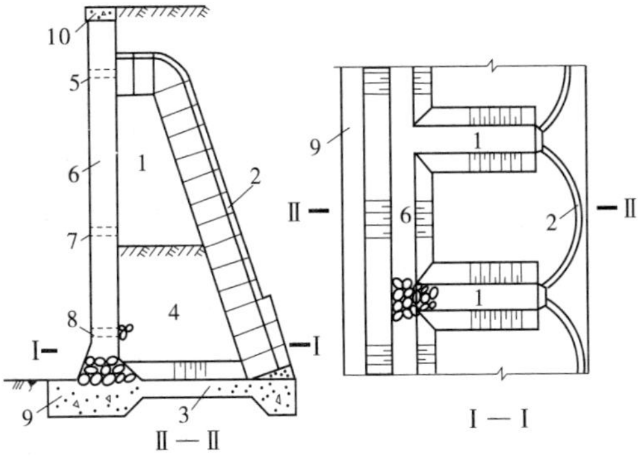

1—隔墙;2—预制混凝土拱圈;3—底板;4—填土;5—通气孔;6—前墙;7—进水孔;8—排水孔;9—前趾;10—盖顶

图6-53 连拱空箱式挡土墙

【例6-5】 水闸两岸连接建筑物设计。

根据前面的水闸设计基本资料,设计任务如下:

(1)两岸连接建筑物的形式和布置。

(2)画出水闸的剖视图。

设计参考步骤如下:

1. 两岸连接建筑物的形式和布置

(1)上游连接建筑物。

本次设计的上游连接建筑物采用圆弧式翼墙,从边墩开始,向上游用圆弧形的铅直翼墙与河岸连接,上游圆弧半径为20 m。其优点是水流条件好,但模板用量大,施工复杂。

上游段采用的挡土墙形式有扶壁式和重力式两种。从闸室向上游岸坡连接时,先采用扶壁式(见图6-51),当翼墙插入岸体一定深度时,再采用重力式挡土墙(见图6-49)。

(2)下游连接建筑物。

下游连接建筑物采用竖直的八字形翼墙,其扩散角采用7°,直到消力池末端,当进入海漫后,采用扭曲面与下游两岸连接。下游连接建筑物采用悬臂式挡土墙挡土。

(3)闸室与岸坡连接建筑物。

闸室边墩后采用空箱式挡土墙,上边建有桥头堡,桥头堡的墙尽量坐落在空箱式挡土墙的竖墙上,用其来承载一定的重量。

2. 水闸的剖视图

根据前面的设计,水闸的剖视图如图6-54所示。

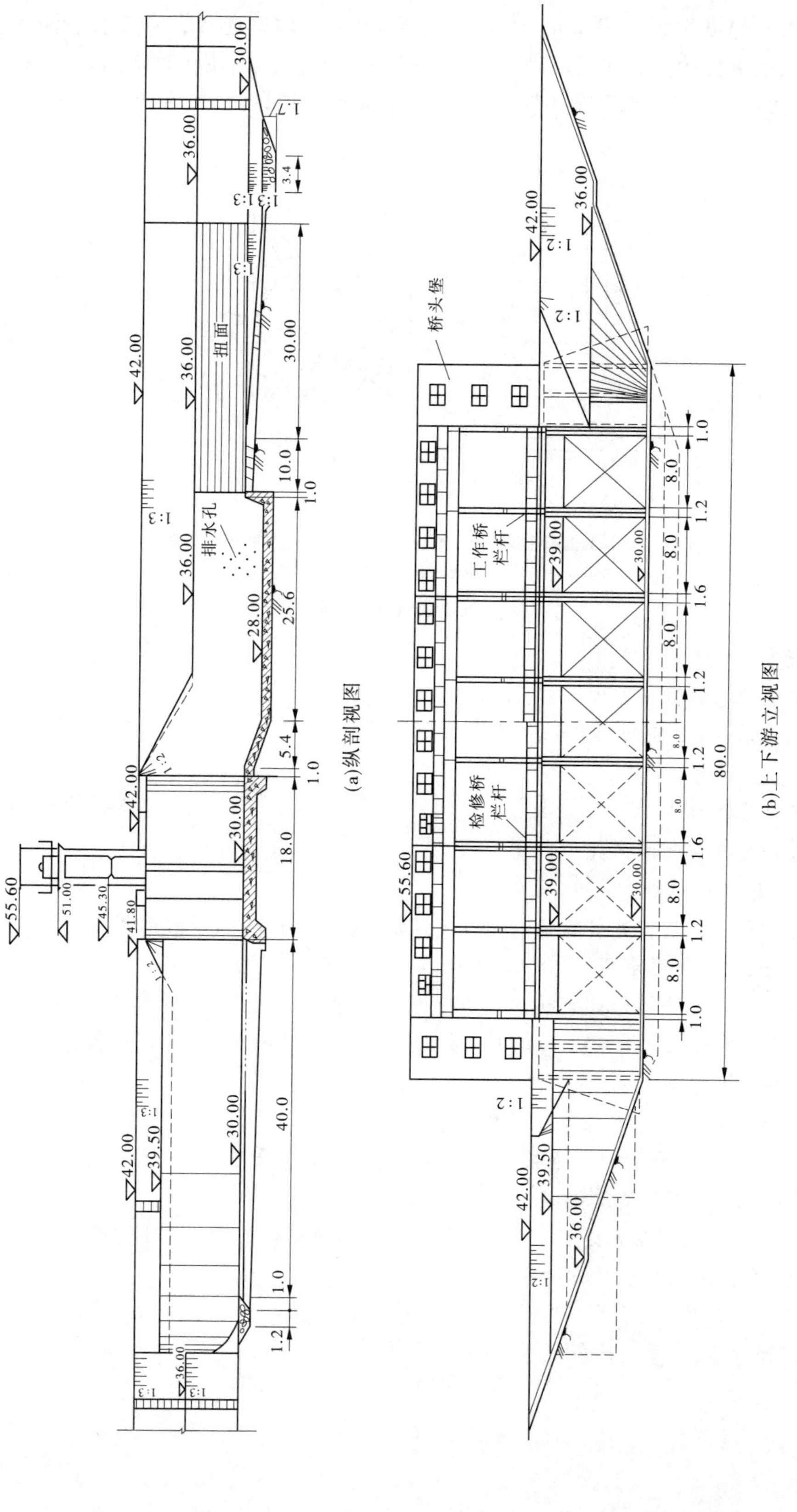

(a)纵剖视图

(b)上下游立视图

图 6-54 水闸剖视图

【实战演练】

1. 基本资料

本枢纽位于某河下游,主要任务是壅高河道水位,以满足河道两岸引水灌溉要求,并适当照顾到工业给水、陆路交通等。枢纽由泄洪闸、灌区进水闸等组成。枢纽建成后可灌溉农田5.5万亩,闸顶公路净宽4.5 m。

(1)上下游河道底宽20 m,边坡1:1.5。泄洪闸设计过闸流量为100 m^3/s,相应上游水位6.10 m,下游水位6.0 m。校核流量为130 m^3/s,相应上游水位为6.35 m。

(2)河道上游正常蓄水位为5.0 m,最高蓄水位为6.0 m,下游水位为2.5 m。

泄洪闸下游河道水位流量关系见表6-17。

表6-17 泄洪闸下游河道水位流量关系

水位(m)	3.2	3.7	4.1	4.45	4.8	5.1	5.35	5.6
流量(m^3/s)	10	20	30	40	50	60	70	80
水位(m)	5.8	6.0	6.1	6.2	6.25			
流量(m^3/s)	90	100	110	120	130			

(3)泄洪闸上下游地高程1.0 m,闸底板高程与河底齐平。

(4)闸址处地形平缓,堤顶高程7.5 m左右。

(5)闸址持力层中细砂加粉土,地基承载能力为80 kN/m^2。混凝土与地基间摩擦系数$f=0.3$,$c=0$。

(6)闸址附近多年平均最大风速为12 m/s,沿水面从水闸上游面到对岸的最大垂直距离为2 km。

(7)回填土料。闸底板下砂垫层$c=0$,$\varphi=30°$,$\gamma_{干}=15\ kN/m^3$,两岸翼墙后回填土$c=0$,$\varphi=260°$,两岸翼墙后回填土$c=0$,$\gamma_{干}=15\ kN/m^3$,$\gamma_{湿}=18\ kN/m^3$,$\gamma_{饱}=19\ kN/m^3$。

(8)闸顶公路桥汽车荷载10级,行车路面净宽4.5 m,两侧各加0.75 m宽人行道。

(9)工作闸门可用钢(或钢筋混凝土)平面闸门,检修门可选用叠梁门。启闭机用螺杆或卷扬机式固定启闭机。

2. 设计内容

(1)水闸形式选择。

(2)确定闸孔尺寸,校核过流能力。

(3)消能防冲设计。

(4)地下轮廓线设计及防渗排水布置。

(5)闸室稳定校核及地基压力验算。

(6)两岸连接建筑物布置。

3. 设计成果

(1)图纸:1号图幅一张。内容包括泄洪闸半平面图、纵剖面图、上游立视图、闸室横剖面图,其他主要断面的剖视图、细部结构图及止水等。

(2)设计说明书及设计计算书。

小　结

本项目主要学习了水闸的基本概念、作用、类型、工作特点等基础知识，阐述了水闸的组成、构造、地基处理等内容知识；结合工程实例资料，对水闸进行了初步设计，包括孔口设计、过流能力校核、消能防冲设计、防渗排水设计、稳定分析、闸室结构设计、两岸连接建筑物等设计内容，明确了各项设计内容的设计要求、设计方法、设计过程和设计步骤。

知识技能训练

一、填空题

1. 水闸是一种利用闸门挡水和泄水的________水工建筑物。

2. 按水闸承担的任务分类。用于拦洪、调节水位的水闸称为________。

3. 水闸按过闸流量大小可分为大、中、小型三种形式，其中大型水闸的过闸流量在________以上。

4. 用以引导水流平顺地进入闸室，并与闸室等共同构成防渗地下轮廓的水闸组成部分是________。

5. 水闸按其所承担的任务可分为________、________、________、________、________、________。

6. 水闸按闸室结构形式可分为________、________、________。

7. 水闸一般由________、________、________组成。

8. 水闸常见的堰型有________和________。

9. 胸墙结构形式一般有________和________。

10. 胸墙和闸墩的连接形式有________和________。

11. 水闸的止水分为________和________。

12. 水闸地基处理的方法有________、________、________、________、________、________。

二、简答题

1. 水闸的分缝有几种形式？

2. 水闸的止水材料有哪些？

3. 闸孔形式有哪些？如何确定闸孔宽度？

4. 海漫的作用是什么？对其要求有哪些？结构形式有哪些？

5. 闸底板的结构形式有哪些？各有什么优缺点？适用于什么情况？

6. 启闭设备有哪些类型？大型水闸一般采用哪种启闭设备？

7. 什么是水闸？

8. 水闸有哪些工作特点？

9. 水闸的类型有哪些？

10. 画图说明开敞式水闸的组成及各组成部分的作用。

【延展阅读】

请扫描以下二维码，了解荷兰的东斯海尔德挡潮闸。

东斯海尔德挡潮闸

项目 7　河岸溢洪道

溢洪道是一种最常见的泄水建筑物，用于宣泄规划库容所不能容纳的洪水，防止洪水漫溢坝顶，保证大坝安全，以及满足放空水库和防洪调节等要求，在水利枢纽中，必须设置泄水建筑物，如图 7-1 所示。

图 7-1　溢洪道

溢洪道除应具备足够的泄流能力外，还要保证其在工作期间的自身安全和下泄水流与原河道水流获得妥善的衔接。一些大坝失事，往往是由于溢洪道泄流能力不足或设计、运用不当而引起的。所以，安全泄洪是水利枢纽设计中的重要问题。

溢洪道可以与大坝坝体结合在一起，也可以设在坝体之外。混凝土坝一般适于经坝体溢洪或泄洪，如各种溢流坝。此时，坝体既是挡水建筑物又是泄水建筑物，枢纽布置紧凑、管理集中，这种布置一般是经济合理的。但对于土石坝、堆石坝等轻型坝，一般不容许从坝身溢流或泄流；或当河谷狭窄而泄洪量较大，难以经混凝土坝的坝体泄放全部洪水时，需要在坝体以外的河岸或天然垭口处建造溢洪道，通常称为河岸溢洪道。本项目主要讲述河岸溢洪道。

【知识目标】

1. 了解河岸溢洪道的概念及发展概况。
2. 掌握正槽溢洪道的组成。
3. 掌握其他形式溢洪道的特点。
4. 了解非常泄洪设施。

【技能目标】

1. 认识河岸溢洪道。

2. 能说出正槽溢洪道的组成。

3. 能根据规范说出正槽溢洪道各部分的作用及构造要求。

4. 能说出其他形式溢洪道的特点。

5. 认识非常泄洪设施的类型。

【任务描述】

河岸溢洪道是泄水建筑物中主要的一种类型，由于土石坝一般不能从坝顶过水，薄拱坝和轻型支墩坝(特别是连拱坝)坝身难以布置溢洪道，以及河谷狭窄而要求泄洪量又很大，则需要在河谷两岸适当位置布置河岸溢洪道。为学习重要的泄水建筑物——河岸溢洪道，首先要了解河岸溢洪道的类型、特点，掌握正槽溢洪道的组成及各个部分的作用，了解其他形式溢洪道的类型及特点。

【任务分析】

在以土石坝及某些轻型坝为挡水建筑物的水利水电工程枢纽中，河岸溢洪道是最主要的泄水建筑物，因此要求必须熟悉河岸溢洪道在整个枢纽中的作用及其类型。本项目的重点为正槽溢洪道的组成及各部分的作用，难点为正槽溢洪道的构造要求及水力计算。

【任务知识点】

任务1 认识河岸溢洪道

泄水建筑物是水利水电工程枢纽的重要组成部分，用以泄放超过水库调蓄能力的洪水，以保证枢纽的安全运行。

泄水建筑物，根据其布置位置的不同，可分为河床式与河岸式两种类型。在混凝土坝和浆砌石坝枢纽中，泄水建筑物常采用坝顶溢流与坝身泄水孔联合泄洪的形式，称为河床式(或称坝身式)泄水建筑物。如各种溢流坝、坝身泄水孔等均属这种类型。

另外，由于土石坝一般不能从坝顶过水，薄拱坝和轻型支墩坝(特别是连拱坝)坝身难以布置溢洪道，以及因河谷狭窄而要求泄量又很大时，则常常需要在河谷两岸适当位置布置河岸式泄水建筑物，以保证安全泄洪。河岸式泄水建筑物根据其结构形式的不同，又可分为河岸溢洪道和泄水隧洞两类。与泄水隧洞相比，河岸溢洪道一般造价较低，除具有正常泄洪能力外，当发生非常洪水时又具有较大的超泄能力，常常是土石坝枢纽必备的承担主要泄洪任务的泄水建筑物。

1 河岸溢洪道的类型

河岸溢洪道可分为正常溢洪道和非常溢洪道两大类。正常溢洪道根据流态不同，可分为正槽式、侧槽式、竖井式和虹吸式等几种形式。

1.1 正槽溢洪道

正槽溢洪道的水流特征是过堰水流与泄槽轴线方向一致，其水流平顺，超泄能力大，并且结构简单，运用安全可靠，是实际工程中应用最多的一种形式，如图7-2所示。

1.2 侧槽溢洪道

侧槽溢洪道的泄槽与溢流堰轴线接近平行，水流过堰后方向急转近90°，再经泄槽下

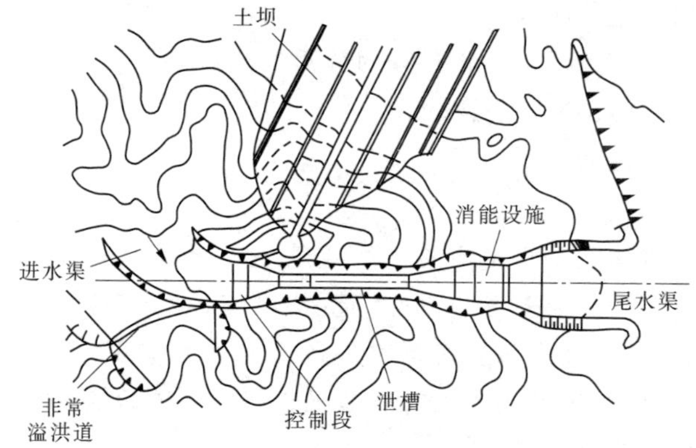

图 7-2　正槽溢洪道

泄，如图 7-3 所示。侧槽溢洪道多设置于较陡的岸坡上，大体沿等高线设置溢流堰和泄槽，易于加大堰顶长度，减小溢流水深和单宽流量，不需要大量开挖山坡，但侧槽内水流紊乱、撞击很激烈。因此，对两岸山体的稳定性及地基的要求非常高。

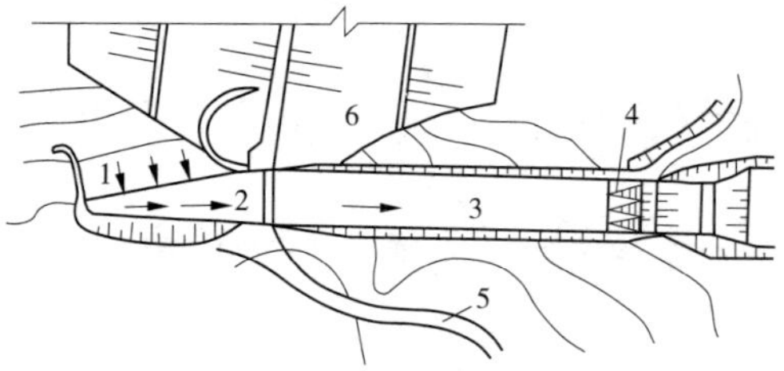

1—溢流堰；2—侧槽；3—泄水槽；4—出口消能段；5—上坝公路；6—土石坝

图 7-3　侧槽溢洪道

1.3　竖井溢洪道

水流从环形溢流堰流入喇叭口状的进口段，然后通过竖井、弯道段和水平泄洪洞下泄，如图 7-4 所示。事实上这种溢洪道的主要建筑物已是泄洪隧洞，只是进口形式与一般泄洪隧洞有所区别而已。它适用于岸坡陡峭、地质条件良好，又有合适的地形条件。可以避免大量的土石方开挖，经济性相对较好，但是当水位上升，喇叭口溢流堰顶淹没，堰流将转为孔流，超泄能力较小。当宣泄流量，井内的水流连续性遭到破坏时，水流极不稳定，容易产生振动和空蚀。因此，竖井溢洪道在我国目前采用较少。

1.4　虹吸溢洪道

虹吸溢洪道在进口溢流堰的顶部以上设置遮檐（顶盖），从而形成虹吸管道，如图 7-5 所示。当库水位超过溢流堰顶后，管内空气被水流带走，水流充满整个管道，产生虹吸作用。它可在较小的堰顶水头下得到较大的单宽泄流量，具有自动调节库水位的功能。但由于随着水头的增加，它的单宽泄量增加不多，泄流断面不能过大，以及施工复杂，工作的可靠性较差等原因，一般只适用于中小型工程。

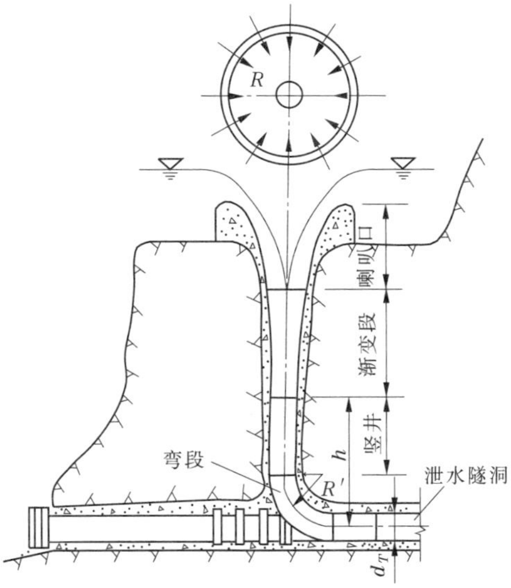

图7-4 竖井溢洪道

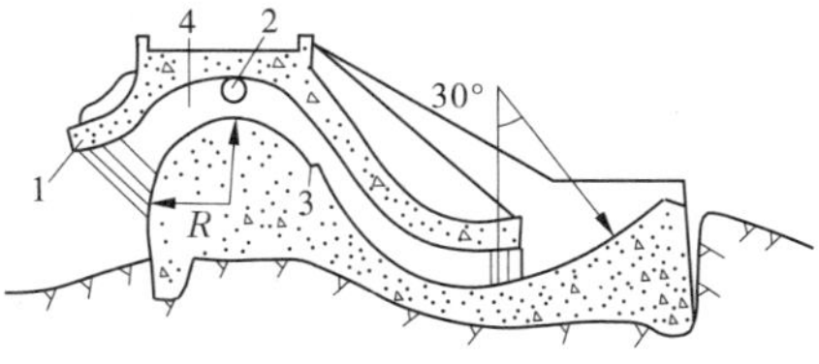

1—遮檐;2—通气孔;3—挑流坎;4—曲管

图7-5 虹吸溢洪道

2 河岸溢洪道的布置

河岸溢洪道的位置选择和布置形式应根据自然条件、工程特点、枢纽布置的要求、施工及运用条件、经济指标等因素,综合分析,全面规划。

2.1 地形条件

地形条件通常是确定溢洪道形式与布置的主要因素。选择溢洪道位置时应尽可能选择有利的地形条件。一般地说,溢洪道应位于线路较短,土石方开挖量较少,下泄水流能顺畅流入下游河道的地段。如果坝址附近有高程适宜的马鞍形垭口,而垭口后有长度不大的冲沟直通原河道,则往往是布置溢洪道理想的地方。拦河坝两岸顺河谷方向的缓坡台地也较适宜布置溢洪道。

2.2 地质条件

溢洪道布置中主要考虑的工程地质问题是地基稳定与边坡稳定。溢洪道应布置在稳定的地基上,最好是坚硬完整的岩基,这样可以减少衬砌的工程量,甚至不衬砌。当溢洪道位于土基上时,虽然开挖较容易,但衬砌及消能防冲设施的工程量可能会大很多。溢洪道边坡不稳定可能导致溢洪道堵塞或毁坏,从而危及大坝安全。在位置选择时,应尽量避免建在可能坍塌及滑坡的地段或深挖后形成高边坡。

2.3 水流条件

溢洪道布置时,应使水流顺畅、流态稳定,对枢纽其他建筑物无不利影响。一般轴线宜取直线,平面上如需转弯,弯段应尽可能布置在进水渠或尾水渠段内。控制堰上游应较开阔,使堰前水头损失较小,控制堰如靠近土石坝,其进水方向应不使水流冲刷上游坝坡。泄槽段在平面上最好不设转弯段,以避免冲击波的不利影响。

2.4　施工条件

从施工条件来看，溢洪道布置时，虽然考虑了有利的地形条件，但开挖的土石方量仍然较大。因此，对出渣路线及堆料场所应合理布置。在土石方平衡时，应尽量利用开挖出的土石料填筑土石坝，以获得更好的经济效益。此外，还应避免溢洪道开挖施工与相邻建筑物施工之间的相互干扰问题。

2.5　其他问题

在以土石坝等轻型坝为挡水建筑物的水利水电工程枢纽中，河岸溢洪道是最主要的泄水建筑物，溢洪道作为枢纽的重要组成部分。在枢纽布置中，不仅要考虑它与拦河坝的相对位置，还要注意协调它与其他建筑物之间的矛盾。一般来说，溢洪道应该远离拦河坝的布置较为理想。如条件所限，采用紧靠拦河坝的布置方案，特别是与土石坝直接相连时，除需加设导水墙外，接触面上的集中渗流或绕坝渗流，对坝体和溢洪道均为不利，应设计好坝体与溢洪道之间的连接结构，如在溢洪道上加设刺墙等。此外，溢洪道的布置还应避免泄洪对河床和岸坡造成冲刷或使河道淤积，防止泄水引起电站尾水的过大波动，不能影响电站和通航建筑物的安全运行等。

任务2　正槽溢洪道

正槽溢洪道由进水渠、控制段、泄槽、消能设施和尾水渠等部分组成(见图7-6)。其中，控制段、泄槽和消能设施是溢洪道的主体，是溢洪道不可缺少的部分，进水渠和尾水渠是否需要，则视主体部分与上游水库和下游河道的连接情况而定。

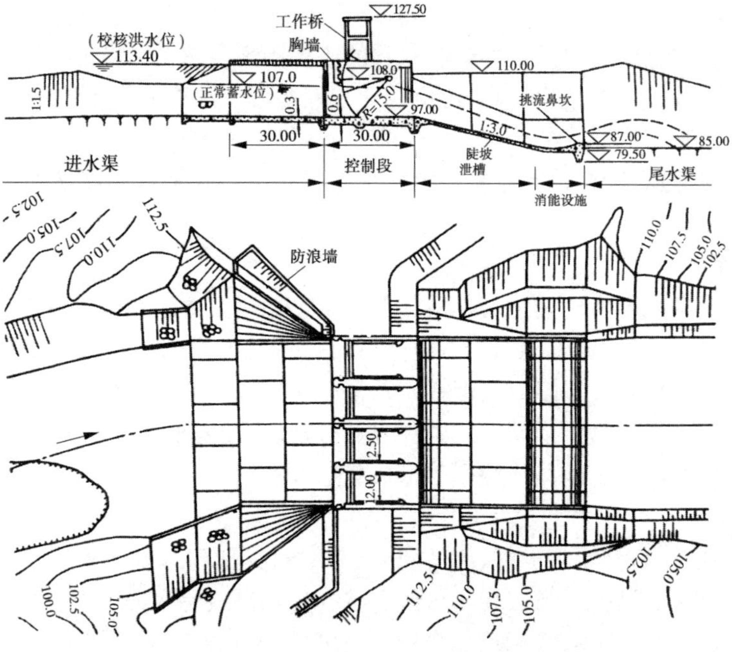

图7-6　正槽溢洪道总体布置图　(单位:m)

正槽溢洪道的泄槽轴线方向与过堰水流一致,泄洪时水流通过进水渠进入控制段。控制段设溢流堰,溢洪道的泄流能力完全由堰的形式、尺寸和堰上水头所决定。泄槽将过堰水流安全地泄到下游,泄槽首末端高差一般占溢洪道整个落差的大部分或全部,其底坡较陡。因此,泄槽中流速很高,具有较大的冲刷能力,并可能产生诸多高速水流问题,泄槽末端流速较大,必须设置消能防冲设施以防止水流对下游河道产生过大冲刷,危及枢纽中建筑物的安全。正槽溢洪道水流平顺稳定,运用安全可靠,结构简单,施工方便,在各型工程中均得到广泛应用。

1　进水渠

进水渠是控制段前的一段引水渠道。其作用是将水库的水平顺地引向控制段。设计原则是进水平顺,水头损失小,使溢流堰有较大的泄流能力。进水渠布置时,应尽量短而直,其横断面一般为梯形断面。

由于地形地质条件限制,溢流堰往往不能紧靠库岸,需在溢流堰前开挖进水渠,将库水平顺地引向溢流堰,当溢流堰紧靠库岸或坝肩时,此段是一个喇叭口(见图7-2)。为了提高溢洪道的泄流能力,进水渠中的水流应平顺、均匀,并在合理开挖的前提下减小进水渠渠中水流流速,以减少水头损失。流速应大于悬移质不淤流速,小于渠道的不冲流速,设计流速宜采用3~5 m/s。进水渠愈长,流速愈大,水头损失就愈大。在山高坡陡的岩体中开挖溢洪道,为了减少土石方开挖,也可考虑采用较大的流速。

进水渠的渠底可做成平底或倾向水库的逆坡。渠底高程要比堰顶高程低些,因为在一定的堰顶水头下,行近水深大,流量系数也较大,泄放相同流量所需的堰顶长度要短。进水渠在平面布置上应力求平顺,避免断面突然变化和水流流向的急剧转变。通常把溢流堰两侧的边墩向上游延伸构成导水墙或渐变段,其高度应高于最高水位,这样水流能平稳、均匀地流向溢流堰,防止在进水渠中因发生漩涡或横向水流而影响泄流能力。进水渠较长时,宜在控制段之前设渐变段,其长度不宜小于2倍堰上水深。如需设置弯道,其轴线转弯半径不宜小于4倍渠底宽度。弯道与控制堰间一般应有2倍堰上水头的直线长度,以便使水流均匀平顺地进入控制堰。当堰紧靠库岸时,导水墙在平面上常呈喇叭口状。进水渠前沿库面要求水域开阔,不得有阻挡物。进水渠的横断面,在岩基上接近矩形,边坡根据岩层条件确定,新鲜岩石一般为1:0.1~1:0.3,风化岩石为1:0.5~1:1.0,在土基上采用梯形,边坡一般选用1:1.5~1:2.5。

进水渠应根据地质情况、渠线长短、流速大小等条件确定是否需要衬砌。岩基上的进水渠可以不衬砌,但应开挖整齐。有时为了降低糙率,减小水头损失,在条件较差的岩基或土基上,应进行衬砌,衬砌厚度一般为0.3~0.5 m,当有防渗要求时,混凝土衬砌还可兼作防渗铺盖,但应做抗浮稳定和抗渗的计算。

2　控制段

溢洪道的泄流能力取决于控制堰的形式、尺寸和布置方式,控制堰的泄流能力直接影响着水库的设计洪水位、校核洪水位和坝高。控制堰是水库下泄洪水的口门,是控制溢洪道泄流能力的关键部位,因此控制堰的合理设计应根据调洪演算的结果,通过枢纽总体的技术经济比较,予以确定。

2.1 溢流堰的类型

溢流堰按其横断面的形状与尺寸可分为宽顶堰、实用堰、薄壁堰，按其在平面布置上的轮廓形状可分为直线形堰、折线形堰、曲线形堰和环形堰，按堰轴线与上游来水方向的相对关系可分为正交堰、斜堰和侧堰等。

2.1.1 宽顶堰

宽顶堰的特点是结构简单、施工方便，但流量系数较低(0.32~0.385)。由于宽顶堰堰矮，荷载小，适用于软弱地基，因此在泄量不大或附近地形较平缓的中小型工程中应用较广，如图 7-7 所示。宽顶堰的堰顶通常需进行衬砌。对于中小型工程，尤其是小型工程，若基岩有足够的抗冲刷能力，也可以不加衬砌，但应考虑开挖后岩石表面不平整对流量系数的影响。

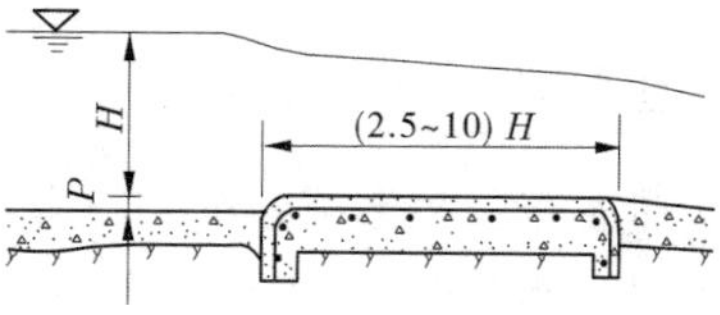

图 7-7　宽顶堰

2.1.2 实用堰

实用堰流量系数较大，在相同泄量下，需要的溢流前缘长度较短，工程量相对较小，但施工较复杂。大中型工程，特别是当垭口狭窄、沿水流方向的山体或垭口比较单薄，地面高程较低、两旁山脊较高时，更宜采用这种形式。

实用堰有高堰与低堰之分。对于 WES 型实用堰[见图 7-8(a)]，当上游相对堰高 $P_1/H_d>1.33$ 时称为高堰，H_d 为定型设计水头。溢流重力坝多为高堰，高堰的流量系数仅随相对水头 H_0/H_d 变化，不再随 $0.3\leqslant\frac{P_1}{H_d}\leqslant1.33$ 的变化而改变；当上游相对堰高 $P_1/H_d<1.33$ 时称为低堰，河岸溢洪道中的实用堰多为低堰。低堰的流量系数除与相对水头 H_0/H_d 有关外，还随上游相对堰高 P_1/H_d 的减小而减小。实用堰为低堰时，下游堰面水深较大，堰面出现负压的机会较高堰少得多，一般负压不会超过 60 kPa。因此，低堰的定型设计水头可取得较低，通常采用 $H_d=(0.65\sim0.85)H_{max}$。对于 WES 型剖面的低堰，为使其流量系数不致过小，上游相对堰高应满足 $P_1/H_d\geqslant0.3$；下游相对堰高应满足 $P_1/H_d\geqslant0.6$，以保持自由出流。当水库水位变幅较大时，还可采用带胸墙的溢流孔口[见图 7-8(c)]。这种布置可在库水位较低时开始泄流，提高水库汛限水位，充分发挥水库效益，但在高水位时，泄流为孔流，超泄能力较小。

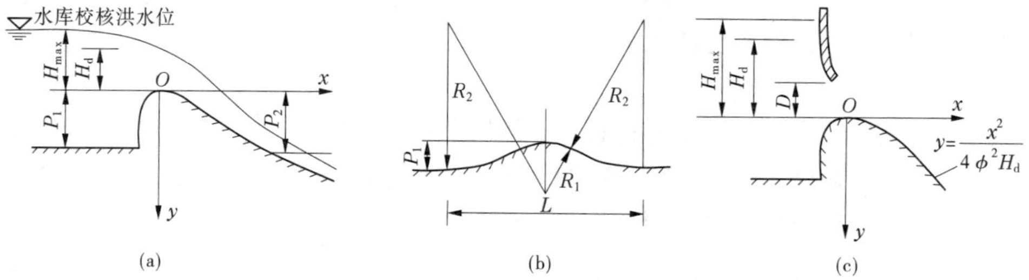

图 7-8　实用堰

当溢洪道宽度受限、泄流量不能满足要求时，溢洪道控制堰还采用驼峰堰等其他形式的低堰。驼峰堰的溢流面是一种复合圆弧曲线[见图 7-8(b)]，其流量系数可达 0.46，明显高于宽顶堰。驼峰堰的堰身较宽，地基受力较均匀，适用于软弱地基。驼峰堰有两种形式，其主要设计参数为：A 型，$P_1 = 0.24H_d$，$R_1 = 2.5P_1$，$R_2 = 6P_1$，$L = 8P_1$；B 型，$P_1 = 0.34H_d$，$R_1 = 1.05P_1$，$R_2 = 4P_1$，$L = 6P_1$，符号意义如图 7-8(b)所示。

2.1.3 迷宫堰

宽顶堰和实用堰的堰顶轴线通常呈直线型，若将堰顶轴线布置成折线型，形成多个首尾相接的侧堰，其形状似“迷宫”，可称为迷宫堰，如图 7-9 所示。中小型水库溢洪道，尤其是小型水库溢洪道，常不设闸门，而利用与正常蓄水位齐平的堰顶来控制库水位。此时，若采用迷宫堰不仅结构简单、工作可靠、工程量省，而且因溢流前沿加长，堰顶可相应抬高，有利于增大兴利库容。在结构上，迷宫堰一般都设计成薄的悬臂墙，墙顶厚度约为堰高的 1/8。为了提高泄流能力，堰顶上游面常采用圆弧曲线，或做成半圆形堰顶。

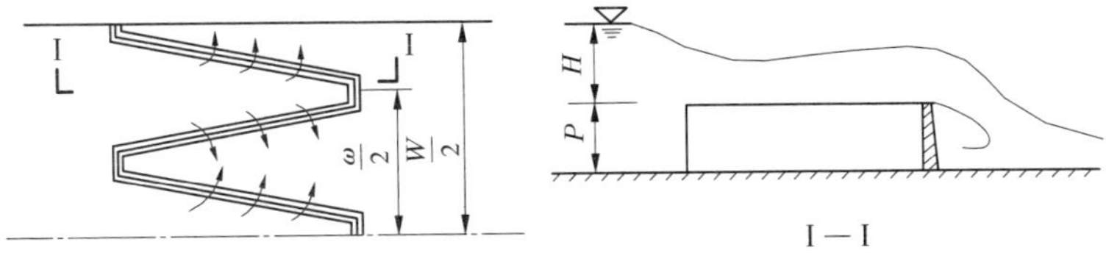

图 7-9 迷宫堰

2.2 溢流孔口尺寸的拟订

溢流孔口尺寸主要是堰顶高程和泄水前缘长度（控制堰宽）。泄水前缘长度的拟定应综合考虑地形条件、允许单宽流量等因素。在拟定溢流堰形式、堰顶高程及堰宽度后，即可选定起调水位和泄水建筑物的运用方式，进行调洪演算，得出水库的设计洪水位及校核洪水位、溢洪道最大下泄流量与泄水建筑物最大下泄流量，以及控制段最大单宽流量等。显然，初拟的控制段基本形式、尺寸及调洪演算成果不一定能满足坝高及下游河道安全泄量的要求，同时也不一定是最经济的。应拟订若干方案，分别进行调洪演算，得出不同的水库设计洪水位和校核洪水位、最大下泄流量和最大单宽流量，并相应定出枢纽中各主要建筑物的尺寸、估算造价。最后，从安全、经济及管理运用等方面进行比较，最终比选出设计方案，溢洪孔口尺寸的设计方法与溢流重力坝相同。

溢洪道的溢流堰顶是否安设闸门，以及闸墩（包括边墩）、底板、工作桥、交通桥、防渗、排水等设计，与溢流重力坝或水闸相类似，可参阅本书重力坝和水闸的相关内容。

3 泄槽

正槽溢洪道在溢流堰后通常连接泄槽，以便将过堰水流迅速安全地泄向下游河道。泄槽一般位于挖方地段，设计时要根据地形、地质、水流条件及经济等因素合理确定其形式和尺寸。由于泄槽内的水流处于急流状态，高速水流带来的一些特殊问题，伴随高速水流产生的冲击波、掺气、空蚀和压力脉动等，应认真考虑，并采取相应的措施。

3.1 泄槽的平面布置

泄槽的平面布置应尽可能采用直线、等宽、对称布置，这样可使水流平顺、结构简单、施工方便。但在实际工程中，由于地形、地质等原因，或从减少开挖、处理洪水归河和有利消能等方面考虑，不得不采用转弯或变宽布置，例如在控制堰与泄槽之间设置收缩段或在泄槽末端与消力池之间设置扩散段时，均应选择适宜的边墙偏转角及收缩段长度，并应使其具有合理的渐变形式与尺寸,使水流扰动影响限制在最小范围内。一般来说,溢流堰后应先接泄槽收缩段,再接等宽泄槽,最后接出口扩散段。设置收缩段的目的在于节省泄槽土石方开挖量和衬砌工程量,设置出口扩散段的目的在于减小出口单宽流量,有利于设置下游消能设施和减轻水流对下游河道的冲刷。

泄槽沿程收缩或扩散时,收缩角或扩散角 θ(边墙与泄槽中心线夹角)一般不宜超过6°~8°,初步设计时也可以根据式(7-1)计算,即

$$\tan\theta = \frac{1}{KFr} = \frac{gh}{Kv} \tag{7-1}$$

$$Fr = \frac{v}{\sqrt{gh}} \tag{7-2}$$

式中 Fr——扩散段或收缩段起、止断面的弗劳德数;

K——经验系数,一般取 3.0;

v——扩散段或收缩段起、止断面的平均流速,m/s;

h——扩散段或收缩段起、止断面的平均水深,m。

泄槽上应尽量不设弯道,但为了避免大量开挖和避开难以处理的软弱、破碎地带,解决洪水下泄归河问题需设置弯道时,应尽量让将弯道设在进水渠或尾水渠段,而使控制段与泄槽保持直线。如确需要设置弯道,应满足以下要求:弯道宜设置在流速小、水流比较平稳、纵坡较缓且无变化部位;冲击波对水流扰动影响小;为降低边墙高度和调整水流,宜在弯道及缓和过渡段渠底设置横向坡;转弯处用圆弧曲线与前后直段连接起来,弯段与直线段之间一般设置缓和曲线过渡段;矩形断面弯道的半径宜采用 6~10 倍的泄槽宽度,使转弯尽量平缓。

3.2 泄槽的纵剖面布置

泄槽的纵剖面布置主要是确定泄槽的纵坡。泄槽的纵剖面应尽量按工程量少、结构安全稳定、水流流态良好的原则进行布置。同时,泄槽的纵坡要根据地形、地质、施工条件和工程量大小等因素综合考虑确定。通常应大于水流的临界坡降,并以尽量适应地形条件为原则。陡坡应尽量采用均一坡度,但泄槽较长、地形及地质条件较复杂,则分段设置不同坡度时,分段也不宜过多,而且宜采用先缓后陡的坡度,在变坡处用抛物线连接。如必须设置由陡变缓的底坡,变坡处用反弧连接,反弧半径常在(6~12)h(h 为水深)范围选择,流速大时选用较大值。如果两级坡度都较缓且相差不大,流速不高,也可以不设反弧。当落差较大,按照地形需布置多级泄槽时,可采用多级消能,使上一级水流平顺地进入下一级。总之,泄槽纵坡必须保证槽中的水位不影响溢流堰自由泄流和泄水时槽中不发生水跃。

3.3 泄槽的横断面

泄槽的横断面上边墙高度应根据宣泄最大流量时的计算水深,并考虑冲击波、弯道及水流掺气的影响,再加一定的超高予以确定。超高可取 0.5~1.5 m。对非直线段,还要加横向水面差。为节省工程量,边墙可随水面线的下降而逐渐降低。当泄槽内水流表面流速达到 10 m/s 左右时,即发生明显的掺气现象,掺气的程度与流速、水深、边壁糙率和进口形状等因素有关。掺气后水深 h_b 可用下式计算,即

$$h_b = (1 + \frac{\zeta v}{100})h \tag{7-3}$$

式中　h_b——考虑波动及掺气后的水深,m;

h——不计入波动及掺气时的水深,m;

v——不掺气情况下计算断面的平均流速,m/s;

ζ——修正系数,一般为 1.0~1.4,当流速大于 20 m/s 时,宜用大值。

在泄槽转弯处的水流流态复杂,由于弯道离心力及冲击波共同作用,形成横向水面差,流态非常不利。设计弯段泄槽的方法有槽底超高法、弯曲导墙法、复曲线法和斜槛法等多种,其中槽底超高法应用较多,该法是在弯段横断面上将槽底做成外高内低的横向坡度(见图 7-10),利用重力在横向坡度上的分力与离心力相平衡,从而调整横断面上的流量分布,改善流态。

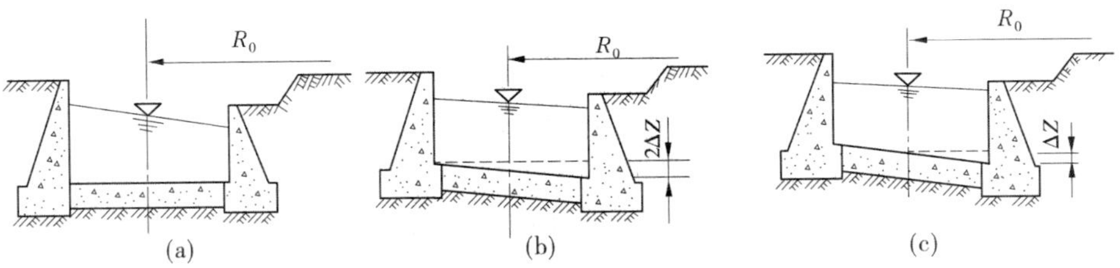

图 7-10　弯道横向水面超高

弯道外侧水面与泄槽中心线水面的高差 ΔZ(见图 7-10)可按下式计算,即

$$\Delta Z = K\frac{v^2 b}{gR_0} \tag{7-4}$$

式中　ΔZ——横向水面差,m;

R_0——弯道段中心线曲率半径,m;

b——弯道宽度,m;

K——超高系数,数值查表 7-1。

表 7-1　横向水面超高系数 K 值

泄槽断面形状	弯道曲线的几何形状	K 值
矩形	简单圆曲线	1.0
梯形	简单圆曲线	1.0
矩形	带有缓和曲线过渡段的复曲线	0.5
梯形	带有缓和曲线过渡段的复曲线	1.0
矩形	既有缓和曲线过渡段, 槽底又横向倾斜的弯道	0.5

为了保持泄槽中心线原底部高程不变,以利施工,工程上常将外侧槽底抬高 ΔZ,内侧槽底较中心线高程降低 ΔZ,墙顶高程也相应降低,也可使内侧原底坡不变,而将外侧槽底抬高 $2\Delta Z$,见图 7-10(b)。

泄水槽断面一般采用矩形,以使水流分布均匀。当结合岩石开挖采用梯形断面时,边坡不宜过缓。岩基断面的护面可以薄些,如果岩石坚硬完整,只需用薄层混凝土按设计断面将岩石加以平整衬护即可。在黄土地区,为减少土方工程,也可做成近似于矩形的断面,边墙则做成挡土墙形式。

3.4 空化与空蚀

在自然条件下,水体中含有许多很小的气核,当水流中局部区域内压强降低至饱和蒸汽压强时,气核迅速膨胀为小空泡,这种现象称为空化。当低压区的空化水流经过下游高压区时,空泡受压缩而在瞬间溃灭,由于溃灭时间极短(一般只有几个毫秒),会产生很大的局部冲击力。若空泡溃灭发生在靠近边壁的地方,局部冲击力大于材料的内聚力时,可使边壁遭到破坏,这种现象称为空蚀。

空蚀破坏常发生在溢流面及挑流鼻坎附近,泄洪洞反弧段及其下游,有压孔、洞的岔洞和弯道附近,进、出口及门槽附近,以及溢洪道泄槽或溢流坝面上存在着突体、错缝、错台和残留钢筋头等表面不平整的部位。

对于溢洪道或溢流坝面,为防止发生空蚀,可采取如下措施:

(1)选择适宜的体形。由于闸门槽内水流产生漩涡,门槽下游出现水流分离,引起局部低压,从而导致空蚀,因此应采用适宜的门槽形状;溢流面、泄槽纵坡凸曲线和反弧面也可能出现局部低压,导致空蚀,因此应采用较大的曲率半径。

(2)控制边壁的不平整度。高速水流经过因衬砌表面不平整而形成的突体或跌坎时,会出现局部绕流和分离,使压力降低而导致空蚀,因此应确定不平整度控制标准,在施工中予以控制。

(3)掺气减蚀。不平整度的严格控制,在施工中往往不容易达到。流速很高,水流空化数很低时,控制不平整度也难以完全解决问题。当流速超过 35 m/s 时,应设置掺气设施(如掺气挑坎、掺气跌坎、掺气槽或它们的组合等)向水流中通气,以防止空蚀,效果良好。

3.5 泄槽的构造

3.5.1 *泄槽底部的衬砌*

为了保护泄槽地基不受高速水流冲刷、降低槽内糙率、保护岩石不受风化,泄槽底部通常都需进行衬砌。衬砌上除作用有自重及水的重力、扬压力等一般荷载外,还承受高速水流的脉动压力及动水压力等。其中,扬压力和动水压力是影响衬砌安全的两项主要荷载。动水压力的大小与边界条件的关系十分密切,主要是受衬砌构造情况的影响。国内外总结了一些溢洪道运行的经验,认为动水压力是泄水槽衬砌底板破坏的主要外界因素。这里所说的动水压力是指由于高速水流的作用而在建筑物底面或岩石缝隙等处造成的压力。

岩基上泄槽的衬砌可以用混凝土、水泥浆砌条石或块石及石灰浆砌块石水泥浆勾缝等形式。石灰浆砌块石水泥浆勾缝,适用于流速小于 10 m/s 的小型水库溢洪道。水泥浆砌条石或块石,适用于流速小于 15 m/s 的中小型水库溢洪道。但对抗冲能力较强的坚硬岩石,如果砌得光滑平整,做好接缝止水和底部排水,也可以承受 20 m/s 左右的流速。衬砌厚度一般为 30~60 cm。

对于大中型工程,由于泄槽中流速较高,一般多采用混凝土衬砌。混凝土衬砌厚度不宜小于 30 cm。为防止产生温度裂缝,需要设置纵、横缝,见图 7-11。由于岩基的约束力较大,分缝距离不宜太大,一般为 10~15 m(当衬砌厚度较小、温度变化较大时,取小值)。土基上泄槽通常采用混凝土衬砌,衬砌厚度一般要比岩基上的大,通常为 30~50 cm,靠近衬砌表面沿纵横向需配置双向温度钢筋,含筋率约为 0.1%。

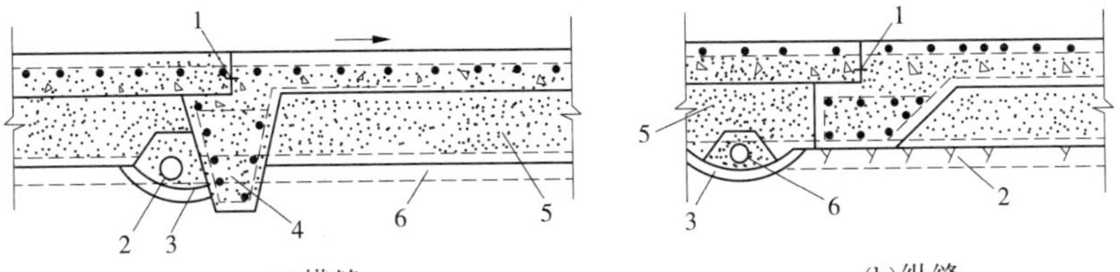

1—止水;2—横向排水管;3—灰浆坐底;
4—齿墙;5—透水垫层;6—纵向排水管

图 7-11 土基上泄槽底板的构造

3.5.2 衬砌的分缝与止水

为适应温度变化及地基不均匀沉降,衬砌接缝设平接缝、搭接缝和键槽缝几种形式。衬砌块的分缝宜错缝布置。泄槽底板的纵、横缝间距一般采用 10~15 m。对于土基上底板或岩基上未设锚筋及有可能发生不均匀沉降的底板,一般在板块上游端设齿槽。上游端设齿槽可以阻止衬砌板在重力作用下顺坡滑动,以免衬砌边缘产生挤压破坏,加强了底板的抗滑稳定性。对垂直于水流流向的横缝比平行于水流流向的纵缝要求高,横缝一般做成搭接缝,在良好的岩基上有时也可用键槽缝,如图 7-12(c)所示。施工时要做到接缝处衬砌表面平整,特别要防止下游块底板高出上游块底板。做好接缝止水是底板防冲的一项重要措施,止水效果好,可隔绝水流侵入底部。从理论上讲,没有向上的脉动压力,底板就不会失稳。对于平行于水流流向的纵缝,可适当降低要求,一般可用平接形式,如图 7-12(d)所示,但缝内也要做好止水。

3.5.3 衬砌排水

为排除地基渗水,减小衬砌所受的扬压力,须在衬砌下面设置排水系统。排水系统多由若干横向排水沟(管)及几道纵向排水沟(管)组成。衬砌的纵缝和横缝下面都应设置排水设施,且需相互连通,以便将渗水集中到纵向排水内,然后排入下游。纵向排水的做法,通常是在沟内放置花管,管径视渗水大小而定,一般为 10~20 cm 管的周围用粒径 1~2 cm 的卵石或砾石填满,顶部盖水泥袋,以防浇筑混凝土时灰浆进入,造成堵塞。当渗流量较小时,纵向排水也可以在岩基上开挖沟槽,沟内填不易风化的碎石或砾石,上面用水泥袋盖好,再浇混凝土。横向排水通常都是在岩面上开挖沟槽,沟槽尺寸视渗水大小而定,一般为 30 cm×30 cm。为了防止排水管被堵塞,纵向排水管至少应有两排,以保证排水通畅。

3.5.4 泄槽边墙的构造

泄槽边墙的构造基本上与底板相同。边墙的横缝间距与底板一致,缝内设止水,其后设排水并与底板下的排水管连通。在排水管靠近边墙顶部的一端设通气孔以便排水通

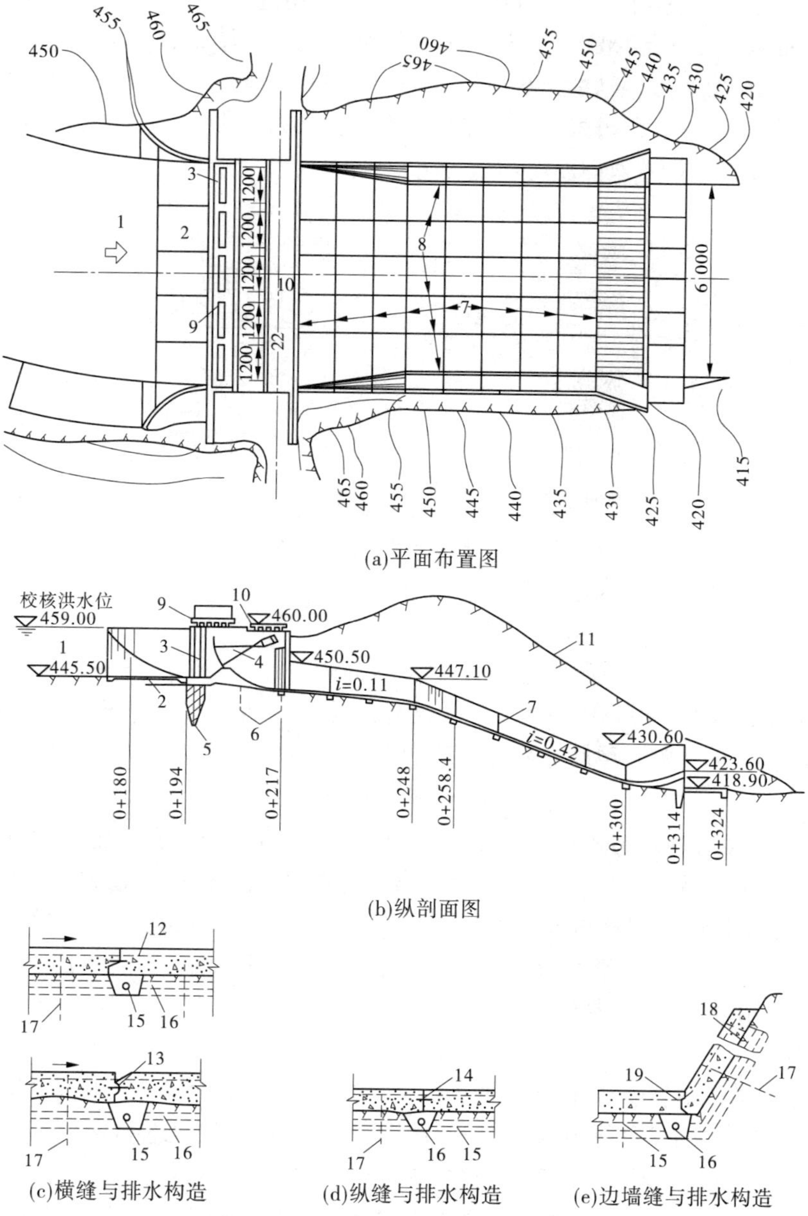

1—进水渠；2—混凝土护底；3—检修门槽；4—工作闸门；5—帷幕；6—排水孔；7—横缝；8—纵缝；9—工作桥；10—公路桥；11—开挖线；12—搭接缝；13—键槽缝；14—平缝；15—横向排水管；16—纵向排水管；17—锚筋；18—通气孔；19—边墙缝

图 7-12　岩基上泄槽的构造　（单位：高程，m；尺寸，cm）

畅。边墙顶部应设马道，以利交通。边墙本身不设纵缝，但多在与边墙接近的底板上设置纵缝，如图 7-12(e)所示。边墙的断面形式，根据地基条件和泄槽断面形状而定，岩石良好，可采用衬砌式，厚度一般不小于 30 cm；当岩石较弱时，需将边墙做成重力式挡土墙，其顶宽应不小于 50 cm。

4 消能防冲设施

溢洪道宣泄洪水,一般是单宽流量大、流速高、能量集中。高速水流与下游河道的正常水流不能妥善衔接;否则,下游河床和岸坡就会遭受冲刷,甚至危及大坝的安全。河岸溢洪道出口的消能方式与溢流重力坝基本相同。只是由于河岸溢洪道下游尾水深度常无保证,面流消能和戽流消能很少应用,因此河岸溢洪道一般采用挑流消能或底流消能。下游地质条件较好,有坚硬岩基出露的以挑流消能应用较多;下游地质条件较差,为土基或破碎软弱的岩基及出口距坝脚较近的情况一般采用底流消能。

4.1 挑流消能

挑流消能一般适用于地质条件较好,有较好岩石地基的高、中水头枢纽。河岸溢洪道的挑流鼻坎一般由连接面板及齿墙组成,齿墙有重力式及衬砌式两种。为防止小流量时贴脚冲刷,可在齿墙脚下设保护裙板。挑流鼻坎的构造见图 7-13。为了降低齿墙背面的渗水压力,须在齿墙上设排水孔;鼻坎内也可布置排水孔,以便在溢洪道不泄水时排出反弧段的积水。此外,为了避免挑流时水舌下面的空气被带走形成真空而影响挑射距离,通常在鼻坎内设置通气孔,如图 7-14 所示,将空气输送到水舌下面,以保证水舌下也为大气压。

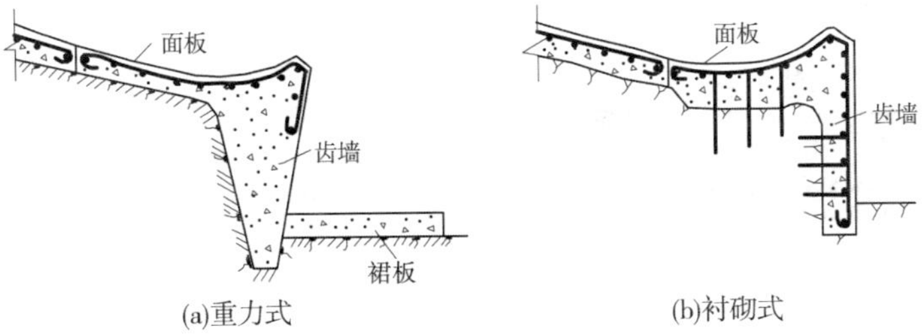

图 7-13 挑流鼻坎的构造

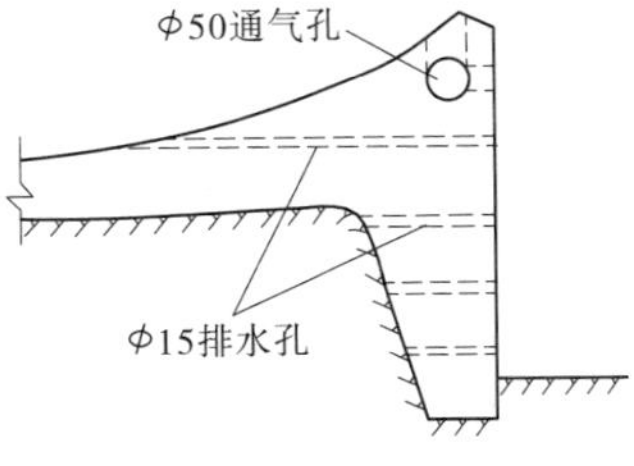

图 7-14 鼻坎的排水孔和通气孔 (单位:cm)

4.2 尾水渠

溢洪道下泄水流经消能后,不能直接泄入河道而造成危害时,应设置尾水渠。尾水渠的作用是使消能后的水流平稳顺畅地进入下游河道。尾水渠轴线方向与下游河道水流夹角应尽可能小,其宽度应与消能设施出口宽度一致。尾水渠应尽量利用天然冲沟或河沟并加以整理而成;否则,往往需要开挖明槽,从而增加工程量。当采用挑流消能或溢洪道的消能设施与下游河道距离很近时,也可以不设置尾水渠。

任务 3 其他形式的溢洪道

1 侧槽溢洪道

1.1 侧槽溢洪道的特点

侧槽溢洪道一般由溢流堰、侧槽、泄水道和出口消能段等部分组成。溢流堰大致沿河岸等高线布置，水流经过溢流堰泄入与堰大致平行的侧槽后，在槽内转向约 90°，经泄槽或泄水隧洞流入下游，如图 7-15 所示。当坝址处山头较高，岸坡陡峭时，可选用侧槽溢洪道。由于过堰水流进入侧槽后，在槽内形成横向漩滚，同时侧槽内流量沿程不断增大，漩滚强度也不断变化，水流紊动和撞击强烈，水面极不平稳。因此，侧槽内水流条件极为复杂。堰型多选择实用堰，堰顶可设闸门，也可不设。泄水道可以是泄槽，也可以是无压隧洞，视地形条件而定。如果施工时用隧洞导流，常可将导流洞上游堵塞并加设斜洞连通，使之成为侧槽溢洪道的泄水道。

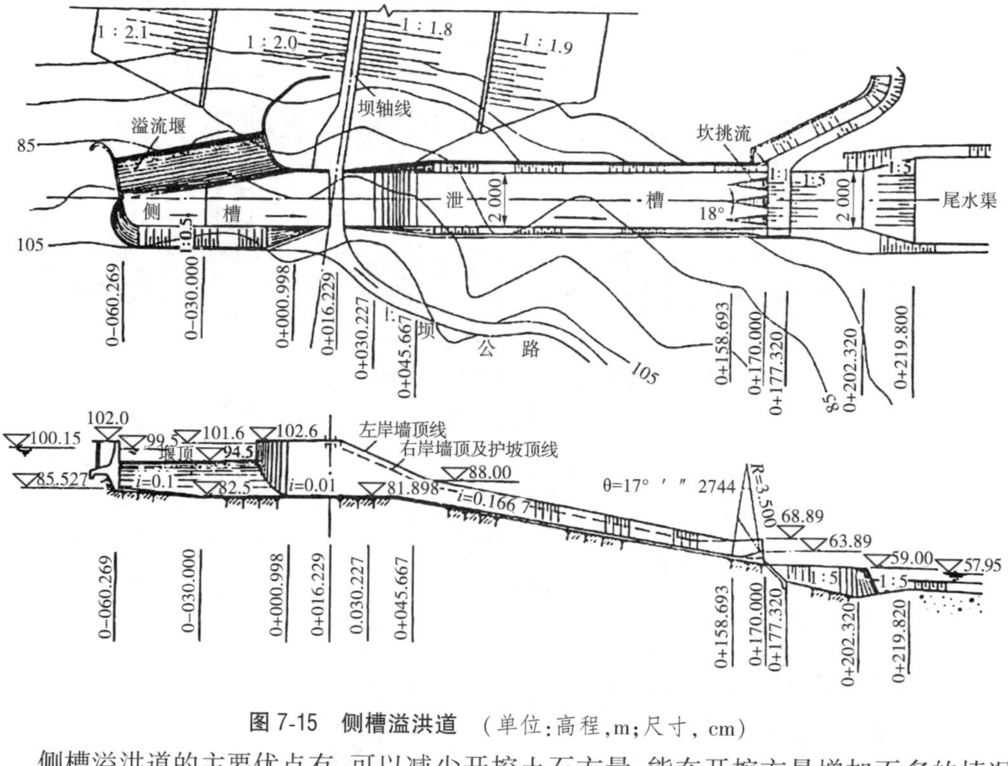

图 7-15 侧槽溢洪道 （单位：高程，m；尺寸，cm）

侧槽溢洪道的主要优点有：可以减少开挖土石方量；能在开挖方量增加不多的情况下，适当加大溢流堰的长度，从而提高堰顶高程，增加兴利库容；使堰顶水头减小，减少淹没损失，非溢流坝的高度也可适当降低。

但侧槽溢洪道由于水流条件较复杂，泄水道内单宽流量较大，侧槽又多是在坝头山坡上开挖深槽，一般都建在岩基上。因此，大型工程中应用不多，在中小型工程中应用较广。

侧槽溢洪道与正槽溢洪道的主要区别在于侧槽部分，其余部分与正槽溢洪道基本相同。

1.2　侧槽的设计

侧槽设计应满足以下条件：泄流量沿侧槽均匀增加；由于过堰水流转向约90°，大部分能量消耗于侧槽内水体间的撞击，认为侧槽中水流的顺槽速度完全取决于侧槽的水面坡降，因此槽底应有一定的坡度；为了使水流稳定，侧槽中的水流应处于缓流状态；侧槽中的水面高程要保证溢流堰为自由出流，以保证泄流能力和稳定流态。

侧槽多为窄深式梯形断面，由于岸坡陡峭，窄深断面要比宽浅断面节省开挖量。如图7-16所示，若窄深断面的过水面积为ω_1，宽浅断面的过水面积为ω_2，当$\omega_1=\omega_2$时，窄深断面可节省开挖面积ω_3；而且窄深断面容易使侧向进流与槽内水流混合，水面较为平稳。因此，在工程实践中，多将侧槽做成窄而深的梯形断面。靠岸一侧的边坡在满足水流和边坡稳定的条件下，以较陡为宜，一般采用1∶0.3～1∶0.5；对于靠溢流堰一侧，溢流曲线下部的直线段坡度（侧槽边坡），一般可采用1∶0.5。

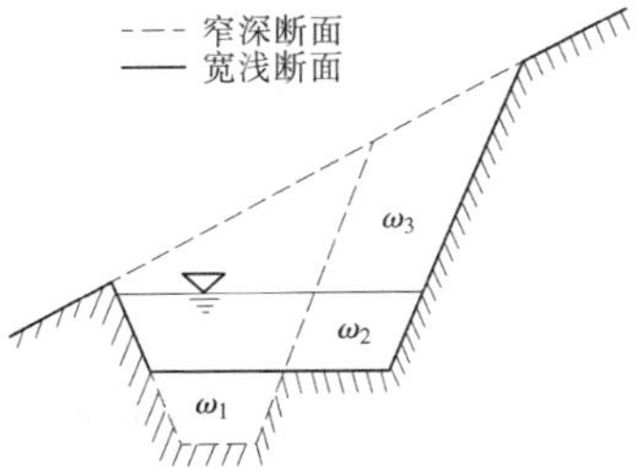

图7-16　不同侧槽断面挖方量比较

2　竖井溢洪道

竖井溢洪道通常由溢流喇叭口、渐变段、竖井、弯段、泄水隧洞和出口消能段等部分组成，如图7-4所示。

溢流喇叭口的断面形式有实用堰和平顶堰两种，前者较后者的流量系数大。在两种溢流堰上都可以布置闸墩，安设平面闸门或弧形闸门。在环形实用堰上，由于直径较小，为了避免设置闸墩，有时可采用漂浮式的环形闸门，溢流时闸门下降到堰体以内的环形门室，但在多泥沙河道上，门室易被堵塞，不宜采用。在堰顶设置闸墩或导水墙可起导流和阻止发生立轴漩涡的作用。

当岸坡陡峭、地质条件良好，又有适宜的地形布置环形溢流喇叭口时，可以采用竖井溢洪道。这样可避免大量的土石方开挖，造价可能较其他形式溢洪道低。当水位上升，喇叭口溢流堰顶淹没后，堰流即转变为孔流，所以竖井溢洪道的超泄能力较小。当宣泄小流量、井内的水流连续性遭到破坏时，水流很不稳定，容易产生振动和空蚀。因此，我国目前较少采用。

3　虹吸溢洪道

除正槽溢洪道、侧槽溢洪道和竖井溢洪道外，还有一种可以与坝体结合在一起，也可以建在岸边的虹吸溢洪道，如图7-5所示。

虹吸溢洪道通常包括断面变化的进口段、虹吸管、具有自动加速发生虹吸作用和停止虹吸作用的辅助设备、泄槽及下游消能设施。

虹吸溢洪道的优点是：利用大气压强所产生的虹吸作用，能在较小的堰顶水头下得到较大的泄流量；管理方便，可自动泄水和停止泄水，能比较灵敏地自动调节上游水位。

虹吸溢洪道的缺点是：结构较复杂；管内不便检修；进口易被污物或冰块堵塞；真空度较大时，易引起混凝土空蚀；超泄能力较小等。

虹吸溢洪道一般多用于水位变化不大和需要随时进行调节的水库及发电、灌溉的渠道上，作为泄水及放水之用。

任务 4　非常泄洪设施

水工建筑物在运行期间可能出现超设计标准洪水的情况，由于这种洪水出现机会极少，泄流时间也不长，所以在枢纽中可设简单的非常泄洪设施。用于宣泄超过设计标准洪水的设施称为非常泄洪设施。

溢洪道可分为正常溢洪道和非常溢洪道。正常溢洪道又可分为主溢洪道和副溢洪道，副溢洪道与非常溢洪道又统称为辅助溢洪道。

非常溢洪道主要有开敞式和自溃式两种形式。开敞式非常溢洪道的结构形式与开敞式正常溢洪道类似，只是可用叠梁代替闸门，控制段以下的设计标准和要求可略降低或采用简易结构。由于开敞式非常溢洪道较易控制，因此常采用这种形式。

自溃式非常溢洪道（见图 7-17）是在进口底板上修建自溃坝，在水库正常运用时挡水，非常运用时借助洪水的冲刷作用使其自行溃决泄洪。因此，选择的坝型必须具备挡水时稳定，启溃后易冲的条件。自溃坝的启溃标准，在一般情况下，当库水位达到设计洪水位后即可启用。如果启溃泄洪将造成枢纽工程的较大破坏，或对下游地区造成较大损失，宜采用较高的启溃标准；如果适当地提高启溃标准而对水库最高洪水位影响不大，也可采用较高的启溃标准。如果自溃坝规模较大，则应考虑能够分段分级启用的方式，以控制下泄流量，减轻下游的损失。

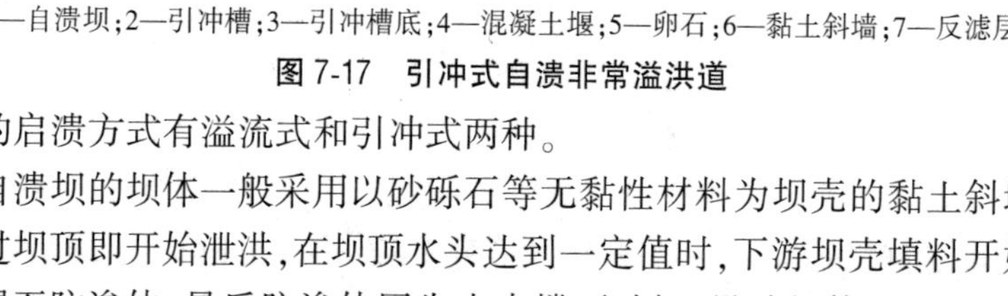

(a)上游立视图　　(b) A—A剖面

1—自溃坝；2—引冲槽；3—引冲槽底；4—混凝土堰；5—卵石；6—黏土斜墙；7—反滤层

图 7-17　引冲式自溃非常溢洪道

自溃坝的启溃方式有溢流式和引冲式两种。

溢流式自溃坝的坝体一般采用以砂砾石等无黏性材料为坝壳的黏土斜墙或心墙坝。当库水位超过坝顶即开始泄洪，在坝顶水头达到一定值时，下游坝壳填料开始被冲走，并逐渐向上扩展至防渗体，最后防渗体因失去支撑而破坏，导致坝体全部溃决。当坝较长时，为了不使下泄量骤增，可用隔墩分成若干段，各段采取不同的坝高，当库水位超过启溃标准后，洪水即由低向高逐级漫过各段坝顶，冲开自溃坝，增大下泄量。

引冲式自溃坝的特点是在坝体的适当位置设置引冲槽，当库水位达到启溃水位后，水流即漫过引冲槽，冲刷下游坝坡，形成口门，逐渐向两侧扩展，使之在较短时间内溃决。引冲槽应与自溃坝轴线垂直。其个数和间距应根据溃决速率和调洪要求通过计算确定。引冲槽的宽度对下切速率影响很大，一般采用 1~2 m。引冲水头对下游护坡冲刷和坝体下切都有影响，从加大水流冲刷能量的角度考虑，引冲槽水深宜选大些，应通过模型试验或参照已建工程选用。

非常溢洪设施里面还有一种遇到特大洪水时，引爆预埋在副坝药室或廊道内的炸药，利用其爆炸能量，使非常溢洪道进口的副坝坝体形成一定尺寸的爆破漏斗，形成引冲槽，并将爆破漏斗以外的土体炸松、炸裂。通过坝体引冲作用使其在短时间内迅速溃决，达到泄洪目的，但坝下溢流堰、泄槽及破副坝时的必要设施都应预先设置好，使得破坝快速，又能保证枢纽安全。

小　结

本项目主要讲述河岸溢洪道，包括正槽溢洪道、侧槽溢洪道、竖井溢洪道、虹吸溢洪道，对泄水建筑物的类型及非常溢洪道做了解性地介绍。正槽溢洪道一般由进水渠、控制段、泄槽、消能防冲设施及尾水渠五部分组成，对每部分的设计原理分别加以阐述，对其水力计算原理则进行了详细论述。侧槽溢洪道主要讲述其特点、组成。侧槽溢洪道与正槽溢洪道相比较增设了窄深断面的侧槽，其余部分相同，因此侧槽设计是侧槽溢洪道学习的主要内容。重点和难点是正槽溢洪道的设计和计算。

知识技能训练

一、思考题

1.水利枢纽在什么情况下须设置河岸溢洪道？

2.河岸溢洪道有哪些形式？各自的特点和适用条件如何？

3.正槽溢洪道有哪些组成部分？各部分的作用和设计原则是什么？

4.溢洪道的控制堰有哪些可供选择的形式和布置方式？堰顶是否设置闸门？其利弊如何？

5.高水头溢洪道的泄槽上可能有哪些水流问题要解决？它们与泄槽的体形、布置有何关系？

6.正槽溢洪道和侧槽溢洪道适应的河岸地形条件有何区别？

7.侧槽溢洪道的水力特性如何？

二、简答题

1.泄水建筑物如何分类？

2.对河岸溢洪道的位置应如何进行选择？

3.正槽溢洪道和侧槽溢洪道的主要区别是什么？它们各由哪几部分组成？各组成部分的作用是什么？

4.溢流堰有哪几种形式？各有什么特点？

5.泄槽的水力特征是什么？

6.试说明泄槽平面、纵剖面、横剖面的设计要求。

7.泄槽衬砌应满足什么要求？

8.试简要说明岩基上及土基上泄槽衬砌的设计。
9.如何选择河岸溢洪道的消能方式？
10.侧槽溢洪道布置有什么特点？
11.为什么要设置非常溢洪道？非常溢洪道有哪几种形式？
12.溢洪道泄洪能力不足应如何处理？

项目 8　水工隧洞与坝下涵管

【知识目标】

1.掌握水工隧洞的选线和布置要求、水工隧洞的组成,掌握坝下涵管的布置与构造。

2.了解隧洞衬砌的荷载和结构计算方法,了解坝下涵管的水力计算和结构计算。

3.熟悉水工隧洞的类型和工作特点,熟悉坝下涵管的作用及类型。

【技能目标】

1.能认识水工隧洞与坝下涵管。

2.能说出水工隧洞与坝下涵管的工作特点和类型。

3.能根据工程要求合理地布置水工隧洞与坝下涵管。

4.会计算隧洞衬砌与坝下涵管的荷载与结构。

任务 1　认识水工隧洞

【任务描述】

水工隧洞是水利枢纽中的重要组成部分之一。首先要了解水工隧洞的概念、类型、工作特点及组成,会进行水工隧洞的选线和工程布置,能辨识水工隧洞的进出口建筑物及各个组成部分的形式和构造,会进行水工隧洞衬砌的荷载及结构计算。

【任务分析】

随着城市发展以及各种项目开发建设进程的加快,水工隧洞建设作为一种施工难度大、技术层面要求高的工程项目,在质量的要求上提出了更高、更强的要求。隧洞工程牵涉各个方面的技术环节,尤其是在现有建设应用过程中,直接关系到水利枢纽的安全性。分析当前形势下水工隧洞建设的难点与问题,阐述水工隧洞衬砌对水工隧洞建设的重要意义,进而阐述水工隧洞衬砌的荷载及结构计算,实现水工隧洞建设与其他水工建筑物的和谐性,服务于水利枢纽。

【任务知识点】

1　水工隧洞的概念、发展概况、类型、工作特点及组成

1.1　水工隧洞的概念、发展概况

水工隧洞是指水利工程中穿越山岩建成的封闭式过水通道,用于泄水、引水或输水及施工导流等。山区水利枢纽常用,甚至一个枢纽中有多条水工隧洞。可由隧洞承担的任务各式各样,例如汛期水库的部分或全部泄洪任务;发电、灌溉、给水等兴利所需的引水或输水任务;为事故检修或其他原因放空水库的任务;多沙河流上所建水库的排沙任务;枢纽施工期的导流任务等。

我国在水利水电建设中,渔子溪一级水电站引水隧洞长 8 610 m;冯家山灌区引水隧

洞长达 12 600 m；引滦入津工程的输水隧洞全长为 11 380 m；引黄入晋总干渠上最长的隧洞单洞长 54.85 km。二滩水电站导流洞断面为 17.5 m×23 m，断面面积为 402.6 m^2；三峡水利枢纽地下厂房尾水洞断面为 24 m×36 m，断面面积达 876 m^2。到 20 世纪末，世界上长度超过 10 km 的单体隧洞近 40 条，其中芬兰派延奈隧洞长达 120 km。

1.2 水工隧洞的类型

（1）水工隧洞按用途可分为以下几种：

①泄洪隧洞：配合溢洪道宣泄洪水，保证安全。

②引水隧洞：引水发电、灌溉或供水。

③排沙隧洞：排放水库泥沙，延长水库的使用年限，有利于水电站的正常运行。

④放空隧洞：在必要的情况下放空水库。

⑤导流隧洞：在水利枢纽的施工期用于施工导流。

在设计水工隧洞时，应根据枢纽的规划任务，尽量考虑一洞多用，以降低工程造价。如施工导流隧洞与永久隧洞相结合，枢纽中的泄洪、排沙、放空隧洞的结合等。

（2）按洞内水流状态可分为以下几种：

①有压洞：工作闸门布置在隧洞出口，洞身全断面被水流充满，隧洞内壁承受较大的内水压力。

②无压洞：工作闸门布置在隧洞进口，水流没有充满全断面，有自由水面。

一般来说，隧洞可以设计成有压的，也可设计成无压的，还可设计成前段是有压的而后段是无压的。但应注意的是，在同一洞段内，应避免出现时而有压时而无压的明满流交替现象，以防止引起振动、空蚀等不利流态。

引水隧洞用来从水库取出用于灌溉、发电、工业用水、生活供水等所需要的水量，其流速一般较低。泄洪隧洞可配合溢洪道宣泄部分洪水，可用来排沙、泄放水电站尾水及放空水库等，一般为高速水流。有压隧洞工作时，隧洞内充满水，内壁面各个部位均作用有较大的内水压力，并保证洞顶的测压管水头大于 2 m。无压隧洞工作时水流具有自由水面，保持一定的净空。引水隧洞和泄洪隧洞工作时可为有压或无压状态，或前段有压后段无压状态，但必须避免有压流和无压流交替出现的工作状态。

在水工隧洞设计时，根据枢纽的规划、布置，尽量做到多功能、多目标开发，使得一洞多用，以节省工程投资。如采用“临时变永久”或“二洞合一”等形式。

“临时变永久”，是指工程竣工后，将施工导流洞改为放空、排沙、泄洪隧洞，也可改为发电、灌溉的引水隧洞。当导流洞的进口高程较低，不能满足其他隧洞承担的任务时，可设置成“龙抬头”形式——导流洞上方另设进水口，如图 8-1 所示。

“二洞合一”，是指泄洪与灌溉、泄洪与发电引水相结合布置；泄洪、排沙、放空相结合布置；发电引水与灌溉供水相结合布置等，如图 8-2 所示。只设一个进水口，适当的位置分岔。需注意的是：多功能的隧洞虽可简化枢纽布置，节省造价；但隧洞工作条件较复杂，水流不稳定，分岔处容易产生空蚀、振动。

1.3 水工隧洞的工作特点

水工隧洞是地下建筑物，其设计、建造和运行条件与承担类似任务的建于地面的水工建筑物相比，有不少特点，简略概括如下：

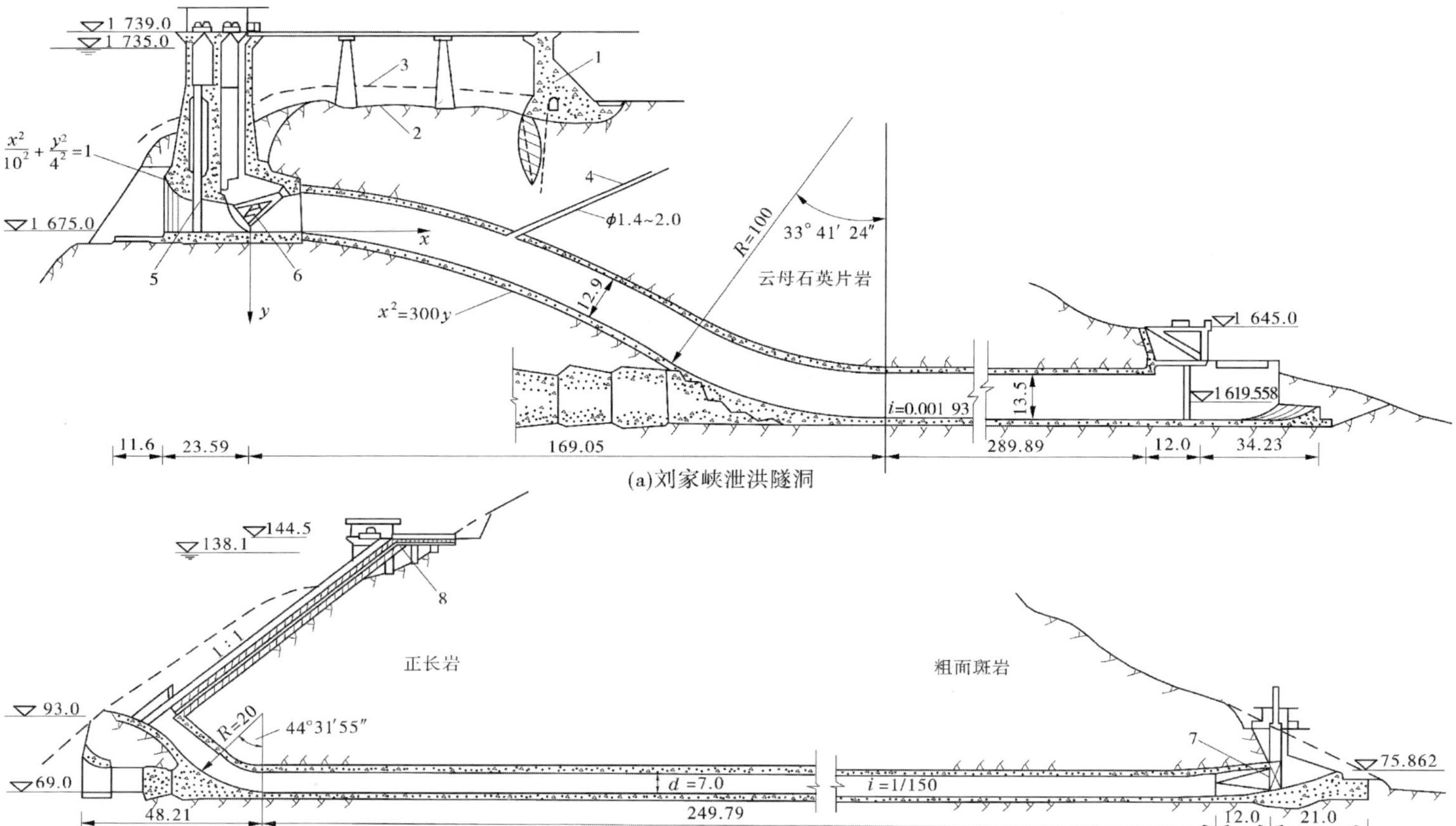

(a)刘家峡泄洪隧洞

(b)响洪甸泄洪隧洞

1—混凝土副坝；2—岩面线；3—原地面线；4—通风洞；5—检修闸门槽；6—弧形闸门；7—工作闸门；8—通气孔

图 8-1　导流隧洞改深式泄水隧洞布置　（单位：m）

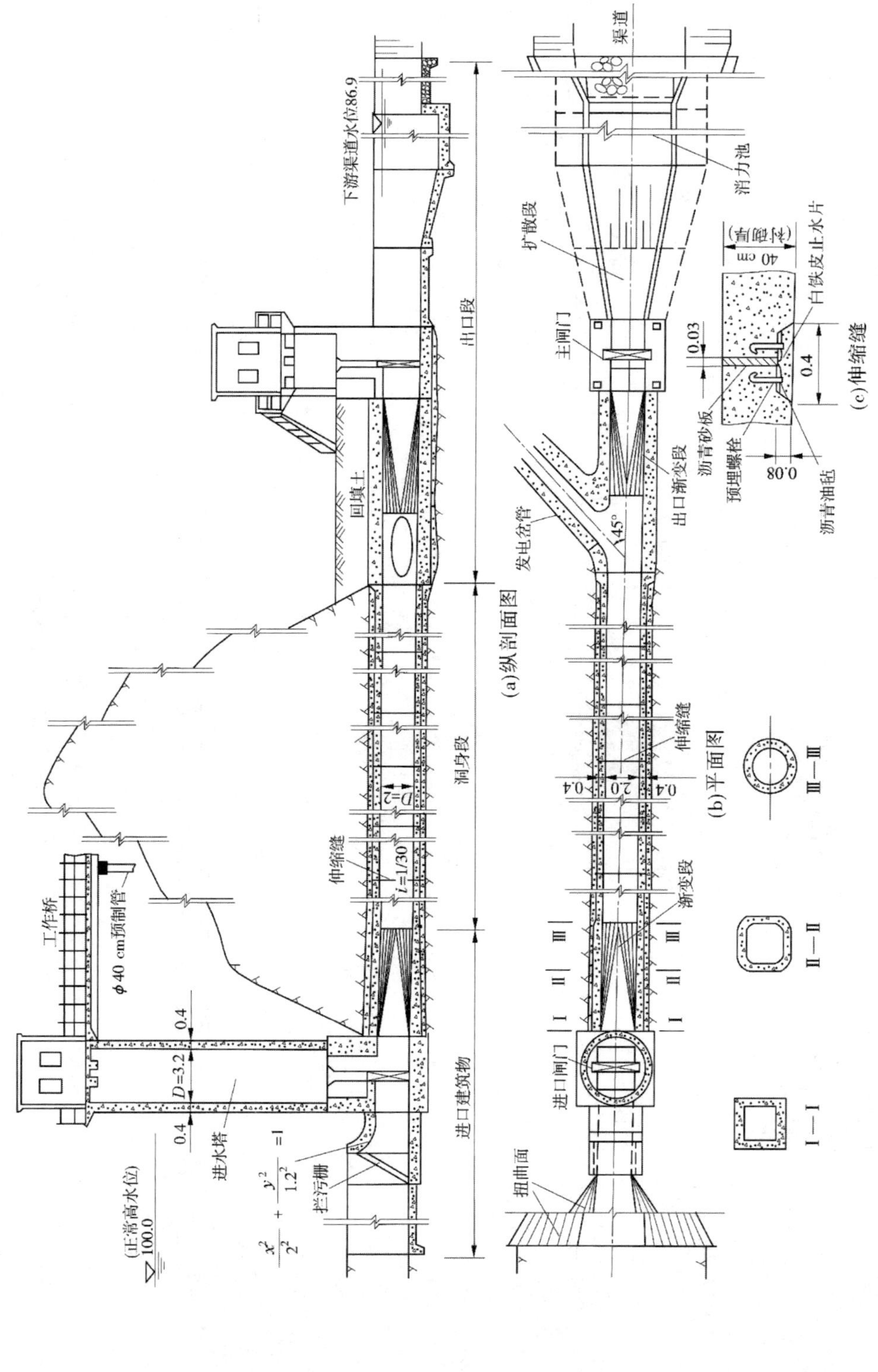

图 8-2　泄洪隧洞与发电隧洞合二为一的布置　（单位：m）

高速水流的泄洪洞,对建筑物的体型、水力条件及结构布置均有较高的要求。如考虑不周,极易产生空蚀破坏。因此,在隧洞的体型设计及水流边壁的平整度方面均应予以特别重视。对于容易发生空蚀的部位,还应采取防蚀、抗磨材料或其他防蚀措施。有压隧洞往往承受很大的内水压力,衬砌渗漏、压力水将渗入围岩裂隙,形成附加的渗透压力,破坏岩体稳定,因此要求围岩要有足够的厚度。

隧洞是在山体中开挖出来的建筑物,其结构性状及受力与围岩密切相关。开挖隧洞后改变了围岩原来的应力平衡状态,引起应力重分布,使围岩产生变形。因此,隧洞中常需设置临时性支护和永久性衬砌以承受山岩压力等荷载。

隧洞是地下结构,开挖、衬砌的工作面小,洞线长、工序多、干扰大。因此,虽然隧洞石方工程量不一定很大,但工期往往较长,尤其是兼作导流的隧洞,其施工进度往往控制整个工程的工期。因此,改善施工条件,加快施工进度,提高施工质量,是隧洞施工的重要课题。

1.4 水工隧洞的组成

隧洞一般由进口段、洞身段和出口段三部分组成。

2 水工隧洞的选线与工程布置

线路选择和工程布置是水工隧洞设计的关键问题。我国已建的隧洞工程实践证明,布置上所造成的缺陷是难以弥补的,故要高度重视隧洞线路选择和工程布置。这两个问题是一项工作的两个方面,是紧密联系、相互兼顾的。

2.1 水工隧洞的选线

洞线选择关系到围岩的稳定、施工进度、工程造价、安全运行等各个方面。洞线选择应根据枢纽总体布置及隧洞的用途,并综合考虑地形、地质、施工、水流、埋藏深度等各种因素,拟订几条洞线,通过技术经济比较选定。由于自然条件千差万别,要选出满足各方面要求的理想洞线是很困难的,在洞线比较中,应根据工程的具体特点,抓住主要矛盾,兼顾其他。通常起主导作用的地形、地质条件,应给予充分的重视。这里仅介绍隧洞选线时应注意的一般原则。

2.1.1 尽量避开地质条件不良地段

隧洞的路线选择应尽量避开山岩压力大、地下水位高、渗水严重的岩层,以及断层、破碎带和可能滑坡的不稳定地段。当隧洞轴线与岩层面及主要节理裂隙相交时,应尽量成较大夹角。在整体块状结构的岩体中,其夹角不宜小于30°;在层状岩体中,其夹角不宜小于45°。

2.1.2 力求洞线短、水流平顺

隧洞路线应力求短而直,以减少工程费用和水头损失。由于地形、地质条件和枢纽布置的原因必须转弯时,对低流速隧洞,转弯半径不宜小于5倍的洞径(或洞宽),偏转角一般不宜大于60°。曲线段两端用直线连接,其长度不宜小于5倍的洞径(或洞宽),以使弯道水流平顺。对于高流速的无压隧洞,应力求避免在平面上设置曲线段。

2.1.3 进、出口位置合适

隧洞进出口,应选择在岩层风化浅、岩石较坚硬完整、边坡稳定的地段。进出口的水

流应平顺对称,避免产生涡流。若拦河坝为土石坝,隧洞进出口应与土石坝间隔一定距离,以防止水流对上游坝坡和下游坝脚的冲刷。

2.1.4 应有足够的围岩厚度

洞顶以上和傍山隧洞岸边一侧的岩体应有足够的围岩厚度,以保证围岩的稳定。其最小厚度应根据围岩承载能力及渗透稳定性、隧洞断面形状及尺寸、施工条件、内水压力等因素综合分析决定。对有压隧洞,当围岩坚硬完整时,为使围岩的承载能力得到保证,洞身部位的最小覆盖层的厚度应大于或等于该部位的内水压力。对于无压隧洞及有压隧洞的进出口,洞口应尽量选在岩体坚硬完整和地质构造简单的地段。

进出口岩体最小厚度涉及明挖量的大小、进洞工期、洞口岩体的边坡稳定的问题。一般以施工成洞条件为准,并采取合理的施工工序和工程措施,以减少明挖,争取工期。对于相邻两隧洞间岩体的厚度,应根据地质条件、布置需要、围岩受力状况、隧洞形式及尺寸、施工方法和运行条件等综合分析决定。一般不宜小于 1~2 倍的洞径(或洞宽)。

2.1.5 应兼顾施工方便

对于长隧洞,洞线的选择还应考虑设置施工竖井或支洞问题,以便于增加开挖工作面,改善施工条件,加快施工进度。

2.2 水工隧洞的工程布置

2.2.1 总体布置

根据枢纽任务,确定隧洞是专用或是一洞多用。针对不同要求,结合地形、地质和水流条件拟订进口的位置、高程。

在选定洞线方案的基础上,根据地形、地质等条件选择进口段的结构形式(竖井式、塔式、岸塔式、斜坡式等),确定闸门在隧洞中的布置。

确定洞身的纵向底坡和横断面的形状及尺寸。根据地形、地质、尾水位和施工条件等确定出口位置和底板高程,选用合理的消能方式。

2.2.2 闸门在隧洞中的布置

水工隧洞的闸门按其工作性质分为工作闸门、检修闸门和事故闸门。工作闸门主要用于调节流量和控制孔口,应能在动水中启闭。它可以设在进口、出口或隧洞中的任一适宜位置。

泄洪隧洞一般都布置两道闸门,一道是工作闸门,用以控制流量,要求能在动水中启闭;另一道是检修闸门,设在隧洞进口,当工作闸门或隧洞检修时,用以挡水。隧洞出口如低于下游水位,也要设检修闸门。深水隧洞的检修闸门一般需要能在动水中关闭,静水中开启,也称事故闸门。泄洪隧洞的闸门位置,相当程度上决定着隧洞的工作条件,因此是隧洞布置的关键问题之一。

无压隧洞一般将闸门设置在隧洞进口处。按隧洞进口和水面的相对位置,进水口可以分为表孔溢流式和深孔式。

表孔溢流式多属于龙抬头的布置形式,如图 8-3 所示。其作用主要用于泄洪,闸门布置与岸边溢洪道相似,只是由隧洞替代了溢洪道的泄水槽,如毛家村、流溪河、冯家山等无压泄洪洞都采用了这种布置方式。

深孔式进水口也可采用无压泄水隧洞，为保证隧洞内水流为无压状态，闸门后洞顶需高出洞内水面一定高度，并向闸门后通气。其优点是工作闸门和检修闸门均设在首部，运行管理方便，易于检查和维修；洞内不受压力水流作用，有利于山坡稳定。缺点是流速大的部位容易发生空蚀。

有压隧洞一般将工作闸门设置在出口处。泄流时洞内流态平稳，工作闸门便于部分开启，控制简单，管理方便。但洞内经常承受较大的内水压力，对山坡的稳定不利，因此对围岩地质条件的要求比无压隧洞高。在实际工程中，常在进口设置事故检修闸门，平时可用于挡水，以免洞内长时间承受较大的内水压力。

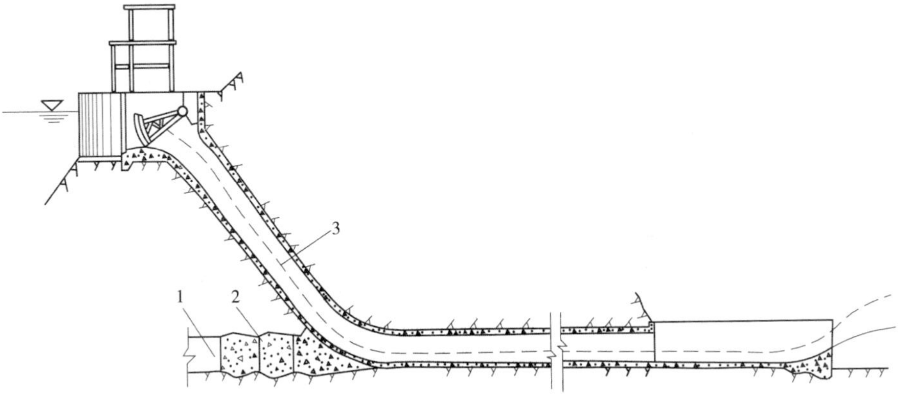

1—导流洞；2—混凝土堵头线；3—水面线

图8-3　表孔溢流式泄洪隧洞布置

有些泄洪隧洞因受地形、地质和枢纽布置等因素的限制，为了获得良好的水流及结构受力条件，常将工作闸门布置在洞内，工作闸门前为有压洞段，工作闸门后为无压洞段（见图8-4）。我国三门峡、小浪底、碧口、新丰江、鲁布革等泄洪隧洞都采用了这种布置方式。

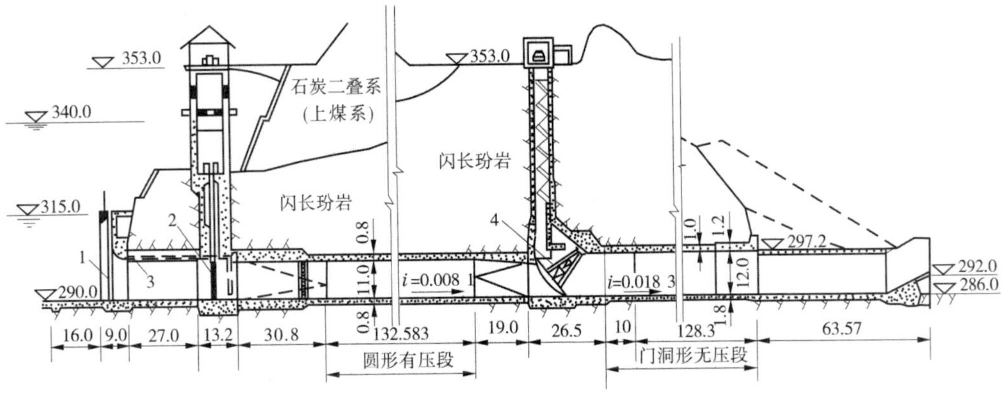

1—叠梁门槽；2—事故检修闸门；3—平压管；4—弧形工作闸门

图8-4　三门峡1号泄洪排沙洞布置　（单位：m）

3 水工隧洞各组成部分的形式与构造

3.1 进水口的形式及构造

3.1.1 进水口高程的确定

隧洞进水口高程主要根据其承担的任务来确定。例如，灌溉隧洞应保证上游为最低工作水位时，能引入设计流量。有压发电隧洞进水口，应保证在上游最低运行水位以下有足够的淹没深度，以免产生贯通式漩涡，引起振动，淹没深度的最小值不得小于 1 m；其进水口顶部高程应保证上游在最低运行水位时能取到发电所需要的流量；进水口底板应高于水库的淤沙高程。对多种用途的隧洞，进水口高程的选择应照顾到各方面的要求。

3.1.2 深孔式进水口建筑物的形式

深孔式进水口建筑物按其布置和结构形式不同，可分为竖井式、塔式、岸塔式和斜坡式四种。

3.1.2.1 竖井式

在进水口附近的岩体中开挖竖井，闸门安装在井底中，井上设置启闭设备，拦污栅设于洞外，如图 8-5 所示。这种进口形式构造简单，不受风浪、冰冻影响，抗震性能好，安全可靠。缺点是施工开挖困难，门前洞段不易检修。它适于岩体完整、稳定、坚固的岸坡。

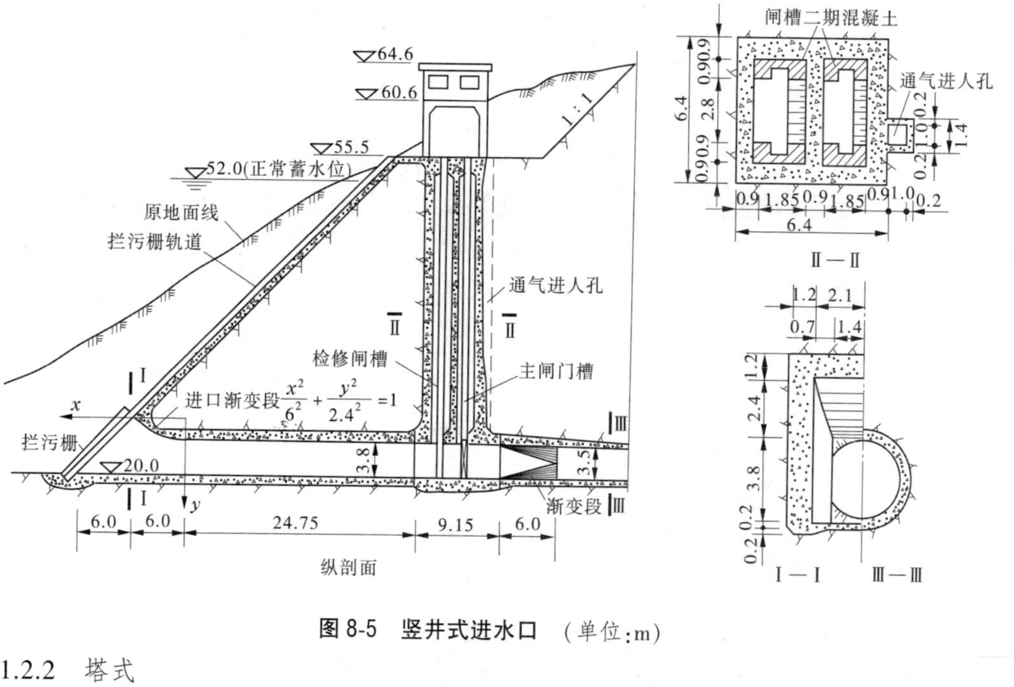

图 8-5 竖井式进水口 （单位:m）

3.1.2.2 塔式

当进水口处岸坡较缓或地质情况较差时，可采用塔式。塔的形式有封闭式和框架式，见图 8-6。塔独立于岸坡用钢筋混凝土建造，顶部设操作平台和启闭机室，并通过工作桥与岸边或坝顶相联系。封闭式塔的水平截面可为圆形、矩形或多角形，可在不同高程设进水口，根据库水位的变化启用不同的进水口，以引取表层温度较高的库水，以利于灌溉。当在工作水头较低或根据运用条件只需在进口处设置一道闸门时，可采用框架式塔。这种形式构造简单,施工方便,但只能在低水位时检修。塔式进水口的优点是,可在任何水位下检修,方便可靠,但造价较高。

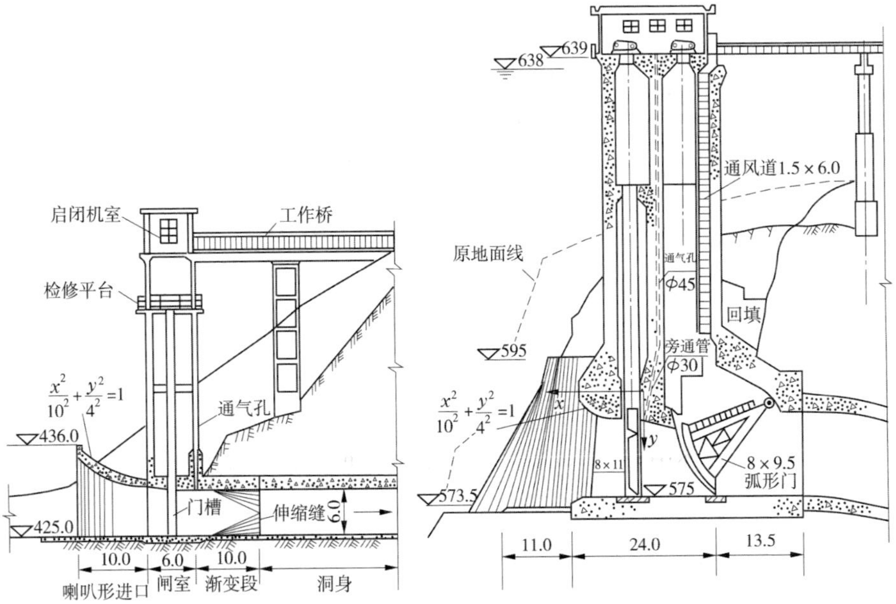

(a)框架塔式进水口 (b)封闭塔式进水口

图 8-6 塔式进水口 (单位:m)

3.1.2.3 岸塔式和斜坡式

岸塔式是将控制塔斜靠在洞口岩坡上的建筑物(见图 8-7)。由于塔身斜靠岩坡,故易满足稳定要求,对岸坡也起到一定的支撑作用,施工、安装及维修均较方便。岸塔式进水口的结构可以是封闭式和框架式的。这种形式适用于岸坡较陡、岩石坚固的情况。

如果岸坡的岩石完整、稳定,则可稍加开挖平整并进行衬砌后,直接将闸门及拦污栅轨道安置在斜坡上而不设置控制塔,这种布置的形式称为斜坡式(见图 8-8)。其优点是工程量小、造价较低、施工安装方便。适用于岸坡地形、地质条件适合的中小型工程或仅安装检修闸门的进水口。

岸塔式和斜坡式进水口的闸门是斜放的,故闸门下降时不能完全利用自重。

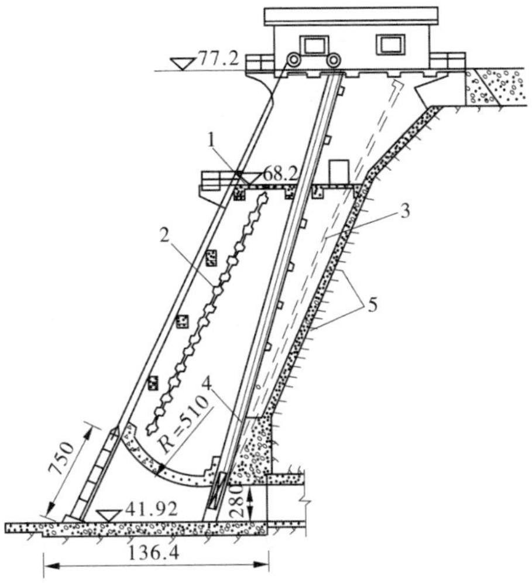

1—清污台;2—固定拦污格栅;3—通气孔;4—闸门轨道;5—锚筋

图 8-7 岸塔式进水口

(高程单位:m;尺寸单位:cm)

3.2 洞身的断面形式及构造

3.2.1 洞身的断面形式和尺寸

隧洞洞身断面形式选择涉及的因素很多,就水力条件而言,要求洞身断面具有平顺的轮廓,力求减小水头损失,能以最经济的断面通过设计流量;就静力条件而言,应根据围岩特性和地应力的分布特点,选择合理的断面形状和几何尺寸,以改善围岩受力条件,保持围岩稳定;同时,还应照顾到施工方便等诸方面的要求。

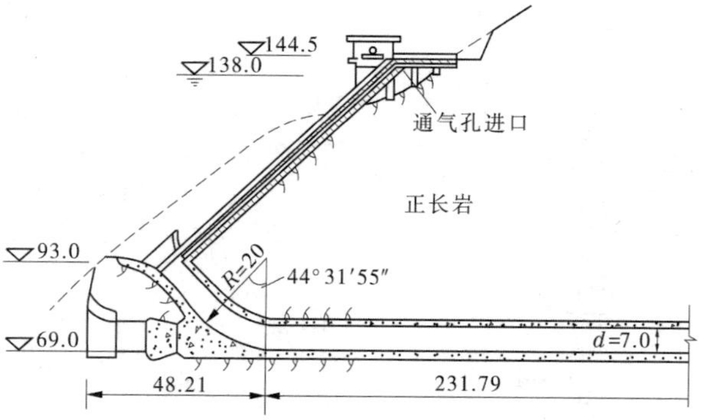

图 8-8 斜坡式进水口 (单位:高程,m;尺寸,cm)

3.2.1.1 无压隧洞洞身的断面形式和尺寸

无压隧洞洞身的断面形式和尺寸在很大程度上取决于围岩特性和地应力情况,常采用圆拱直墙形(城门洞形)断面[见图 8-9(a)]、马蹄形[见图 8-9(b)]及蛋形[见图 8-9(c)]等。

圆拱直墙形适用于地质条件较好,垂直山岩压力较小而无侧向山岩压力的情况。顶部为平拱或半圆拱,圆拱的中心角为 90°~180°。断面的高宽比一般为 1.0~1.5,洞内水位变化较大时取大值。此外,应与地应力条件相适应,垂直山岩压力大于水平地应力时,宜采用较大的高宽比;反之,取用小值。当地质条件较差,侧向山岩压力较大时,宜采用马蹄形或蛋形断面。当地质条件差或地下水压力很大时,也可采用圆形断面。

无压隧洞的断面尺寸,应根据水力计算确定。低流速的无压隧洞,若通气条件良好,水面线以上的空间不宜小于隧洞断面面积的 15%,其净空高度不小于 40 cm。高流速的无压隧洞,在掺气水面以上的空间,一般为断面面积的 15%~ 25%。当采用圆拱直墙形断面时,水面线(高速水流含掺气)不得超过直墙范围。无压隧洞考虑施工要求的最小断面尺寸为:高度不小于 1.8 m,宽度不小于 1.5 m;圆形断面的内径不小于 1.8 m。

采用缩小出口断面面积增大压力,减免负压和空蚀。

3.2.1.2 有压隧洞洞身的断面形式和尺寸

有压隧洞洞身的断面多为圆形,其水力条件好,水力特性也最佳,与其他形式断面相比,面积一定时过水能力最大。当围岩坚硬且内水压力不大时,也可采用便于施工的非圆形断面。

有压隧洞的断面尺寸,应根据水力计算确定,主要核算其泄流能力和沿程压坡线。泄流能力按管流计算,压坡线水头应高于洞顶 2 m 以上。其最小断面尺寸应同时满足施工和检修要求。

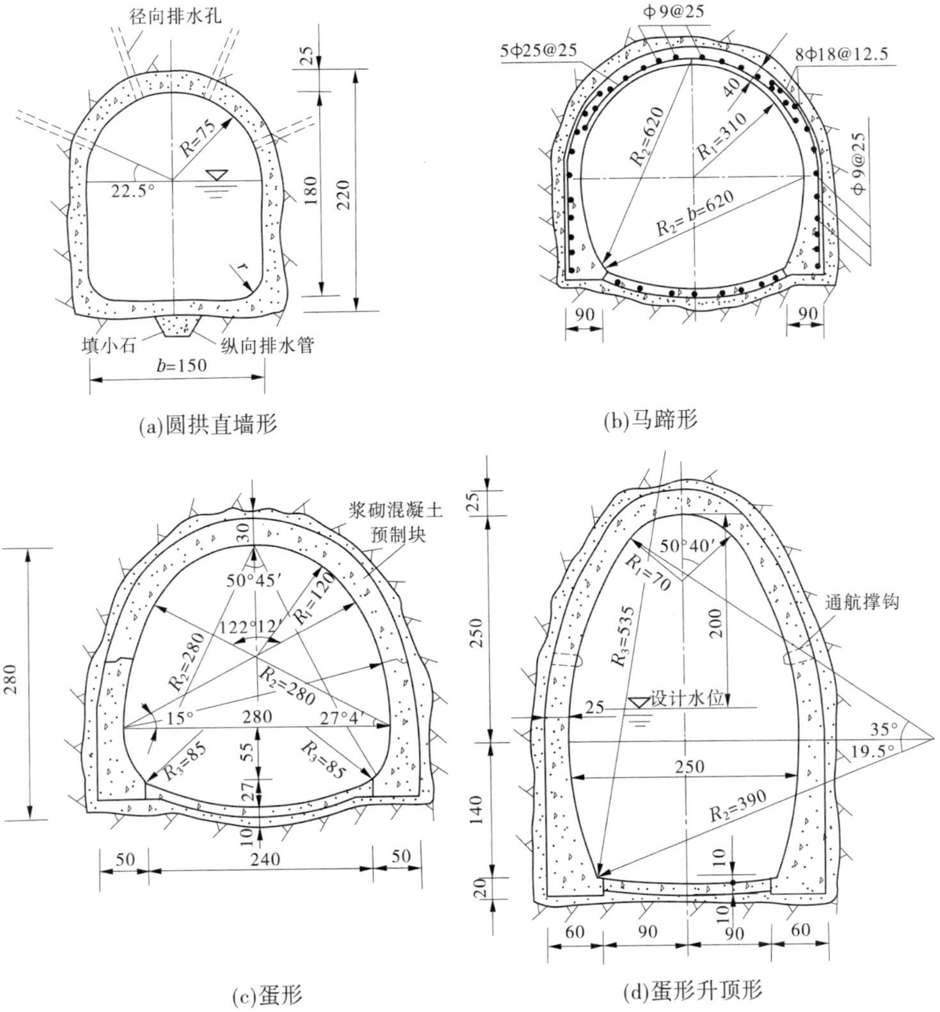

(a)圆拱直墙形　　(b)马蹄形

(c)蛋形　　(d)蛋形升顶形

图 8-9　无压隧洞的横断面形状　（单位:cm）

水力计算内容:

任务:核算泄流能力及沿程压坡线($z+\dfrac{p}{\gamma}$,侧压管水头线)。

泄水能力按管流计算

$$Q = \mu\omega_{出}\sqrt{2gH} \tag{8-1}$$

$$\omega_{出} = \frac{Q}{\mu\sqrt{2gH}} \tag{8-2}$$

$$\omega_{洞} = \frac{\omega_{出}}{80\% \sim 90\%} \tag{8-3}$$

式中　μ——考虑沿程和局部阻力的系数;

$\omega_{出}$——隧洞出口断面面积(为洞身面积的 80%~90%);

H——上下游水位差(作用水头)。

为了保证洞内水流处于有压状态,一般要求洞顶应有 2 m 以上的压力余幅,流速大压力余幅也大。

计算泄水能力:①表孔式进口,按堰流计算。②深式短管式进口,泄水能力取决于进口压力段,仍用有压管流计算,但系数 μ 随进口段局部水头损失而定(一般在 0.9 左右,不考虑沿程损失,因为距离短),ω 为工作闸门处的孔口面积。

工作闸门之后的陡坡段,可用能量方程分段求出其水面线,为了保障洞内为明流(稳定的)状态,水面线上应有一定净空。若流速低,通气良好,净空面积不小于隧洞断面面积的 15%,高度≥40 cm。若流速高,要考虑掺气和冲击波的影响,在掺气水面以上的净空为洞身断面面积的 15%~25%。

对于城门洞形断面,冲击波峰还应限制在直墙范围内。

还应考虑到施工和检查维修等方面的需要,非圆形不小于 1.5 m×1.8 m(高);圆形内径不小于 1.8 m。

3.2.2 隧洞衬砌

3.2.2.1 衬砌的作用

为了保证水工隧洞安全有效地运行,通常需要对隧洞进行衬砌。衬砌的作用是:承受围岩压力和其他各种荷载;加固和保护围岩,使围岩长期保持稳定,免受破坏;减小隧洞表面糙率,减小水头损失;防止渗漏。

3.2.2.2 衬砌的类型

衬砌的类型按设置衬砌的目的可分为平整衬砌和受力衬砌两类,按衬砌所用的材料分为混凝土衬砌、钢筋混凝土衬砌和浆砌石衬砌等。此外,还有预应力衬砌、装配式衬砌和喷锚衬砌、限裂衬砌和抗裂衬砌等。

(1)平整衬砌。当围岩坚固、内水压力不大时,用混凝土、喷浆、砌石等做成平整的护面。它不承受荷载,只起减小糙率、防止渗水、抵抗冲蚀、防止风化等作用。无压隧洞的平整衬砌可以只在水流湿周范围内衬砌。只为降低糙率的衬砌,平均厚度约为 15 cm 即可;若有防冲、抗渗要求,则衬砌厚度应为 20~30 cm。

为了使衬砌表面尽量光滑,最好用金属模板浇筑混凝土,但比较费工,用模板也较多。用喷混凝土的方法进行平整衬砌不需模板,施工进度快,透水性小,其主要缺点是平整度差。为改进这一缺点,可在喷混凝土之后,再喷一层水泥砂浆抹光。

(2)混凝土衬砌、钢筋混凝土衬砌。当围岩坚硬、内水压力不大时,可采用混凝土衬砌。当承受较大荷载或围岩条件较差时,则应采用钢筋混凝土衬砌。衬砌的厚度(不包括围岩超挖部分)应根据计算和构造要求确定其最小厚度。但为了保证施工质量,混凝土和单层钢筋混凝土衬砌不小于 25 cm,双层钢筋混凝土衬砌不小于 30 cm,强度等级不宜低于 C15。

(3)预应力衬砌。是对混凝土衬砌或钢筋混凝土衬砌施加预压应力,以抵消内水压力产生的拉应力,克服混凝土抗拉强度低的缺点,可使衬砌厚度减薄,节约材料和开挖量。其缺点是施工复杂,工期较长。适用于作用高水头的圆形隧洞。

最简单的预加应力方法是向衬砌与围岩之间进行压力灌浆,使衬砌产生预压应力。

为了保证灌浆效果，围岩表面应用混凝土进行修整，并与衬砌之间留有 2~3 cm 的空隙，以便灌浆。浆液应采用膨胀性水泥，以防干缩时预压应力降低。这种预加应力方法要求围岩比较坚硬完整，必要时可先对围岩进行固结灌浆。

(4)喷锚衬砌。是指利用锚杆和喷混凝土进行围岩加固的总称。由于喷混凝土能紧跟掘进工作面施工，缩短了围岩的暴露时间，使围岩的风化、潮解和应力松弛等不致有大的发展。所以，喷混凝土施工给围岩的稳定创造了有利条件。

喷混凝土支护的主要作用是：充填岩体表面张开的裂隙，使围岩结成整体；填补不平整表面，缓和应力集中；保护岩体表面，阻止岩块松动。喷混凝土施工时，应先撬除危石，清洗岩面，然后喷一层厚约 1 cm 的小水灰比的水泥砂浆或厚为 2~3 cm 的富水泥混凝土。喷完上述底层后，即可分次喷混凝土，每次厚 3~8 cm。如同时采用锚杆，则可在第一层混凝土喷完后设置，必要时还可加设钢筋网，然后再喷第二、三层，直至达到预定设计厚度。喷混凝土衬砌的厚度一般不小于 5 cm，最大不宜超过 20 cm。

锚杆支护是用特定形式的锚杆锚固于岩石内部，把原来不够完整的围岩固结起来，从而增加围岩的整体性和稳定性。其对围岩的加固原理可归结为三个方面：一是悬吊作用，如图 8-10(a)所示，用锚杆将可能塌落的不稳定岩体悬吊在稳定岩体上；二是组合作用，如图 8-10(b)所示，用锚杆将层状岩体结合在一起，形成类似的组合梁，增加其抗弯和抗剪能力；三是固结作用，如图 8-10(c)所示，不稳定的断裂岩块在许多锚杆作用下固结起来，形成“有支撑能力的岩石拱”。对一具体隧洞而言，这三种作用往往是综合发生的。

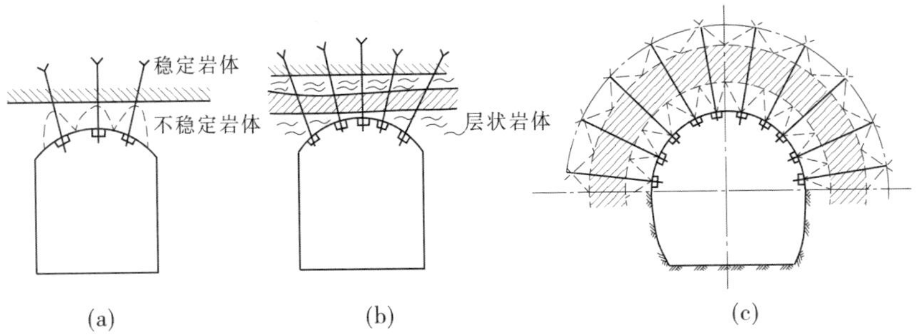

图 8-10　锚杆的支护作用

工程实践证明，采用锚喷支护可以减少混凝土衬砌量，不用模板，施工安全，造价降低，是一种多、快、好、省的施工方法。但需注意研究内外水压力、抗渗、允许流速及糙率等问题。

3.2.2.3　衬砌的构造

(1)衬砌的分缝和止水。在混凝土及钢筋混凝土衬砌中，一般设有永久性的横向变形缝(垂直水流方向)和施工工作缝。

变形缝是为防止不均匀沉降而设置的，其位置应设于荷载大小、断面尺寸和地质条件发生变化之处。如洞身与进口或渐变段接头处及断层、破碎带的变化处，均需设置变形缝，缝内贴沥青油毡并做好止水。在断层、破碎带处，还应增加衬砌厚度并配置钢筋，其构造如图 8-11 所示。

围岩地质条件比较均一的洞身段，可只设置施工缝。施工缝有纵向与横向两种。横

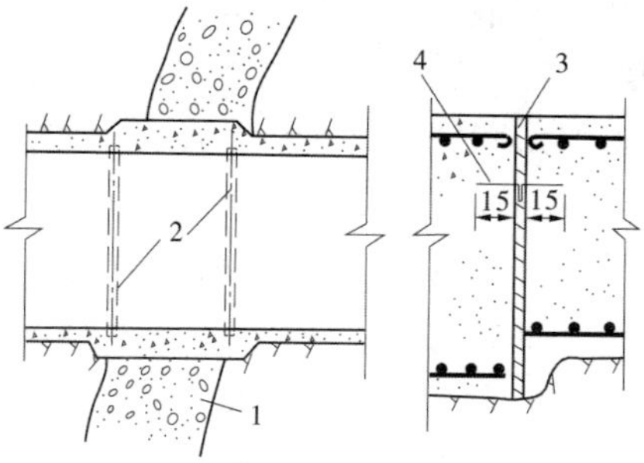

1—断层破碎带;2—沉陷缝;3—沥青油毛毡 1~2 cm;4—止水片或止水带

图 8-11 伸缩变形缝 (单位:cm)

向施工缝间距一般为 6~12 m,底板和边墙、顶拱的缝面不得错开。无压隧洞的横向施工缝,一般可不做特殊处理。对有压隧洞和有防渗要求的无压隧洞,横向施工缝应根据具体情况采取必要的接缝处理措施。纵向工作缝的位置及数目则应根据结构形式及施工条件决定,一般应设在内力较小的部位。衬砌的分缝、分块情况见图 8-12(b),图中 1、2、3、4 为分块浇筑的顺序编号。无论是无压隧洞还是有压隧洞,其纵向施工缝均须凿毛处理;还可设一些插筋以加强其整体性,必要时还可设置止水片(见图 8-13)。

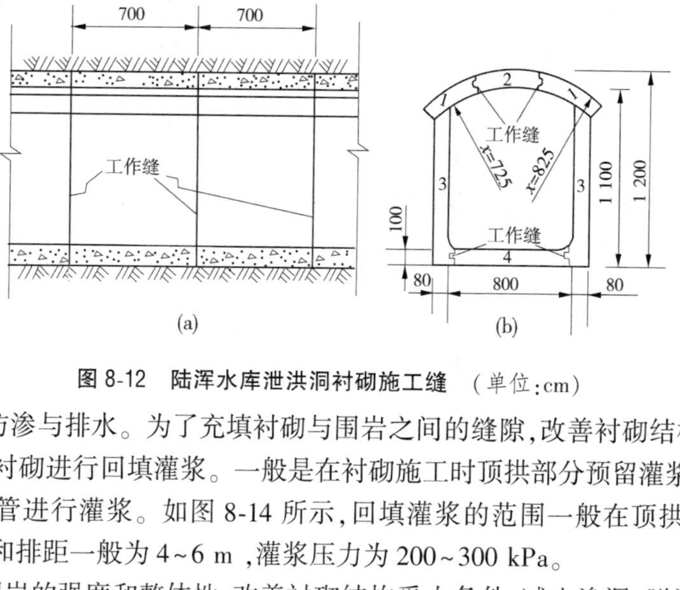

图 8-12 陆浑水库泄洪洞衬砌施工缝 (单位:cm)

(2)灌浆、防渗与排水。为了充填衬砌与围岩之间的缝隙,改善衬砌结构传力条件和减少渗漏,常对衬砌进行回填灌浆。一般是在衬砌施工时顶拱部分预留灌浆管,待衬砌完成后,通过预埋管进行灌浆。如图 8-14 所示,回填灌浆的范围一般在顶拱中心角 90°~120°以内,孔距和排距一般为 4~6 m ,灌浆压力为 200~300 kPa。

为了提高围岩的强度和整体性,改善衬砌结构受力条件,减少渗漏,隧洞衬砌后还常对围岩进行固结灌浆。固结灌浆孔通常对称布置,排距 2~4 m,每排不少于 6 孔。孔深一般约为 1.0 倍的隧洞半径,灌浆压力为内水压力的 1.5~2.0 倍。灌浆时应加强观测,防止洞壁变形破坏。回填灌浆孔与固结灌浆孔通常分排间隔排列。

当地下水位较高时,外水压力可能成为无压隧洞的主要荷载之一,为此可采取排水措施以降低外水压力。

无压隧洞的排水,可在洞内水面高程以上设置排水孔来实现[见图 8-9(a)]。孔距和排距 2~4 m,孔深 2~4 m。应注意,排水钻孔应在灌浆之后进行,以防堵塞。当无压隧洞

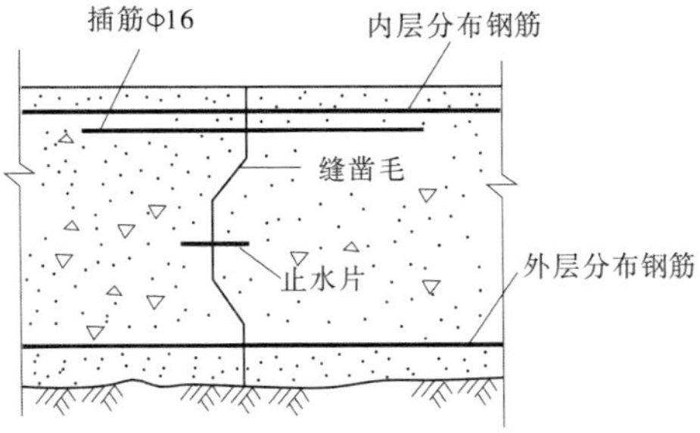

图 8-13　衬砌的纵向施工缝

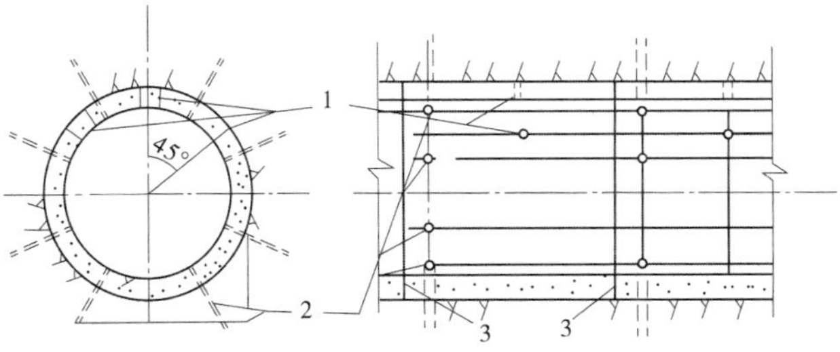

1—回填关键孔;2—固结灌浆孔;3—伸缩缝

图 8-14　灌浆孔布置图

边墙很高时,也可在边墙背后水面高程以下设置暗的环向及纵向排水系统。

有压隧洞一般不设排水。确有必要设置排水时,也只能采用环向、纵向排水暗管,环向暗排水可用砾石铺成,每隔 6~8 m 设一道,收集的渗水汇集后由衬砌下部的纵向排水管(如无砂混凝土管)排向下游。

3.3　出口段的构造

有压泄水隧洞的出口常设有工作闸门及启闭机室,闸门前设有渐变段,闸门后设有消能设施。有压泄水隧洞,出口段的体形对有压隧洞的压力状况起控制作用。为不使洞身出现负压,其出口断面应逐渐收缩,使出口断面小于洞身断面,但不宜收缩过多,以免降低泄流能力。根据工程经验,出口断面与洞身断面的收缩比,一般为 0.8~0.9。对水流条件差、洞身沿程体形变化多者取大值。无压泄水洞的出口构造主要是消能设施。

泄水隧洞出口水流的特点是单宽流量集中,所以常在隧洞出口外设置扩散段,使水流扩散,使得单宽流量减小,然后再以适宜的方式进行消能。泄水隧洞常用的消能方式有挑流消能和底流消能。当出口高程高于或接近于下游水位,并且下游水深和地质条件适宜时,应优先选用挑流消能。

底流式消能具有工作可靠、对下游水面波动影响范围小的优点,所以应用较多。消力池的宽度和深度可按水力学方法计算,水流出洞后的扩散连接段,水平向可采用 1 : 6~1 : 8,垂直向宜采用水流质点的抛物轨迹线与消力池连接。

4　水工隧洞衬砌的荷载及结构计算

4.1　隧洞衬砌的荷载

隧洞是地下结构,衬砌与围岩有相互的作用,作用于衬砌的荷载种类与大小既取决于隧洞的工作条件,同时也取决于围岩地质条件及施工情况。作用于衬砌的荷载有自重、围岩压力、内水压力、外水压力、温度荷载、弹性抗力、灌浆压力、地震荷载等。

荷载计算对象与结构计算相同,为单位洞长。

4.1.1　围岩压力

围岩压力也称山岩压力。隧洞开挖后由于围岩变形(隧洞开挖破坏了岩体原来的平衡,从而引起围岩应力重分布,引起变形)或塌落而作用在衬砌上的压力,称为围岩压力。按作用的方向围岩压力主要有两种:①作用于衬砌顶部的垂直围岩压力;②作用于衬砌两侧的侧向围岩压力。一般岩体中,作用在衬砌上的主要是垂直向下的围岩压力,对软弱破碎岩层,还需考虑侧向围岩压力。

计算山岩压力的方法很多,但目前工程中常用的方法主要有自然平衡拱法和经验法。这里仅介绍较为实用的经验法。

《水工隧洞设计规范》(SL 279—2016)规定,围岩作用在衬砌上的荷载,应根据围岩条件、横断面形状和尺寸、施工方法及支护效果确定,围岩压力的计取应符合下列规定:

(1)自稳条件好,开挖后变形很快稳定的围岩,可不计围岩压力。

(2)薄层状及碎裂散体结构的围岩,作用在衬砌上的围岩压力:

垂直方向
$$q_v = (0.2 \sim 0.3)\gamma_1 B \tag{8-4}$$

水平方向
$$q_h = (0.05 \sim 0.1)\gamma_1 H \tag{8-5}$$

式中　q_v——垂直均布围岩压力,kN/m^2;

q_h——水平均布围岩压力,kN/m^2;

γ_1——岩石的容重,kN/m^3;

B——隧洞开挖宽度,m;

H——隧洞开挖高度,m。

(3)不能形成稳定拱的浅埋隧洞,宜按洞室顶拱的上覆盖层岩体重力作用计算围岩压力,再根据施工所采取的支护措施予以修正。

(4)块状、中厚层至厚层状结构的围岩,可根据围岩中不稳定块体的作用力来确定围岩压力。

(5)采取了支护或加固措施的围岩,根据其稳定状况,可不计或少计围岩压力。

(6)采用掘进机开挖的围岩,可适当少计围岩压力。

(7)具有流变或膨胀等特殊性质的围岩,可能对衬砌结构产生变形压力时,应对这种作用进行专门研究,并宜采取措施减小其对衬砌的不利作用。

4.1.2　弹性抗力

在荷载作用下,衬砌向外变形时受到围岩的抵抗,围岩抵抗衬砌向外变形而作用在衬砌外壁的作用力,称为弹性抗力。弹性抗力是一种被动力。它与地基反力不同,后者是由力的平衡决定的,其数值与围岩的性质无关;而前者的产生是有条件的。考虑围岩弹性抗力的重要条件取决于岩石本身的承载能力,而充分发挥弹性抗力作用的主要条件是围岩与衬砌接触程度。当岩石比较坚硬,且有一定的厚度(一般要求大于 3 倍的洞径),无不利的滑动面,围岩与衬砌紧密接触时,才可考虑弹性抗力的作用;否则,不考虑围岩的弹性抗力,只考虑衬砌底部的地基反力。

岩石的弹性抗力可以近似地认为与衬砌表面法线方向位移 δ 成正比,即

$$p_0 = k\delta \quad (10\ \text{kPa}) \tag{8-6}$$

式中　p_0——岩石弹性抗力;

δ——衬砌表面法线方向位移,cm;

k——与岩石情况及隧洞开挖尺寸有关的弹性抗力系数,N/cm^3。

弹性抗力系数常用类比法和现场实验方法来确定。弹性抗力估计过高,则会使衬砌结构不安全,估计过低则造成不经济。因此,必须对其进行认真分析和估算。

4.1.3　内水压力、外水压力

内水压力是有压隧洞衬砌上的主要荷载。当围岩坚硬完整,洞径小于 6 m 时,可只按内水压力进行衬砌的结构设计。内水压力可根据隧洞压力线或洞内水面线确定。在有压隧洞的衬砌计算中,常将内水压力分为均匀内水压力和非均匀内水压力两部分。均匀内水压力是由洞顶内壁以上水头 h 产生的,其值为 γh;非均匀内水压力是指洞内充满水,洞壁各点的压强值为 $\gamma d(1-\cos\theta)/2$(θ 为计算点半径与洞顶半径的夹角,d 为隧洞内直径)时的压力。非均匀内水压力的合力向下,方向向下,数值等于单位洞长内的水重,见图 8-15。

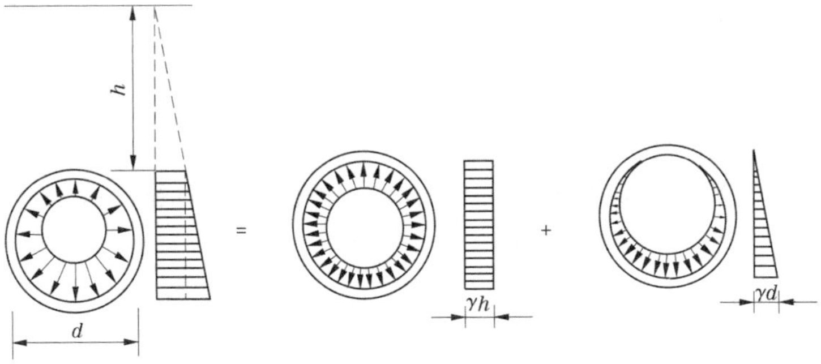

图 8-15　有压隧洞内水压力分解

对有压发电引水隧洞,还应考虑机组甩负荷时引起的水击压力,对于无压隧洞的内水压力则由洞内的水面线来计算。

外水压力的大小取决于水库蓄水后形成的地下水位线,由于地质条件的复杂性,很难准确计算,一般来说,常假设隧洞进口处的地下水位线与水库正常挡水位相同,在隧洞出口处与下游水位或洞顶齐平,中间按直线变化。考虑到地下水渗流过程的水头损失,工程中实际取用外水压力的数值应等于地下水的水头乘以折减系数 β_e(见表 8-1)。在设计中,当与内水压力组合时,外水压力常用偏小值;当隧洞放空时,常采用偏大值。

4.1.4　衬砌自重

衬砌自重为沿隧洞轴线 1 m 长的衬砌重量。根据衬砌厚度的不同,沿洞线分段进行计算,认为自重是均匀作用在衬砌厚度的平均线上,衬砌单位面积上的自重 g 为

$$g = \gamma_c h \tag{8-7}$$

式中　γ_c——衬砌材料容重,kN/m^3。

h——衬砌厚度,m,应考虑平均超挖回填的部分。

除上述主要荷载外，隧洞衬砌上还作用有灌浆压力、温度荷载和地震荷载等。由于对衬砌影响较小，荷载组合时均不予考虑。

表 8-1 外水荷载折减系数 β_e 值选用

级别	地下水活动状况	地下水对围岩稳定的影响	β_e 值
1	洞壁干燥或潮湿	无影响	0
2	沿结构面有渗水或滴水	风化结构面填充物质，降低结构面的抗剪强度，对软弱岩体有软化作用	0~0.4
3	沿裂隙或软弱结构面有大量滴水，线状流水或喷水	泥化软弱结构面填充物质，降低结构面的抗剪强度，对中硬岩体有软化作用	0.25~0.6
4	严重股状流水，沿软弱结构面有小量涌水	地下水冲刷结构面中填充物质，加速岩体风化，对断层等软弱带软化泥化，并使其膨胀崩解，以及产生机械管涌。有渗透压力，能鼓出较薄的软弱层	0.4~0.8
5	严重滴水或流水，断层等软弱带有大量涌水	地下水冲刷挟带结构面中填充物质，分离岩体，有渗透压力，能鼓出一定厚度的断层等软弱带，能导致围岩塌方	0.65~1.0

4.2 隧洞衬砌的荷载组合

衬砌计算时，应根据荷载特点及同时作用的可能性，按不同情况进行组合。设计中常用的组合如下：

(1)正常运用情况：围岩压力+衬砌自重+宣泄设计洪水时的内水压力+外水压力。

(2)施工、检修情况：围岩压力+衬砌自重+可能出现的最大外水压力。

(3)非常运用情况：围岩压力+衬砌自重+宣泄校核洪水时的内水压力+外水压力。

正常运用情况属于基本组合，用以设计衬砌的厚度、配筋量和强度校核，其他情况用作校核。工程中视隧洞的具体运用情况还应考虑其他荷载组合。

4.2 衬砌结构计算

衬砌结构计算的目的是确定衬砌厚度、材料强度等级及配筋量。衬砌结构计算的对象，是根据隧洞沿线荷载、断面形状与尺寸的不同将其分为若干段，每段选取一代表性的单位洞长。

衬砌结构计算步骤主要包括：选择衬砌形式并初步拟订其厚度；分别计算单位洞长上各种荷载产生的内力，并按不同的荷载组合叠加；进行强度校核、确定配筋量，判定初拟衬砌厚度是否合理并进行修改。

衬砌结构计算的方法，当前有两种：一种是以衬砌为计算对象的结构力学法；另一种是以隧洞整体为计算对象的弹性力学法。

4.2.1 结构力学法

结构力学法是将衬砌与围岩相互分开，以衬砌本身为研究对象。认为衬砌是构件，是承受荷载的主体，围岩是基础，围岩的作用是以弹性抗力的形式施加给衬砌，并按文克尔假定考虑。结构力学法的主要缺点是:①仅能求得衬砌的应力,而不能求出围岩的应力,也无法对围岩的稳定进行分析。②这种方法将围岩与衬砌相互分开,将衬砌作为承载主体,消极地承受荷载,而实际上衬砌与围岩两者紧密结合,是一个整体,共同承受荷载,因而使衬砌尺寸过大。③衬砌与围岩间的相互关系复杂,不能简单地用弹性抗力来反映两者之间的相互作用,并且弹性抗力的理论假定——文克尔假定,与实际存在较大出入。尽管结构力学法存在上述问题,但在多年应用中已形成一套完整的体系,在一定程度上反映了隧洞的工作状态,并为广大设计人员所熟悉,因此在一定条件下还得以运用。

4.2.2　弹性力学法

将围岩与衬砌视为整体,两者共同承受荷载。其特点是能对围岩进行分析,并能严格按衬砌与围岩共同工作进行分析而无须采用弹性抗力的概念。由于弹性理论仅能对某些特定条件下的隧洞给出精确解,其使用受到限制。随着计算机的发展与运用,弹性力学的数值方法,即有限元法,已得到广泛应用,它能模拟复杂的岩体结构,并能得出较为符合实际的成果。

《水工隧洞设计规范》(SL 279—2016)规定,衬砌结构计算应按各设计阶段的要求,根据衬砌的结构特点、荷载作用形式、围岩和施工条件等,选用不同的方法进行计算。

以内水压力为主要荷载,围岩为Ⅰ、Ⅱ类的圆形有压隧洞,宜采用弹性力学解析法;Ⅳ、Ⅴ类围岩中的隧洞,宜采用结构力学法;无压隧洞可采用结构力学法;Ⅱ、Ⅲ类围岩中的隧洞,视围岩的条件和所能取得的基本资料选用合适的方法。如围岩稳定性较好,有较强的自承能力,衬砌目的主要是用来加固围岩的,或者隧洞跨度大,围岩很不均匀的,宜采用有限元法。

隧洞衬砌结构计算的具体过程,这里不做介绍。对圆形有压隧洞的衬砌,可根据具体情况参照《水工隧洞设计规范》(SL 279—2016)附录 B 进行结构计算。需要说明的是,在生产实践中,现已普遍通过计算程序运用计算机进行隧洞衬砌结构计算。

任务 2　水工隧洞的初步设计

【任务描述】

结合金龙潭水电站的施工投标实例解析水工隧洞的初步设计,从线路选择、构造设计、灌浆设计、水工隧洞布置及水工隧洞衬砌设计五个方面来分析水工隧洞初步设计,并结合设计方法选择的参考依据,明确了水工隧洞设计方法解决方案制订的切入点。在进行实际应用时,需要加强设计方法的验证,并结合注意事项及时调整设计实施方法。

【任务分析】

在水利水电建设工程中,水工隧洞可以为工程提供完善的电力,可以为周边打通水利运输的通道。水工隧洞由于应用广泛,近年来得到广泛的关注。然而,由于我国水工隧洞设计方法单一,对隧洞的施工设计多样性较差,没能最大程度地发挥水工隧洞在水利水电工程施工中的优势。水工隧洞设计方法的选择对于隧洞施工质量和施工效率影响重大,由于水工隧洞结构受力较为复杂,加强设计方法的研究有利于获得更合理的支护结构,进而更好地开展施工工作。

【案例分析】

1 工程概况

金龙潭水电站位于四川省阿坝藏族羌族自治州茂县境内,是岷江上游太平至两河口段水电梯级规划的第三个梯级电站。水电站采用引水式开发,从上一梯级天龙湖水电站的尾水洞直接引水,经无压隧洞(调节池)、压力隧洞、调压井、压力管道,至木学堡大桥下游建厂发电,电站设计水头 210 m,引用流量 97.2 m^3/s,装机容量 3×60 MW,多年平均发电量 9.272 亿 kW·h。工程区有成都至九寨沟公路贯穿工程首尾,厂房距茂县县城约 30 km,距成都约 220 km。

引水隧洞沿岷江右岸布置,全长 13.006 km,隧洞穿越的地层为石英千枚岩、千枚岩夹石英岩、大理岩(夹千枚岩)、石英砂岩等。

本标为引水隧洞 2#施工支洞工作面工程,起止里程为 3+263~5+608,上游工作面工程隧洞长 877.376 m,下游工作面工程隧洞长 1 467.624 m,全长 2 345 m,设计断面为马蹄形,隧洞开挖跨度 7.00~7.64 m,衬砌后跨度 6.00~7.34 m。

2 水文、气象

金龙潭水电站坝址河段无实测流量资料,根据位于工程上游 33 km 处的镇江水文站的实测流量资料统计,多年平均流量为 69.4 m^3/s,最大流量为 453 m^3/s,最小流量为 9.9 m^3/s,每年 5~10 月为汛期,11 月~次年 4 月为枯水期。

工程所在地地处青藏高原向四川盆地过渡地带,气候在地域上差异较大。年平均气温 11 ℃,最高气温 31.8 ℃,最低气温-11.6 ℃,最大风速 21 m/s(风向 ENE),多年平均降雨量 488.9 mm,多年平均降雨天数 155.2 d,多年平均有霜日数 57.5 d,多年平均相对湿度 72%。

3 工程地质

金龙潭水电站位于岷江断裂带、雪山断裂带和虎牙断裂带为界的川青断块东部。工程区内除石大关断层外,无其他断裂构造,但褶皱变形强烈,主要岩性为石英千枚岩、千枚岩夹石英岩、大理岩和石英砂岩夹千枚岩等。

引水隧洞沿岷江右岸布置,2#施工支洞工作面工程段最大埋深 950 m,最小埋深(覆盖层+岩层)120 m,穿越的地层主要有:古生界泥盆系危关群石英千枚岩、炭质石英千枚岩和绢云母千枚岩夹石英岩,石炭系至二叠系大理岩、砾状大理岩夹千枚岩,三叠系菠茨沟组大理岩夹千枚岩,杂谷脑组变质细粒石英砂岩夹少量千枚岩,侏倭组变质细粒石英砂岩夹千枚岩,新都桥组千枚岩夹变质砂岩等,岩层倾角为 40°~80°,岩体内的错动带和节理发育。

4 资源条件

砂、石料厂位于距现场 10 km 左右的沙子河坝,基本满足工程施工需要;水泥厂可选用汶川县旋口水泥厂或都江堰东风水泥厂,运距 150~200 km;钢材可采购于成都钢铁厂,运距约 260 km。

施工及生活用电由业主设置两台 400 kVA 变压器提供。

施工及生活用水从支洞口的溪沟上游 500 m 处建水池用水管引入现场。

交通条件:现场距 213 国道约 800 m,已有施工便道与其连通,距茂县约 33 km,距成都约 230 km,对外交通方便。

5 水工隧洞设计方案

引水隧洞 2# 支洞工作面起止里程为 3+263~5+608,上游隧洞长 877.376 m,下游隧洞长 1 467.624 m,全长 2 345 m,设计断面为马蹄形,隧洞开挖跨度 7.00~7.64 m,衬砌后跨度 6.00~7.34 m。围岩多为Ⅲ、Ⅳ类(分别为 1 093 m 和 1 132 m),小部为Ⅴ类(120 m)。隧洞Ⅲ类围岩开挖一般不支护,仅在局部采用喷锚混凝土支护(5~8 cm 厚),C20 喷锚衬砌;Ⅳ类围岩采用挂网喷锚支护(厚 10~15 cm),Ⅴ类围岩采用钢支撑加挂网喷锚支护,Ⅳ、Ⅴ类围岩均采用模筑混凝土衬砌(厚 50 cm 和 60 cm)。

6 解析

6.1 水工隧洞的线路选择

(1)地质条件。隧洞路线应选在地质构造简单、岩体完整坚硬的地区,尽量避开不利地质构造,地下水位高、渗水严重地段,以减少隧洞衬砌上的外水压力。洞线要与岩层、构造断裂面及主要软弱带走向有较大的交角。在高地应力地区,洞线应与最大水平地应力方向尽量一致,以减小隧洞的侧向围岩压力。隧洞应有足够的覆盖厚度,对于有压隧洞,当考虑弹性抗力时,围岩的最小覆盖厚度大于或等于 3 倍洞径。根据以往工程经验,对于围岩坚硬完整无不利构造的岩体,有压隧洞的最小覆盖厚度大于或等于 $0.4H$(H 为压力水头),如不加衬砌,则应大于或等于 $1.0H$。在隧洞进出口处,围岩厚度往往较薄,应根据地质、施工、结构等因素综合分析确定,一般情况下,进出口顶部的岩体厚度大于或等于 1 倍的洞径或洞宽。

(2)地形条件。洞线应尽量短直,如因地形、地质等原因需要转弯,对于低流速的隧洞弯道曲率半径大于或等于 5 倍洞径或洞宽,转弯转角小于或等于 60°,弯道两端的直线段长度也大于或等于 5 倍的洞径或洞宽。高流速的隧洞设弯道时,最好通过实验确定。

(3)水流条件。隧洞进口应力求水流顺畅,出口水流应与下游河道平顺衔接,与土石坝下游坝脚及其建筑物保持足够距离,防止出现冲刷。

(4)施工条件。洞线选择应考虑施工出渣通道及施工场地布置问题。设置曲线时,其弯曲半径应考虑施工所要求的转弯半径。对于长洞,应利用地形、地质条件布置施工支洞、斜洞、竖井,以便进料、出渣和通风,改善施工条件,加快施工进度。此外,洞线选择应满足总体布置和运行要求,避免对其他建筑物的干扰。

6.2 构造设计

(1)结构分缝、分块设计。泄洪洞洞身与进口段、出口消能工段,应设伸缩缝;洞身段地质条件有明显变化处(如通过较大断层、软弱破碎带等),应设伸缩缝;围岩地质条件均一的洞身段,只设施工缝。洞身段环向施工缝,底拱、边墙和顶拱不得错开;浇筑块长度一般为 6~12 m。无防渗要求的无压洞衬砌，环向施工缝钢筋可不穿过缝面，混凝土可不凿毛处理。有压洞和有防渗要求的无压隧洞，衬砌的环向施工缝面必须凿毛，钢筋应穿过缝面，相邻块混凝土浇筑间歇期应在 14 d 以上。当先浇顶拱时，应做好反缝结构设计，使边墙混凝土和顶拱混凝土紧密结合。

(2)止水设计。无防渗要求的无压洞衬砌的环向施工缝可不设止水；对有防渗要求的无压洞(水面线以下)和有压隧洞，应设止水铜片或止水带。

(3)排水设计。泄洪洞进出口边坡应设置地表排水沟、渠，以排除地面水和岸坡渗水。无压洞水面线以上设排水孔，以排除山体水，减小外水压力。出口消能反弧段可设排水设施，排除泄流后反弧段积水，以利于检查、维修的交通。

6.3 灌浆设计

(1)回填灌浆设计。隧洞衬砌结束后，在顶拱 90°~120°范围内进行回填灌浆，灌浆压力一般为 0.2 ~0.5 MPa，孔距、排距为 4~6 m，以水泥砂浆或水灰比 0.5~0.6 浆液回填，粉煤灰掺量为水泥重的 50% ~100%。对有压隧洞的回填灌浆，粉煤灰品质应达到一、二级标准。

(2)固结灌浆设计。根据结构设计原则及对围岩处理要求，确定固结灌浆洞段及参数，一般情况下对围岩地质条件差或有特殊要求的洞段，应进行固结灌浆。洞身段需固结灌浆时，每排大于或等于 6 孔，对称布置，排距为 2~3 m，压力为 0.5~1.0 MPa。进出口部位 1 倍洞径(或洞宽)范围内，必须进行固结灌浆，孔距、排距为 2~3 m，压力为 0.5~0.8 MPa。灌浆材料，宜采用普通硅酸盐水泥，水灰比 2∶1 ~0.5∶1。灌浆质量检查，采用声波检测(弹模、波速)和压水相结合。

6.4 水工隧洞的布置

6.4.1 进口段的形式和构造

(1)进水喇叭口。进水口是隧洞首部，其体形应与孔口水流流态相适应，避免产生不利的负压和空蚀破坏，同时还应尽量减小局部水头损失，以提高泄流能力。隧洞进口常采用顶板和两侧边墙顺水流方向三向逐渐收缩的平底矩形断面，形成喇叭口状。收缩曲线常采用 1/4 椭圆曲线，椭圆方程为

$$\frac{x^2}{a^2}+\frac{y^2}{b^2}=1 \tag{8-8}$$

式中 a——椭圆长半轴，对于顶板曲线约等于闸门处孔口高度 H，对于边墙曲线约等于闸门处的孔口宽度 B；

b——椭圆短半轴，顶板曲线可用 $H/3$，边墙曲线为$(1/5\sim1/3)B$。

深式无压隧洞进水口是一短管型压力段，为了增加压力段压力，改善压力分布，常在进口段顶部设置倾斜压坡，见图 8-16。

这种形式的压力进口段顶部曲线由椭圆曲线 AB、直线段 BC 及 EF 组成。通常 BC 段稍缓于 EF 段，压板长度 L 应满足塔顶启闭机的布置和闸门检修的要求，可采用 3~6 m。

(2)平压管。为了减小启门力，往往要求检修闸门在静水中开启。为此，应设置平压管。检修工作结束后，在开启检修门之前，先打开平压管的阀门，将水放进两道门之间，使检修门两侧的水压平衡，此时在静水中开启检修门，可大大减小启门力。平压管的尺寸根

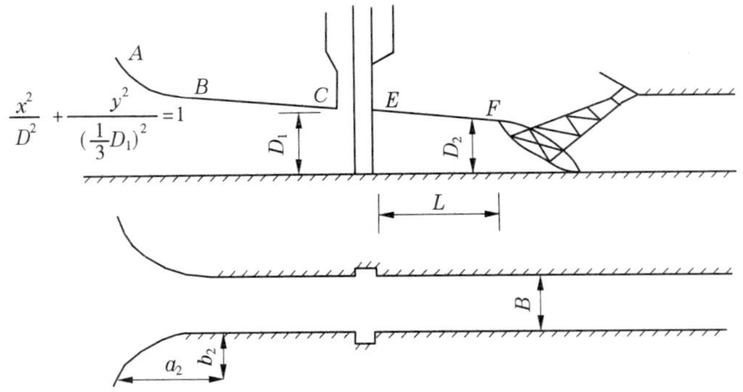

图 8-16　进口段洞顶压坡布置图

据灌水时间、两道门间的灌水空间及后一道门漏水量来确定。

6.4.2　洞身段

(1)洞身断面形式及尺寸:无压洞多采用圆拱直墙形断面,由于顶部为圆拱形,适宜于承受垂直围岩压力,且施工时便于开挖和衬砌。顶拱中心角一般为 90°~180°。如围岩条件较差还可用马蹄形断面。当围岩条件差,而且又有较大的地下水压力时,可以考虑采用圆形断面。有压隧洞由于内水压力较大,从水流及受力条件考虑,一般用圆形断面。无压隧洞断面尺寸主要根据其泄流能力及洞内水面线确定。对于表孔溢流式进口,泄流能力按堰流计算;对于深式进口,泄流能力可按管流计算。洞内水面曲线用能量方程分段求出。为保证洞内无压流状态,水面以上应有足够的净空。当洞内流速>15~20 m/s 时,应考虑高速水流引起的掺气和冲击波影响。流速较低、通气良好的隧洞,要求净空大于或等于洞身断面面积的 15%,其高度大于或等于 40 cm;流速较高的隧洞,在掺气升高的水面以上净空面积一般为洞身断面面积的 15%~25%,冲击波波峰高不应超过城门洞形断面的直墙范围。

(2)洞身衬砌:主要可分为以下几种类型,平整衬砌、单层衬砌、喷锚衬砌、组合式衬砌、预应力衬砌等。洞身衬砌类型的选择,应根据隧洞的任务、地质条件、断面尺寸、受力状态、施工方法及运行条件等因素,通过综合分析技术经济比较后确定。在混凝土及钢筋混凝土衬砌中,一般设有施工缝和永久横向变形缝。隧洞在穿过断层、软弱破碎带以及和竖井交接处,或其他可能产生较大的相对变位时,衬砌需要加厚并应设置横向变形缝。围岩地质条件比较均一的洞身段只设施工缝。根据浇筑能力和温度收缩等因素确定沿洞线的分段长度,一般采用 6~12 m,底拱和边拱、顶拱的环向缝不得错开。隧洞灌浆分为回填灌浆和固结灌浆两种。隧洞应设置排水设备以降低作用在衬砌外壁上的外水压力。对于无压隧洞衬砌,当地下水位较高时,外水压力为衬砌的主要荷载,对衬砌结构应力影响很大。为此,可在洞底设纵向排水管通向下游,或在洞内水面线以上,通过衬砌设置排水孔,将地下水直接引入洞内,见图 8-17。

排水孔间距、排距及孔深一般为 2~4 m。对有压圆形隧洞,外水压力一般不起控制作用,可不设置排水设备。当外水位很高,外水压力很大时,可在衬砌底部外侧设纵向排水管,通至下游,纵向排水管由无砂混凝土管或多孔缸瓦管做成。必要时,可沿洞轴线每隔 6~8 m 设一道环向排水槽,可用砾石铺筑,将渗水汇入纵向排水管,见图 8-18。

6.4.3 出口段及消能设施

有压隧洞的出口常设有工作闸门及启闭机室,闸门前有渐变段,出口之后即为消能设施。无压隧洞出口仅设有门框,其作用是防止洞脸及其以上岩石崩塌,并与扩散消能设施的两侧边墙相衔接。泄水隧洞出口宽度小,单宽流量大,能量集中,所以常在出口处设置扩散段,使水流扩散,减小单宽流量,然后再以适当形式消能。泄水隧洞的消能方式大多采用挑流消能,其次是底流消能。近年来,国内采用新的消能方式有窄缝挑流消能和洞内突扩消能等。

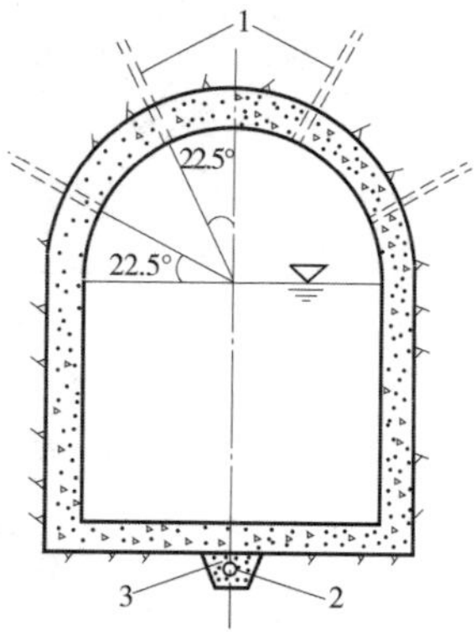

1—径向排水孔;2—纵向排水孔;3—碎石

图 8-17 无压隧洞排水布置图

6.5 水工隧洞的衬砌

水工隧洞的衬砌主要分为三个部分,包括支护钢架、锚喷装置和钢筋混凝土内衬。由于不同水工隧洞需要施工的岩石条件不同,在进行设计方法的选择时,需要加强前期的地质条件和施工环境探测,合理选择支护结构,制订设计施工方案。水工隧洞设计方法的选择对于施工的安全性和施工的质量与效率影响重大。

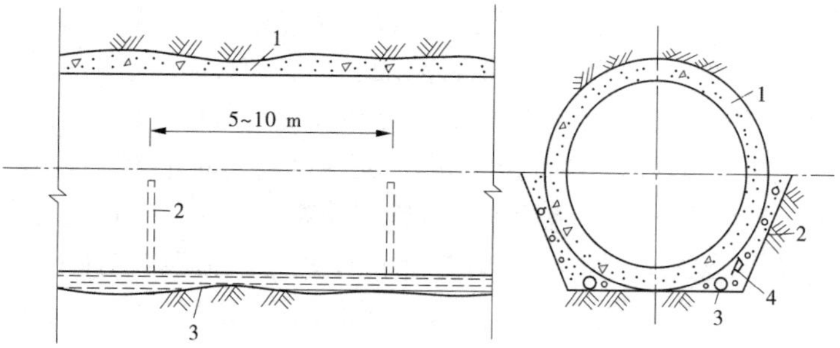

1—衬砌;2—横向排水槽;3—纵向排水管;4—卵石

图 8-18 有压隧洞排水布置图

经过调查发现,目前水工隧洞设计方法主要包括四种类型,具体是结构力学方法设计、有限元计算方法设计、施工预期方法设计和功能反馈方法设计。

(1)结构力学方法设计。主要是指水工隧洞的设计方法的选择结构水工隧洞的实际力学要求,建立力学分析模型,对于设计方案采用以力学性能设计为主的方法。对于排沙水工隧洞、传输水工隧洞和施工水工隧洞而言,应用结构力学方法设计可以有效提升水工隧洞施工方案的设计效率和设计质量。结构力学设计方法最大的特点就是设计目的明确,设计思路清晰。

(2)有限元计算方法设计。主要利用控制单一变量法实现水工隧洞设计影响因素的探究。该设计方法具有匹配性强的特点。水工隧洞有限元计算结合隧洞材料和荷载的指标,对围岩、钢筋混凝土、二期衬砌和锚杆等进行计算分析,利用实际变量的调控,将水工隧洞的施工工况、设计状况匹配系数、水工隧洞开挖厚度、弹性抗压能力等进行科学计算,可以结合具体的水工隧洞的实际设计要求,展开设计与施工。有限元计算设计方法的选择适合水工隧洞施工方案较为清晰的工程项目,结合施工要求,可以提升设计方案的可控性。

(3)施工预期方法设计。是设计方法的主要类型之一,加强施工预期的判断可以有效提升水工隧洞设计方法选择的关联度和匹配性。所谓施工预期方法设计,就是结合水工隧洞的施工目标合理制订设计方案和施工方案。在预期过程中,需要注重施工通道的场地布局问题,在进行水工隧洞半径选择时,要严格限定旋转半径。对于较长的隧洞施工预期,设计方法路线要加强支洞和辅洞的设计与建设,进而保障施工隧洞的施工安全性,在合理的空间内有效提升施工效率,加快施工进度。

(4)功能反馈方法设计。作为21世纪新型的设计方法选择,主要是利用先进的监控设备实现设计方案与水工隧洞功能要求的实时调整并逐渐完善的设计方法。水工隧洞设计方法的确立需要建立在对水工工况具有系统的勘探和认识上,这对于现在施工项目而言,设计难度较大,对于设计人员的综合素质要求较高。功能反馈方法设计有效规避了由于设计人员能力不足而引发的后期设计和施工问题,极大地扩大了方法选择的范围,并提升了设计效率。

水工隧洞设计方法的类型较多,在具体选择时,需要充分结合不同类型的优势:

(1)水工隧洞抗裂指标要求水工隧洞设计方法需要尽可能满足施工的最低要求,特别是满足抗裂性能的指标要求,加强设计方法的应用测试。对于抗裂水工隧洞的设计,一般分为预压式水工隧洞和堆砌式水工隧洞。堆砌式主要借助钢筋混凝土实现抗裂性能指标的达成。由于钢筋水泥材质自身的特性决定了堆砌式的水工隧洞容易开裂,因此设计方法的选择,必须对钢筋水泥材料的热膨胀系数进行精准计算,加强与当地地质组分和地理环境相互匹配的灌浆配方的研制。需要指出的是,抗裂性较好的水工隧洞,其设计方法的科学性和可操作性优势明显。

(2)水工隧洞施工方案简捷。水工隧洞设计的主要任务就是保证水工隧洞施工进度和目标的达成,发挥水工隧洞的功能性和可靠性。在设计方法选择时,需要明确水工隧洞的基本设计原则,保障设计方案与施工方案的对等一致性,发挥水工隧洞设计的施工便利优势。不同的地理环境和地质构造对于水工隧洞的设计而言,考虑的施工便利影响因素不同,这就需要结合先进的施工技术和施工设备,合理制订水工隧洞的设计方案。设计方法选择效率的高低直接影响设计方案的合理性,需要结合水工隧洞的设计原则,及时完善设计方法。

(3)水工隧洞检修安全保障。水工隧洞方法设计的选择,需要保障施工及检修的安全性。施工的主要原则就是"安全第一,预防为主"。在对整个隧洞的路线进行设计选择时,需要综合考量周边条件,水工隧洞的检修安全设计方法选择的依据,与水利工程项目的施工理念相吻合,有效体现了人作为施工设计的主要参与者的主体作用。首先,检修安全设计原则可以激发相关检修人员的工作积极性,排除检修人员的顾虑;其次,检修安全设计原则有利于从根本上为解决其他设计问题奠定客观条件基础;最后,水工隧洞设计方法需要因地制宜,提升设计方法的普遍适用性。

(4)水工隧洞的设计方法内容实际应用需要注意的事项如下:

①水工隧洞的构造设计注意事项。水工隧洞设计方法关于构造设计与力学分析类型的选择相似,结构具体包括止水结构、排水结构和缝隙结构。设计方法的应用需要格外注意水工隧洞可以满足常压下的无水渗透要求,在设计中需要完善止水结构传感器的设计,

可以利用铜制或石英制的实现水带检测。排水结构设计需要注意调节洪峰的进出隧洞洞口不会积水，这就需要在设计时，加强地形与地势的数据分析计算，为后期检修打通安全通道。缝隙结构设计主要是考虑温度对于水工隧洞整体稳定性的影响。因此，水工隧洞设计方法的应用对于地质条件和结构构造的影响规律加强探究，以不断提升设计方法的应用水平。

②水工隧洞的灌浆设计注意事项。水工隧洞设计方法确定后，对施工方案的确立需要尽快完成。由于水工隧洞灌浆材质对施工效果影响显著，水工隧洞方法设计的内容需要结合灌浆设计的主要方式合理制定。水工隧洞的灌浆设计结合灌浆方式的不同分为固结式灌浆设计和回填式灌浆设计。依据已讲述的水工隧洞设计方法选择的依据，加强周围岩石的处理分析，明确固结式灌浆隧洞的参数。在对隧洞洞身进行灌浆时，灌浆浆料一般采用水泥浆液。设计方法与施工方案相结合，需要弄清两者关系。设计方法选择的依据和类型的确定不是一蹴而就的，需要反复进行验证。

③水工隧洞的布局设计注意事项。水工隧洞布局设计方法主要包括水源和泥沙进出口处的布局设计、隧洞洞身的布局设计和洞顶的布局设计。因此，对于设计方法的应用需要对每一个环节做好应用结构反馈整理分析工作。水源或泥沙进出口布局需要上半部分设计成半圆拱形，下半部分设计成矩形，这样可以缓解隧洞上端岩石对隧洞的压力。隧洞洞身的布局直接影响传输效率和排沙效率，进而影响施工进度。无论选择何种设计方法，设计方案需要明确设计方法的应用优势，对于无明显应用优势的设计方法，及时进行修订和完善。

水工隧洞设计结论：隧洞进出口设计应遵循"早进晚出" 不刷坡或少刷坡原则；隧洞设计应尽量向少维修及免维修方向发展；坚持复合式支护衬砌作为水工隧洞结构体系；隧洞横断面应不受传统定型影响；隧洞结构防水原则应以堵为主，限排为辅，并加强施工超前地质预报及设计代表工作。

【实战演练】

水电站位于四川省平武县境内，系涪江干流上游铁笼堡至南坝河段梯级开发的第二级，为低闸引水式电站，其上游为铁笼堡梯级，下游为高坪铺梯级。闸址位于平武县龙安镇长桂乡长石坝，上距平武县城 3 km。厂址位于涪江左岸平武县镇上游李家沟下游侧的Ⅰ级阶地上，距闸址公路里程约 10 km。

平武县位于嘉陵江支流涪江上游，四川盆地西北部，盆周地向青藏高原的过渡地带，地处东经 103°50′38″~ 104°58′13″，北纬 31°59′37″~ 33°02′41″。东接青川县，南临北川县，西与松潘县接壤，西北靠九寨沟县，北连甘肃省文县，东抵江油市。

1.气象条件

涪江上游地区属于亚热带湿润季风气候区，冬寒夏热，四季分明，夏秋多雨，冬春干旱。由于地形起伏变化大，气温的垂直变化十分明显，气温随地势的增高而逐渐降低。

2.水文条件

涪江上游的径流主要来源于降水，其次是地下水和冰雪融水的补给。径流的年内分配与降雨的年内分配基本一致，每年 4 月起径流随着降雨增大而增大，7 月、8 月、9 月三个月水量最丰，10 月相对较小，11 月以后降水大为减少，径流开始以地下水补给为主，稳定退水至翌年 3 月。

根据平武水文站资料统计，多年平均流量为 120 m^3/s，年径流量为 37.8 亿 m^3，多年平均径流模数 27.8 L/(s·km^2)，多年平均年径流深为 877 mm。丰水期（5~10 月）多年平均流量为 183 m^3/s，占年径流量的 76.9%，枯水期（11 月~翌年 4 月）多年平均流量为 56.1 m^3/s，占年径流量的 23.1%。

3.工程地质条件

(1)地形地貌。

工程所在区域隶属于摩天岭及龙门山脉，涪江水系上游。区内地形较为复杂，总体山势北西高南东低。涪江上游山高谷深，海拔多为 2 000~4 000 m，相对高差多大于 1 000 m，属中高山区。

左岸引水线路沿线山体浑厚，地表高程 875~1 145 m，隧洞顶板埋深 13~280 m。沿线发育 7 条规模较大的冲沟，沟谷深切，沟底地势较平缓，沟内堆积物少，大多基岩裸露。

(2)地层岩性。

左岸全隧洞引水线路地层单一，岩性组合为志留系通化组绢云英千枚岩、千枚状板岩，夹薄层变质砂岩，局部见灰岩透镜体。洞室围岩强度低，岩层走向与设计洞轴线夹角较小，岩体中片理、节理裂隙及挤压破碎带较发育，结构面起伏光滑，存在线状流水现象。总体上围岩类别以Ⅳ类为主，少部分洞段属Ⅲ类和Ⅴ类，经必要的支护，具备成洞条件。但Ⅴ类围岩中开挖洞径达 10 m 以上，应配合使用格栅钢架或钢拱架支撑，必要时进行超前加固处理。

(3)地质构造。

项目区区域地质构造复杂，在大地构造位置上，工程所在区域位于松潘—甘孜造山带的摩天岭构造带及龙门山构造带的结合部位。工程区围限于北部的文县弧形构造带、西部的岷江—雪山—虎牙断裂带及东南部的龙门山断裂带所组成的楔形地块之间。其中，龙门山后山断裂（清溪断裂）从水电站厂房部位通过。

(4)施工交通。

本工程所用水泥由四川双马水泥股份有限公司供应，钢筋、钢材来自绵阳或成都，木材、油料由当地市场供应，炸药等火工材料由南部县化工厂供应。生活物资、房建材料等在当地采购。

本工程引水隧洞位于涪江左岸，九环线公路作为水电站场内施工主干道，在主干道的适当位置接线至各施工支洞及料场。

试根据工程实例资料确定本工程的初步设计。

任务 3　认识坝下涵管

【任务描述】

在土石坝水库枢纽中，主要泄水建筑物应是河岸溢洪道，底孔的设计流量一般不大。当两岸地质条件或其他原因，不宜开挖隧洞时，可以采用坝下设涵管的方法来满足泄放水的要求。要求了解坝下涵管的类型、位置选择及总体布置，能辨识坝下涵管的构造，会进行坝下涵管的水力及结构计算。

【任务分析】

中小型水库的输水涵管,大多是坝下涵管,有些土石坝往往因涵管发生裂缝,使涵管出口附近的坝坡出现渗漏,引起土坝的塌陷、滑坡,甚至溃决失事,直接影响水库的正常运行和人民财产的安全。所以,对于坝下涵管的设计和施工提出了更高的要求,掌握坝下涵管的知识对于土石坝工程有着重要的意义。

【任务知识点】

在土石坝水库枢纽中,主要泄水建筑物应是河岸溢洪道,底孔的设计流量一般不大。当两岸地质条件或其他原因,不宜开挖隧洞时,可以采用坝下设涵管的方法来满足泄放水的要求。

坝下涵管结构简单、施工方便、造价较低,故在小型水库工程中应用较多。但其最大的缺点是如设计、施工不良或运用管理不当,极易影响土石坝的安全。由于管壁和填土是两种不同性质的材料,如两者结合不紧密,库水就会沿管外壁与填土之间的接触面产生集中渗流。特别是,当管道由于坝基不均匀沉陷或连接结构等方面的原因,发生断裂、漏水等情况时,后果更加严重。实践证明,管道渗漏是引起土石坝失事的重要原因之一。所以,坝下涵管不如隧洞运用安全,但如涵管能置于比较好的基岩上,加上精心设计、施工,是可以保证涵管及土石坝安全的。在软基上,除经过技术论证外,不得采用涵管式底孔。对于高坝和多地震区的坝,在岩基上也应尽量避免采用坝下涵管。

1 涵管的类型和位置选择

1.1 坝下涵管的类型

涵管按其过流形态可分为:具有自由水面的无压涵管;满水的有压涵管;闸门前段满水但门后具有自由水面的半有压涵管。其管身断面形式有圆形、圆拱直墙形(城门洞形)、箱形等。涵管材料一般为预制或现浇混凝土和钢筋混凝土或浆砌石。无压涵管的断面形式如图 8-19 所示。

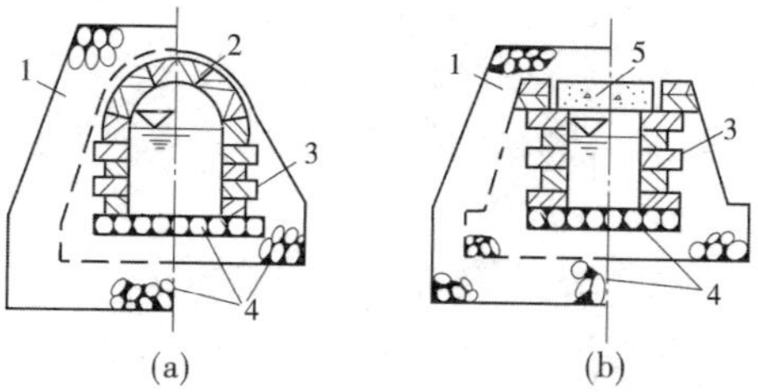

1—截渗环;2—浆砌石拱圈;3—浆砌条石;4—浆砌块石;5—钢筋混凝土盖板

图 8-19 无压涵管的断面形式

1.2 涵管的位置选择

在进行涵管的位置选择及布置时,应综合考虑涵管的作用、地基情况、地形条件、水力条件、与其他建筑物(特别是土坝)之间的关系等因素,选择若干方案进行分析比较,加以确定。在进行线路选择及布置时,应注意以下几个问题:

(1)地质条件。应尽可能将涵管设在岩基上。坝高在 10 m 以下时,涵管也可设于压缩性小、均匀而稳定的土基上。但应避免部分是岩基,部分是土基的情况。

(2)地形条件。涵管应选在与进口高程相适宜的位置,以免过多地挖方。涵管进口高程的确定,应考虑运用要求、河流泥沙情况及施工导流等因素。

(3)运用要求。引水灌溉的涵管,应布置与灌区同岸,以节省费用;两岸均有灌区,可在两岸分设涵管。涵管最好与溢洪道分设于两岸,以免水流干扰。

(4)管线宜直。涵管的轴线应为直线并与坝轴线垂直,以缩短管长,使水流顺畅。若受地形或地质条件的限制,涵管必须转弯时,其弯曲半径应大于5倍的管径。

2 涵管的总体布置与构造

2.1 涵管的进口形式

小型水库的坝下涵管,大多数是为灌溉引水而设的,常用的形式如下。

2.1.1 分级斜卧管式

这种形式是沿山坡修筑台阶式斜卧管,在每个台阶上设进水口,孔径10~50 cm,用木塞或平板门控制放水。卧管的最高处设通气孔,下部与消力池或消能井相连,见图8-20。该形式进水口结构简单,能引取温度较高的表层水灌溉,有利于作物生长。缺点是容易漏水,木塞闸门运用管理不便。

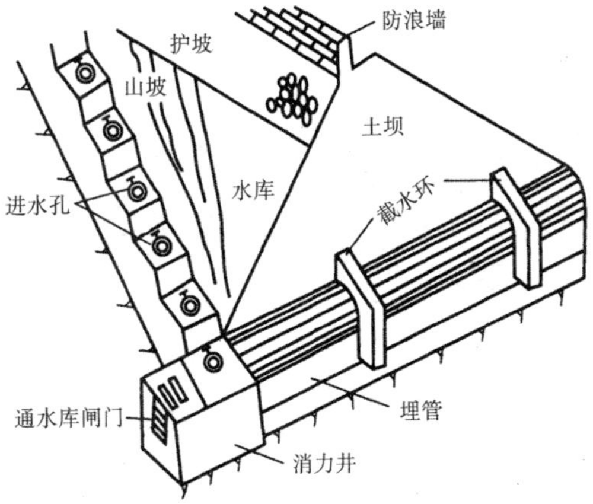

图8-20 分级卧管式进口

2.1.2 塔式和井式进水口

该形式适于水头较高、流量较大、水量控制要求较严的涵管,其构造和特点与隧洞的塔式进水口基本相同。井式进水口是将竖井设在坝体内部,如图8-21所示,以位置Ⅱ为佳。位置Ⅰ,如竖井和涵管的接合处漏水,将使坝体浸润线升高,而且竖井上游段涵管检修不便。位置Ⅲ,竖井稳定性差,实际已形成塔式结构。竖井应设于防渗心墙上游,以保证心墙的整体性。

2.1.3 斜拉闸门式

该形式与隧洞的斜坡式进水口相似,如图8-22所示。其优缺点与隧洞斜坡式进水口相同。

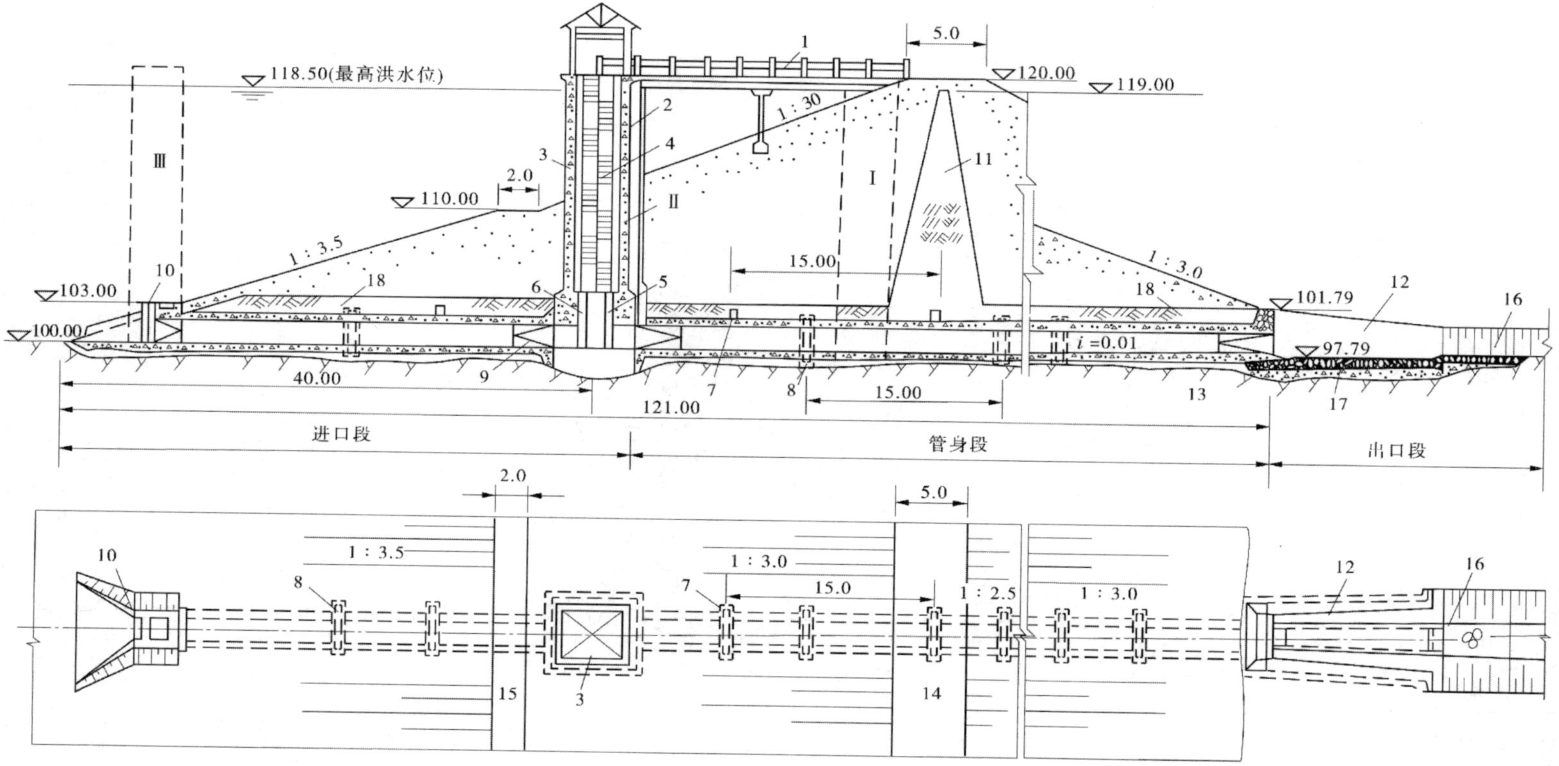

1—工作桥;2—通气孔;3—控制塔;4—爬梯;5—主闸门槽;6—检修闸门;
7—截渗环;8—伸缩缝;9—渐变段;10—拦污栅;11—黏土心墙;12—消力池;
13—岩基;14—坝顶;15—马道;16—干砌石;17—浆砌石;18—黏土(涵衣)

图 8-21 涵管布置图 (单位:m)

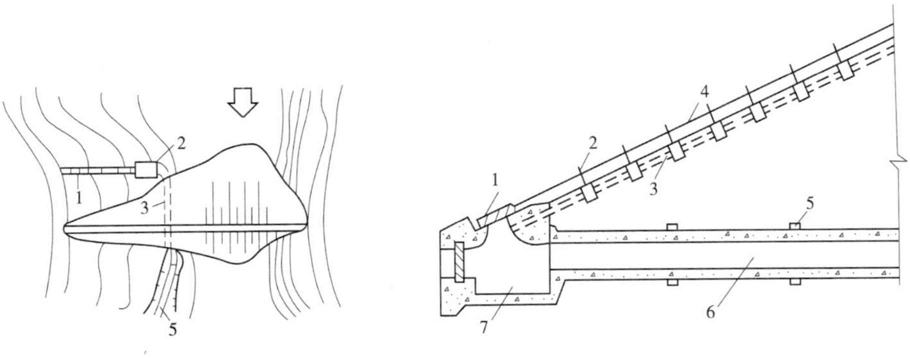

1—斜拉闸门;2—支柱;3—通气孔;4—拉杆;5—截水环;6—涵管

图 8-22 斜拉闸门式

2.2 管身布置与构造

2.2.1 管座

设置管座可以增加管身的纵向刚度,改善管身的受力条件,并使地基受力均匀,所以管座是防止管身断裂的主要结构措施之一。管座可以用浆砌石或低强度等级混凝土做成,厚度一般为 30~50 cm。管座和管身的接触面成 90°~180°包角,接触面上涂以沥青或设油毛毡垫层,以减少管身受管座的约束,避免因纵向收缩而裂缝。

2.2.2 伸缩缝

土基上的涵管,应设置沉降缝,以适应地基变形。良好的岩基,不均匀沉降很小,可设温度伸缩缝。一般将温度伸缩缝与沉降缝统一考虑。对于现浇钢筋混凝土涵管,伸缩缝的间距一般为 3~4 倍的管径,且不大于 15 m。当管壁较薄,设置止水有困难时,可将接头处的管壁加厚。对于预制涵管,其接头即为伸缩缝,多用套管接头,如图 8-23 所示。

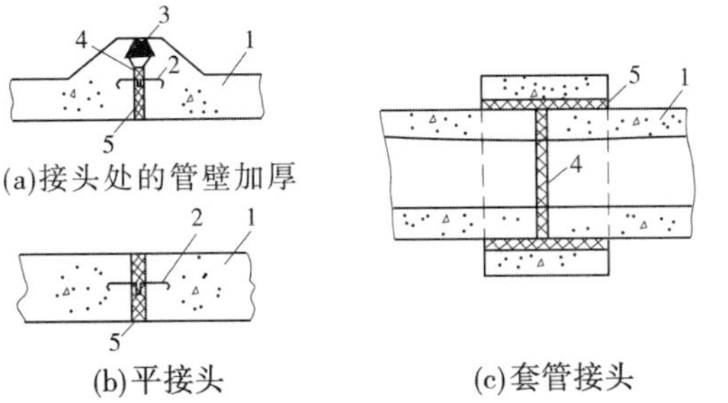

1—管壁;2—止水片;3—二期混凝土;4—沥青材料;5—二层油毡三层沥青

图 8-23 伸缩缝的构造

2.2.3 截渗环

为防止沿涵管外壁产生集中渗流,增长渗径,降低渗透坡降和减小流速,避免填土产生渗透变形,通常在涵管外侧每隔 10~20 m 设置一道截渗环。土基上的截渗环不宜设在两节管的接缝处,而应尽量靠近每节管的中间位置,以避免不均匀沉降。岩基上的截渗环可设在管节间的接缝处。截渗环常用混凝土建造。

2.2.4　涵衣

为了更有效地防止沿涵管外壁的集中渗流，通常沿管线在涵管周围铺一层 1~2 m 厚的黏土作为防渗层，该防渗层称为涵衣。对于浆砌石涵管，设置涵衣不仅能够防止集中渗流，还能增强管壁的横向防渗能力。

2.3　出口建筑物

涵管的出口布置坝下涵管通常流量不大，水头较低，多采用底流消能。

3　坝下涵管的水力计算

3.1　分级卧管的水力计算

分级卧管式放水涵管是小型工程中广泛采用的一种，它的优点是，放表层水，施工方便；缺点是，施工质量稍差，就容易漏水，检修困难。卧管斜卧在坝端的山坡上，它的下端接消力池，以消杀水流冲击力，然后再平稳地进入输水涵管流出库外，因此整个放水输水设备都必须建在岩石或其他的均匀坚实基础上。由于卧管、涵管较长，往往会遇到部分岩基和部分土基，须进行基础处理（可以把基础适当加宽，做浆砌条块石等人工基础），或根据地形地质情况，使管身平面位置稍微弯曲。总之，务必将管身安砌在均匀坚实的基础上，以免发生过大的或不均匀的沉降，使建筑物断裂，造成漏水，甚至危及工程安全。

卧管和涵管相接处，在平面图上最好布置成大于 90°的交角。卧管坡度要根据地形决定，坡度一致（1/4~1/2）；也可因地制宜，作成不同的坡度。

3.2　放水孔断面计算

按变水头的孔口出流，其平均流量公式为

$$Q_{\mathrm{rp}} = 0.5\mu\omega\sqrt{2gH} \tag{8-9}$$

式中　μ——原西南水工试验所模型试验资料 $\mu=0.72$，设计采用 0.7；

ω——放水孔面积，m^2；

H——计算孔口至水面垂直距离，m。

当一孔不能满足灌溉用水时，可以同时打开两孔，甚至三孔放水。此时，公式中的 H 变了，每孔平均流量公式应为

$$Q_{\mathrm{rp}} = 0.5\mu\omega\sqrt{2g}\left(\sqrt{H_i} + \sqrt{h_i}\right) \tag{8-10}$$

式中　H_i——计算第 i 孔孔口中心至水面的垂直距离，m；

h_i——计算孔口中心至水面以下第一个孔口中心的垂直距离，m。

由于放水孔是一种变水头出流，流量随水头的变化相差很大，所以每两孔的高差力求缩小，多开孔数，流量比较均匀。

3.3　卧管设计流量

卧管断面的设计流量，应当是放水孔刚开启时最大水头所通过的最大流量。计算公式如下：

$$Q_{\max} = M\omega\sqrt{2g}\left(\sqrt{H_1} + \sqrt{H_2} + \sqrt{H_3}\right) \tag{8-11}$$

式中　H_1、H_2、H_3——第 1、2、3 孔的孔口中心至水面的水头（垂直水深）。

3.4　卧管断面设计

断面设计根据原西南水工试验所模型试验资料，水流经放水孔跌入卧管内，水柱跃起

的高度为正常水深的 2.5~3.5 倍,为了保持跌下水柱跃高不致淹没放水孔出口,卧管侧墙高度应比正常水深加高 3~4 倍。其计算公式为

$$Q = \omega C \sqrt{Ri} \tag{8-12}$$

式中 Q——放水管通过的最大流量;

ω——卧管过水断面面积;

C——谢才系数;

R——水力半径;

i——涵管底坡。

卧管为一种急坡水流,流速比较大,是一种水气混合物,称为含气水流。计算含气水流在不均匀流状态下的概略方法,是将含气水流当作不含气水流计算,但糙率应较实际酌情加大,其值随底坡而变,如表 8-2 所示。

表 8-2 糙率随底坡变化取值

底坡 i	1/2.0	1/2.5	1/3.0	1/3.5	1/4.0
糙率加大倍数量	3.3	2.5	2.0	1.7	1.5

3.5 卧管消力池设计

为了使卧管中急流进入涵管后变为缓流,平稳地流出涵管,在卧管和涵管之间用消力池连接,使水流在消力池中发生水跃,消除其能量。计算目的是使在消力池中产生淹没水跃。由于卧管底坡大于临界底坡,管中产生降水曲线,但是一般卧管很长,降水曲线已经完结,以均匀流状态进入消力池。因此,降水曲线末端的水深,可以近似采用卧管中的正常水深,并作为第一共轭水深。

第二共轭水深按下式计算:

$$h_{c2} = \frac{h_{c1}}{2}\left(\sqrt{1 + \frac{8aQ^2}{gB_1^2 h_{c1}^3}} - 1\right) \tag{8-13}$$

式中 h_{c1}——第一共轭水深,即等于卧管正常水深;

a——流速分布不均系数,采用 1.1;

B_1——消力池宽度;

g——重力加速度;

Q——卧管最大设计流量。

消力池深度:

$$d = 1.25(h_{c2} - h_0) \tag{8-14}$$

式中 h_{c2}——第二共轭水深;

h_0——涵管中正常水深。

消力池长度:

$$L_k = 1.9(1.9h_{c2} - h_{c1}) \tag{8-15}$$

(1)消力池输水涵管断面计算。

断面计算小型水库输水涵管,可考虑就地取材,建造石砌涵管。为了便于以后检查、整修,最小断面要考虑人能爬行出入,涵管底宽不应小于 0.6 m。

无压输水涵管(明流)水力计算公式:

$$Q = \omega C\sqrt{Ri} \tag{8-16}$$

式中 Q——流量;

ω——过水断面面积;

C——谢才系数;

R——水力半径;

i——涵管底坡。

(2)塔式进水口涵管的水力计算。

塔式进水口涵管,一般设计成无压流涵管。其计算方法是:按水库运用期的最低水位和设计流量用明渠均匀流公式确定出涵管的坡度及断面尺寸,然后按其他高水位及相应流量来确定闸门开启高度和洞内水面曲线。

4 坝下涵管的结构计算

4.1 管壁厚度

埋管管壁厚度应根据管身的受力情况,通过结构计算确定。目前,管壁厚度常参照已建工程的经验拟订或采用经验公式估算。对于有压圆形管道的壁厚,可近似采用下式进行估算:

$$\delta = r_i\left(\sqrt{\frac{R_f + K_f P_i}{R_f - K_f P_i}} - 1\right) \tag{8-17}$$

式中 δ——管壁厚度;

r_i——管的内半径;

R_f——混凝土的抗裂强度;

K_f——混凝土的抗裂安全系数;

P_i——管道所受内水压力。

式(8-17)适用于 $\delta/r_i>1/8$ 的厚管壁。当管道为薄管壁时,即 $\delta/r_i\leq 1/8$ 时,其管壁厚度可按下列经验公式估算:

$$\delta = \frac{K_f P_i r_i}{R_l + 200\mu} \tag{8-18}$$

式中 R_l——混凝土的极限抗拉强度;

μ——环向钢筋的含筋率;

其余符号意义同前。

4.2 管身上的荷载及其组合

作用在管身上的荷载主要有管身自重、内水压力、外水压力、填土压力及地基反力等。此处仅介绍管身结构计算,其他荷载参考水工隧洞有关内容。

进行管身结构计算时,应根据管身运行的状况,计算出相应的荷载,并合理地进行组合,求出最危险状况下管身内力,以保证管身运行的安全。管身运行情况常有以下几种:①正常运用情况;②校核情况;③施工或检修情况。

4.3 管身的结构计算

当荷载及地基反力确定以后,即可根据管身的结构布置,计算管身的内力,并进行配筋计算和抗裂验算。

对于矩形箱式管,可沿管轴线方向,选择最不利管段,取单位长的管段,按封闭的框架结构计算。对于圆拱直墙式管身,应根据其管身的结构形式,采用相应的简化方法进行计算。具体计算方法可参考有关书籍和文献。

圆形埋管管身横截面的内力(M、N)可以用弹性力学方法求得,但计算比较复杂。为了节省计算工作量,目前已有现成的图表可资计算直接查用。

在自重、非均匀内水压力及土压力等荷载作用下各控制截面的内力可按下式计算:

$$M_A = \overline{M}_A G_i r_c \tag{8-19}$$

$$M_B = \overline{M}_B G_i r_c \tag{8-20}$$

$$M_C = \overline{M}_C G_i r_c \tag{8-21}$$

$$N_A = \overline{N}_A G_i \tag{8-22}$$

$$N_B = \overline{N}_B G_i \tag{8-23}$$

$$N_C = \overline{N}_C G_i \tag{8-24}$$

式中 M_A、M_B、M_C——各种荷载作用下控制截面 A、B、C 处的弯矩(内壁受拉为正);

N_A、N_B、N_C——各种荷载作用下控制截面 A、B、C 处的轴向力;

$\overline{M}_A$、$\overline{M}_B$、$\overline{M}_C$——相应各种荷载下控制截面的弯矩计算系数;

$\overline{N}_A$、$\overline{N}_B$、$\overline{N}_C$——相应各种荷载下控制截面处的轴向力计算系数可查有关表;

G_i——每米管身上的计算荷载;

r_c——管身的平均半径。

具体计算时,先根据作用于管身的荷载类型与管的铺设方式,利用有关的内力系数表,查出相应于各控制截面在该荷载作用下的内力系数;然后利用公式求出相应的内力 M_i,N_i;再根据荷载组合进行内力叠加,求出截面的总内力 $\sum M_i$、$\sum N_i$,进而进行管身的配筋和抗裂等计算。

小　结

项目	类型	组成	进水口形式
水工隧洞	取水或泄水,有压或无压	进口段、洞身段和出口段	竖井式、塔式、岸塔式、斜坡式
坝下涵管	取水或泄水,有压或无压	进口、管身、出口	分级斜卧管式、斜拉闸门式、塔式和井式进水口

知识技能训练

一、填空题

1.水工隧洞一般由__________、__________和__________三部分组成。

2.水工隧洞路线选择注意的一般原则是____________、____________、____________、____________、____________。

3.无压隧洞的断面形状常采用__________、__________、__________。

4.无压低流速隧洞可采用弯道,弯道转角采用______60°,曲率半径______5倍洞径,其上下游连接______5倍洞径的直线段。对于高流速的无压洞,应力求避免在平面上设置曲线段。

5.在选择水工隧洞线路的纵坡时,务使选取的纵坡满足______、______和______的要求,并考虑______。

6.坝下涵管为了有效地防止集中渗流,在涵管1~2 m的范围内用回填黏土做防渗层,这个防渗层称为__________。

二、选择题

1.关于隧洞选线,说法不正确的有(　　)。

A.洞线要与岩层构造断裂向及主要软弱带走向有较大交角

B.洞线应与最大水平地应力方向尽量垂直

C.对有压隧洞,当考虑弹性抗力时,围岩的最小覆盖厚度不小于3倍洞径

D.对低流速的隧洞,弯道曲率半径不应小于5倍洞径或洞宽

2.工作闸门布置在(　　)的为有压隧洞。

A.进口　　B.洞身　　C.中部　　D.出口

3.隧洞洞身的(　　)为不受力衬砌。

A.喷锚衬砌　　B.预应力衬砌　　C.平整衬砌　　D.单层衬砌

4.有压隧洞的出口断面面积应(　　)洞身断面面积。

A.大于　　B.等于　　C.小于　　D.无法确定

5.水工隧洞回填灌浆的目的是(　　)。

A.加固围岩,提高围岩的整体性

B.充填衬砌与围岩之间的空隙，使之结合紧密

C.保证围岩的弹性抗力

D.减小渗漏，减小外水压力

三、判断题

1.无压隧洞要避免有压流和无压流交替出现的状态。（　　）

2.有压隧洞断面一般为圆形。（　　）

3.隧洞的衬砌主要是为了防渗。（　　）

4.圆拱的中心角越小，产生的拱脚推力就越大。（　　）

5.隧洞衬砌的变形缝是为防止不均匀沉降而设置的。（　　）

6.隧洞的固结灌浆与回填灌浆两者的作用是一样的。（　　）

7.围岩弹性抗力不是独立的荷载，而是依附于其他荷载产生的。（　　）

四、简答题

1.什么叫水工隧洞？什么叫坝下涵管？它们的结构特点各是什么？

2.水工隧洞与坝下涵管有哪些用途？按水流状态划分有哪两类？泄水隧洞的工作特点是什么？

3.有压泄洪隧洞和无压泄洪隧洞分别设置哪些用途的闸门？各自的应用条件是什么？

4.选择水工隧洞洞线的原则和要求是什么？

5.泄洪隧洞进口建筑物由哪些部分组成？各部分的作用是什么？

6.进口建筑物有哪些类型？各自的优缺点和适用条件是什么？

7.泄水洞有多种断面形式，试分析影响断面形式选择有哪些因素？为什么有压隧洞一般采用圆形断面，而无压隧洞多采用城门形断面？

8.洞身衬砌的作用是什么？衬砌材料和类型有哪些？

9.隧洞衬砌为什么要分缝？如何分缝？分缝如何设置止水？

10.水工隧洞的灌浆有哪几种？各自作用是什么？如何确定灌浆要素？

11.“龙抬头”布置方式适用于什么情况？设计中应注意哪些问题？

12.什么叫围岩压力？有哪些计算方法？影响围岩压力的因素有哪些？

13.把围岩看成结构物或部分结构物时，应如何计算应力场？

14.何谓弹性抗力？

15.坝下涵管管身的细部构造有哪些？各有什么作用？

16.坝下涵管的进口建筑物形式有哪些？

17.坝下涵管与水工隧洞相比较各有什么特点？

项目9　渠系中的主要水工建筑物

由于水资源的不均衡以及需求的不同，调水工程应运而生。在国外，最早的调水工程是公元前2500年，苏美尔人在美索不达米亚南部开掘沟渠，引底格里斯河、幼发拉底河的河水，浇灌出了灿烂的“两河文明”。公元前2400年，古埃及兴建了人类第一个跨流域调水工程，引尼罗河水至埃塞俄比亚高原南部进行灌溉，促进了埃及文明的发展与繁荣。从工业革命至今，随着全球人口增长、工农业发展以及城市化进程加速，许多地区的淡水资源已经是“供不应求”，而水资源的污染更加剧了供需之间的矛盾。

出于供水、航运、灌溉、发电等种种考虑，许多国家开始兴建调水工程，而且规模越来越大，结构越来越复杂，工程技术和管理方法也越来越先进。据统计，目前世界上已有40多个国家和地区建成了350余项调水工程，年调水规模超过了5 000亿 m^3，相当于半条长江。放眼世界各地的大型河流和湖泊，如尼罗河（非洲）、亚马逊河（南美洲）、北美洲五大湖、密西西比河和科罗拉多河（北美洲）、多瑙河（欧洲）、印度河（亚洲）、墨累—达令河（大洋洲）等，都有着或大或小的调水工程。

我国南水北调工程的东线、中线已建成并发挥着非常重要的作用。南水北调工程是为了缓解我国北方地区严重缺水的局面，采用人工和天然河渠相结合的方案，并通过东线、中线和西线三条线路从长江流域调集水资源的一项规模宏大、影响深远的战略性基础设施。工程设计将三条调水线路与长江、黄河、淮河和海河四大江河相联，从而构成以“四横三纵”为主体的总体布局，最终实现我国水资源南北调配、东西互济的合理配置格局。

【知识目标】

1.熟悉渠系建筑物的分类、组成和特点。

2.掌握渠道的纵、横断面设计。

3.掌握渡槽的布置、水力计算与结构设计。

4.熟悉倒虹吸管的布置、构造和水力计算。

5.了解桥梁的组成、类型和特点，跌水与陡坡的类型、组成与布置。

【技能目标】

1.能认识渠系建筑物。

2.能熟知各类渠系建筑物的功能与作用。

3.能进行简单的渡槽设计。

4.能够对渠系建筑物的设计图纸进行识读。

【任务描述】

渠系建筑物种类较多，功能作用不一。本项目的目的在于对常见的渠系建筑物进行通识讲解。

【任务分析】

渠系建筑物具有量大面广、总投资多、与地形条件关联密切等特点，进行渠系建筑物布置时，必须深入实地进行调查研究，对渠系建筑物的布局、选型和构造设计进行深入研究和决策，降低工程总造价。

【任务知识点】

任务1　认识渠系建筑物

1　渠系建筑物的概念

输配水渠道一般线路长，沿线地形起伏变化大，地质情况复杂，为了准确调节水位、控制流量、分配水量、穿越各种障碍，满足灌溉、水力发电、工业及生活用水的需要，在渠道上兴建的水工建筑物，统称渠系建筑物。

2　渠系建筑物的类型和作用

渠系建筑物的种类较多，按其主要作用可分为以下几种：

(1)控制建筑物。主要作用是调节各级渠道的水位和流量，以满足各级渠道的输水、配水和灌水要求，如进水闸、节制闸、分水闸等。

(2)泄水建筑物。主要作用是保护渠道及建筑物安全，用以排放渠中余水、入渠的洪水或发生事故时的渠水，如退水闸、溢流堰、泄水闸等。

(3)交叉建筑物。渠道经过河谷、洼地、道路、山丘等障碍时所修建的建筑物，主要作用是跨越障碍、输送水流，如渡槽、倒虹吸管、桥梁、涵洞、隧洞等。常根据建筑物运用要求、交叉处的相对高程，以及地形、地质、水文等条件，经比较后合理选用。

(4)落差建筑物。渠道通过地面坡度较大的地段时，为使渠底纵坡符合设计要求，避免深挖高填，调整渠底比降，将渠道落差集中所修建的建筑物，如跌水、陡坡等。

(5)量水建筑物。为了测定渠道流量，达到计划用水、科学用水而修建的专门设施，如量水堰、量水槽、量水喷嘴等。工程中，常利用符合水力计算要求的渠道断面或渠系建筑物进行量水，如水闸、渡槽、陡坡、跌水、倒虹吸等。

(6)防沙建筑物。为了防止和减少渠道的淤积，在渠首或渠系中设置冲沙和沉沙设施，如冲沙闸、沉沙池等。

(7)专门建筑物。方便船只通航的船闸(见图9-1)、利用落差发电的水电站等。

(8)利民建筑物。根据群众需要，结合渠系布局，修建方便群众出行、生产的建筑物，如行人桥、踏步、码头、船坞等。

3　渠系建筑物的布置原则

在渠系建筑物的布置工作中，一般应当遵循以下原则：

(1)布局合理，效益最佳。渠系建筑物的位置和形式，应根据渠系平面布置图、渠道纵横断面图及当地的具体情况，合理布局，使建筑物的位置和数量恰当，水流条件好，工程效益最大。

(2)运行安全，保证需求。满足渠道输水、配水、量水、泄水和防洪等要求，保证渠道

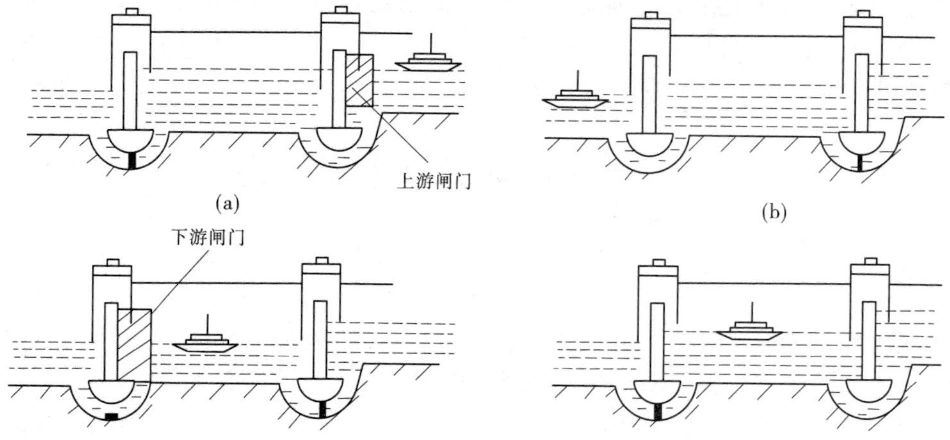

图 9-1 船闸示意图

安全运行，提高灌溉效率和灌水质量，最大限度地满足作物需水要求。

(3)联合修建，形成枢纽。渠系建筑物尽可能集中布置，联合修建，形成枢纽，降低造价，便于管理。

(4)独立取水，便于管理。结合用水要求，最好做到各用水单位有独立的取水口，减少取水矛盾，便于用水管理。

(5)方便交通，便于生产。在满足灌溉要求的同时，应考虑交通、航运和群众的生产、生活的需要，为提高劳动效率和建设新农村创造条件。

4 渠系建筑物的特点

在灌区工程中，渠系建筑物是重要组成部分，其主要特点如下：

(1)量大面广、总投资多。渠系建筑物的分布面广、数量较大，总工程量和投资往往很大。例如，韶山灌区的总干渠和北干渠上渠系建筑物的造价为枢纽工程造价的 6.3 倍。所以，应对渠系建筑物的布局、选型和构造设计进行深入研究和决策，降低工程总造价。

(2)同类建筑物较为相似。渠系建筑物一般规模较小、数量较多，同一类型的建筑物工作条件、结构形式、构造尺寸较为相近。因此，在同一个灌区，应尽量利用同类建筑物的相似性，采用定型设计和预制装配式结构，简化设计和施工程序，确保工程质量，加快施工进度和便于维修运用。对于规模较大、技术复杂的建筑物，应进行专门的设计。

(3)受地形环境影响较大。渠系建筑物的布置，主要取决于地形条件，与群众的生产、生活环境密切相关。例如，渡槽的布置既要考虑长度最短，又要考虑与进出口渠道平顺连接，这样将会增加填方渠道与两岸连接的长度，多占用农田及多拆迁房屋，影响群众切身利益。所以，进行渠系建筑物布置时，必须深入实地进行调查研究。

5 渠系建筑物的设计

渠系建筑物一般多为小型建筑物，在其设计过程中，可以直接使用定型设计图集中的尺寸和结构,不再进行复杂的水力和结构计算。采用定型设计,不仅可以缩短设计时间,而且可以保证工程质量,加快施工进度,节省工程费用。

在实际工程中,建筑物轮廓和控制性尺寸的确定,常以简单的水力计算为主进行验算。对一般构件的构造和尺寸,可参考工程设计经验拟订。

为了总结灌区渠系建筑物的建设经验,提高工程设计质量,促进水利建设,更好地发挥工程效益,我国已经出版了多种渠系建筑物设计图册。这些图册中的设计图件,都经过实践的检验,它们技术先进,经济合理,运行安全可靠,在同类建筑物中具有一定典型性和代表性。在使用定型设计图件时,一定要根据各地区的具体条件,因地制宜,取其所长。

任务2 渠 道

渠道是灌溉、发电、航运、给水、排水等水利工程中广为采用的输水建筑物。渠道遍布整个灌区,线长面广,其规划和设计是否合理,将直接关系到土方量的大小、渠系建筑物的多少、施工和管理的难易及工程效益的大小。因此,一定要搞好渠道的规划布置和设计工作。灌溉渠系一般可分为干、支、斗、农、毛五级渠道,构成灌溉系统,如图9-2所示。其中,前四级为固定渠道,后者多为临时性渠道。一般干、支渠主要起输水作用,称为输水渠道;斗、农渠主要起配水作用,称为配水渠道。

渠道设计的任务是在完成渠系布置之后,推算各级渠道的设计流量,确定渠道的纵横断面形状、尺寸、结构和空间位置等。

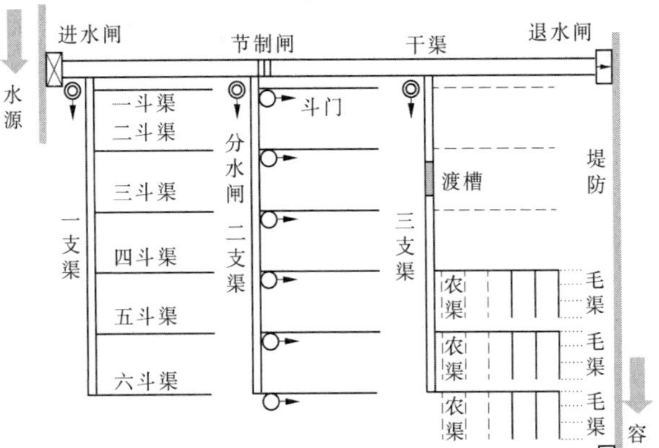

图9-2 灌区渠系布置示意图

1 渠道的选线

渠道的线路选择,关系到灌区合理开发、渠道安全输水及降低工程造价等关键问题,应综合考虑地形、地质、施工条件及挖填平衡、便于管理养护等各因素。

(1)地形条件。渠道顺直,应尽量与道路、河流正交,减少工程量。在平原地区,渠道路线最好选为直线,并力求选在挖方与填方相差不大的地方。如不能满足这一条件,应尽量避免深挖方和高填方地带，转弯也不应过急，对于有衬砌的渠道，转弯半径应不小于2.5B（B为渠道水面宽度）；对于不衬砌的渠道，转弯半径应不小于5B。在山坡地区，渠道路线应尽量沿等高线方向布置，以免过大的挖填方量。当渠道通过山谷、山脊时，应对高填、深挖、绕线、渡槽、穿洞等方案进行比较，从中选出最优方案。

(2)地质条件。渠道线路应尽量避开渗漏严重、流沙、滑坡及开挖困难的岩层地带，必须通过时，应比较确定。例如，采取防渗措施以减少渗漏；采用外绕回填或内移深挖以避开滑坡地段；采用混凝土或钢筋混凝土衬砌以保证渠道安全运行等方案。

(3)施工条件。应全面考虑施工时的交通运输、水和动力供应、机械施工场地、取土和弃土的位置等条件，改善施工条件，确保施工质量。

(4)管理要求。渠道的线路选择要和行政区划与土地利用规划相结合，确保每个用水单位均有独立的用水渠道，以便于运用和管理维护。

渠道的线路选择必须重视野外踏勘工作，从技术、经济等方面仔细分析比较。

2 渠道的横、纵断面设计

渠道的断面设计包括横断面设计和纵断面设计，两者是互相联系、互为条件的。在实际设计中，横、纵断面设计应交替，并且反复进行，最后经过分析比较确定。

合理的渠道断面设计，应满足以下几个方面的具体要求：①有足够的输水能力，以满足灌区用水需要；②有足够的水位，以满足自流灌溉的要求；③有适宜的流速，以满足渠道不冲、不淤或周期性冲淤平衡，以满足纵向稳定要求；④有稳定边坡，以保证渠道不坍塌、不滑坡；⑤有合理的断面结构形式，以减少渗透损失，提高灌溉水利用系数；⑥尽可能在满足输水的前提下，兼顾蓄水、养殖、通航、发电等综合利用要求；⑦尽量做到工程量最小，以有效地降低工程总投资；⑧施工容易，管理方便。

2.1 渠道横断面设计

2.1.1 渠道横断面形状

渠道横断面形状常见的有梯形、矩形、U形等。一般采用梯形，它便于施工，并能保持渠道边坡的稳定；在坚固的岩石中开挖渠道时，宜采用矩形断面；当渠道通过城镇工矿区或斜坡地段，渠道宽度受到限制时，可采用混凝土等材料砌护。

为了提高渠道的稳定性、提高水的利用率、减少渗漏损失、缩小渠道断面，一般采取各种防渗措施，防渗渠道断面形式如图9-3所示。

2.1.2 渠道横断面结构

渠道横断面结构有挖方断面、填方断面和半挖半填断面三种形式，如图9-4所示，主要是由渠道过水断面和渠道沿线地面的相对位置不同造成的。规划设计中，常采用半挖半填的结构形式，或尽量做到挖填平衡，以避免深挖、高填，以减少工程量，降低工程费用。

2.1.3 渠道横断面设计

渠道横断面设计主要内容是确定渠道设计参数，通过水力计算确定横断面尺寸。对于梯形渠道，横断面设计参数主要包括渠道流量、边坡系数、糙率、渠底比降、断面宽深比及渠道的不冲、不淤流速等。当渠道的设计参数已确定时，即可根据明渠均匀流公式确定渠道横断面尺寸。

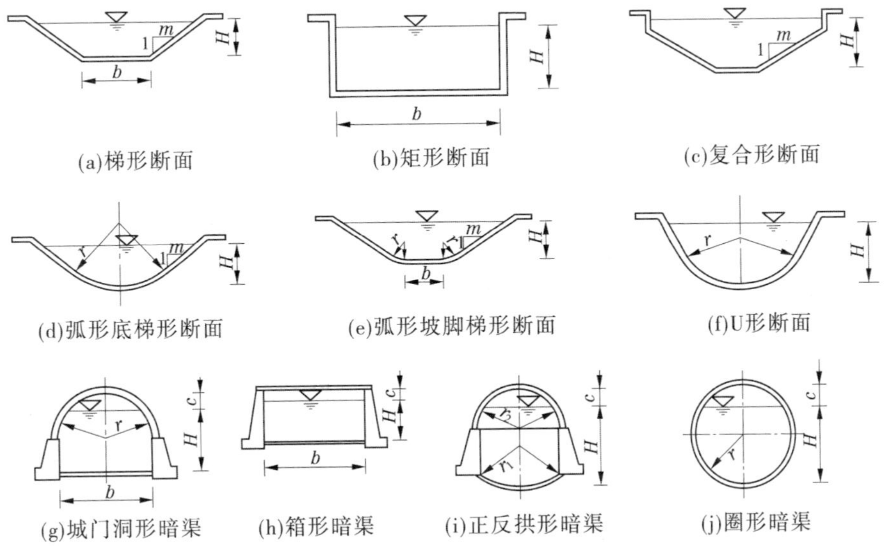

图9-3　防渗渠道横断面示意图

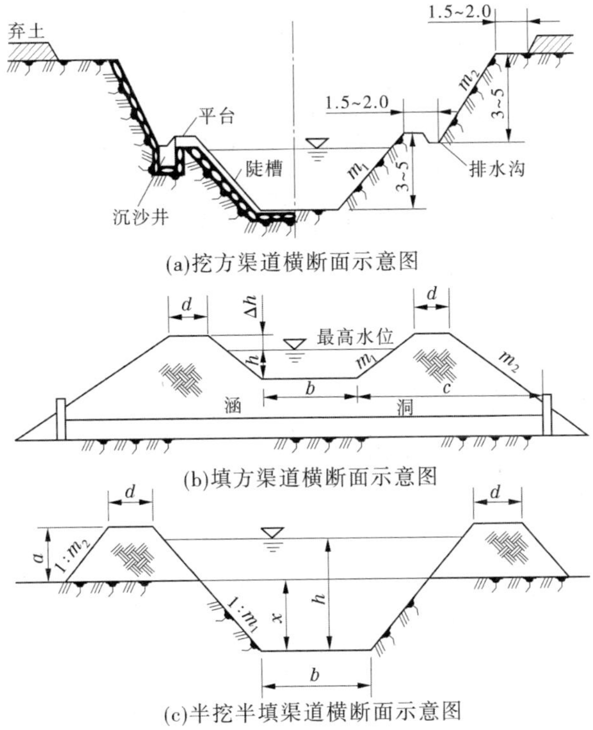

图9-4　渠道横断面结构示意图

2.1.4　渠道设计参数

2.1.4.1　渠道流量

渠道流量是渠道和渠系建筑物设计的基本依据。设计渠道时，需要设计流量、最小流量和加大流量,分别作为设计和校核之用。

2.1.4.2 渠道设计流量

渠道设计流量是指设计年内作物灌水时期渠道需要通过的最大流量,是渠道正常工作条件下需要通过的流量。渠道设计流量是设计渠道纵、横断面的主要依据,与渠道的灌溉面积、作物组成、灌溉制度、渠道的工作制度及渠道的输水损失等因素有关。

2.1.4.3 渠道最小流量

渠道最小流量是在设计标准条件下,渠道正常工作中输送的最小流量。渠道最小流量用于校核下一级渠道的水位控制条件,确定节制闸的修建位置。对于同一条渠道而言,其设计流量与最小流量相差不要过大,以免下级渠道因水位不足而造成引水困难。一般渠道最小流量不小于渠道设计流量的40%,相应的渠道最小水深不小于设计水深的70%。

2.1.4.4 渠道加大流量

灌溉工程运行期,可能出现规划设计之外的情况,如作物种植比例变更、灌溉面积扩大、气候特别干旱、渠道发生事故后需要短时间加大输水量等,都需要渠道通过比设计流量更大的流量。通常把短时期内渠道需要通过的最大灌溉流量称为渠道加大流量,它是确定渠道堤顶高程、校核渠道输水能力和不冲流速的依据。一般干、支渠需要考虑加大流量,而斗、农渠多因实行轮灌无须考虑加大流量。

渠道加大流量等于加大系数(见表9-1)乘以设计流量,即

$$Q_{加大}=加大系数\times Q_{设计}$$

表 9-1 渠道流量加大系数表

设计流量(m^3/s)	<1	1~5	5~20	20~50	50~100	100~300	>300
加大系数	1.35~1.30	1.30~1.25	1.25~1.20	1.20~1.15	1.20~1.15	1.15~1.10	<1.05

注:1.表中加大系数,湿润地区可取小值,干旱地区可取大值。

2.泵站供水的续灌渠道加大流量应为包括备用机组在内的全部装机流量。

2.1.4.5 边坡系数 m

梯形土渠两侧边坡系数,一般取1~2,应根据土质情况和开挖深度或填土高度确定。对于挖深大于5 m或填高超过3 m的土坡,必须根据稳定条件确定。计算方法同土石坝的稳定计算。为使边坡稳定和管理方便,每隔4~6 m深应设一平台,平台宽1.5~2 m,并在平台内侧设置排水沟。

2.1.4.6 渠道的糙率 n

渠道的糙率是反映渠床粗糙程度的指标,影响因素主要有渠床状况、渠道流量、渠水含沙量、渠道弯曲状况、施工质量、养护情况。一般情况下,渠床糙率参考水力计算相应的糙率表选用,大型渠道的糙率最好通过实验确定。

2.1.4.7 渠道断面宽深比 β

渠道断面宽深比是指底宽 b 和水深 h 的比值。宽深比对渠道工程量和渠床稳定等有较大影响,过于宽浅容易淤积,过于窄深又容易产生冲刷。宽深比与渠道流量、水流含沙情况、渠道比降等因素有关,比降小的渠道应选较小的宽深比,以增大水力半径,加快水流速度;比降大的渠道应选较大的宽深比,以减小流速,防止渠床冲刷。为了节省输水渠道土石方及衬砌工程量,尽量少占地,一般采用窄深式断面;而配水渠道为使水流较为稳定,

不易产生冲刷和淤积，多采用宽浅式断面。一般情况下，流量大、含沙量小，渠床土质较差时多用宽浅式渠道；反之，宜采用窄深式渠道。对于中小型渠道，可以根据渠道流量，参照表 9-2 所列经验数据选定。

有通航要求的渠道，应根据船舶吃水深度、错船所需的水面宽度及通航的流速要求等确定。渠道水面宽度应大于船舶宽度的 2.6 倍，船底以下水深应不小于 15~30 cm。

表 9-2 渠道断面宽深比

设计流量(m^3/s)	<1	1~3	3~5	5~10	10~30	30~60
宽深比 β	1~2	1~3	2~4	3~5	5~7	6~10

2.1.4.8 渠道的不冲、不淤流速

在稳定渠道中，允许的最大平均流速称为临界不冲流速，简称不冲流速，用 $v_{不冲}$ 表示；允许的最小平均流速称为临界不淤流速，简称不淤流速，用 $v_{不淤}$ 表示。为了维持渠床稳定，渠道通过设计流量时的平均流速（设计流速）$v_{设计}$ 应满足以下条件：

$$v_{不淤} < v_{设计} < v_{不冲} \tag{9-1}$$

（1）渠道不冲流速。水在渠道中流动时，具有一定的能量，这种能量随水流速度的增加而增加，当流速增加到一定程度时，渠床上的土粒就会随水流移动，土粒将要移动而尚未移动时的水流速度就是临界不冲流速或简称不冲流速。一般渠道可按表 9-3 的数值选用，渠水含沙量越大，且渠床有薄层淤泥时，可将表 9-3 中所列数值适当提高后选用。

（2）渠道不淤流速。渠道水流的挟沙能力随流速减小而降低，当流速小到一定程度时，部分泥沙就开始在渠道内淤积。泥沙将要沉积而尚未沉积时的流速就是临界不淤流速或简称不淤流速。渠道不淤流速主要取决于渠道含沙情况和断面水力要素。含沙量很小的清水渠道虽无泥沙淤积威胁，但为了防止渠道杂草滋生，影响输水能力，要求大型渠道的平均流速不小于 0.5 m/s，中小型渠道的平均流速不小于 0.3~0.4 m/s。

表 9-3 渠道允许不冲流速 （单位：m/s）

防渗衬砌结构类别			$v_{不冲}$
土料	黏土、黏砂混合土		0.75~1.00
	灰土、三合土、四合土		<1.00
水泥土	现场填筑		<2.50
	预制铺砌		<2.00
砌石	干砌卵石（挂淤）		2.50~4.00
	浆砌块石	单层	2.50~4.00
		双层	3.50~5.00
	浆砌料石		4.00~6.00
	浆砌石板		<2.50

防渗衬砌结构类别		$v_{不冲}$
膜料（土料保护层）	砂壤土、轻壤土	<1.45
	中壤土	<0.60
	重壤土	<0.65
	黏土	<0.70
	砂砾料	<0.90
沥青混凝土	现场浇筑	<3.00
	预制铺砌	<2.00
混凝土	现场浇筑	<8.00
	预制铺砌	<5.00
	喷射法施工	<10.00

2.2 渠道纵断面设计

灌溉渠道不仅要满足输送设计流量的要求,而且要满足水位控制的要求。渠道纵断面设计的任务是根据灌溉水位要求确定渠道的空间位置。一般纵断面设计主要内容包括:确定渠道纵坡比降、设计水位线、最低水位线、最高水位线、渠底高程线、渠道沿程地面高程线和堤顶高程线,绘制渠道纵断面图。渠道的纵断面如图 9-5 所示。

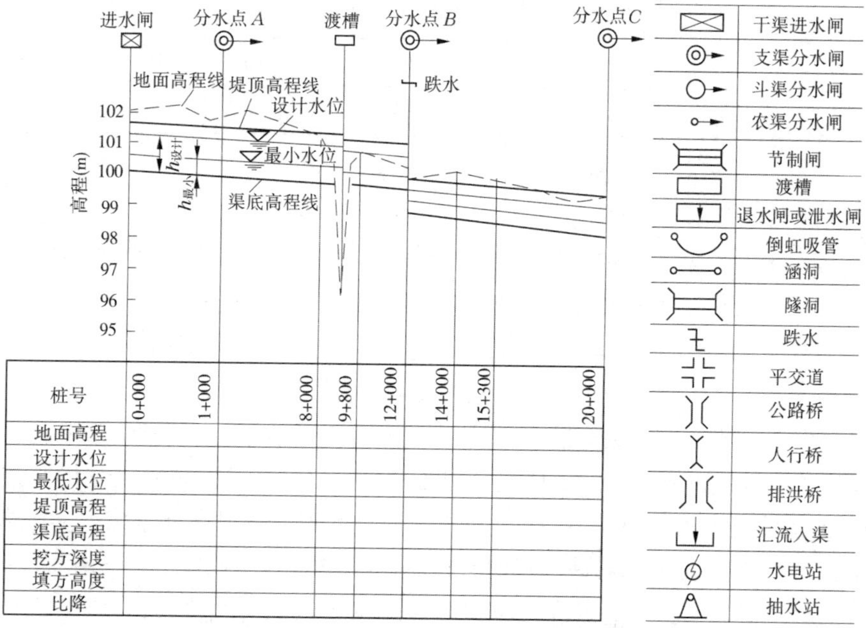

图 9-5 渠道纵断面示意图与渠系建筑物图例

渠道纵坡比降是指单位渠长的渠底降落值。渠道纵坡比降不仅决定着渠道输水能力的大小、控制灌溉面积的多少和工程量的大小,而且还关系着渠道的冲淤、稳定和安全,必须慎重选择确定。在规划设计中,渠道纵坡比降应根据渠道沿线地面坡度、下级渠道分水口要求水位、渠床土质、渠道流量、渠水含沙量等情况,参照相似灌区的经验数值(见表 9-4),初选一个渠道纵坡比降,进行水力计算和流速校核,若满足水位和不冲、不淤要求,便可采用;否则,应重新选择比降,再计算校核,直至满足要求为止。

表 9-4 渠道纵坡比降一般数值

渠道级别	干渠	支渠	斗渠	农渠
丘陵灌区	1/5 000~1/2 000	1/3 000~1/1 000	土渠 1/2 000; 石渠 1/500	土渠 1/1 000; 石渠 1/300
平原灌区	1/10 000~1/5 000	1/7 000~1/3 000	1/5 000~1/2 000	1/3 000~1/1 000
滨湖灌区	1/15 000~1/8 000	1/8 000~1/6 000	1/5 000~1/4 000	1/3 000~1/2 000

渠道纵坡选择时应注意以下几项原则:①地面坡度。渠道纵坡应尽量接近地面坡度,以避免深挖高填。②地质情况。易冲刷的渠道,纵坡宜缓;地质条件较好的渠道,纵坡可

适当陡一些。③流量。流量大时纵坡宜缓,流量小时可陡些。④含沙量。水流含沙量小时,应注意防冲,纵坡宜缓;含沙量大时,应注意防淤,纵坡宜陡。⑤水头。提水灌区水头宝贵,纵坡宜缓;自流灌区水头较富裕,纵坡可以陡些。

干渠及较大支渠,上下游渠段流量变化较大时,可分段选择比降,而且下游段的比降应大些。支渠以下的渠道,一般一条渠道只采用一个比降。

为了便于渠道的运用管理和保证渠道的安全,应设置一定的堤顶宽度和安全超高,参考表9-5选定。若渠道的堤顶有交通要求,则堤顶宽度应根据交通要求确定。

表9-5 堤顶宽度和安全超高数值 (单位:m)

项目	田间毛渠	固定渠道流量(m^3/s)						
		<0.5	0.5~1	1~5	5~10	10~30	30~50	>50
超高	0.1~0.2	0.2~0.3	0.2~0.3	0.3~0.4	0.4	0.5	0.6	0.8
顶宽	0.2~0.5	0.5~0.8	0.8~1	1~1.5	1.5~2	2~2.5	2.5~3	3~3.5

任务3 渡 槽

1 渡槽的作用及组成

渡槽是渠道跨越山谷、河流、道路等的架空输水建筑物,其主要作用是输送水流。根据水利工程的不同需要,渡槽还可以用于排洪、排沙、导流和通航等。

渡槽主要由槽身、支撑结构、基础及进出口建筑物等部分组成。渠道通过进出口建筑物与槽身相连接,槽身置于支撑结构上,槽中水重及槽身重通过支撑结构传给基础,再传至地基。为确保运行安全,渡槽进口处可设置闸门,在上游一侧配置泄水闸;为方便群众生产生活,可以在有拉杆渡槽的顶端设置栏杆、铺设人行道板,方便群众出行。

渡槽一般适用于跨越河谷(断面宽深、流量大、水位低)、宽阔滩地或洼地等情况。它与倒虹吸管相比具有水头损失小、便于管理运用及可通航等优点,是交叉建筑物中采用最多的一种形式。与桥梁相比,渡槽以恒载为主,不承受桥梁那样复杂的活载,故结构设计相对简单,但对防渗和止水构造要求较高,以免影响运行管理和结构安全。

2 渡槽的类型

随着混凝土材料的不断应用,高强度、抗渗漏的钢筋混凝土渡槽便应运而生,渡槽从单一的梁式(见图9-6)、拱式、斜拉式、悬吊式,发展到组合式(拱梁和斜撑梁组合式等)。

渡槽按槽身断面形式分类,有U形、矩形、梯形、椭圆形和圆形等;按支撑结构分类,有梁式、拱式、桁架式、悬吊式、斜拉式等;按所用材料分类,有木制渡槽、砖石渡槽、混凝土渡槽、钢筋混凝土渡槽、钢丝网水泥渡槽等;按施工方法不同,有现浇整体式渡槽、预制装配式渡槽及预应力渡槽。

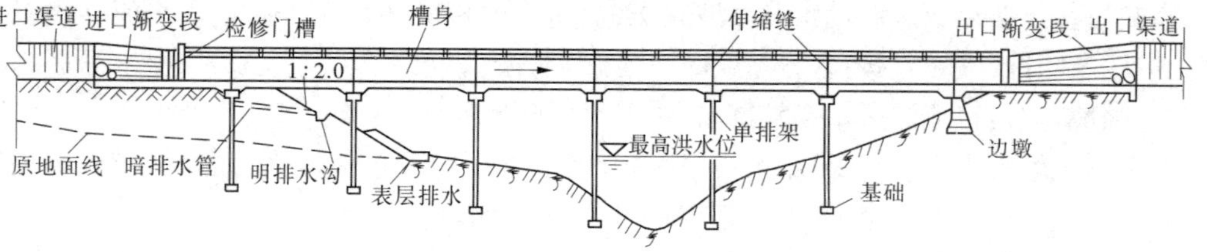

图 9-6 梁式渡槽纵剖面

3 渡槽的总体布置

渡槽的总体布置,主要包括槽址选择、渡槽选型、进出口布置等内容。

渡槽总体布置的基本要求是:流量、水位满足灌区规划需要;槽身长度短,基础、岸坡稳定,结构选型合理;进出口与渠道连接顺直通畅,避免填方接头;少占农田,交通方便,就地取材等。

3.1 基本资料

基本资料是渡槽设计的依据和基础,主要包括以下几个方面的内容:

(1)灌区规划要求。在灌区规划阶段,渠道的纵、横断面及建筑物的位置已基本确定,可据此得到渡槽上下游渠道的各级流量和相应水位、断面尺寸、渠底高程及预留的渠道水流通过渡槽的允许水头损失值等。

(2)设计标准。根据渡槽所属工程等别及在工程中的作用和重要性确定。对于跨越铁路、重要公路及墩架很高或跨度很大的渡槽,应采用较高的级别。对于跨越河道、山溪的渡槽,应根据其级别、地区的经验,并参考有关规定选择洪水标准计算确定相应的槽址洪水位、流量及流速等。

(3)地形资料。应有 1/2 000~1/200 的地形图。测绘范围应满足渡槽轴线的修正和施工场地布置需要,在渡槽进出口及有关附属建筑物布置范围外,至少应有 50 m 的富裕。对小型渡槽,也可只测绘渡槽轴线的纵剖面图及若干横剖面图。跨越河道的渡槽,应加测槽址河床纵、横断面图。

(4)地质资料。通过挖探及钻探等方法,探明地基岩土的性质、厚度、有无软弱层及不良地质隐患,观察河道及沟谷两岸是否稳定,并绘制沿渡槽轴线的地质剖面图;通过必要的土工试验,测定基础处岩土的物理力学指标,确定地基承载力等。

(5)水文气象等资料。调查槽址区的最大风力等级及风向,最大风速及发生频率;多年平均气温,月平均气温,冬夏季最高气温、最低气温,最大温差及冰冻情况等。渡槽跨越河流时,应收集河流的水文资料及漂浮物情况等。

(6)建筑材料。砂料、石料、混凝土骨料的储量、质量、位置与开采、运输条件,以及木材、水泥、钢材的供应情况等。

(7)交通要求。槽下为通航河道或铁路、公路时,应了解船只、车辆所要求的净宽、净空高度;槽上有行人及交通要求时,要了解荷载情况及今后发展要求等。

(8)施工条件。包括施工设备、施工技术力量、水电供应条件及对外交通条件等。

(9)运用管理要求。如运用中可能出现的问题及对整个渠系的影响等。

以上各项资料并非每一渡槽设计全需具备。每项资料调查、收集的深度和广度,随工程规模的大小、重要性及设计阶段的不同逐步深入。

3.2 槽址选择

渡槽轴线及槽身起止点位置选择的基本要求是:渠线及渡槽长度较短,地质条件较好,工程量最省;槽身起止点尽可能选在挖方渠道上;进出口水流顺畅,运用管理方便;满足所选的槽跨结构和进出口建筑物的结构布置要求等。对地形地质条件复杂、长度较大的渡槽,应通过方案比较,择优选用。

3.3 渡槽选型

渡槽选型,应根据地形地质、水流条件,建筑材料和施工技术等因素,综合研究决定。一般中小型渡槽,可采用一种类型的单跨或等跨渡槽。具体选择时,应考虑以下几个方面:

(1)地形地质条件。当地形平坦、槽高不大时,宜采用梁式渡槽;窄深的山谷地形,当两岸地质条件较好,且有足够强度与稳定性时,宜建大跨度单跨拱式渡槽;当地形地质条件比较复杂时,应进行具体分析。如跨越河道的渡槽,若河道水深流急、水下施工较难,而且滩地高大时,在河床部分可采用大跨度的拱式渡槽,在滩地则宜采用梁式或中小跨度的拱式渡槽。当地基承载能力较低时,可采用轻型结构或适当减小跨度。

(2)建筑材料。当槽址附近石料丰富且质量符合要求时,应就地取材,优先采用石拱渡槽。由于这种渡槽对地基条件要求高,需要较多的人力。因此,应综合分析各种条件,采用经济合理的结构形式。

(3)施工条件。如具备吊装设备和吊装技术,应尽可能采用预制构件装配的结构形式,以加快施工速度,节省劳力。同一渠系布置有多个渡槽时,应尽量采用同一种结构形式,以便利用同一套吊装设备,便于设计和施工定型化。

4 进出口段布置

为了减小渡槽过水断面,降低工程造价,一般槽身纵坡较渠底坡度陡。为使渠道水流平顺地进入渡槽,避免冲刷和减小水头损失,渡槽进出口段布置应注意以下几个方面:

(1)与渠道直线连接。渡槽进出口前后的渠道上应有一定长度的直线段,与槽身平顺连接,在平面布置上要避免急转弯,防止水流条件恶化,影响正常输水,造成冲刷现象。对于流量较大、坡度较陡的渡槽,尤其要注意这一问题。

(2)设置渐变段。为使水流平顺衔接,适应过水断面的变化,渡槽进出口均需设置渐变段。渐变段的形式,主要有扭曲面式、反翼墙式、八字墙式等。扭曲面式水流条件较好,应用也较多;八字墙式施工简单,小型渡槽使用较多。渐变段的长度 L_j 通常采用下列经验公式计算:

$$L_j = C(B_1 - B_2) \quad (m) \tag{9-2}$$

式中 B_1——渠道水面宽度,m;

B_2——槽水面宽度,m;

C——系数,进口取 $C=1.5\sim2.0$,出口取 $C=2.5\sim3.0$。

对于中小型渡槽,进口渐变段长度可取 $L_1 \geqslant 4h_1$(h_1为上游渠道水深);出口渐变段长

度可取 $L_2 \geqslant 6h_3$(h_3为出口渠道水深),如图 9-7 所示。

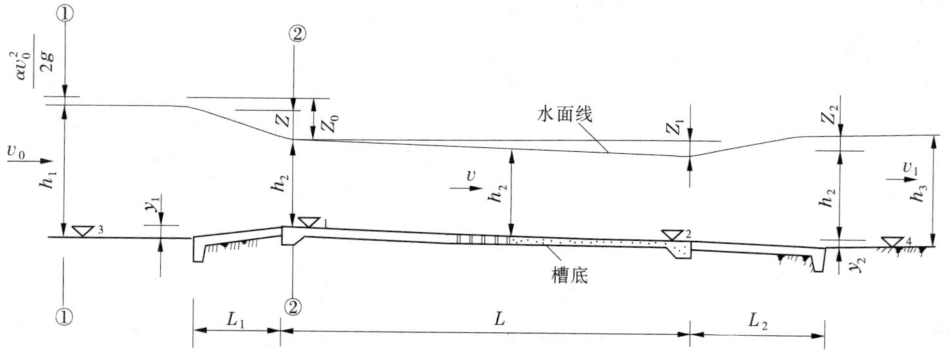

图 9-7 渡槽水力计算示意图

5 渡槽的水力计算

渡槽水力计算的目的,就是确定渡槽过水断面形状和尺寸、槽底纵坡、进出口高程,校核水头损失是否满足渠系规划要求。

渡槽的水力计算,是在槽址中心线及槽身起止点位置已选择的基础上进行的,所以上下游渠道的断面尺寸、水深、渠底高程和允许水头损失均为已知。

5.1 槽身断面尺寸的确定

槽身的过水断面尺寸,一般按设计流量设计,按最大流量校核,通过水力学公式进行计算。当槽身长度 $L \geqslant (15\sim20)h_2$($h_2$为槽内水深)时,按明渠均匀流公式计算;当 $L<(15\sim20)h_2$时,可按淹没宽顶堰公式进行计算。

槽身过水断面的深宽比选择,工程中多采用窄深式断面,一般矩形槽取 0.6~0.8,U 形槽取 0.7~0.8。为防止风浪或其他原因而引起侧墙顶溢流现象,侧墙应有一定的超高 Δh,一般选用 0.2~0.6 m,对于有通航要求的渡槽,超高值应根据通航要求确定。

5.2 渡槽纵坡 i 的确定

进行渡槽的水力计算,首先要确定渡槽纵坡。在相同的流量下,纵坡的选择对渡槽过水断面大小、工程造价高低、水头损失多少、通航要求、水流冲刷及下游自流灌溉面积等有直接影响。因此,确定一个适宜的底坡,使其既能满足渠系规划允许的水头损失,又能降低工程造价,常常需要试算。一般初拟时,常采用 $i=1/1\ 500\sim1/500$,槽内流速 1~2 m/s;对于通航的渡槽,要求流速在 1.5 m/s 以内,底坡 $i=1/10\ 000\sim1/3\ 000$。

5.3 水头损失与水面衔接计算

水流通过渡槽时,由于克服局部阻力、沿程阻力及水流能量的转换,都会产生水头损失,水流进出渡槽产生变化,这种水流现象可分为三段分析计算,如图 9-7 所示。

水流经过进口段时,随着过水断面的减小,流速逐渐加大,水流的位能一部分转化为动能,另一部分消耗于因水流收缩而产生的水头损失,因此形成进口段水面降落 Z;槽中基本保持均匀明流,水面坡等于槽底坡,产生沿程水头损失 Z_1;水流经过出口段时,随着过水断面的扩大,流速逐渐减小,水流的动能一部分消耗于因水流扩散而产生的水头损失，另一部分转化为位能，因此形成出口段水面回升 Z_2。水流经过渡槽的总水头损失，要求满足规划设计所允许的水头损失，其水头损失与水面衔接计算见表9-6。

表9-6 渡槽水头损失与水面衔接计算

序号	项目名称	计算公式	备注
1	进口段水面降落值 Z	$Z=\frac{Q^2}{(\sigma\varphi\omega\sqrt{2g})^2}-\frac{v_0^2}{2g}$ 或 $Z=\frac{1+K_1}{2g}(v^2-v_0^2)$	σ、φ—侧收缩系数和流速系数，均可取0.9~0.95；v_0、v—上游渠道与槽身的平均流速，m/s；ω—渡槽过水断面面积，m^2；K_1—进口段局部水头损失系数，与渐变段形式有关
2	槽身段沿程降落值 Z_1	$Z_1=iL$	i—槽底比降；L—槽身长度
3	出口段水面回升值 Z_2	$Z_2=\frac{1-K_2}{2g}(v^2-v_1^2)$ $Z_2=\frac{1-K_2}{1+K_1}Z\approx\frac{1}{3}Z$	v_1——槽身与下游渠道的平均流速，m/s；K_2——出口段局部水头损失系数，常取0.2。当上、下游渠道断面相等时，也可以按第两个式子计算
4	渡槽总水面降落值 ΔZ	$\Delta Z=Z+Z_1-Z_2\leqslant[\Delta Z]$	ΔZ—规划所允许的水头损失
5	进口槽底高程	$\nabla_1=\nabla_3+y_1$	抬高值：$y_1=h_1-Z-h_2$
6	出口槽底高程	$\nabla_2=\nabla_1-Z_1$	
7	出口渠底高程	$\nabla_4=\nabla_2-y_2$	降低值：$y_2=h_3-Z_2-h_2$

6 梁式渡槽设计

6.1 梁式渡槽的类型

梁式渡槽的槽身置于槽墩或槽架上，纵向受力与梁相同。梁式渡槽的槽身根据其支撑位置的不同，可分为简支梁式、双悬臂梁式、单悬臂梁式和连续梁式等几种形式。前三种是较为常用的静定结构，连续梁式为超静定结构。

(1)简支梁式渡槽。其特点是结构形式简单，施工吊装方便，但是跨中弯矩较大，整个底板受拉，不利于抗裂防渗。对于矩形槽身，跨度一般为8~15 m；U形槽身，跨度为15~20 m；其经济跨度一般为墩架高度的0.8~1.2倍。槽身高度大、修建槽墩困难，宜采用较大的跨度；槽身高度较小且地基条件又较差，宜选用较小的跨度。

(2)双悬臂梁式渡槽[见图9-8(a)]。按照悬臂长度的大小，双悬臂梁式又可分为等跨度、等弯矩和不等跨不等矩三种形式，一般前两种情况较为常用。设一节槽身总长度为 L，悬臂长度为 B，对于等跨式 $B=0.25L$，在纵向均布荷载水重和自重的作用下，其跨中弯矩为零，底板全部位于受压区，有利于抗裂防渗。等弯矩式 $B=0.207L$，跨中弯矩与支座弯矩相等,结构受力合理,但需上下配置受力钢筋,总配筋量不一定最小。双悬臂梁式渡槽的跨度较大,一般每节槽身长度为 25~40 m,由于其重量大,施工吊装较困难,当悬臂顶端变形时,接缝处止水容易被拉裂。

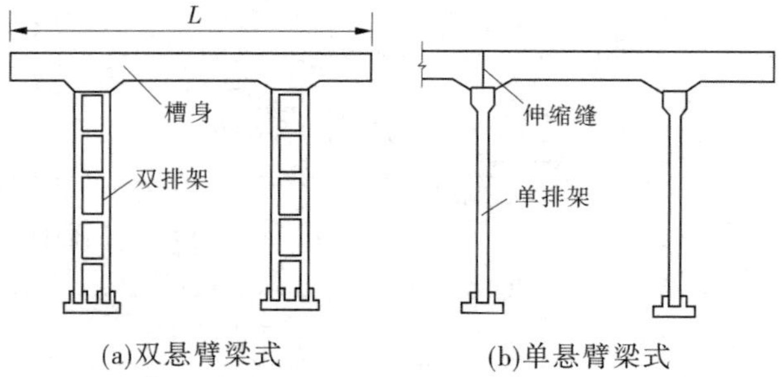

图 9-8 悬臂梁式渡槽

(3)单悬臂梁式渡槽[见图 9-8(b)]。一般用在靠近两岸的槽身,或双悬臂梁向简支梁式过渡时采用。其悬臂的长度不宜过长,以保证槽身的另一端支撑处有足够的压力。

(4)连续梁式渡槽。为超静定结构,弯矩值较小,但是适应不均匀沉降的能力较差。因此,应慎重选用。

6.2 槽身设计

6.2.1 槽身横断面形式选择

在进行槽身横断面形式选择时,一般应考虑水力条件、结构受力、施工条件及通航要求等因素。一般大流量渡槽,多采用矩形断面;中小流量可采用矩形断面,也可采用 U 形断面。矩形槽身多用钢筋混凝土或预应力钢筋混凝土结构,U 形槽身还可采用钢丝网水泥或预应力钢丝网水泥结构。

对于中小型渡槽,流量较小而且又无通航要求时,可在槽顶设置拉杆,其间距一般为 1~2 m,以改善槽身横向受力条件和增加侧墙稳定性;如有通航要求,则不能设置拉杆,而应适当加大侧墙厚度,也可做成变厚度侧墙。为了增加侧墙的稳定,也可沿槽长方向每隔一定距离加一道肋,构成肋板式槽身,如图 9-9 所示。肋间距可按侧墙高的 70%~100%设计,肋的宽度一般不应小于侧墙厚度 t,肋的厚度一般为$(2\sim2.5)t$。对于大流量(40~50 m^3/s 以上)的渡槽,或者因通航需要较大的槽宽时,为了减小底板厚度,可在底板下面设置边纵梁或中纵梁,而建成多纵梁式矩形槽,如图 9-10 所示。

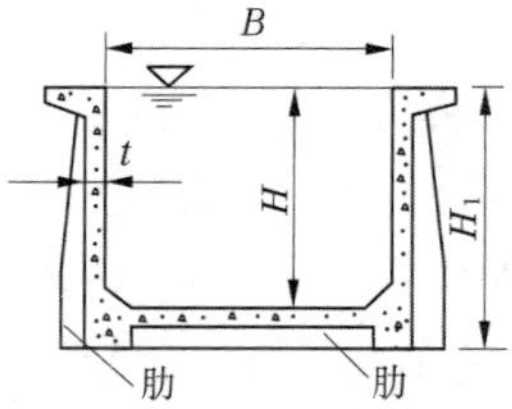

图 9-9 肋板式矩形槽

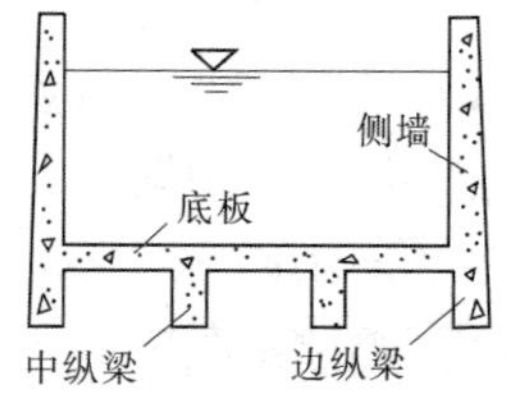

图 9-10 多纵梁式矩形槽

槽身侧墙通常都做纵梁考虑,因为侧墙薄而高,所以应满足强度和稳定的要求,一般以侧墙厚度 t 与侧墙高 H_1 的比值 t/H_1 作为衡量指标,其经验数据可参考表 9-7。

表 9-7　槽身侧墙尺寸经验数据参考值

项目名称	t/H_1	厚度 t(cm)
有拉杆矩形槽	1/16~1/12	10~20
有拉杆 U 形槽	1/15~1/10	5~10
肋板式矩形槽	1/21~1/18	12~15

钢筋混凝土 U 形渡槽,一般采用半圆形加直段的断面形式。为了增加槽壳的纵向刚度以利于满足底部抗裂要求、便于布置纵向受力钢筋,常将槽底弧形段加厚,如图 9-11 所示,图中 s_0是从 d_0两端分别向槽壳外缘做切线的水平投影长度,可由做图求出,其他参数经验值参见表 9-8。

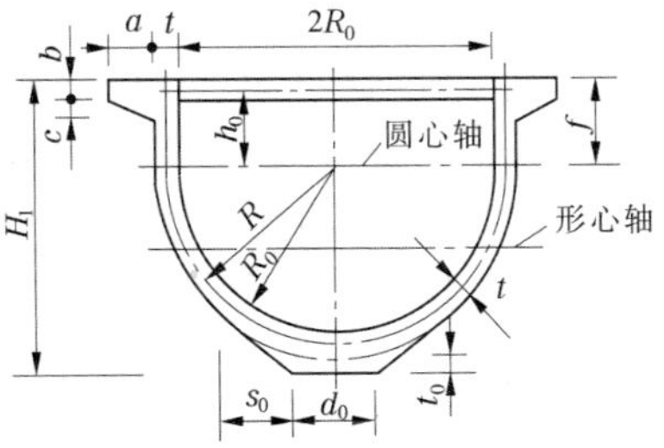

图 9-11　U 形槽

表 9-8　U 形槽经验参数

参数	h_0	α	b	c	d_0	t_0
经验数据	$(0.4\sim0.6)R_0$	$(1.5\sim2.5)t$	$(1\sim2)t$	$(1\sim2)t$	$(0.5\sim0.6)R_0$	$(1\sim1.5)t$

6.2.2　槽身一般构造

槽身设计中,除选择断面形式、确定断面尺寸外,还应注重槽身的分缝、止水及与墩台的连接等一般构造。

(1)分缝。为了适应槽身因温度变化引起的伸缩变形和允许的沉降位移,应在渡槽与进出口建筑物之间及各节槽身之间设置变形缝,缝宽一般为 3~5 cm。

(2)止水。渡槽分缝应填堵止水材料,以适应变形和防止漏水,槽身接缝止水材料和构造形式较多,有橡皮压板式止水、塑料止水带压板式止水、沥青填料式止水、黏合式止水、套环填料式止水及木糠水泥填塞式止水等。

(3)支座。梁式渡槽槽身搁置在墩架上,当跨径在 10 m 以内时,一般不设专门的支座,直接支撑在油毡或水泥砂浆的垫层上,垫层厚度不应小于 10 mm,为防止支撑处混凝土拉裂,可设置钢筋网进行加固。当跨径较大时,为使支点接触面的压力分布比较均匀并减小槽身摩擦时所产生的摩擦力,常在支点处设置支座钢板。每个支点处的支座钢板有两块,分别固定于槽身及墩(架)的支撑面上,一般要求每块钢板上先焊上直径不小于 10 mm 的锚筋,钢板厚不小于 10 mm,面积大小根据接触面处混凝土的局部压力决定。对于跨度及纵坡较大的简支梁式槽身,其支座形式最好能做成一端固定(不能水平移动但可以转动)一端活动(能水平移动和转动)。

6.2.3　槽身纵向结构计算

一般按满槽水情况设计。对矩形槽身,可将侧墙视为纵向梁,梁截面为矩形或 T 形,按受弯构件计算纵向正应力和剪应力,并进行配筋计算和抗裂验算。

6.2.4 槽身横向结构计算

由于荷载沿槽长方向的连续性和均匀性，在槽身横向计算时，如表 9-9 所示，通常可沿槽长方向取长度为 1 m 的脱离体，按平面问题进行分析。

(1) 无拉杆矩形槽。对于无拉杆矩形槽身，侧墙可作为固定于底板上的悬臂板，侧墙和底板仍按刚性连接处理。

(2) 有拉杆矩形槽。其槽身横向结构计算时，假定设拉杆处的横向内力与不设拉杆处的横向内力相同，将拉杆“均匀化”，拉杆截面尺寸一般较小，不计其抗弯作用及轴力对变位的影响，根据结构对称性，槽身设置拉杆后，可显著地减小侧墙和底板的弯矩。计算表明，侧墙底部和底板跨中的最大弯矩值均发生在满槽水深的情况，可以近似地将水位取至拉杆中心。有拉杆的矩形槽身属一次超静定结构，可按力矩分配法进行计算。但必须注意，求出拉杆拉力（拉杆“均匀化”后）以后，应再乘以拉杆的间距，才是拉杆的实际拉力。

表 9-9 渡槽横断面结构计算简图一览表

<table>
<tr><th>无拉杆矩形槽计算简图</th><th>有拉杆矩形槽计算简图</th><th>U 形槽计算简图</th></tr>
<tr>
<td>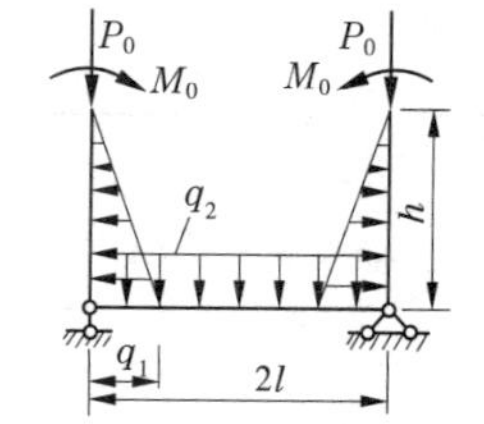
</td>
<td>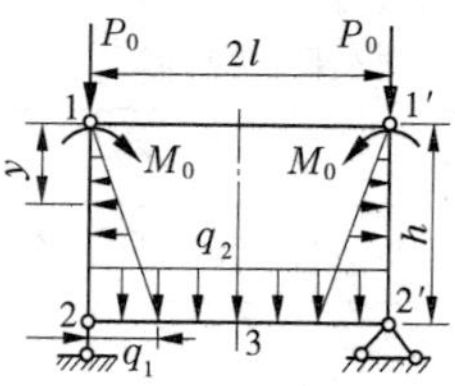
</td>
<td>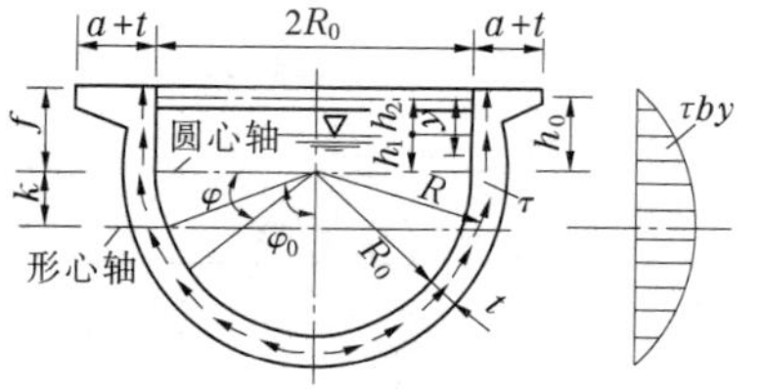
</td>
</tr>
<tr>
<td>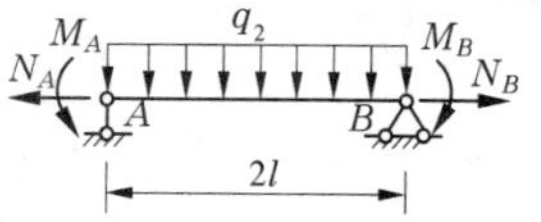
</td>
<td>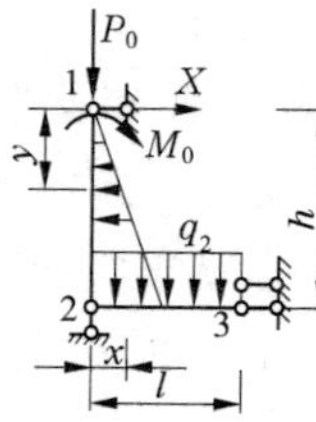
</td>
<td>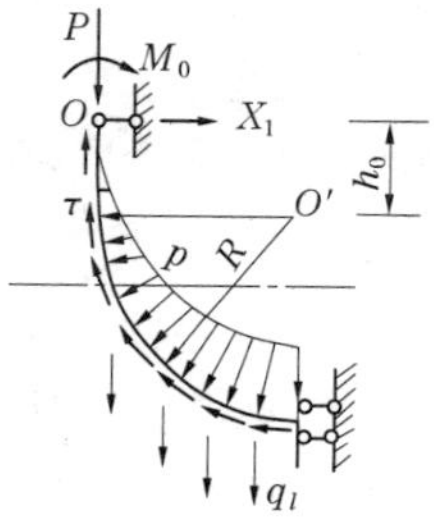
</td>
</tr>
</table>

(3) U 形槽。一般设有拉杆，横向结构计算时取单位长度槽身按平面问题分析。作用于单位长槽身的荷载有槽身、水的重力和两侧截面上的剪力，其剪力分布呈抛物线形，方向沿槽壳厚度中心线的切线方向，对槽壳产生弯矩和轴向力。该力产生的弯矩与其他荷载产生的弯矩的方向相反，起抵消作用。因其结构及荷载对称，取一半进行分析。

6.3 支撑结构设计

支撑结构设计主要包括形式选择、尺寸确定、排架与基础连接及结构计算等内容。

6.3.1 支撑结构形式选择、尺寸确定

梁式渡槽的支撑结构，一般有槽墩式和排架式两种形式，如表 9-10 所示。

表 9-10　渡槽支撑结构形式一览表

	实体墩	空心墩	槽台
槽墩式	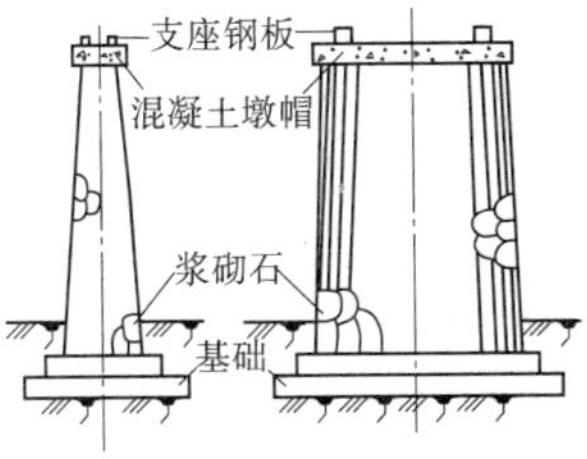	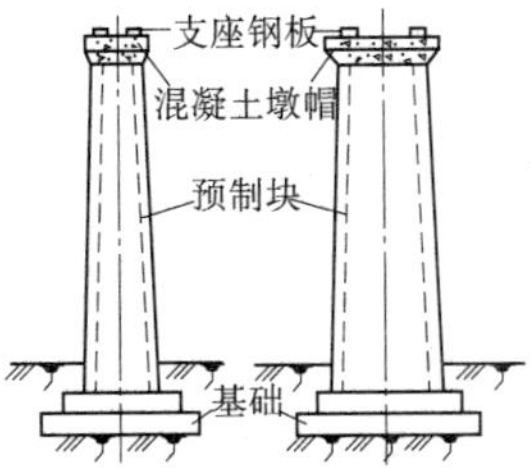	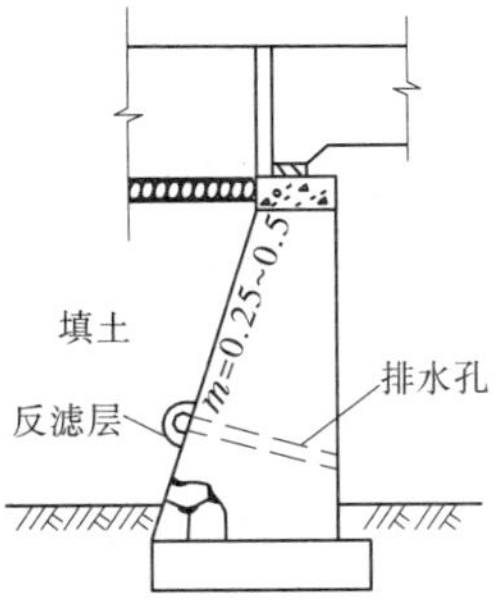
	单排架	双排架	A 字形排架
排架式	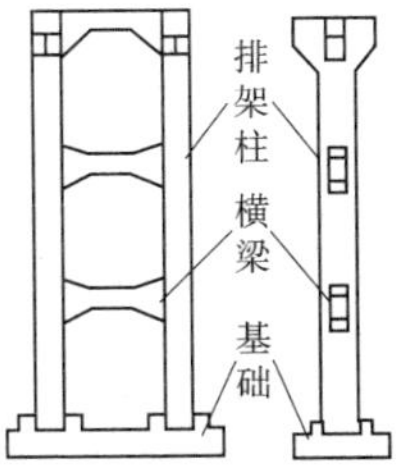	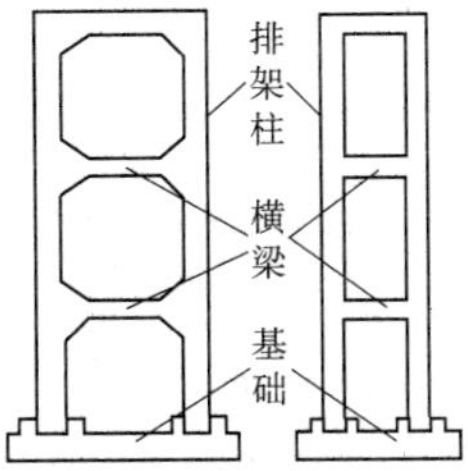	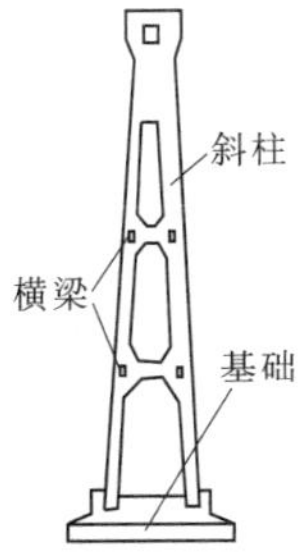

6.3.1.1　槽墩式

槽墩一般为重力式,包括实体墩和空心墩两种形式。

(1)实体墩。墩头多为半圆形或尖角形,建筑材料为混凝土或浆砌石,构造简单,施工方便,但使用材料较多,自身重力大,故高度不宜太大,当槽墩较高又承受较大荷载时,要求地基应有较大的承载能力。这种墩的高度一般为 8~15 m。

(2)空心墩。截面形式有圆矩形、矩形、双工字形、圆形等。空心墩墩身,可采用混凝土预制块砌筑,也可将墩身分段预制现场安装。与实体墩相比可节省材料,与槽架相比可节省钢材。其自身重力小,但刚度大,适用于修建较高的槽墩。

(3)槽台。渡槽与两岸连接时,常用重力式边槽墩,亦简称槽台。槽台起着支撑槽身和挡土的双重作用,其高度一般不超过 5~6 m。为减小槽台背水压力,常在其体内设置排水孔,孔径为 5~8 cm,并做反滤层予以保护。

6.3.1.2　排架式

排架式主要有单排架、双排架、A 字形排架和组合式槽架等形式。

(1)单排架。由两根支柱和横梁所组成的多层刚架结构。具有体积小、重量轻、可现浇或预制吊装等优点,在工程中被广泛应用。单排架高度一般为 10~20 m。

(2)双排架。由两个单排架及横梁组合而成,属于空间框架结构。在较大的竖向及水平荷载作用下,其强度、稳定性及地基应力均较单排架容易满足要求。可适应较大的高度,通常为 15~25 m。

(3)A 字形排架。常由两片 A 字形单排架组成,其稳定性能好,适应高度大,但施工较复杂,造价也较高。

(4)组合式槽架。适用于跨越河道主河槽部分,在最高洪水位以下为重力式墩,其上为槽架,槽架可为单排架,也可为双排架。

6.3.2 排架与基础的连接

排架与基础的连接形式,通常有固接和铰接两种,如图 9-12 所示。

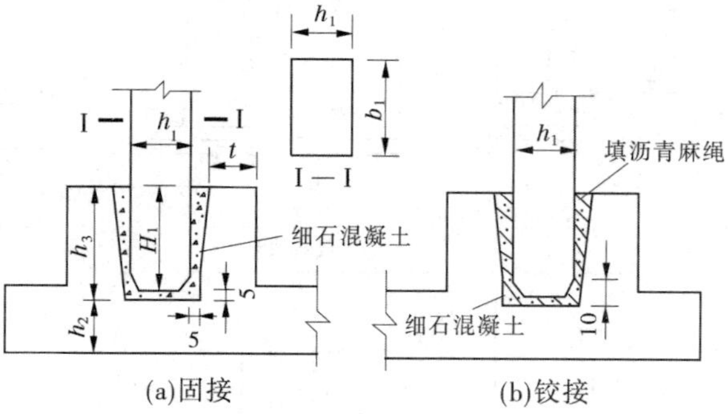

图 9-12 排架与基础的连接形式 (单位:cm)

6.3.3 单排架结构计算

单排架的结构计算,一般分满槽水加横向风荷、空槽加横向风荷、施工吊装等情况进行,其计算简图由立柱和横梁的轴线所组成,其横向计算可采用“无剪力分配法”。荷载组合分为空槽加横向风荷和满槽(水)加横向风荷两种情况。前者往往对排架的内力及配筋起控制作用,而后者则对立柱的配筋起校核作用。

6.4 渡槽基础设计

渡槽基础,是将渡槽的全部重量传给地基的底部结构。渡槽基础的类型较多,根据埋置深度可分为浅基础和深基础,埋置深度小于 5 m 时为浅基础,大于 5 m 时为深基础;按照结构形式可分为刚性基础、整体板式基础、钻孔桩基础和沉井基础等。渡槽的浅基础一般采用刚性基础及整体板式基础,深基础多为桩基础和沉井基础,如图 9-13 所示。

7 拱式渡槽

拱式渡槽,是指槽身置于拱式支撑结构上的渡槽。其支撑结构由槽墩、主拱圈、拱上结构组成。主拱圈是拱式渡槽的主要承重结构,其受力特征为:槽身荷载通过拱上结构传给主拱圈,再由主拱圈传给槽墩或槽台。主拱圈主要承受压力,故可用石料或混凝土建造,并可采用较大的跨度,但拱圈对支座的变形要求严格。对于跨度较大的拱式渡槽应建在比较坚固的岩石地基上。

拱式渡槽按照主拱圈的结构形式,可分为板拱、肋拱、双曲拱及桁架拱等拱式渡槽;拱式渡槽的拱上结构,有实腹式和空腹式两种(见图 9-14 和图 9-15),是设置在主拱圈之上,用来传递槽身荷载的重要结构。

(1)板拱渡槽。渡槽的主拱圈横截面形状为矩形,结构形式像一块拱形的板,一般为实体结构,多采用粗料石或预制混凝土块砌筑,故常称石拱渡槽。对于小型渡槽,主拱圈也可采用砖砌。其主要特点是可以就地取材,结构简单,施工方便,故在水利工程中被广

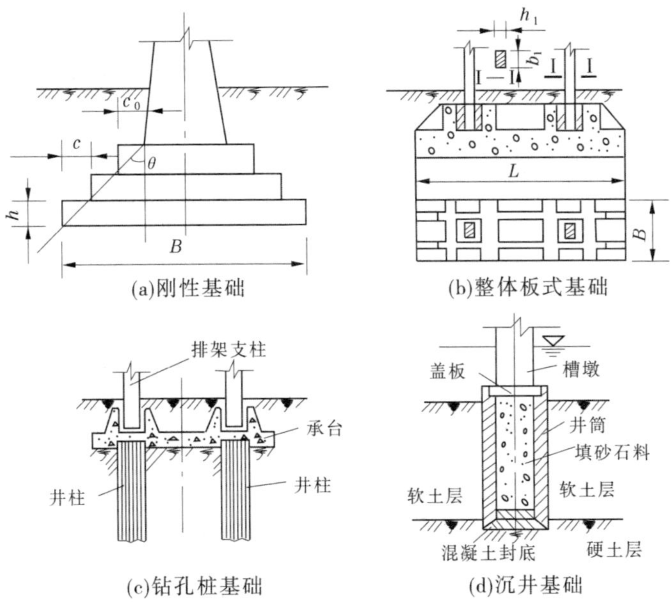

图 9-13　渡槽的基础

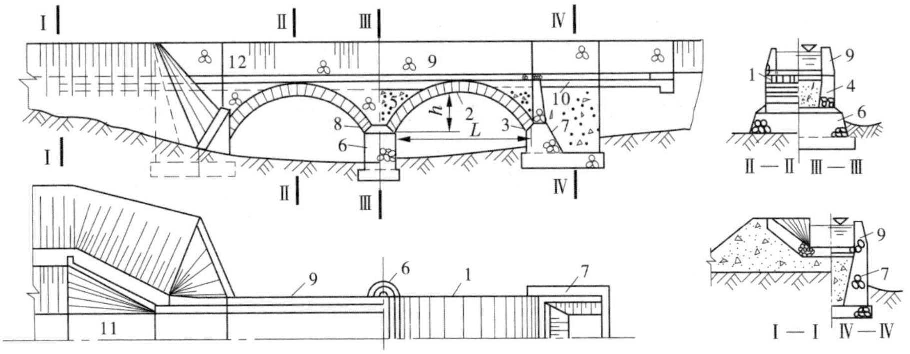

1—拱圈；2—拱顶；3—拱脚；4—边墙；5—拱上填料；6—槽墩；7—槽台；
8—排水管；9—槽身；10—垫层；11—渐变段；12—变形缝

图 9-14　实腹式石拱渡槽

泛采用。但因自重较大、对地基要求较高，一般用于较小跨度的渡槽。

（2）肋拱渡槽。其主拱圈由几根分离的拱肋组成，为了加强拱圈的整体性和横向稳定性，在拱肋间每隔一定的距离设置刚度较大的横系梁进行联结，拱上结构为排架式。当槽宽不大时，多采用双肋。肋拱渡槽一般采用钢筋混凝土结构，小跨度的拱圈也可采用少筋混凝土或无筋混凝土。对于大中跨径的肋拱结构可分段预制吊装拼接，无须支架施工。这种形式的渡槽外形轻巧美观，自重较轻，工程量较小，如图 9-16 所示。

（3）双曲拱渡槽。主要是由拱肋、拱波和横系梁或横隔板等部分组成的。因主拱圈沿纵向是拱形，其横截面也是拱形，故称为双曲拱渡槽。双曲拱能够充分发挥材料的抗压性能，具有较大的承载能力，节省材料，造型美观，主拱圈可分块预制吊装施工，一般适用于修建大跨度渡槽，如图 9-17 所示。

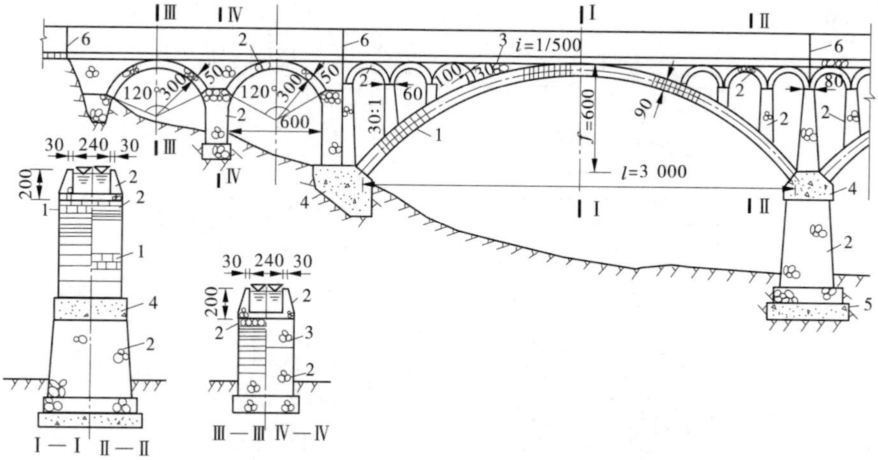

1—水泥砂浆砌条石;2—水泥砂浆砌块;3—水泥砂浆砌块石;

4—C20 混凝土;5—C10 混凝土;6—伸缩缝

图 9-15　空腹式石拱渡槽　(单位:cm)

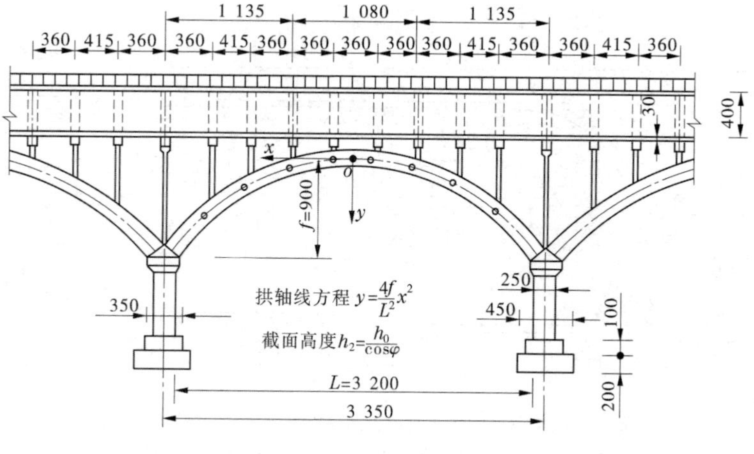

图 9-16　肋拱渡槽　(单位:cm)

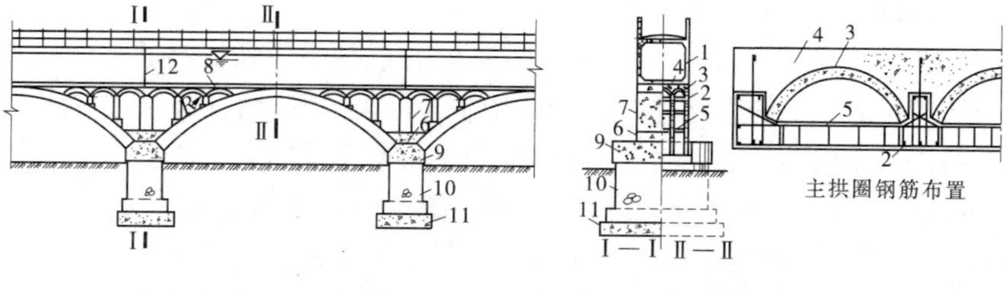

1—槽身;2—拱肋;3—预制拱波;4—混凝土填平层;5—横系梁;6—护拱;

7—腹拱横墙;8—腹拱;9—混凝土墩帽;10—槽墩;11—混凝土基础;12—伸缩缝

图 9-17　双曲拱渡槽

任务4　倒虹吸管

1　倒虹吸管的特点和适用条件

倒虹吸管属于交叉建筑物，是指设置在渠道与河流、山沟、谷地、道路等相交叉处的压力输水管道。其管道的特点是两端与渠道相接，而中间向下弯曲。与渡槽相比，但具有结构简单、造价较低、施工方便等优点，但具有水头损失较大、运行管理不便等缺点。

倒虹吸管的适用条件：①渠道跨越宽深河谷，修建渡槽、填方渠道或绕线方案困难或造价较高时；②渠道与原有渠、路相交，因高差较小不能修建渡槽、涵洞时；③修建填方渠道，影响原有河道泄流时；④修建渡槽，影响原有交通时等。

2　倒虹吸管的组成和类型

倒虹吸管的组成，一般分为进口段、管身段和出口段三大部分。

倒虹吸管的类型，根据管路埋设情况及高差的大小，倒虹吸管通常可分为竖井式、斜管式、曲线式和桥式四种类型。

2.1　竖井式

竖井式倒虹吸管，是由进出口竖井和中间平洞组成的，如图9-18所示。竖井式倒虹吸管，构造简单、管路较短、占地较少、施工较容易，但水力条件较差。一般适用于流量不大、压力水头小于3~5 m的穿越道路倒虹吸。

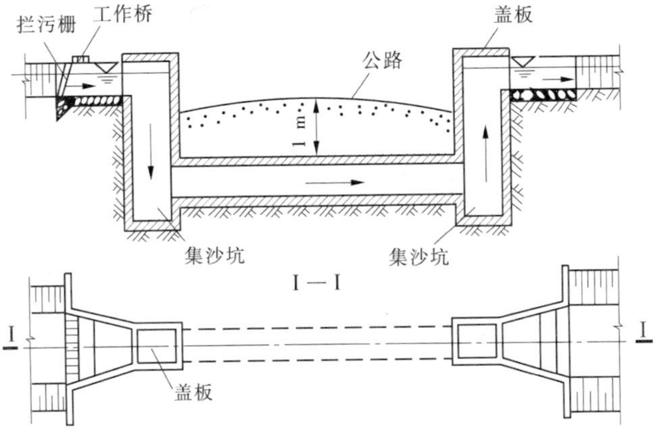

图9-18　竖井式倒虹吸管

2.2　斜管式

斜管式，进出口为斜卧段，中间为平直段，如图9-19所示。一般用于穿越渠道、河流而两者高差不大，且压力水头较小、两岸坡度较平缓的情况。

斜管式倒虹吸管，与竖井式相比，水流畅通，水头损失较小，构造简单，实际工程中采用较多。但是，斜管的施工较为不便。

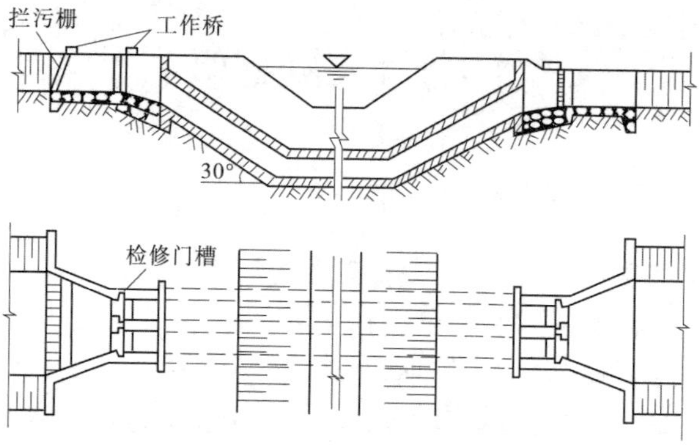

图 9-19 斜管式倒虹吸管

2.3 **曲线式**

曲线式倒虹吸管,一般是沿坡面的起伏爬行曲线铺设的,如图 9-20 所示。主要适用于跨越河谷或山沟,且两者高差较大的情况。

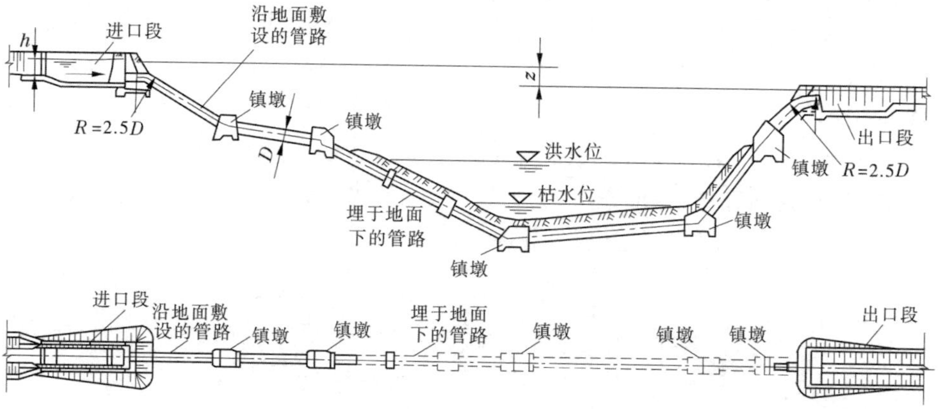

图 9-20 曲线式倒虹吸管

2.4 **桥式**

与曲线式倒虹吸管相似,在沿坡面爬行铺设曲线形的基础上,在深槽部位建桥,管道铺设在桥面上或支撑在桥墩等支撑结构上,如图 9-21 所示。

3 倒虹吸管的布置要求

倒虹吸管的总体布置应根据地形、地质、施工、水流条件,以及所通过的道路、河道洪水等具体情况经过综合分析比较确定。一般要求如下:

(1)管身长度最短。管路力争与河道、山谷和道路正交,以缩短倒虹吸管道的总长度。还应避免转弯过多,以减少水头损失和镇墩的数量。

(2)岸坡稳定性好。进出口及管身应尽量布置在地质稳定的挖方地段,避免建在高填方地段,并且地形应平缓,以便于施工。

(3)开挖工程量少。管身沿地形坡度布置,以减少开挖的工程量,降低工程造价。

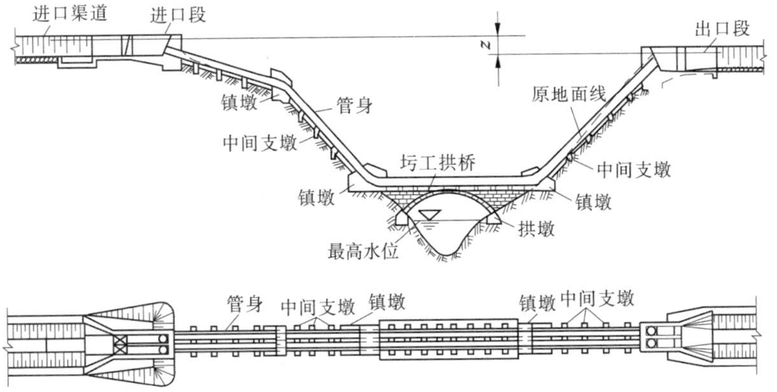

图 9-21　桥式倒虹吸管

(4)进出口平顺。为了改善水流条件,虹吸管进出口与渠道的连接应当平顺。

(5)管理运用方便。结构的布置应安全、合理,以便于管理运用。

4　进口段

4.1　进口段的组成

进口段,主要由渐变段、进水口、拦污栅、闸门、工作桥、沉沙池及退水闸等部分组成,如图 9-22(a)所示。

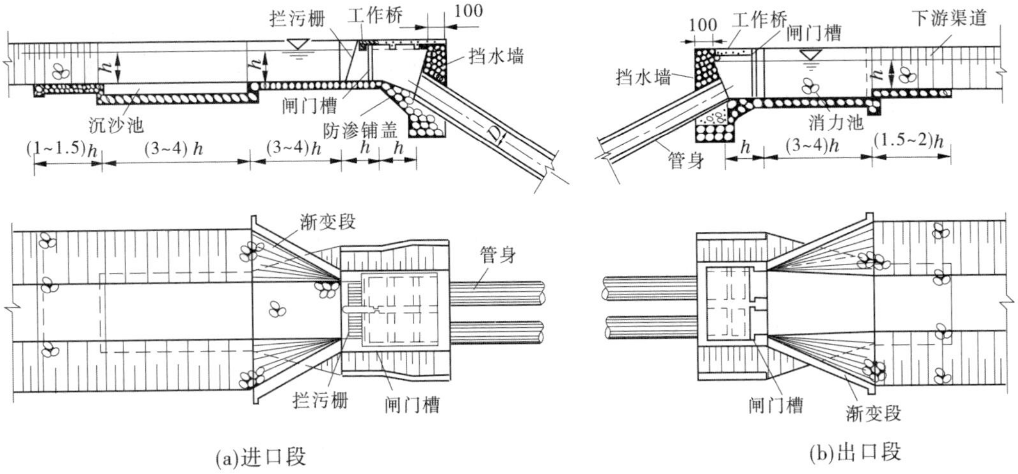

图 9-22　双管倒虹吸进出口段布置与构造

4.2　进口段的布置和构造

(1)进口渐变段。倒虹吸管的进口,一般设有渐变段,主要作用是使其进口与渠道平顺连接,以减少水头损失。渐变段长度一般采用 3~5 倍的渠道设计水深。

(2)进水口。倒虹吸的进水口是通过挡水墙与管身相连接而成的。挡水墙可常用混凝土浇筑或圬工材料砌筑,砌筑时应妥善与管身衔接好。

(3)闸门。对于单管倒虹吸,其进口一般可不设置闸门,有时仅在侧墙留闸门槽,以便在检修和清淤时使用,需要时临时安装插板挡水。双管或多管虹吸,在其进口应设置闸门。当过流量较小时,可用一管或几根管道输水,以防止进口水位跌落,同时可增加管内流速,防止管道淤积。闸门的形式,可用平板闸门或叠梁闸门。

(4)拦污栅。为了防止漂浮物或人畜落入渠内被吸入倒虹吸管道内,在闸门前需设置拦污栅。栅条可用扁钢做成,其间距一般为20~25 cm。

(5)工作桥。为了启闭闸门或进行清污,在有条件情况下,可设置工作桥或启闭台。为了便于运用和检修,工作桥或启闭台面应高出闸墩顶足够的高度,通常为闸门高再加1.0~1.5 m。

(6)沉沙池。对于多泥沙的渠道,在进水口之前,一般应设置沉沙池。主要作用是拦截渠道水流挟带的粗颗粒泥沙和杂物进入倒虹吸管内,以防止造成管壁磨损、淤积堵塞,甚至影响虹吸管道的输水能力。对于以悬移质为主的平原区渠道,也可不设沉沙池。

(7)进口退水闸。大型或较为重要的倒虹吸管,应在进口设置退水闸。当倒虹吸管发生事故时,为确保工程的安全,可关闭倒虹吸管前的闸门,将渠水从退水闸安全泄出。

5 出口段

出口段包括出水口、闸门、消力池、渐变段等。

(1)闸门。为了便于管理,双管或多管倒虹吸的出口应设置闸门或预留检修门槽。

(2)消力池。一般设置在渐变段的底部,主要用于调整出口流速分布,以使水流平稳地进入下游渠道,防止造成下游渠道的冲刷。

(3)渐变段。出口一般设有渐变段,以使出口与下游渠道平顺连接,其长度一般为4~6倍的渠道设计水深。

6 管路布置和构造

管路的布置和构造,主要内容包括管身断面、材料选择,管壁厚度、管段长度确定,分缝止水、泄水冲沙孔、进人孔及支撑结构等。应根据流量大小、水头高低、运用要求、管路埋设情况、高差的大小及经济效益等因素,综合进行考虑。

6.1 管身断面

倒虹吸的管身断面,一般为圆形,因其水力条件和受力条件较好。对于低水头的管道,也可使用矩形或城门洞形断面。

6.2 管身材料

倒虹吸管的材料应根据压力大小及流量的多少、就地取材、施工方便、经久耐用等原则综合分析选择。常用的材料主要有混凝土、钢筋混凝土、预应力钢筋混凝土、铸铁和钢材等。对于水头小于3 m的矩形或城门洞形小型管道,也可采用砖、石等材料砌筑。

6.3 管段长度和分缝止水

为防止管道因地基不均匀沉陷、温度变化以及混凝土的干缩而产生过大的纵向应力,使管身发生横向裂缝,应将管身进行分段,设置沉陷缝或伸缩缝,并在缝内设置止水。

(1)缝的间距。管段长度,即为横缝的间距,应根据地基、管材、施工、气温等条件确定。现浇钢筋混凝土管缝的间距,土基上一般为15~20 m;岩基上一般为10~15 m。预制钢筋混凝土管及预应力钢筋混凝土管,管节长度可达5~8 m。

(2)伸缩缝的型式。主要有平接、套接、企口接以及预制管的承插式接头等。缝的宽度一般为1~2 cm,缝中堵塞沥青麻绒、沥青麻绳、柏油杉板或胶泥等。

6.4 泄水冲沙孔、进人孔

为了泄空管内积水、清除管内淤积泥沙以及便于检查维护,一般要在管身设置泄水冲沙孔,其底部标高应与河道枯水位齐平。对于桥式倒虹吸管道,泄水冲沙孔可设在管道的最低部位。对于大型倒虹吸管,为了便于观察检修,应设置进人孔。通常进人孔与泄水冲沙孔结合布置,并尽可能布置在镇墩上,进人孔的孔径不应小于60 cm。

6.5 支撑结构

倒虹吸管的支撑结构,按其构造和受力特征,分为管床、管座、支墩及镇墩等型式。

(1)管床和管座。对于小型钢筋混凝土倒虹吸管,若地基条件较好,可采用弧形土基管床、三合土管床或分层夯实的碎石管床。对于大中型的倒虹吸管,应采用砌石或混凝土刚性管座,以增加管身的抗滑稳定性,并改善地基的受力条件。在岩石地基上修建倒虹吸时,可以在岩石中直接开槽,将管身直接浇筑在岩基上,也可在槽内浇混凝土垫层,然后再敷设管道,如图9-23所示。

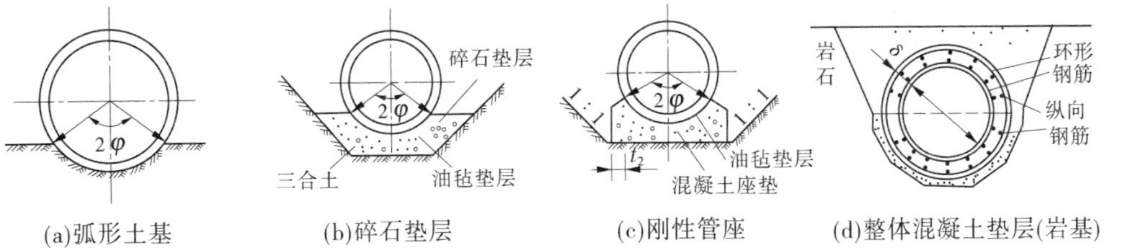

图9-23 管床、管座示意图

(2)支墩。在承载力较大的地基上敷设中小型倒虹吸管道时,可以不设连续式的管座,而采用设置中间支墩的型式。支墩的构造,应保证管道轴向位移的可能性,一般采用摆动或滑动的型式,管径小于100 cm时,也可采用鞍型支墩。支墩的间距,可根据地基、管径大小、管节的长度等情况而定,一般采用2~8 m。包角2φ一般为90°~135°,管身与支墩间铺沥青油毛毡。支墩的建造材料,一般采用浆砌石、混凝土等。

(3)镇墩。是为了连接和固定管道而专门设置的支承结构。设置镇墩的位置,一般在倒虹吸管的变坡处、转弯处、不同管壁厚度的连接处、管身分段分缝处或管坡较陡长度较大的斜管中部。设置个数应结合地形、地质条件而定。

镇墩的结构型式,一般为重力式。镇墩所承受的荷载,主要包括管身传来的荷载、水流产生的动荷载、填土压力以及自身重力等。镇墩的材料,主要为砌石、混凝土或钢筋混凝土。对于砌石镇墩,可在管道周围包一层混凝土,多用于小型倒虹吸管。在岩基上的镇墩,为了提高管身的稳定性,也可以加设锚杆与岩基相连接。

任务 5　其他渠系建筑物

1　涵洞

涵洞是指渠道与道路、沟谷等交叉时,为输送渠道、排泄沟溪水流,在道路、填方渠道下面所修建的交叉建筑物,如图 9-24 所示。

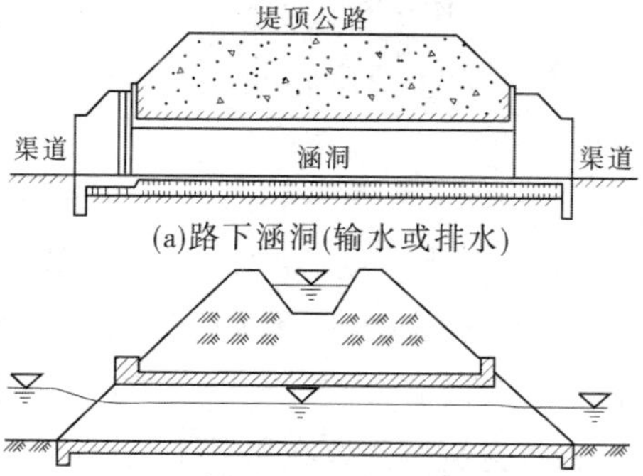

(a)路下涵洞(输水或排水)
(b)渠下涵洞(输水或交通)

图 9-24　涵洞作用示意图

涵洞由进口段、洞身段和出口段三部分组成。进出口段是洞身与填土边坡相连接的部分,主要作用是保证水流平顺、减少水头损失、防止水流冲刷;洞身段用于输送水流,其顶部往往有一定厚度的填土。

2　涵洞的类型

(1)涵洞按水流形态可分为无压涵洞、半压力涵洞和有压涵洞,如图 9-25 所示。无压涵洞入口处水深小于洞口高度,洞内水流均具有自由水面;半压力涵洞入口处水深大于洞口高度,水流仅在进水口处充满洞口,而在涵洞的其他部分均具有自由水面;有压涵洞入口处水深大于洞口高度,在涵洞全长的范围内都充满水流,无自由水面。无压明流涵洞水头损失较少,一般适用于平原渠道;高填方土堤下的涵洞可用压力流;半有压流的状态不稳定,周期性作用时对洞壁产生不利影响,一般情况下设计时应避免这种流态。

(2)涵洞按其断面形式可分为圆管涵、盖板涵、拱涵、箱涵,如图 9-26 所示。圆形适用于顶部垂直荷载大的情况,可以是无压,也可以是有压。方形适用于洞顶垂直荷载小、跨径小于 1 m 的无压明流涵洞。拱形适用于洞顶垂直荷载较大、跨径大于 1.57 m 的无压涵洞。

(3)涵洞按建筑材料可分为砖涵、石涵、混凝土涵和钢筋混凝土涵等。

(4)涵洞按涵顶填土情况可分为明涵(涵顶无填土)和暗涵(涵顶填土大于 50 cm)。

选择上述涵洞类型时要考虑净空断面的大小、地基的状况、施工条件及工程造价等。

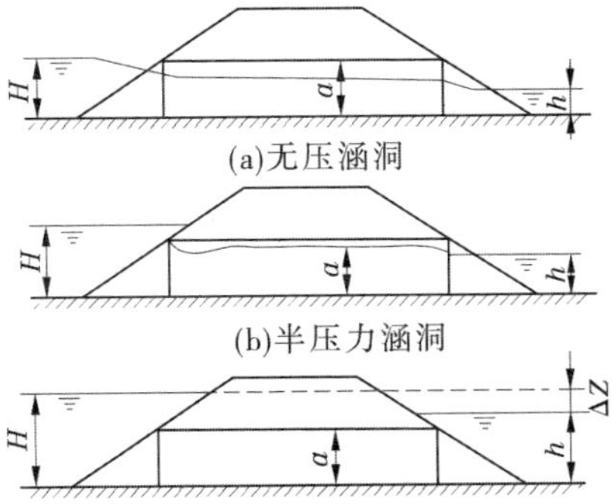

(a)无压涵洞

(b)半压力涵洞

(c)有压涵洞

图 9-25 涵洞流态示意图

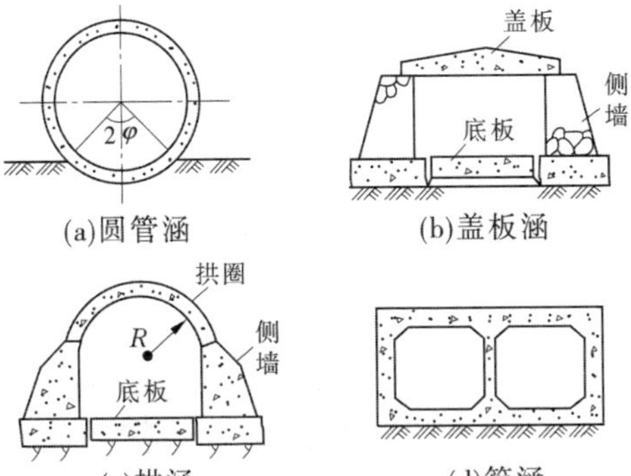

(a)圆管涵 (b)盖板涵

(c)拱涵 (d)箱涵

图 9-26 涵洞的断面形式

3 桥梁

渠系桥梁是灌区百姓生产、生活的重要建筑物。灌区各级渠道上配套的桥梁具有量大面广、结构形式相似的特点,采取定型设计和装配式结构较为适宜。

桥梁一般包括桥跨结构、支座系统、桥墩、桥台、墩台基础、桥面铺装、防排水系统、栏杆、伸缩缝、灯光照明等。

按用途可分为公路桥、公铁两用桥、人行桥、机耕桥、过水桥。

按跨径大小和多跨总长[单孔跨径 L_0(m)、多孔跨径总长 L(m)]分为:①特大桥:$L \geq 500$ m 或 $L_0 \geq 100$ m。②大桥:$L \geq 100$ m 或 $L_0 \geq 40$ m。③中桥:30 m$<L<$100 m 或 20 m$\leq L_0<$40 m。④小桥:8 m$\leq L \leq$30 m 或 5 m$<L_0<$20 m。

按结构可分为梁式桥、拱桥、钢架桥、缆索承重桥(斜拉桥和悬索桥)四种基本体系,此外还有组合体系桥。

按行车道位置可分为上承式桥、中承式桥、下承式桥。

按使用年限可分为永久性桥、半永久性桥、临时桥。

按材料类型可分为木桥、圬工桥、钢筋混凝土桥、预应力桥、钢桥。

4 跌水

跌水的作用是将上游渠道或水域的水安全地自由跌落入下游渠道或水域，将天然地形的落差适当集中修筑，从而调整引水渠道的底坡，克服过大的地面高差而引起的大量挖方或填方。跌水多设置于落差集中处，用于渠道的泄洪、排水和退水。

跌水可分为单级跌水和多级跌水，如图 9-27、图 9-28 所示。

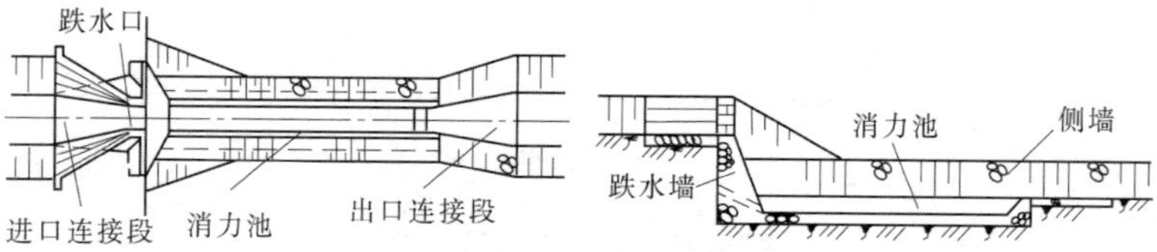

图 9-27 单级跌水

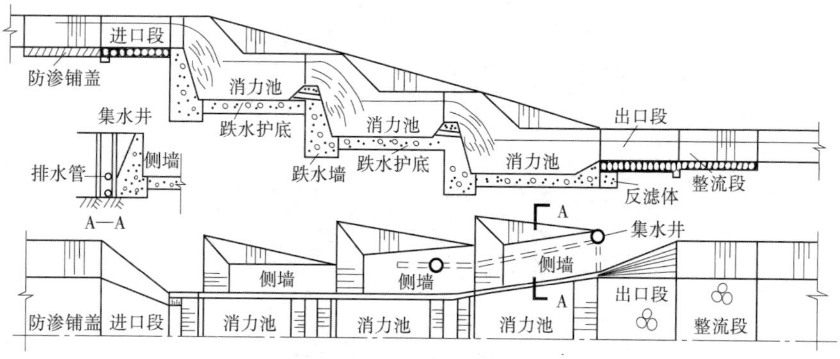

图 9-28 多级跌水

跌水应根据工程需要进行布置，既可以单独设置，也可以与其他建筑物结合布置，一般情况下，跌水应尽量与节制闸、分水闸或泄水闸布置在一起，方便运行管理。

在跌差较小处选用单级跌水，在跌差较大处（跌差大于 5 m）选用多级跌水。

跌水常用的建筑材料多为砖、砌石、混凝土和钢筋混凝土。

跌水主要由进口、跌水口、跌水墙、消力池、海漫、出口等部分组成。

5 陡坡

陡坡的作用与跌水相同，主要是调整渠底比降，满足渠道流速要求，避免深挖高填，减小挖填方工程量，降低工程投资。

根据地形条件和落差的大小，陡坡的形式分为单级陡坡和多级陡坡两种。

陡坡由进口连接段、控制堰口、陡坡段、消力池和出口连接段五部分组成。陡坡的构造与跌水类似，所不同的是以陡坡段代替跌水墙，水流不是自由跌落而是沿斜坡下泄。

小 结

本章主要介绍渠道及其渠系建筑物的作用、种类及其特点；各类渠系建筑物的构造及其布置。重点介绍渡槽与倒虹吸管的设计方法步骤。渠系建筑物数量众多,分布面广,相互之间具有一定的相似性,学习中注意对照和比较,结合各地的定型设计图集,掌握渠系建筑物的形式、组成、构造和设计方法。

知识技能训练

一、名词解释

1.渠系建筑物　2.渡槽　3.跌水　4.陡坡　5.倒虹吸管

二、讨论题

通过本章的学习,请结合有关资料,列举我国南水北调工程中有代表性的渠系建筑物,并解释其用途。

三、简答题

1.简述渠系建筑物的种类、作用和布置原则,以及各种渠系建筑物的类型、组成和特点。

2.渠道选线的原则是什么?

3.渠道设计参数有哪些?

4.渡槽的作用及组成是什么?

5.渡槽总体布置的原则是什么?

6.倒虹吸管布置的要求是什么?

7.倒虹吸管的特点和适用条件是什么?

8.跌水与陡坡有何区别?

项目 10　过坝建筑物

【知识目标】

1.掌握过坝建筑物的类型。

2.了解升船机、过木建筑物、过鱼建筑物的工作原理和构造。

3.熟悉船闸的构造、工作原理及布置。

【技能目标】

1.能认识船闸、升船机、过木建筑物和过鱼建筑物。

2.能说出船闸和升船机的运行原理。

3.能辨识船闸为几级几线船闸。

4.会计算船闸的基本尺寸。

【任务描述】

为船舶、木(竹)材和洄游鱼类通过闸、坝水利枢纽而修建的过坝设施,统称为过坝建筑物。过坝建筑物是水利枢纽重要的组成部分,可以分为过船建筑物、过木建筑物和过鱼建筑物,主要有船闸、升船机、漂木道、鱼道等。本章主要介绍船闸和升船机的运行原理及构造。

【任务分析】

中国是全世界构筑水坝数量最多的国家。据 2005 年统计,我国已经建成 30 m 以上的大坝 4 890 座。水库大坝的建设,为人类自身的防洪安全,为经济社会发展提供水资源保障,做出了贡献。由于水库大坝将河流拦腰截断,改变了河流连续性的规律,引起顺水流方向的河流非连续化问题,例如:流动的河流变成了相对静止的人工湖;水库库区及大坝下游河段,流速、水深、水温及水流边界条件都发生了较大的变化;拦河坝对河鱼的洄游成为障碍,直接影响鱼类的繁衍生存,鱼类种群和数量加剧减少;原来通航的河道被拦河建筑物截断。因此,过坝建筑物是保护生态环境和社会发展的必要选择。

【任务知识点】

为船舶、木(竹)材和洄游鱼类通过闸、坝水利枢纽而修建的过坝设施,统称为过坝建筑物。为船舶过坝而设置的水工建筑物称为过船建筑物,主要有船闸、升船机。为木(竹)材流放运输过坝而设置的建筑物或机械设备,称为过木建筑物或机械设备,有水力过坝和机械过坝,主要有筏道、漂木道、过木机等。为鱼类越过闸坝上溯或下行而设置的建筑物或机械设备,称为过鱼建筑物,主要有鱼道、鱼梯、鱼闸、升鱼机、诱鱼设施等。各类过坝设施都要在枢纽中占有一段前缘位置,并与上下游河道有较好的衔接。因此,在水利枢纽总体布置中,各种过坝建筑物与其他水工建筑物的相对位置,应尽可能相互协调,互不干扰,各尽其用。

任务 1　船　闸

船闸是河流上水利枢纽中常用的一种过船建筑物，它是利用闸室中位的升降将船舶浮运过坝的，通船能力大，安全可靠。

1　船闸的组成和工作原理

1.1　船闸的组成

船闸由闸室、上下游闸首、下游引航道等三部分组成，如图 10-1 所示。

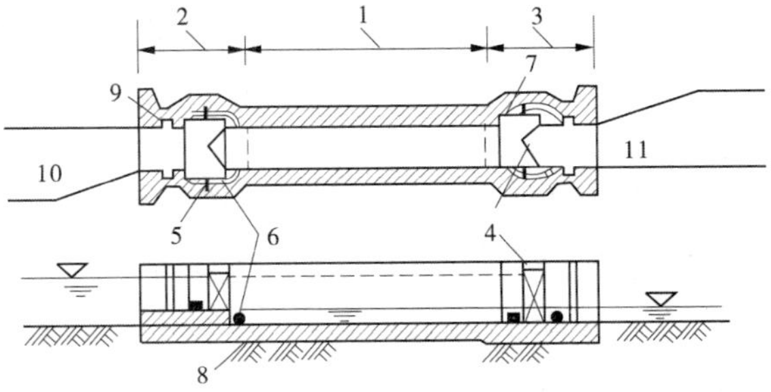

1—闸室；2—上闸首；3—下闸首；4—闸门；5—阀门；6—输水廊道；
7—门槛；8—帷墙；9—检修门槽；10—上游引航道；11—下游引航道

图 10-1　船闸组成示意图

闸室是由上下游闸首内的闸门与两侧闸墙构成的一个长方体空间，是供过闸船只临时停泊的场所。当船闸充水或泄水时，闸室内水位就自动升降，船舶在闸室中亦随水位而升降。为了保证闸室充泄水时船舶的稳定停泊，在两侧闸墙上常设有系船柱和系船环等设备。

闸首是分隔闸室与上下游引航道并控制水流的建筑物，位于上游的称为上闸首，位于下游的称为下闸首。在闸首内设有工作闸门、输水系统、启闭机械等设备。

引航道内设有导航建筑物和靠船建筑物，导航建筑物与闸首相连接，其作用是引导船舶顺利地进出闸室，靠船建筑物与导航建筑物相连接，供等待过闸船舶停靠使用。

1.2　船闸的工作原理

当船队（舶）从下游驶向上游时，其过闸程序如图 10-2 所示。首先关闭上下游闸门及上游输水阀门；开启下游输水阀门，将闸室内的水位泄放到与下游水位相齐平；开启下游闸门，船舶从下游引航道驶向闸室内；关闭下游闸门及下游输水阀门；打开上游输水阀门向闸室内充水，直到闸室内水位与上游水位齐平；最后将上游闸门打开，船舶即可驶出闸室，进入上游引航道。

船舶从上游驶向下游时，其过闸程序与此相反。

2　船闸的类型

船闸按闸室级数可分为单级船闸和多级船闸。

单级船闸只建有一级闸室，如图 10-1 和图 10-2 所示。船舶通过这种船闸只需经过一

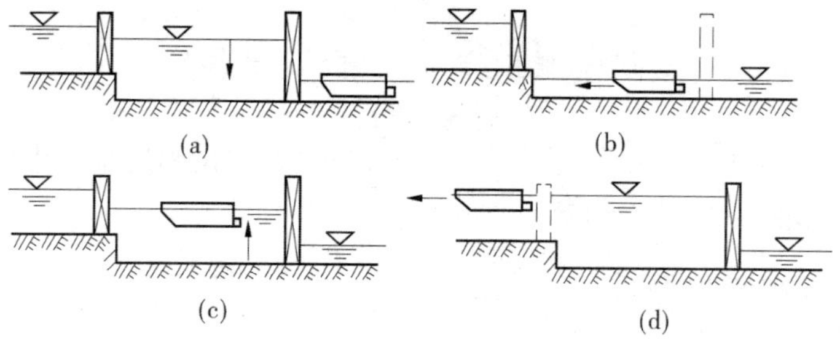

图 10-2 船闸工作原理示意图

次灌水、泄水即可克服上下游水位的全部落差。单级船闸的一般水头不超过 15~20 m,但近年来国内外已在岩基上建成一些水头超过 20 m 的单级船闸。如水头达 27 m、闸室长 280 m、宽 34 m 的葛洲坝巨型船闸。

多级船闸是建有两级以上闸室的船闸,如图 10-3 所示。当水头较大,采用单级船闸在技术上有困难、经济上不合理时,可采用多级船闸。船舶通过多级船闸时,需进行多次闸门启闭以及灌水、泄水过程才能调节上下游水位的全部落差。

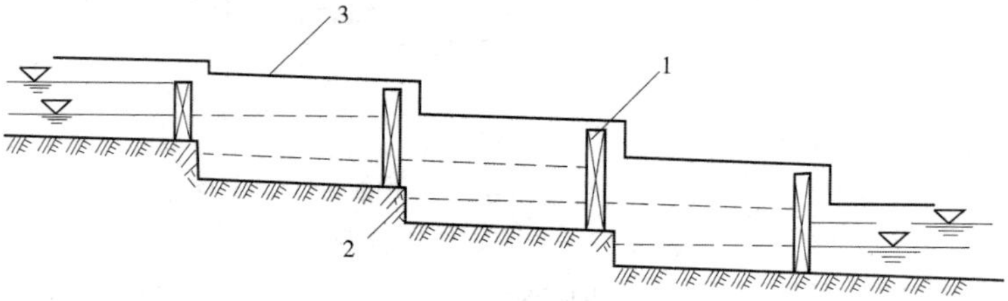

1—闸门;2—帷墙;3—闸墙顶

图 10-3 多级船闸示意图

船闸按船闸线数可分为单线船闸和多线船闸。

单线船闸是在一个枢纽中只建有一条通航线路的船闸。多线船闸即在一个枢纽中建有两条或两条以上通航线路的船闸。

船闸线路的确定,取决于货运量与船闸的通航能力。通常情况下,只建单线船闸。只有当通过枢纽的货运量巨大,单线船闸的通航能力不能满足需求时,才修建多线船闸。葛洲坝水利枢纽采用三线船闸,如图 10-4 所示。在有些水利枢纽中,水头高,航运货运量巨大,常采用多级多线船闸。三峡工程通航建筑物包括永久船闸和升船机,均位于左岸的山体中。永久船闸为双线五级连续梯级船闸,单级闸室有效尺寸长 280 m、宽 34 m,坎上最小水深 5 m,可通过万吨级船队。

3 船闸的基本尺寸

船闸的基本尺寸包括闸室的有效长度和宽度、闸槛上的最小水深、引航道的长度及宽度等。船闸的基本尺寸应根据最大设计过闸船队(舶)的尺寸与编队形式来确定。

3.1 闸室有效长度

闸室有效长度是指船队(舶)过闸时,闸室内可供船队(舶)安全停泊的长度,如图 10-5 所示。可按下式计算:

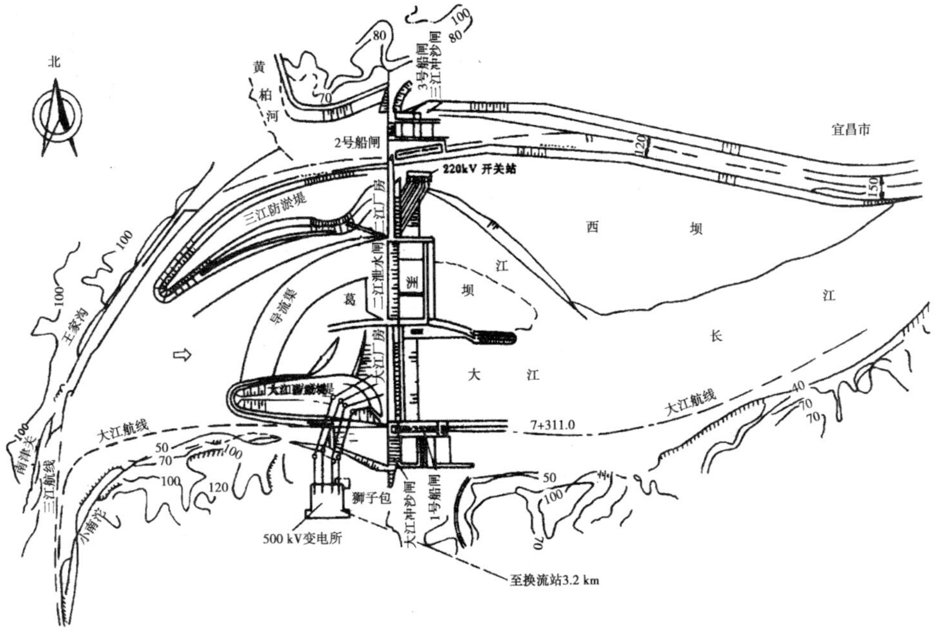

图 10-4　葛洲坝水利枢纽三级船闸布置图

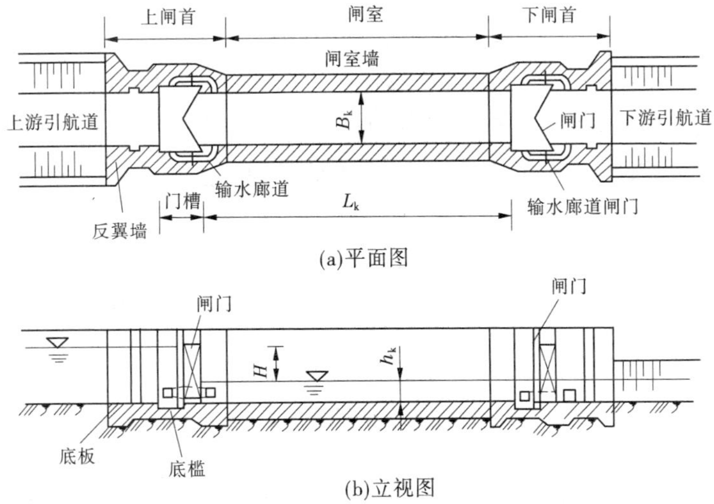

图 10-5　船闸基本尺寸

$$L_k = L_c + L_f \tag{10-1}$$

式中　L_k——闸室有效长度，m；

L_c——船队(舶)计算长度，m，当一次只有 1 个船队(舶)过闸时，即为设计最大船队(舶)长(对于横向排列过闸的船，则为过闸时最长一组船舶长度)，当同次有两个或两个以上船队(舶)纵向排列过闸时，则为各设计船队(舶)长度之和加船队(舶)之间的停泊长度；

L_f——富裕长度，m，对于顶推船队 $L_f \geqslant 2+0.06L_c$，对于拖带船队 $L_f \geqslant 2+0.03L_c$，对

于非机动船 $L_f \geqslant 2$ m。

设计采用的闸室有效长度应不小于按式(10-1)计算的长度，并应满足国家内河通航标准的有关规定。

3.2 闸室有效宽度

闸室有效宽度是指闸室两侧墙之间的最小距离，即闸室的净宽 B_k。可按下式计算：

$$B_k = \sum b_c + b_f \tag{10-2}$$

式中 B_k——闸室有效宽度，m；

$\sum b_c$——同次过闸船队(舶)并列停泊的最大总宽度，m，当只有一个船队(舶)过闸时，则为最大设计船队(舶)的宽度 b_c；

b_f——富裕宽度，m。

当 $b_c<10$ m 时，$b_f \geqslant 10$ m；当 $b_c \geqslant 10$ m 时，$b_f \geqslant 0.5 \text{ m}+0.04\sum b_c$。

3.3 门槛上最小水深

船闸门槛上最小水深 h_k 是指设计最低通航水位至门槛最高点的深度。可按下式计算：

$$h_k = T_c + \Delta T \tag{10-3}$$

式中 T_c——设计最大过闸船队(舶)满载时的吃水深度，m；

ΔT——船底与门槛之间的距离，m，与船舶过闸速度有关，一般 ΔT 不小于 $0.5T_c$。

3.4 引航道的长度和宽度

引航道应为直线，如图10-6所示，其长度一般取最大船长的3.5~4.0倍。引航道与船闸之间应设置过渡段，其长度可取过闸最大船队长的50%~80%。

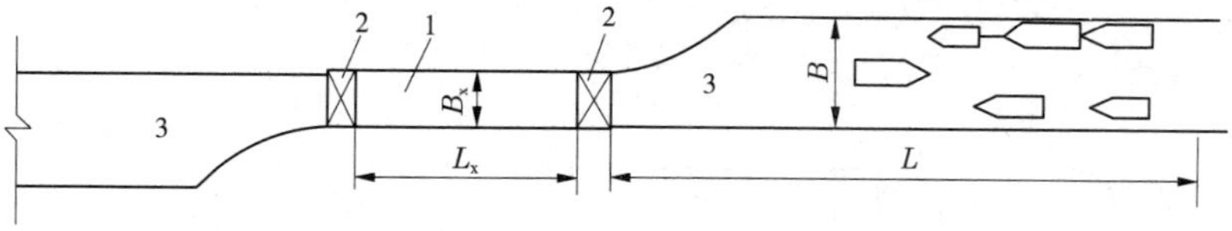

1—闸室；2—闸首；3—引航道

图10-6 引航道示意图

引航道的宽度 B 应满足在有一个船队停靠的情况下可使另两个相遇的船队能通过的要求，一般可取最大船队宽度的2.5~3.0倍。

引航道的布置形式，通常有对称式和非对称式两类。对于向不同岸侧扩大的非对称式布置，可以使船只直线进闸且进闸速度较快。

3.5 通航净空

通航净空，是指当其他建筑物跨越船闸时，其底缘至最高水位之间的距离。其要求与船闸所在航道上的固定桥梁相同，一般可根据航道的等级、通航船只的吨位等有关因素确定，见表10-1。

表 10-1 通航净空

航道等级	一	二	三	四	五	六
船舶吨位(t)	3 000	2 000	1 000	500	300	50~100
净空高度 H(m)	12.5	11.0	10.0	7.0~8.0	4.5~5.5	3.5~4.5

4 船闸的通航能力和耗水量

4.1 船闸的通航能力

在一般情况下,船闸的通航能力是指每年内可能自两个方向(上行、下行)通过船闸的货物总吨数。

以 T 表示一次通航的历时(分钟),则一昼夜中船闸的理论通航能力,可用下式计算:

$$P = nNmG \quad (\mathrm{t}) \tag{10-4}$$

式中 n——一昼夜理论过闸次数,$n = 1\,440/T$;

N——一年通航总昼夜数;

m——每次过闸的设计最大船舶(队)的货船数;

G——设计船队(舶)满载重量。

一般情况下,过闸船只中除货船外,还包括非运货的客运船、服务船等,由于货船一般不会满载,并且货运量每月每日不均匀,实际通航能力远小于理论通航能力,船闸的实际通航能力一般计算公式为

$$P_s = (n - n_0)\frac{NmG\alpha}{\beta}\frac{\tau}{24} \tag{10-5}$$

式中 n_0——一昼夜内非货运船的过闸次数;

α——货船载重量的平均利用系数,一般取 0.6~0.8;

β——货船运输的不平衡系数,一般取 1.2~1.8;

τ——货船一昼夜的平均工作时间,h。

4.2 船闸的耗水量

船舶每次过闸的耗水量,与过闸的方式以及船闸的类型有关。

对于单级船闸,单向过闸时,一次过闸耗水量可按下式估算:

$$V_0 = (1.15 \sim 1.20)\,L_k B_k H \tag{10-6}$$

式中 H——单级船闸的设计水头,m;

L_k——船闸的有效长度,m;

B_k——船闸的有效宽度,m。

对于单级船闸,双向过闸时,一次过闸耗水量可取 $V_2 = 0.5V_0$。

5 船闸的引航道

引航道的作用,是保证船舶安全地进出船闸,并供等待过闸船舶安全停泊,使进出闸船舶能交错避让。

引航道的平面形状与尺寸，主要取决于船舶过闸繁忙程度、船队进出船闸的行驶方式以及靠船和导航建筑物的形式与位置等。引航道平面形状与布置是否合理，直接影响船舶进出闸的时间，从而影响船闸的通航能力。

5.1　船闸引航道的平面形状

单线船闸引航道的平面形状，可分为对称式和非对称式两类，如图 10-7 所示。

对称式引航道的轴线与闸室的轴线相重合。当双向过闸时，为了进出闸船舶相交错避让，船舶进出闸都必须曲线行驶。因此，进出闸速度较慢，过闸时间较长，对提高船闸通过能力不利，如图 10-7(c)、(d)所示。

非对称式引航道的轴线与闸室轴线不相重合，其布置方式通常有两种。

非对称式引航道，引航道向不同的岸侧扩宽，双向过闸时船舶沿直线进闸，曲线出闸。这种形式适用于岸上牵引过闸及有强大制动设备的船闸，否则为防止船舶碰撞闸门，必须限制船舶进闸速度，如图 10-7(a)所示。

非对称式引航道，引航道向同一岸侧扩宽，主要货流方向的船舶进出闸都走直线，而次要货流方向的船舶进出闸可走曲线。这种方式适用于岸上牵引过闸，货流方向有很大差别，以及有大量木排过闸的情况。对于受地形或枢纽布置限制的情况，也可采用这种布置形式，如图 10-7(b)所示。

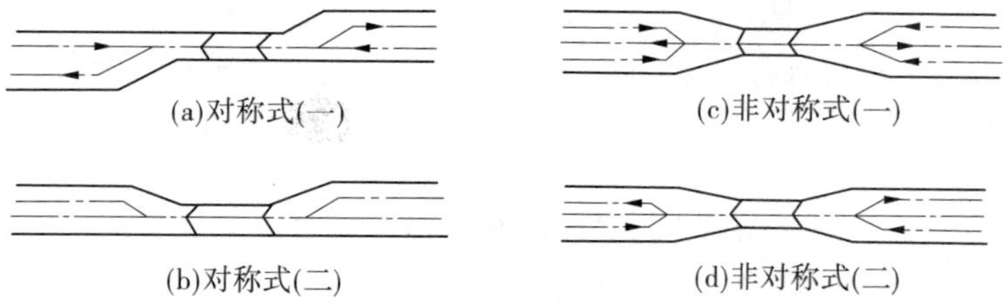

图 10-7　引航道的平面形状

5.2　引航道中的建筑物

(1)防护建筑物。为了防止风浪和水流对船舶的袭击，保证船舶的安全过闸和停靠，应修建必要的防护建筑物。一般是在引航道范围内进行护底与护岸，护底的常用材料多为干砌块石，护岸一般为浆砌块石。

(2)导航建筑物。主要作用是为了保证船舶能从宽度较大的引航道安全、顺利地进入较窄的闸室。导航建筑物一般包括主、辅导航建筑物两种类型。主导航建筑物位于进闸航线一侧，用以引导船舶进闸；辅导航建筑物位于出闸航线一侧，用以引导受侧向风、水流和主导航建筑物弹力作用而偏离航线的船舶，使其遵循正确方向行驶。

(3)靠船建筑物。主要作用是专门等待过闸的船舶停靠使用。其布置特点是均靠近闸船舶航线的一侧，即进闸航行方向的右侧。

6 船闸的布置形式

在水利枢纽中,除坝与船闸外,还有电站、取水建筑物、鱼道、筏道等建筑物,在进行枢纽布置时,应合理确定船闸与各建筑物间的相互位置。

6.1 船闸与坝的布置

闸坝并列式[见图10-8(a)],船闸布置于河床之中,多用于低水头枢纽中。当河床宽度大,足以布置溢流坝和水电站时,宜将船闸设在水深较大、地质条件较好的一岸,当枢纽处于微弯河段时,大多将船闸布置在凹岸。这样可使船闸及其引航道的挖方减少,而且引航道的进出口通航水深也易于保证。但是,施工时必须修筑围堰,工期较长,而且还需在上下游引航道中靠河一侧修建导堤,把引航道与河流隔开,以保证船舶的安全。

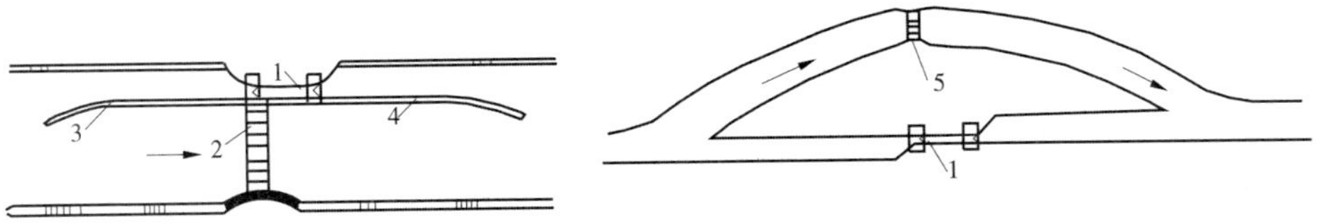

(a)闸坝并列式　　(b)闸坝分离式

1—船闸;2—泄水闸;3—上导航墙;4—下导航墙;5—节制闸

图10-8 船闸布置示意图

闸坝分离式[见图10-8(b)],船闸布置于河岸凸岸的裁直引河中。船闸的施工条件较为优越,一般都可干地施工,无须修筑围堰,施工质量也易于得到保证。由于船闸布置在引河中,远离溢流坝,引航道进、出口处流速较小,便于船舶航行。但是,这种布置需挖引河,土石方开挖量大。选用这种方案时,为保证航行方便,引河长度不应小于4倍闸室长度,下游引航道的出口应布置在河流凹岸水深较稳定处,同时,引航道的轴线与河道水流方向夹角应尽量减小。

6.2 船闸与其他建筑物的布置

船闸、电站分设两岸,当船闸、电站并列于同一河床断面内时,电站下泄的尾水会影响船舶进出船闸,可将它们分别布置在河流的两岸,使电站远离船闸,两者的施工和管理,互不干扰。但须在两岸布置施工场地,费用较大。

船闸、电站均设同岸,将电站与船闸布置在河流的同一岸,最好将电站布置于靠河一侧,而船闸靠岸一侧,并使两者间隔开一定距离。这样既可在两者之间设置变电所,又可改善引航道水流条件。如河床宽度不足,难于使船闸与电站之间隔开一定距离,也可将电站与船闸布置成一定的交角,使电站尾水远离航道。

船闸、取水建筑物分设两岸,如果水利枢纽中有取水建筑物,也可将船闸与取水建筑物分别布置于河流的两岸,以避免取水建筑物运行时影响船闸引航道的水流条件,而且取水建筑物也不致受到船舶、木筏的撞击而被损坏。

7 船闸的结构

7.1 闸室结构

闸室是由两侧的闸室墙和闸底板组成的。闸室墙主要承受墙后土压力和水压力。由于闸室内水位是经常变化的，闸室墙前后有水位差，因此闸室的墙和底板除满足稳定和强度要求外，还要满足防渗的要求。

闸室的结构形式与各地的自然、经济和技术条件有关。按闸室的断面形状，可将闸室分为斜坡式和直立式两大类。

斜坡式闸室结构，是将河流的天然岸坡和底部加以砌石保护而成的，如图 10-9 (a)所示。斜坡式闸室结构简单，施工容易，造价较低。但是，灌水体积大，灌水时间长，过闸耗水量大，由于闸室内水位经常变化，两侧岸坡在动水压力作用下容易坍塌，故需修筑坚固的护坡工程。这种形式主要适用于水头和闸室平面尺寸较小，河流水量较为充沛的小型船闸。

直立式闸室结构，如图 10-9(b)所示，一般适用于大中型船闸，根据地基的性质，这种结构又分为非岩基上的闸室和岩基上的闸室结构两大类。

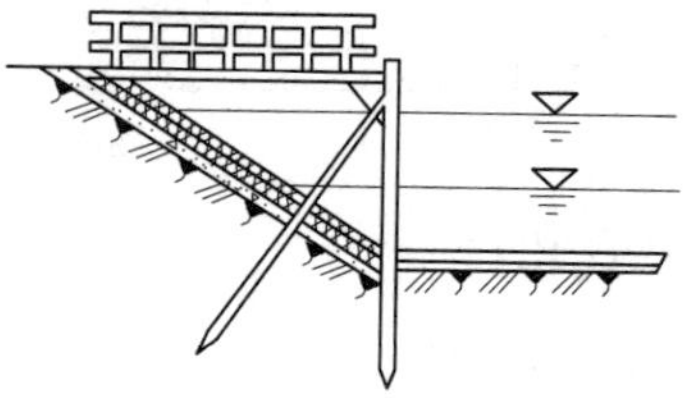
(a)斜坡式闸室结构

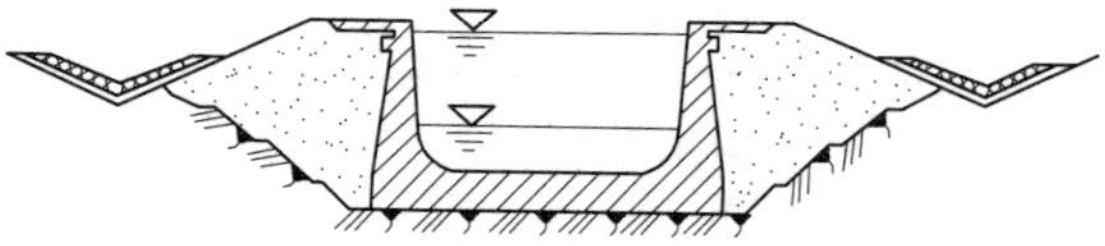
(b)直立式闸室结构

图 10-9　闸室的结构形式

7.2　闸首结构

闸首既是挡水结构，同时又是闸室和引航道之间的连接结构。

为了挡水，闸首部分设有闸门，并附设闸门的启闭设备和操作闸门用的工作桥。此外，闸首还设有输水廊道和输水阀门，以便从上游向闸室灌水或由闸室向下游泄水。闸首上的工作闸门多为人字闸门，也可采用直升平面闸门、横拉平面闸门、下降式弧形闸门和三角闸门等，如图 10-10 所示。人字闸门一般适用于单向水头，平面闸门和三角闸门则适用于双向水头。

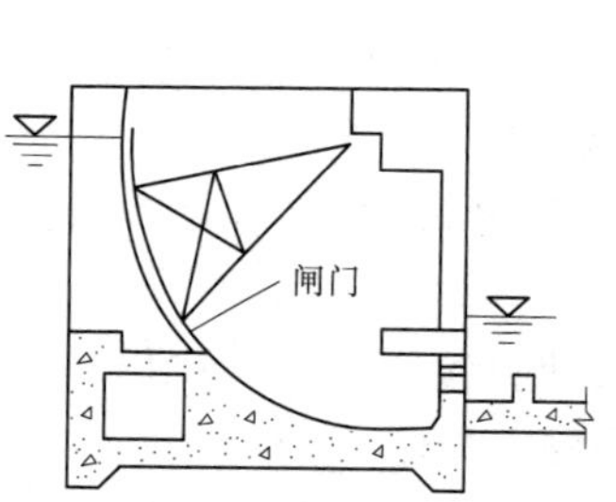

(a)下降式弧形门闸首纵剖面图

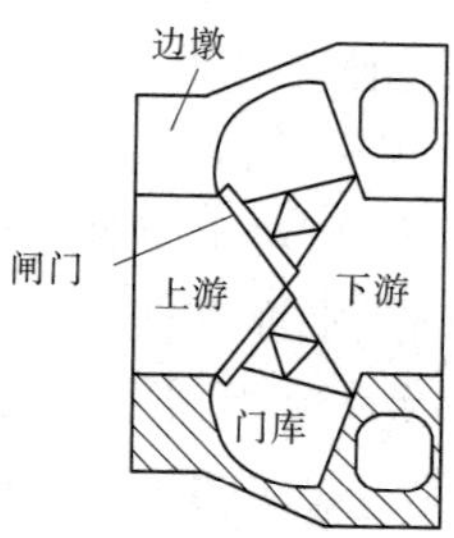

(b)三角门式闸首平面图

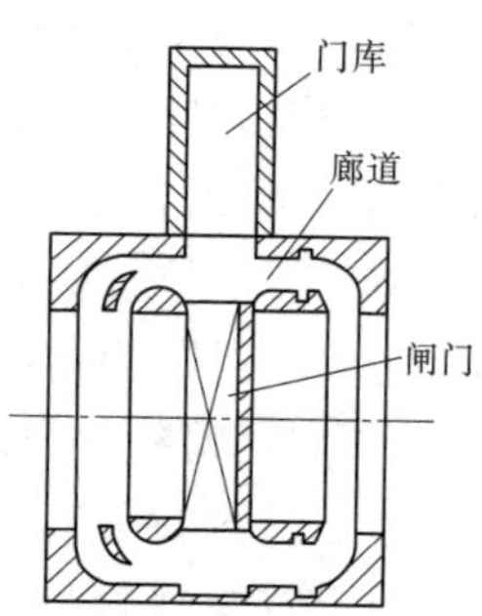

(c)横拉门闸首平面图

图 10-10　闸首布置形式

闸首主要由底板和两侧边墩组成。下闸首的底板通常与闸室底板齐平，其高程为下游最低通航水位减去有效水深 h_k,上闸首底板高程为上游最低水位减去有效水深 h_k。

闸首的结构形式也可分为整体式和分离式两种。前者边墩与底板连成整体,适用于非岩石地基;后者边墩与底板分离,各自独立承受荷载,适用于岩石地基。这与前述普通水闸类似。

7.3　导航及靠船建筑物

导航及靠船建筑物,其结构形式与地基的土壤性质、水位变幅及地形条件有关。常用的形式有固定式与浮式两种。

7.3.1　固定式

这种建筑物的形式很多,如重力式、墩式(靠船墩)、高桩承台式、框架式等。

重力式结构,一般用于地基不能打桩或水深不大等情况,多采用砌石或混凝土建造。这种结构可以就地取材,节省材料,施工管理方便,但对地基条件要求较高,如图10-11(a)所示。

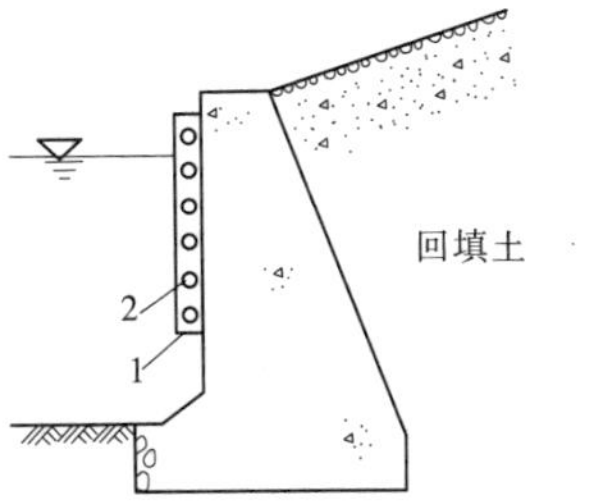

(a)重力式导航及靠船建筑物

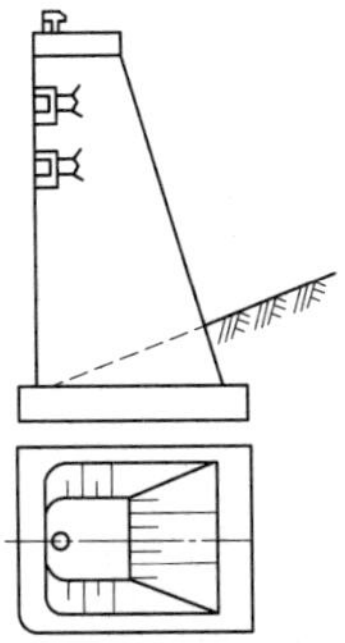

(b)墩式靠船墩

1—水平护木;2—垂直护木

图10-11　导航及靠船建筑物

在我国许多大中型船闸中,常将靠船建筑物做成一个单独的墩台,即所谓靠船墩,如图10-11(b)所示。靠船墩与实体重力式靠船建筑物相比,其工程量较少,投资较省,因此应用较为广泛。

7.3.2　浮式

这种导航及靠船建筑物主要用在水深及水位变幅均较大的情况,如船闸的上游引航道内。一般可以做成钢筋混凝土、钢丝网水泥或金属的浮码头形式,将它们限制在专设的墩柱之间漂浮,并将其所受的荷重传给墩柱。

8　船闸输水系统

8.1　基本参数

船闸的输水系统,是闸室灌水和泄水设备的总称,主要作用是调节闸室内水位,协助船舶克服集中水位落差,以递送船舶从一个水面驶向另一个水面。输水系统应满足以下基本要求:

(1)输水迅速。主要是指减少过闸时间,提高通航能力,加速船舶周转从而缩短船闸灌泄水时间。

(2)输水安全。闸室进行灌水和泄水时,由于水体能量较大,将使闸室和引航道内的过闸船舶发生颠簸和摆动。为保证输水时过闸船舶和船闸结构的安全,在满足船闸通过能力要求的前提下,可采用较复杂的输水系统,使灌泄水均匀,亦可降低阀门开启速度,增加消能防冲设施等。

(3)造价经济。在保证输水迅速和安全的同时,还应满足输水系统的经济要求,即工程量少,投资省。输水系统的形式不仅影响系统本身的工程量和投资,而且还对闸首与闸门的投资有影响。因此,输水系统、闸首、闸门三者应统一考虑,争取做到投资总和最省。

8.2 输水系统的主要形式

船闸输水系统的形式较多,概括起来可归纳为两大类,即集中输水系统和分散输水系统。

集中输水系统,也称头部输水系统,是将输水系统的设备集中布置在闸首范围内。灌水时,水经上闸首由闸室的上游端集中流入闸室;泄水时,水从闸室的下游端经下闸首泄入引航道。

分散输水系统,也称长廊道输水系统。是将输水系统的设备分散布置在闸首及闸室内,通过纵向输水廊道上的出水孔灌泄水。

任务 2 升船机

1 升船机的特点及类型

1.1 升船机的特点

升船机和船闸一样,都是用来克服航道上的集中落差,以便船舶顺利通过的通航建筑物。升船机和船闸的根本不同点是:船闸是直接借闸室的水面升降,使停泊在闸室内的船舶完成垂直运动;升船机则是用机械的方法,升降装载船舶的承船厢,以克服集中落差。因此,两者在结构及设备方面均有所不同。这首先表现在建筑物的躯体结构上。船闸和升船机的躯体,都是用来完成船舶升降克服集中落差的。船闸的躯体结构是固定的闸室,而升船机的躯体结构,则由运动部分和固定部分(承船厢的支撑导向结构)所组成(见图 10-12)。

为了实现承船厢的升降,保证运行的安全,在升船机的躯体结构上设置有下列设备:驱动承船厢升降的驱动装置;在事故状态下,阻止承船厢运动并支撑船厢的事故装置;减少驱动功率的平衡装置;实现承船厢与闸首衔接的拉紧、密封、充泄水等设备;保证承船厢在运行过程中平稳地支撑导向设备等。此外,还设有相应的输、配电及控制系统等电气设备。

升船机的闸首和船闸一样,也是把躯体与上下游航道隔开的挡水建筑物,衔接承船厢与航道,保证船舶在两者之间安全可靠地进出。不同的是,在升船机的闸首上没有复杂的输水系统,同时闸首的工作条件,只受上游水位或下游水位的影响。至于升船机的引航道和前港,则与船闸几乎是完全相同的。

与船闸相比,升船机有以下特点:

(1)在运转时基本上不耗水,在水量不充沛的河流和运河上,建造升船机较为有利。

(2)升船机的升降速度远较船闸闸室灌泄水速度快,船舶通过升船机所需的时间较船舶通过船闸的时间要短。

(3)在高水头的通航建筑物中升船机的造价一般较小。

(4)机电设备是保证升船机安全运行的一个重要部分,升船机的建造与安装要求有较高的设计与工艺水平。

各国建设和科研工作经验表明:水头在 70 m 以上,宜建造升船机;水头在 40~70 m 之间应进行升船机与船闸的比选;水头在 40 m 以下,采用船闸通常比升船机优越。

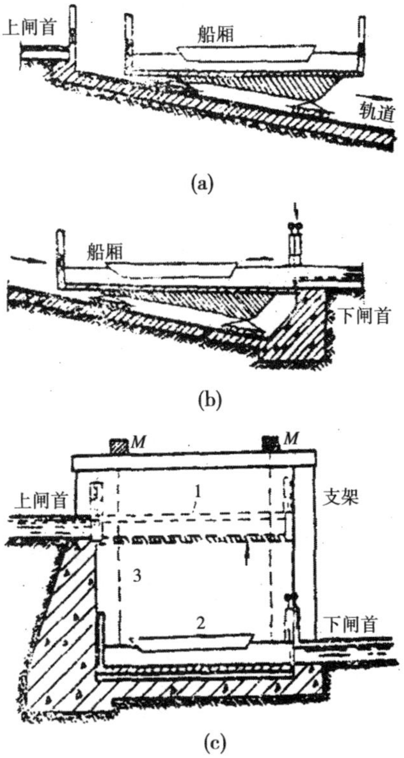

图 10-12　升船机示意图

升船机的建造已经有 200 多年的历史,由于整个工业水平的限制,18 世纪末和 19 世纪初建造的升船机,无论提升高度或通过船舶的吨位均较小,一般在 100 t 以下,提升高度大都在 15 m 以下。自 20 世纪 30 年代德国尼德芬诺垂直升船机建造以来,升船机发展到一个新阶段,提升高度和船舶的吨位显著增大,类型也不断增多。60 年代以来,随着整个工业水平提高,苏联、比利时、法国均相继建造了一些大型的现代化的升船机;通过的船舶吨位可达 1 350~2 000 t,提升高度到百米以上。1949 年以来,我国因地制宜建造了 60 余座升船机,其中绝大多数升船机通过船舶的吨位在 50 t 以下。50 年代以来开始进行现代化大型升船机的研究和设计工作。

1.2　升船机的类型

升船机的类型很多,大体可分为以下几类:

(1)根据承船厢载运船舶的方式,升船机可分为干运和湿运两类。湿运升船机是将承船厢充水,船舶浮载在承船厢内水体上。干运升船机则是船舶支撑在承船厢的承台上。干运升船机因不需要浮载水,升船机运动部分总重减小,可以减小升船机的驱动装置的驱动功率,并使升船机闸首,支撑导向结构及其相应的设备简化,但对船体结构不利。一般只用于船舶吨位不大的情况,多为小型斜面升船机。湿运升船机运动部分的总重量较大,但不论每次通过船舶吨位大小如何,这个总重量是不变的,便于采用平衡设备,减小驱动功率;同时在运转过程中,船舶浮载在水上,船体的受力状态没有变化。因此,现代建造的通过数百吨以上船舶的升船机均为湿运。

(2)根据装载船舶的承船厢的运行方向,升船机可分为垂直升船机和斜面升船机两大类。斜面升船机的承船厢接斜坡道做升降运动,其支撑导向结构为倾斜的轨道[见

图 10-12(a)、(b)]。垂直升船机的承船厢,则沿垂直方向升降,其支撑导向结构是直立的支架[见图 10-12(c)]。

斜面升船机和垂直升船机相比,在结构施工方面的技术问题较为简单,由于承船厢是在地面上行驶的,事故装置比较简单,对地基的要求较低,抗地震能力较好。但其适应水位变化的能力较低;在提升高度大的情况下,线路长,通过能力受到限制;变速行驶影响船舶在承船厢内停泊的平稳。垂直升船机需要建造高大的支架,或开挖很深的竖井,同时还须建筑高大的闸首,其技术问题较复杂,但它易于适应上下游水位的变化,通过能力较高。

应当指出:升船机的选型,与当地的地形地质、水文条件、枢纽总体布置、航道的客货运量、船舶吨位以及机电、建筑结构的工艺水平等有密切关系,须经技术经济比较分析来决定。

2 斜面升船机

2.1 斜面升船机的形式

斜面升船机一般由载运承船厢的承船车、供承船车行驶而铺设的斜坡道、驱动承船车的驱动机构、电气控制系统及闸首等构成。斜面升船机载运船舶的承船车沿斜坡轨道做升降运动。

按上下游是否均设置斜坡道可分为一面坡斜面升船机和两面坡斜面升船机。一面坡斜面升船机系指只在挡水闸坝的下游设置斜坡道的升船机(见图 10-13)。

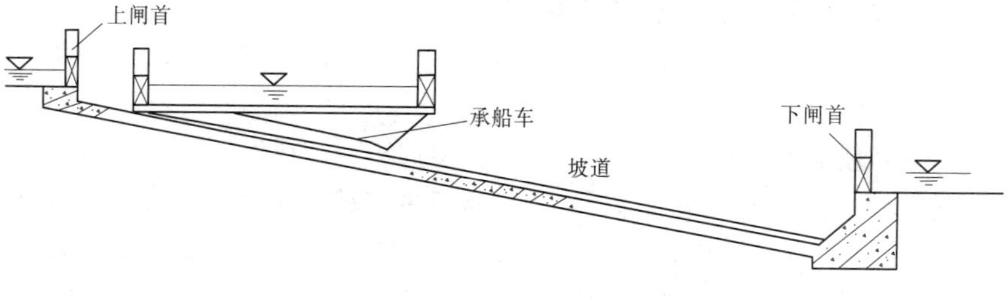

图 10-13　一面坡斜面升船机

它一般用上下闸首将承船车、斜坡道等主体结构与上下游航道隔开,承船车沿斜坡道上下行驶。也有只在上游端设置闸首,而在下游端不设闸首,承船车沿斜坡道直接驶入下游航道,至承船厢内水面与航道水面齐平时,开启承船厢的厢头门,船舶驶进(出)承船厢。两面坡斜面升船机系在挡水闸坝上下游均建有斜坡道的升船机,承船车均直接下水。承船车由上(下)游航道进入上(下)游斜坡道,沿斜坡道驶向坝顶并进入转盘,借助转盘旋转将承船车转向,使其沿下(上)游斜坡道下驶,直接驶入下(上)游航道的水中。转盘的作用是承船车过坝时能使载运的船舶保持水平,调换上下游不同的斜坡道。上下游斜坡道可布置在同一条直线上,也可以相互间有一个角度。

根据升降船舶的方向,斜面升船机可分为纵向斜面升船机与横向斜面升船机。纵向斜面升船机在升降过程中,船体纵轴线与斜坡道的方向一致;横向斜面升船机在升降过程中船体纵轴线则与斜坡道方向垂直。纵向斜面升船机的斜坡道宽度可比横向斜面升船机窄,导引比较简单,适于建造在地形较平坦的地区,其坡度一般为 1∶10~1∶25。横向斜面升船机的斜坡道长度较纵向斜面升船机的短，但斜坡道宽度及轨道数均较纵向式的大。在工程实际中，一般多采用纵向斜面升船机。

斜面升船机的驱动方式有自行式和钢绳卷扬曳引两种。前者是将驱动动力装置设在承船车上；后者是在坡顶设置卷扬机用钢绳曳引承船车升降。为减小驱动功率，有的升船机还设置沿斜坡道升降的平衡重来均衡承船车的运动重量，此时驱动机构只需克服运动系统的阻力。

目前，世界上最大的纵向斜面升船机为苏联1967年建成的克拉斯诺雅尔斯克升船机（见图10-14），它克服水位差101 m，最大升程115 m，该升船机为两面坡式，上下游斜坡道坡度均为1∶10，上游坡道长度为306 m，下游为1 196 m。上下游斜坡道交会处设有直径105 m、坡度为1∶10的转盘。根据地形条件，两斜面坡道布置在夹角140°的折线上。承船厢尺寸为90 m×18 m×2.5 m，可通过1 500 t船舶，当厢中水深3.3 m时，可供2 000 t船舶通过，承厢加水重为6 700 t。

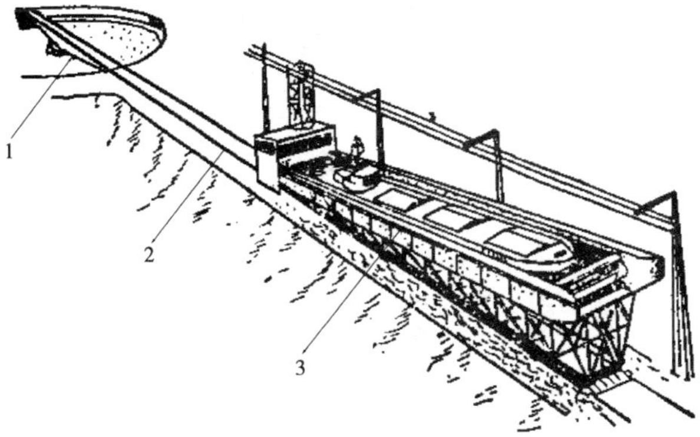

1—转盘；2—轨道；3—承船厢

图10-14 克拉斯诺雅尔斯克纵向斜面升船机

由于上下游水位变幅分别为13 m和6.3 m，因而采用能直接下水的承船车。承船车利用齿轮沿齿轨滚动的方式运行，4排齿轨固定在斜坡道上的钢筋混凝土轨道梁上，相应地在承船车上设置了4排156个齿轮，由18部高压油泵和156部75 kW的电动机驱动，在电动机的转动轴上设有制动器，以便事故时刹车制动固定承船车。斜坡轨道的轨道梁上设有滑线，作为供给自行式承船车电源用，当承船车下滑时，可以反馈部分电能。承船车起动与停止阶段的加速度为0.008 m/s^2，上行速度为1.0 m/s，下行速度为1.38 m/s。船舶通过升船机的时间是98 min。

目前，世界上最大的横向斜面升船机为1967年建成的法国阿尔兹维累升船机（见图10-15）。该升船机为一面斜坡式，上下闸首之间的斜坡道长度为108.45 m，坡度为41%，克服水头差44.55 m。承船厢的有效尺寸为长40.4 m，宽5.22 m，水深2.52~3.2 m，船厢加水总重约900 t，船厢自重240 t，可承运350 t级船舶。船厢有主承台车8组；共有32个车轮在2条双轨斜坡轨道上运行，轨距为25.72 m。平衡重在承船厢下面运行，平衡重车有2个，每个重约440 t，其支撑机构与船厢相同，其轨距为10.40 m。船厢与平衡重由24根直径28 mm的钢丝绳相连，钢丝绳的一端通过液压平衡系统与船厢相连，为一端绕过卷扬机构的摩擦卷筒后与平衡重车相连。卷扬机构为两台双摩擦卷筒，直径3.3 m，由两台直流电动机(100HP)驱动。承船厢运行速度 0.6 m/s,加速度为 0.02 m/s^2,往返一次历时 40 min。传动机构高速轴上设有电磁闸瓦制动器,卷筒上装有重锤式空气制动器为安全制动器。

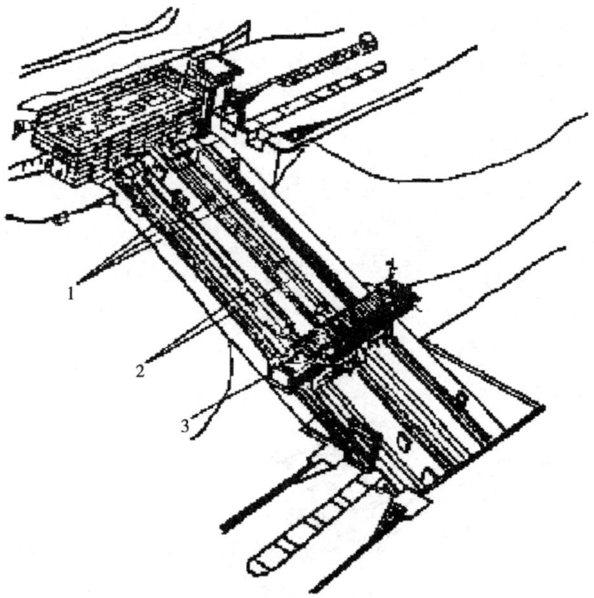

1—轨道;2—平衡重;3—承船厢

图 10-15 阿尔兹维累横向斜面升船机

1973 年法国在加龙支运河的蒙特西地区建造的水坡升船机,是世界上第一座水坡升船机。它没有承船厢,而是利用一块宽 6 m、高 4.35 m 的活动挡板,推动一段长 125 m、高 3.75 m 的三角形水体,沿着坡度为 3°的矩形钢筋混凝土水槽向上下游运行,推动楔形水体上升或下降,从而使浮在楔形水体上的船舶做升降运动。克服水头为 13.3 m。能通航 38.5 m×5.5 m×5.5 m 的 350 t 的船舶。活动挡板由设在矩形槽两侧的柴油—电力机车驱动。两台机车有电气同步系统使之同步运转。坡长 443 m,全程约需 6 min。活动挡板两侧和底部设有止水设备,以防止与矩形槽之间的间隙漏水。图 10-16 为水坡升船机的运行原理图。水坡升船机不需要承船厢,建造费用较省,在运行过程中水面波动较小,运行速度快,但运转费较高,适宜建在水位变幅小、过坝船型以自航驳为主的航道上。我国根据水坡升船机的原理,于 20 世纪 70 年代后期先后在安徽的龙湾、江苏的沭阳建造了水坡升船机。

2.2 斜面升船机设计

斜面升船机的基本尺度主要是指斜面坡度、承船厢尺寸、闸首尺寸等。

2.2.1 斜面坡度

斜面坡度直接影响着工程造价、营运费用及运转条件。在选择时应考虑以下一些因素:①应考虑承船厢的驱动方式,当为自行方式时,采用较缓的坡度,一般为 1∶10~1∶20;当采用齿轨爬升时可用较陡的坡度;当依靠行轮与轨道之间摩擦力运行时,应取较缓的坡度;当采用钢绳曳引时,坡度可以较陡,一般为 1∶5~1∶10,其最小坡度要保证靠重力的分力

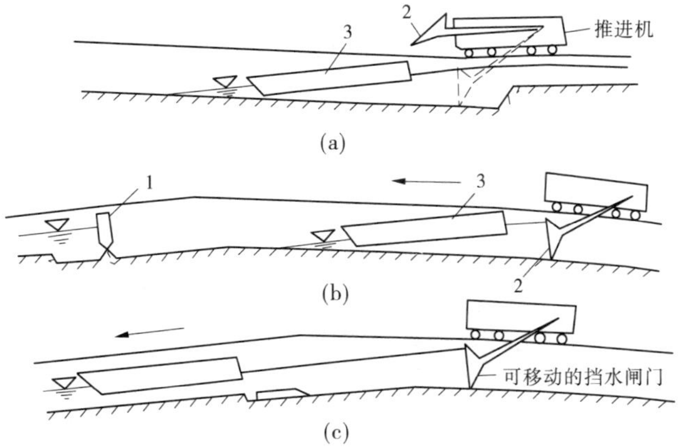

图 10-16　水坡升船机示意图

能使承船厢自动下滑。②对于纵向斜面升船机和横向斜面升船机，采用的坡度也不同，横向斜面升船机的坡度，一般为 1∶2~1∶8，其坡度的大小应根据斜坡的稳定来决定。③要考虑升船机载运船舶的大小，一般通过船舶的吨位较大时，采用的坡度较缓，通过的船舶吨位较小时，采用的坡度可以较陡。④应考虑地形条件，避免过大的挖方与填方。不难理解在一定条件下，若选用的坡度较陡，虽可减少开挖土方的数量，缩短坡道长度从而减少轨道部分的投资，但将使承船厢及闸首结构的工程量加大，并将增大驱动功率，从而增加运转费用；反之，采用的坡度较缓，虽可减少运转费用，降低承船厢及闸首结构的投资，但又将增加轨道部分的工程量。因此，合理的坡度，只有在考虑到上述有关因素，对土建投资和运转费用进行综合比较后，才能确定。

2.2.2　承船厢的结构

斜面升船机承船厢的构造方式，根据运船方式和承船厢与斜架车的关系而定。

斜面升船机的承船厢一般是一个连续的刚性结构，支撑行走设备采用轮系系统，图 10-17为这种形式的一例。这种支撑行走机构构造简单，常用 4 台平衡小车的轮系系统。当承船厢尺寸较大时，可采用等距多支点的平衡小车。但由于铺轨不平整、轮系制造和安装的误差、轮轴机构的弹性变形和轨道基础的不均匀沉降等，均可能导致轮压不定，引起承船厢结构内力的变化、运行阻力不均以及运行过程中产生的振动等问题。在设计大型斜面升船机时，为使支撑行走机构能适应轨道的不平整等情况，并能在运行中将承船厢的荷载和横向摆动力均匀传到每台小车和行轮上，在工程实践中曾提出把承船厢在纵向分段，每段支撑在 4 点上，各段刚性的厢体结构与支撑行走机构间设置缓冲设备，以调整作用在支撑行走机构上的荷载。但该方案段与段之间的连接较复杂，湿运时容易漏水。因此，目前的承船厢一般还是采用连续刚性结构，而通过设置轮压平衡系统，用以保证各支点荷载及每一个支点内各轮轮压相等。

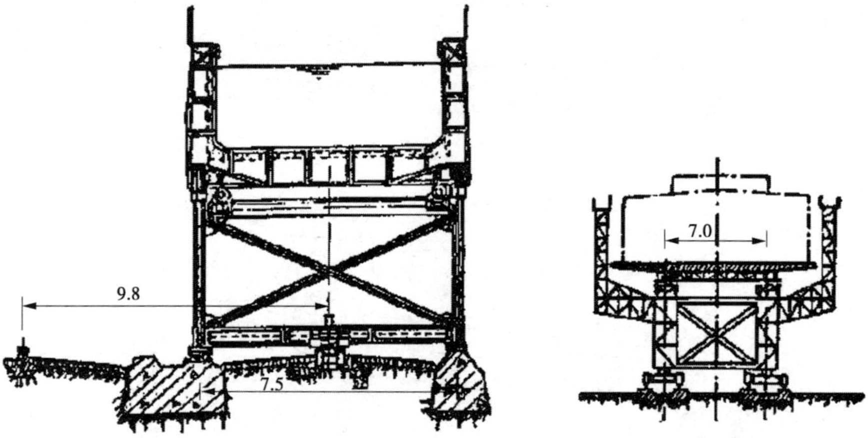

(a) 湿运的船厢结构　　(b) 干运的船厢结构

图 10-17　承船厢横剖面图　（单位:m）

2.2.3　承船厢尺寸

承船厢尺寸包括有效尺寸和外轮廓尺寸。湿运时承船厢的有效尺寸,系指充水空间的有效长度 l_k、有效宽度 b_k 和有效水深 h_k 等,它们取决于设计船型的尺寸、船舶进出厢的方式和速度以及经济要求等。承船厢的外轮廓尺寸,在满足所要求的有效尺寸的前提下,根据承船厢的构造、使用要求、强度和刚度条件等决定。当承船厢与斜架车连接成整体结构时,其上游端的厢头高度主要与水位的变化及其适应方式、承船厢厢头闸门的形式以及承船厢的支撑行走机构的形式等有关(见图 10-18),可按下式确定:

$$h_B = h_k + h_s + h_c + h_o + \Delta h \tag{10-7}$$

式中　h_k——承船厢内的有效水深,m;

h_s——设置厢头闸门门库所需的结构高度,m,其值视门型及门库的设置方式而定;

h_c——构造要求的高度,m;

h_o——支撑行走系统要求的结构高度,m,其值取决于支撑行走系统在厢头附近的结构要求;

Δh——承船厢的超高,m,当承船厢起船闸的作用,以适应水位变幅时,此超高应根据水位变化情况来定,在一般情况下,Δh 应大于承船厢在刹车过程中可能产生的水面壅高。

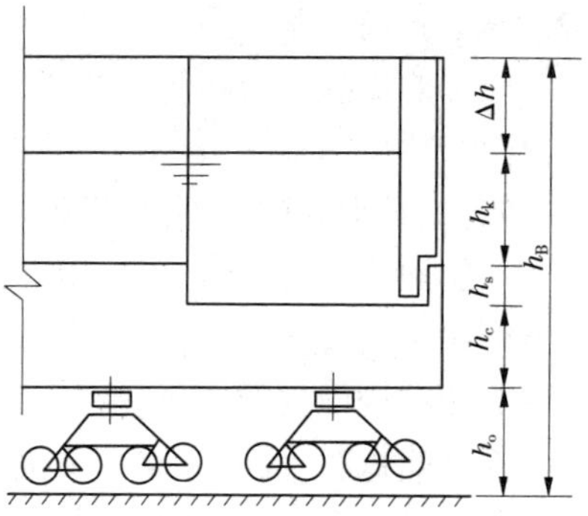

图 10-18　厢头结构高度

根据华西里也夫的研究,当厢中无船时,承船厢突然停止所产生的水面平均壅高值 Δh_1 为

$$\Delta h_1 = V_x \sqrt{\frac{h_k}{g}} \tag{10-8}$$

式中　V_x——承船厢运动的水平分速度,m/s;

g——重力加速度，m/s^2。

当承船厢中有船时，厢头门端的最大水面壅高值 Δh_m 及靠近船首处的水面最大壅高值 Δh_c，分别为

$$\Delta h_c = m_c \Delta h_1 \tag{10-9}$$

$$\Delta h_m = (2m_c - 1)\Delta h \tag{10-10}$$

$$m_c = \frac{2 - \dfrac{x}{\omega_k}}{1 + \sqrt{\left(1 - \dfrac{x}{\omega_k}\right)\left(1 - \dfrac{b_c}{b_k}\right)}}$$

式中 b_c——船宽，m；

x——船中横断面浸水断面面积，m^2；

b_k——承船厢的有效宽度，m；

ω_k——承船厢的充水断面面积，m^2。

当承船厢以等加(减)速度停车，并且制动时间大于或等于半个波动周期时，在承船厢两端的水面最大壅高(降低)值 Δh_N：

$$\Delta h_N = \frac{l \cdot a \cdot \cos\theta}{g + a \cdot \sin\theta} \tag{10-11}$$

式中 l——承船厢沿运动方向的水面长度，m；

θ——斜坡道的坡度，(°)；

a——承船厢的等加(减)速度，m/s^2。

承船厢下游端的厢头高度 h_H，除取决于与上游端的厢头高度相同的有关因素外，还与船厢沿运动方向的长度 l_1 及坡道的坡度 $\tan\theta$ 有关，可按下式计算：

$$h_H = h_B + l_1 \tan\theta \tag{10-12}$$

如果承船厢与其下的斜架车不连在一起，或者采用干运时，按上述方法也不难定出承船厢和承船车的高度。

关于上下闸首尺度、闸首与承船厢衔接处的尺度，以及承船厢下水时坡度末端的高程等，在已知承船厢尺寸后，可根据闸首布置及构造要求及修造船滑道等有关的类似方法加以确定。

3 垂直升船机

3.1 垂直升船机的类型

垂直升船机承船厢沿垂直方向升降要克服重力做功。当采用湿运方式时，承船厢的运动重量力(包括厢体自重力和厢内水重力)很大，驱动功率也大。因此，垂直升船机多采用平衡承船厢运动重量力的平衡装置。不同平衡系统构成了不同形式的垂直升船机。根据平衡方式，主要可分为均衡重式垂直升船机、浮筒式垂直升船机及利用水压来平衡承船厢运动重量力的水压式垂直升船机。

均衡重式垂直升船机[见图 10-19(a)]，是垂直升船机中最早出现的一种形式。它采用与承船厢运动重量力相等的平衡重作为承船厢的平衡系统。驱动机构仅需克服整个系

统的运动阻力，使承船厢垂直升降。平衡重力与承船厢之间多以绕过绳轮的钢缆来连接。

浮筒式垂直升船机[见图 10-19(b)]，是利用淹没在浮筒井中的浮筒的浮力来平衡升船机承船厢等的运动部分(包括承船厢、浮筒及支撑等)的重力。承船厢通过支架与浮筒连接成一个整体，在驱动机构驱动下，做升降运动，驱动机构也仅需克服整个系统的运动阻力。

水压式垂直升船机[见图 10-19(c)]，是利用作用在活塞上的水压力来平衡升船机运动部分的重力。为避免设置专门产生水压力的设备，通常是建双线，两线活塞缸用连接管连通传递水压。在驱动机构的驱动下，一线承船厢上升，另一线承船厢则下降。

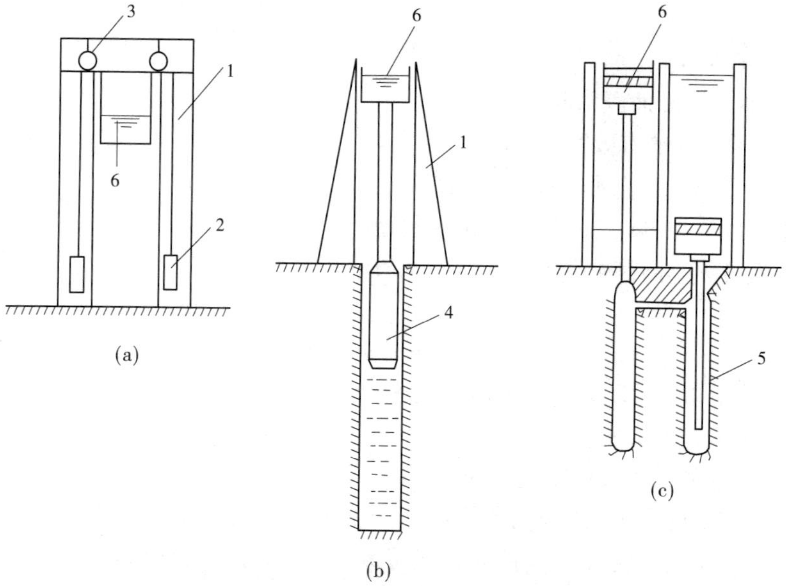

1—支架；2—平衡重；3—绳轮；4—浮筒；5—活塞；6—承船厢

图 10-19 垂直升船机示意图

3.2 垂直升船机的设计

垂直升船机水工建筑物主要由上下闸首、承重塔柱及承船厢组成。

3.2.1 升船机的闸首

升船机的闸首，是将升船机的承船厢、支撑导向结构等躯体结构与上下游航道隔开的挡水建筑物。根据运转要求，闸首上一般设有闸门、闸首的输水系统、承船厢的充泄水设备、承船厢室的排水系统、闸首与承船厢的连接设备、交通和管理房屋等。

升船机闸首一般设置两道闸门，即工作闸门与检修闸门。上闸首的检修闸门通常兼作事故闸门，工作闸门一般与承船厢直接衔接。下闸首检修闸门设在工作闸门的下游侧，供工作闸门检修时使用，当发生洪水时检修闸门还可阻挡下游洪水，使其不至淹没承船厢室。

闸首上的工作闸门形式很多，一般分为单一的整体式闸门和由过船小门与挡水门组合的组合门两类。工作闸门门型选择与上下游河段的水文条件、闸首与承船厢的连接方式有关。当上下游水位变幅较小时，多用单一的整体式闸门，常用的门型有提升式平面闸门和卧倒闸门等。当上下游水位变幅较大时,若采用单一的整体式闸门,则会加大经常启闭运转的门体的尺寸,增加承船厢厢头的高度,因此多采用由过船小门与挡水门组合的组合门,在工作闸门下部增设叠梁门来调整工作闸门的高度,以便适应变化后的上游水位,使承船厢能与调整后的工作闸门及变化后的上游水位实现对接过船。工作闸门的起吊和叠梁门的增减,一般用设在闸首的桥式启闭机进行操作。

根据承船厢与闸首的相互关系,组合门又可分为两种体系:当承船厢伸进闸首时,工作闸门采用过船小门和挡水门构成的组合门[见图 10-20(a)];当承船厢不伸进闸首时,工作闸门采用过船小门、挡水门和渡槽构成的组合门[见图 10-20(b)]。挡水闸门可看作是一活动闸首,主要起挡水作用。当为前一种形式时,在挡水门上部设有由过船小门控制启闭的通航孔口。过船小门是工作闸门中经常运转部分,挡水门仅在水位变化超过过船小门所能适应的幅度时才调整升降,以保证通航孔口有足够的通航水深。当为后一种形式时,过船小门与渡槽组成过船部分,此时通航孔口设在渡槽上。渡槽也可看成是一段特殊形状的挡水门,跨在挡水门上,其迎水面与挡水门具有同一止水轮廓,位于同一平面,其背水面伸至闸首端,以便与承船厢衔接,过船小门即设在这一端。

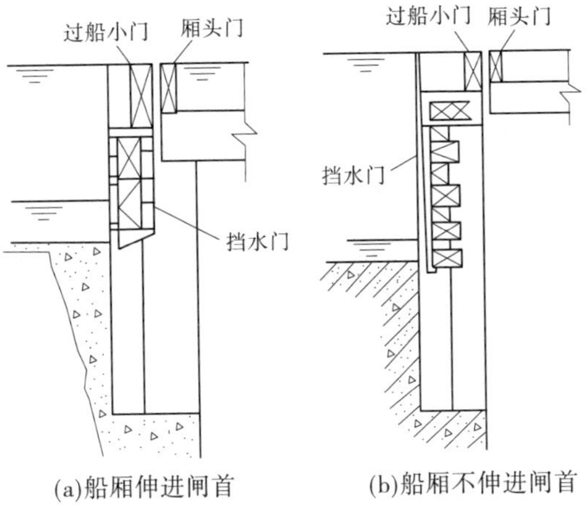

图 10-20 闸首工作闸门的布置

过船小门通常采用提升式平面闸门或卧倒闸门。过船小门的高度除满足通航水深的要求外,尚应有一定的调节富余高度。此富余高度不宜过小,以免需要经常调整升降挡水门,但又不宜过大,否则将增加运转费用。一般根据上下游水位情况和运转方面的要求而定,通常在 1.5 m 左右。

承船厢伸进闸首的连接方式,可以简化工作闸门的构造,节省渡槽结构。但将增加工作闸门的跨度,对平衡重沿承船厢长度均匀布置的均衡重式垂直升船机,可能影响承船厢正常运转时的受力条件。因此,承船厢是否伸进闸首,工作闸门采用哪种形式,应视升船机的形式与支架的布置、上下游的水位情况及过船小门的形式等条件而定。

组合式工作闸门,通常是在无压下启闭,并采用机械止水,以减小启闭力和保证止水密封。当需要调整升降时,先关闭工作闸门前的辅助闸门,泄空工作闸门前的水体,松开工作闸门的止水,使闸门处于无压的情况,然后开始调整升降。待调整完毕,重新将止水压紧在闸门上，进行充水，开启辅助闸门，升船机又重新开始运转。因此，当工作闸门为组合门时，闸首上的检修闸门可以兼作辅助闸门。

闸首的输水系统用来充、泄工作闸门与检修闸门之间的水体，以便进行工作闸门的检修工作和在无压情况下启闭工作闸门，一般采用自流的输水管道。

为了保证承船厢的正常运转，便于向承船厢补水，一般在上闸首上还设有泵站和充水管道。承船厢室的排水系统包括水泵站、管道及明渠等。

闸门与承船厢的连接设备是指承船厢的拉紧装置、充泄水装置、密封装置等，它们是否设置在闸首上以及如何设置均视这些设备的形式及其与闸首的关系确定。

上闸首与引航道之间的连接方式主要取决于地质条件。由于升船机克服的水位差常很大，因此上闸首顶至升船机室底面的高度也就很大。在软土地基上，一般多用渡槽结构把闸首与引航道连接起来；在岩基上，可建衬砌墙，闸首就建在衬砌墙上，与衬砌墙连成一体，也可采用渡槽来连接。

当升船机位于水利枢纽时，若升船机轴线经过大坝，且坝底高程与升船机室底的高程基本一致，则可采用上闸首与坝结合的方式，两者共同组成挡水线，将设置上闸首的坝段的下游面作成垂直面，以实现与承船厢衔接。若坝底高程与升船机室底高程相差较大，则可用渡槽衔接。

3.2.2 承重塔柱

承重塔柱是升船机的承重设施，升船机的机房、提升设备、承船厢、平衡重等巨大重量均由它承担。它对称布置在上下闸首中轴线的两侧，是连接上下闸首的水工建筑物。塔柱顶部设机房，机房底板将两侧塔柱顶部连成一体，机房内安装升船机的提升设备、平衡设备及供升船机设备检修用的起重设备等。

承重塔柱底部为嵌于基岩的实体混凝土，中部为钢筋混凝土整体浇筑的空腹柱体，升船机的平衡重悬吊在塔柱的空腹中。

3.2.3 承船厢

承船厢室是由上下闸首（包括工作闸门）和两侧承重塔柱围成的空间，升船机运行时，承船厢便在承船厢室内做垂直升降运动。承船厢是升船机的重要组成部分，是升船机的容船设施。它由主纵梁、主横梁、小纵梁及 U 形面板焊成，为一凹槽形薄壁钢结构体。承船厢两端各设一扇卧倒门（或弧形门），卧倒门底部与承船厢凹槽底部铰接，卧倒门两侧设有液压启闭装置，承担卧倒门的开启和关闭操作。两端卧倒门关闭时，承船厢便成为四周封闭的水容器。与上下游对接时，上游侧或下游侧卧倒门开启，船舶便可驶出承船厢。为保证承船厢与上下游闸首对接时接触紧密不漏水，须在承船厢两端布置对接密封装置，该装置呈 U 形将卧倒门围在其中。它由 U 形密封框、导向轮、伸缩式 U 形橡胶止水密封圈、液压油缸、液压装置等组成。承船厢与上下闸首对接时，压力油充入对接侧密封装置的液压油缸，推出 U 形密封框，使伸缩式 U 形橡胶止水密封圈与上下闸首工作门接触顶紧，沿卧倒门外围封闭了承船厢与上下闸首工作门端面之间的间隙，使其不漏水。然后充水装置向被围困的间隙充水，当间隙里的水位与承船厢及上下航道水位持平时，便可开启承船厢对接侧卧倒门和上下闸首工作闸门上的卧倒门，实现承船厢与上下航道的连通，船舶便可出入承船厢。退出对接时，先关闭承船厢对接侧卧倒门及上下闸首卧倒门，然后排掉被 U 形密封框围住的承船厢对接侧卧倒门与上下闸首工作闸门上的卧倒闸门之间的水，在液压装置的作用下，U 形密封框缩回，升船机方可升降。

3.2.4　承船厢基本尺度

承船厢为升船机中用于装载船舶的运载工具。湿运时，承船厢为一上部开口的槽形厢体，两端设有闸门(称为厢头门)，厢内盛水，船舶浮载在厢内的水体上。干运时，承船厢为一具有弹性支垫的承台。

承船厢的有效尺寸，即厢体的有效长度、有效宽度和有效水深取决于设计船型的尺寸、船舶进出承船厢的方式和速度等。为了减小升船机运动重量，船队一般都重新编解队。在确定设计船型后，承船厢的有效长度根据船长和安全制动所需的距离而定，有效宽度和有效水深等于船舶宽度和船舶吃水分别加上一定的富裕量。

试验研究表明：在设计船型已定的情况下，船舶进出承船厢时的水面波动程度及航行阻力的大小，均与承船厢的有效尺寸有关。如承船厢的有效尺寸定得过小，不但会增加航行阻力，甚至可能产生水溢厢和船碰底的现象。但承船厢的有效尺寸又直接影响到承船厢的水体重量，而厢内的水重占承船厢总重的 65%～75%。因此，为减小升船机运动重量，要求在可能条件下，尽量减小承船厢的有效尺寸。承船厢有效尺寸的确定是一复杂的问题，根据现有几座升船机的资料，承船厢的有效尺寸与设计船型大致有以下关系：

$$\left.\begin{aligned} L_k &= (1.02 \sim 1.06)L_c \\ b_k &= (1.05 \sim 1.30)B_c \\ h_k &= (1.10 \sim 1.50)T_c \\ n &= \frac{W_k}{x} = 1.5 \sim 2.0 \end{aligned}\right\} \tag{10-13}$$

式中　W_k——承船厢过水断面面积，m^2；

x——船中横断面浸水断面面积，m^2；

L_c——设计船长，m；

B_c——设计船宽，m；

T_c——设计船舶的吃水深度，m。

承船厢的外轮廓尺寸，在满足有效尺寸的前提下，根据结构的强度和刚度要求以及附加设备的布置要求确定。

承船厢的厢头高度取决于厢头门的形式、闸首与承船厢之间的连接设备形式及布置，上下游水位变幅的大小及承船厢要求的超高值等。以厢头门为提升式平面闸门，连接设备设在闸首情况(见图 10-21)为例，此高度可按下式计算确定：

$$h_B = \Delta h + h' + h_k + h_s \tag{10-14}$$

式中　h_k——承船厢内的有效水深，m；

Δh——承船厢的超高值，一般取 0.15～0.25 m；

h'——上下游的水位变幅，m；

h_s——设置止水框架所需的结构高度，m。

当连接设备在承船厢上时[见图 10-21(b)]，则按下式确定：

$$h_B = \Delta h + h_k + h_c + h_f \tag{10-15}$$

式中 h_c——考虑设置机器间所需的结构高度,初步可取 2.0 m,若此值小于$(h'+h_f)$,则以$(h'+h_f)$值代替 h_c;

h_f——考虑构造要求的富余量,为 0.6~1.0 m。

若厢头门采用其他门型,如卧倒闸门等,则应考虑不同门型对结构高度的要求。

承船厢中部的高度,除受超高和正常水深影响外,还取决于板、梁与主横梁的连接方式及它们的结构高度。此外,尚应满足布置机器间的使用要求。

承船厢的外轮廓宽度,等于承船厢的有效宽度加两侧走道的宽度。走道宽度取决于走道和有关设备(如曳引机械、驱动机械、厢头门的启闭机械等)的布置要求,一般为 1.5~4.0 m。

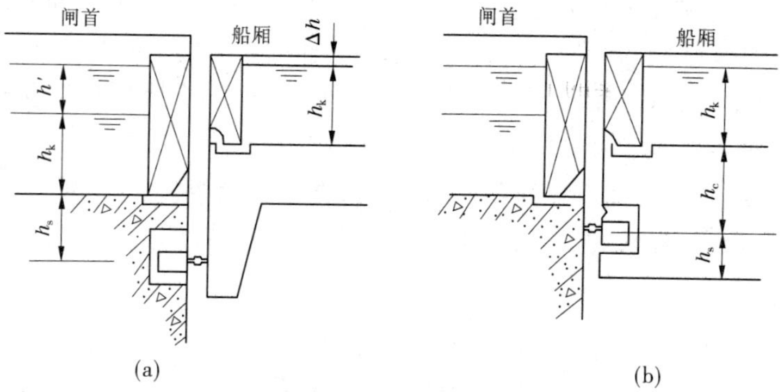

图 10-21 承船厢厢头尺寸示意图

承船厢的总长,为承船厢的有效长度加上厢头结构的长度。厢头结构的长度由厢头门与防撞设备的形式以及两者是否结合而定。对提升式平面闸门且两者结合时,厢头结构的长度可取为 $0.16b_k$,当不结合时,厢头结构的长度初步可定为 $0.25b_k$。对于其他门型,应考虑闸门启闭时对可利用的有效长度的影响。

由此可知,承船厢厢头门的形式,不仅影响厢头的高度,同时也影响承船厢的纵向长度。在各种门型中,提升式平面闸门对这些结构尺寸的影响最小,它与闸首缝隙间的泄水量也最少,但要建造高大的提门架来保证满足通航净空的要求。

3.2.5 承船厢的构造

承船厢的总体布置,应考虑支撑和平衡设备、驱动及事故装置、纵横向导向设备、承船厢与闸首衔接的拉紧、密封等连接设备的布置要求。根据上述设备是否布置在承船厢上,承船厢的总体布置可分为 3 类。

驱动及事故装置、承船厢与闸首的连接设备等,均不设在承船厢上。此时承船厢的构造最简单。

上述各种类型的设备均设在承船厢上,此时承船厢的构造比较复杂。

介于上述两类之间,部分设备设在闸首,另一部分设备设在承船厢上。如尼德芬诺升船机的承船厢属于这一类型,它的密封、充水和泄水设备设在闸首上,拉紧装置设在支撑排架上,而在承船厢上设有驱动及事故装置。

承船厢结构多采用桥梁构造体系或船舶构造体系。在进行承船厢结构的具体布置时,应使厢体结构受力明确,保证厢体整体和局部强度与刚度的要求,以及设备的布置要求。

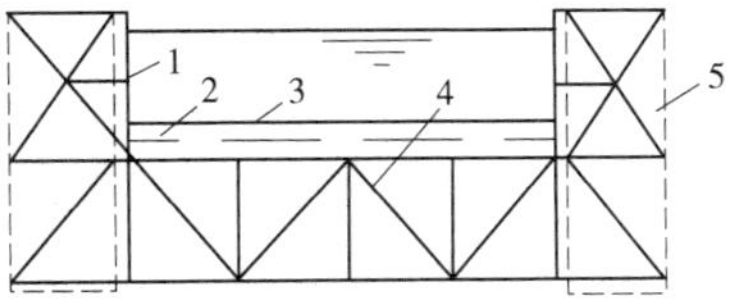

1—铺板;2—横梁;3—纵梁;
4—主横梁;5—主纵梁

图 10-22　承船厢结构示意图

图 10-22 为桥梁构造体系的承船厢结构,按传力顺序,其基本构件一般有铺板、横梁、纵梁、主横梁、主纵梁。作用在承船厢上的荷载,最后均传至主纵梁。上述构件,在一定的垂直面和水平面内用支撑联系起来,以保证厢体的整体刚度。承船厢的铺板,一般都用平钢板。纵、横次梁多用型钢。承重结构可用实腹式板梁,也可用桁架。桁架式主横梁的简单形式为三角形[见图 10-23(a)]。当主纵梁间距较大,主横梁较高时,为减小上弦的节点间距,以适应纵横梁的布置,改善受压弦杆的工作,则可采用再分式[见图 10-23(b)]。三角形桁架也用于主纵梁(如尼德芬诺升船机)。由于均衡重式升船机承船厢主纵梁的上弦杆是固定钢丝绳的吊梁(构造上也可以把吊梁与上弦分开),下弦有时又处于受压状态。为减小节点长度,改善弦杆以至整个主纵梁的工作条件,也可设计成菱形[见图 10-24(a)]、再分式[见图 10-24(b)]。总之,具体用何种形式的主承重结构,应根据升船机的形式,考虑其受力特点,在满足刚度要求和机械布置的前提下,通过技术经济比较确定。

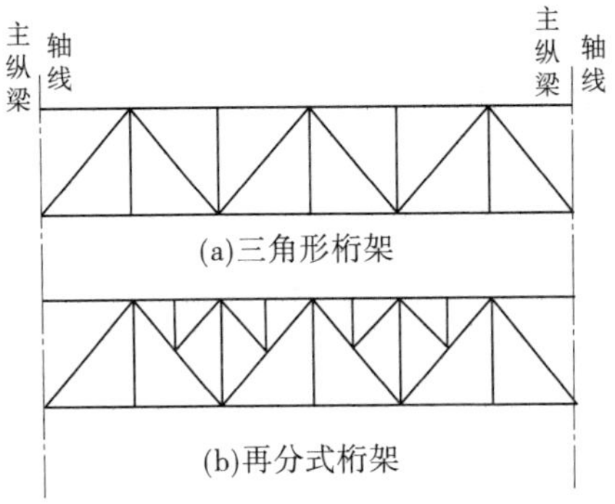

(a)三角形桁架

(b)再分式桁架

图 10-23　主横梁的桁架形式

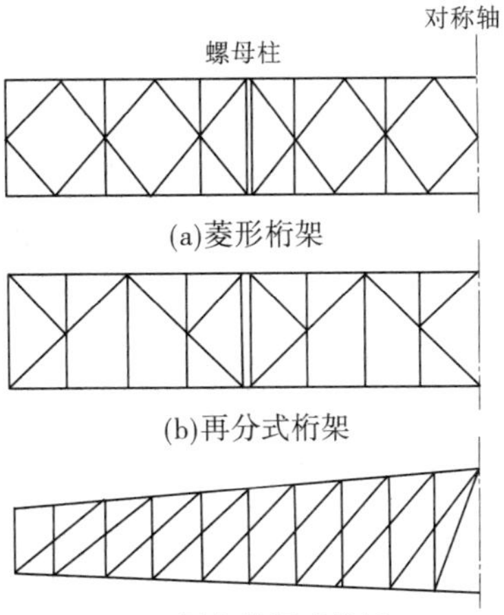

(a)菱形桁架

(b)再分式桁架

(c)同向外倾式桁架

图 10-24　主纵梁的桁架形式

3.2.6　承船厢的设计计算

作用在承船厢的荷载,除本身的自重力外,还有机械设备的重量力、水重力、平衡设备的平衡力、事故装置在事故状态下的支撑力、水压力、风压力、惯性力、冲击力及温度作用等。在这些荷载中,有的不随时间和承船厢的工作状态变化,有的则是变化的,因而有不同的计算情况。

通常在设计承船厢时,需要研究四种计算情况,即正常运转情况、水满厢的事故情况、水漏空的事故情况及平衡设备破坏的事故情况。

正常运转情况,指承船厢内保持正常水深、承船厢处于静止状态或以等速升降。此时承船厢的自重力、机械设备重力和水重力(或水与船重力)与平衡设备的平衡力之间是平衡的。当然,所谓平衡,并不是绝对的。事实上,由于承船厢在闸首停靠的误差、上下游水位变动的影响及船厢内水面波动等,都会破坏这种平衡,但对承船厢结构的影响通常很小,因此一般仅以它作为设计驱动机构的依据。

当承船厢内的水体,由于某种原因增减很大,承船厢全部被水充满,或承船厢内的水全部漏空,严重地破坏了承船厢的正常平衡,使承船厢在超载作用下有猛然下降,或在失重情况下有急剧上升的危险,而出现事故状态。此时不平衡力由升船机的事故装置承受,而承船厢则锁定在事故装置上。在设置事故装置处,受到一个事故力(等于不平衡力)的作用。

承船厢的平衡设备被破坏,也会破坏承船厢的正常平衡,呈事故状态,此时的不平衡力也是由事故装置来承受的。承船厢的其他构件,一般只按正常运转情况及水满厢的事故情况设计。与事故装置有关的构件,则尚应计算水泄空的事故情况。至于某些特殊工作条件的构件,则应根据相应的荷载情况进行计算。

为了避免温度作用的影响,承船厢的纵横向导向设备,一般均设计成在温度作用下的承船厢可以自由伸缩。因此,温度的作用,一般可以不考虑。

当承船厢在运行中或停靠于闸首时,在纵向力(纵向力有风力、水压力、栓锁装置的拉力、导向反力等)作用下,在结构中将产生一定的纵向应力,不过其值较小,通常可不计算,仅作为设计导向及拉紧装置的依据。

关于承船厢起动、停车、事故制动及突然制动刹车等情况的动力作用,除特殊情况外,一般可不计算。

任务 3　过木建筑物

对于有运输木材任务的河道,在其上兴建水利枢纽后,水工建筑物切断了木材运输的通道。为解决木材过坝问题,需要在枢纽中修建过木建筑物。常用的过木建筑物主要包括筏道、漂木道和过木机三种。

1　筏道

筏道是一种泄水的陡槽,用于浮运木排。筏道的运量大,使用方便,建筑技术要求低,运费便宜,故应用较为广泛。一般由上下游引筏道、进口段、槽身段及出口段等几部分组成,如图 10-25 所示。

1.1　进口段

筏道的进口段必须适应水库水位的变化,准确调节筏道流量使得木排安全过筏。根据上游水位变化幅度,进口段通常采用以下两种形式。

固定式进口,进口段设有两道闸门,和船闸相似;在两道闸门之间形成一个筏闸室,如图 10-25 (b)所示。其过筏程序是:①使闸室水位同上游水位相平齐;②打开上闸门,使木筏从上游进入闸室关闭上闸门;③逐渐开启下闸门,将筏闸室中的水放空;④使木筏落在闸底斜坡上;⑤稍许打开上闸门,即可将木筏冲入下游。这种筏道结构简单,用水量少,但

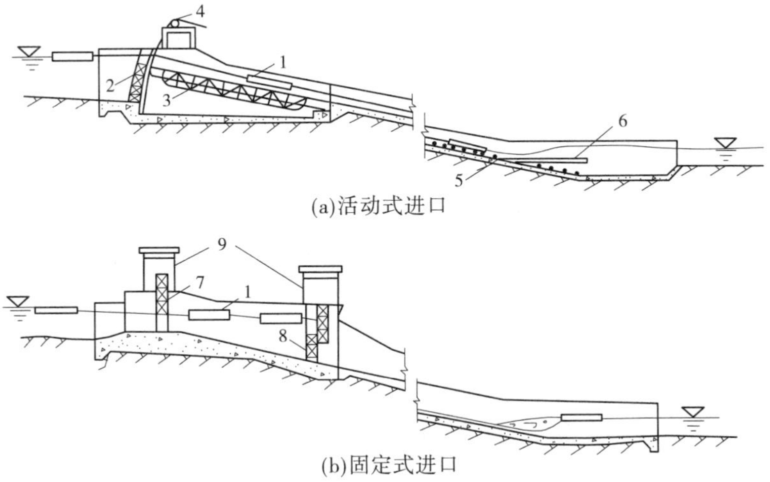

1—木筏;2—叠梁闸门;3—活动筏槽;4—卷扬机;5—糙齿;
6—消能栅;7—上闸门;8—下闸门;9—启闭机室

图 10-25 筏道形式

运送效率较低,水位变动也不宜太大。

活动式进口,由活动筏槽及叠梁闸门两部分组成。叠梁闸门可以调整不同挡水高度,活动筏槽则由起重机控制。叠梁闸门除用于挡水及检修活动筏槽外,主要是与活动筏槽联合运行,调节过筏流量,如图 10-25(a)所示。

1.2 槽身段

槽身是一个宽而浅的陡槽,其结构的主要建筑材料为混凝土或钢筋混凝土,也可以采用浆砌石或木材建造。

槽身的宽度不宜太大,常用的槽宽为 4~10 m。槽中水深一般为木筏厚度的 2/3,常用水深为 0.3~0.8 m。槽中水深不宜过小,否则木筏不能浮运;若过大,则流速加大,运行不安全,而且耗水量也大。

筏道纵坡一般采用 3%~6%,人工加粗的筏道纵坡可达到 8%~14%。为了使槽内各段水深和流速都能满足安全运行的要求,槽身纵坡可采用几种不同的坡度,但坡度变化不宜太大,相邻两段的变化夹角应小于 1.5°。槽中的排速,在保证安全的前提下,可尽量选择得大些,一般选用 5 m/s 左右,最大可达 7~8 m/s 。

1.3 出口段

出口段应靠近水流,布置在河道顺直且水深较大的地方,以保证下游水位变化范围内,顺利流放木排,既不能搁浅,又不能产生钻水现象。筏道的出口部分,一般按原有坡度延长至最低过排水位以下 1.5~2.5 m,斜坡末端后布置一水平段,形成消力池的水深最好接近临界水深,防止出现淹没水跃,以保证木材漂浮并送出池外,通过消能,最好可以形成扩散的自由面流,对于只能形成底流的衔接情况应注意设法减小水跃的高度。

2 漂木道

漂木道是用水力输送散漂原木过坝而连接上下游的斜槽式水工建筑物。多用于不通航河流上的中低水头且上游水位变幅不大的水利枢纽。

漂木道也称放木道，与筏道类似，其主要组成部分包括进口段、槽身段和出口段。

2.1 进口段

河流散漂流放木材，具有季节性强、流放集中、强度大等特点，漂木道应有较大的通过能力。为此，漂木道进口在平面上应布置成喇叭形。除导漂设施外，应视不同情况设置机械或水力加速器，以防止木材滞塞。漂木道进口处流速一般不宜大于 1 m/s。当水库水位变幅较大时，一般采用活动式进口，安装下降式平板门、扇形门或下沉式弧形门等。

2.2 槽身段

漂木道的槽身，也是一个顺直的陡槽，多为混凝土或钢筋混凝土结构。按照木材通过的方式，可将漂木道分为全浮式、半漂式和湿润式三种类型。其主要差别在于过木时的用水量不同。全浮式可基本避免木材与槽底的碰撞，但是耗水量较多；而半漂式和湿润式可以节省水量，但木材与槽底存在着摩擦和碰撞，损耗较大。实际工程中，全浮式应用较多。

槽身的宽度一般应略大于最大的原木长度；槽内水深稍大于原木直径的 75%；槽身的纵坡多在 10%以下。槽内流速可以超过 1~4 m/s。

2.3 出口段

下游出口的位置宜选在河流顺直的岸边，避开回流区，应做到水流顺畅，以利于木材顺利下漂。对于消能工的要求，可以略低于筏道，一般要求水流呈波状或面流式与下游水面相衔接。

3 过木机

通过高坝修建筏道及漂木道有困难或不经济时，可以采用机械设备输送木材过坝。我国的一些水利枢纽采用的过木机有链式传送机（见图 10-26）、垂直和斜面卷扬提升式过木机、桅杆式和塔式起重机、架空索道传送机等。

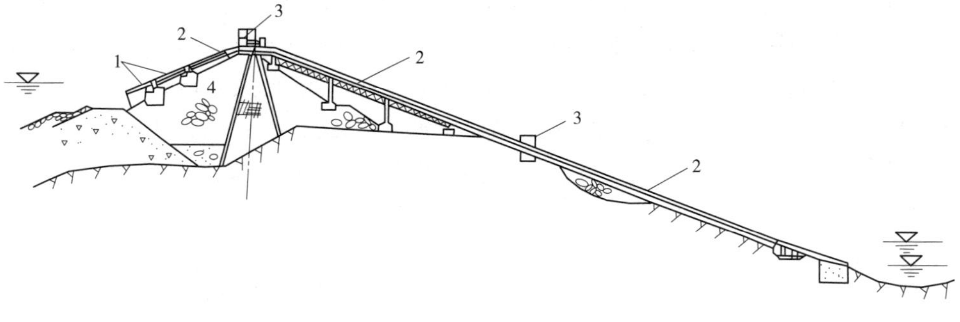

1—沉浮式传送机；2—固定式传送机；3—机房；4—坝体

图 10-26 纵向链式传送机

链式传送机由链条、传动装置、支撑结构等主要部分组成。

架空索道是把木材提离水面，用封闭环形运动的空中索道将其传送过坝，适用于运送距离较长的枢纽。它具有不耗水，对大坝施工及电站运行干扰少、投资省的优点，但运送能力低。

除上述各种过木设施外，在航运量不大，水量充沛的水利枢纽中，也可利用船闸过筏，对于过木量特别大的枢纽,也可专门修建筏闸运送木材过坝。

任务 4　过鱼建筑物

河流的流速、水温,以及河流形态多样性和河流纵向蜿蜒性,都是众多水生生物的生命信号。长江中华鲟是一种溯源产卵洄游鱼类,每年秋季中华鲟成群结队逆流而上,在长江上游重庆以上河段的深潭及金沙江的急流中产卵,幼鱼顺流而下,在海洋生活 10 多年后依然返回长江上游,2 000 多 km 不迷路。

长江三峡水库建成后,改变了丰枯消长的水文情势,也改变了水温;大坝阻隔使鱼类无法上下洄游,库区原河道有 8 个产卵场消失了,鱼类将移到库尾以上繁殖;鱼苗被截留在库区,估计长江中下游减少 50%~60%的天然鱼苗来源。

三峡水库每年 10 月中旬至 11 月中旬为水库蓄水期,长江中下游流量约减少 40%,正值中华鲟繁殖期,影响中华鲟繁殖活动和产卵场的分布。

按照鱼类的洄游特性,分为溯河性洄游鱼类和降河性洄游鱼类。

修建过鱼建筑物的目的是帮助鱼类克服水头落差,翻越拦河闸坝抵达产卵或肥育场所。过鱼建筑物是保护鱼类生活和繁殖的重要措施之一。修建过鱼建筑物要考虑主要过鱼对象的生物学特性,即鱼的洄游季节、洄游特性和路线、游泳能力等。

过鱼建筑物有鱼道、鱼闸、升鱼道、升鱼机。

1　鱼道

鱼道是用水槽或渠道做成的水道,水流顺着水道上游向下游流动,使鱼类在水道中逆水而上或顺水而下。鱼道按结构形式可分为池式、槽式和隔板式。

1.1　池式鱼道

池式鱼道,由一连串连接上下游的水池组成,如图 10-27 所示。水池间用短渠或低堰进行连接,水池间水位差为 0.5~1.5 m,这类鱼道一般都是绕岸开挖而成的。池式鱼道很接近天然河道,有利于鱼类生活或通过。但是,其适用水头很小,必须有合适的地形和地质条件;否则,土方工程量很大,现在采用较少。

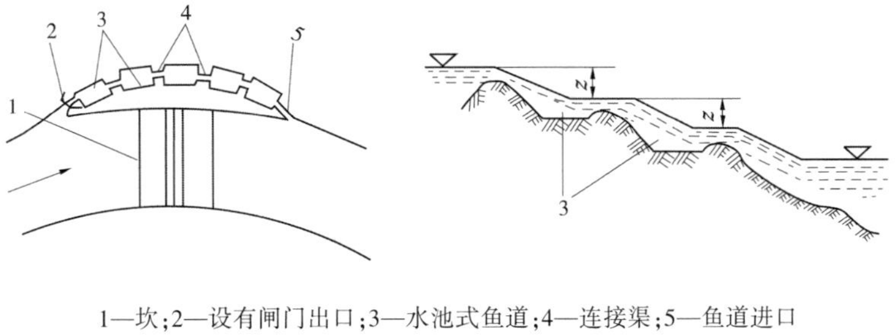

1—坎;2—设有闸门出口;3—水池式鱼道;4—连接渠;5—鱼道进口

图 10-27　池式鱼道

1.2　槽式鱼道

槽式鱼道,是一条人工建成的斜坡式或阶梯式水槽。按其消能方式又可分为简单槽式鱼道和丹尼尔式鱼道两种形式。

简单槽式鱼道仅为一条连接上下游的水槽,槽中没有任何消能设施,仅靠延长水流途径、增大槽身周边糙率进行简单的消能。这种形式的鱼道长度往往很大，坡度很缓,能适用的水头很小,实际的工程中应用较少。

丹尼尔式鱼道是比利时工程师丹尼尔提出的,是一条加糙的水槽。在侧壁和槽底设有间距很密的阻板或底坎,水流通过时,形成反向水柱冲击主流,减劣流速,如图 10-28 所示。

其主要优点:尺寸小,(宽度一般在 2 m 以内)、坡度陡、长度短,比较经济;鱼类可以在任意水深中通过,途径不弯曲,所以过鱼速率快。缺点:水流掺气,紊动剧烈，对于上下游水位变动的适应能力差,加糙部件结构复杂,不便维修。这种鱼道主要适用于水位差不大,鱼类能力较强劲的情况。

1.3 隔板式鱼道

隔板式鱼道,是利用横隔板将鱼道上下游的总水位差分成若干个小的梯级,隔板上设有“过鱼孔”,并利用水垫、沿程摩阻及水流对冲、扩散来消能,达到改善流态、降低“过鱼孔”流速的要求。这类鱼道的一系横隔板中,水面逐级跌落,形成许多梯级,故又称梯级鱼道,如图 10-29 所示。

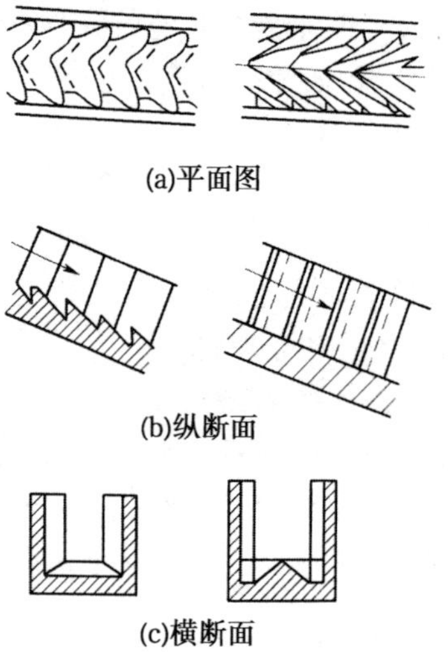

图 10-28 丹尼尔式鱼道

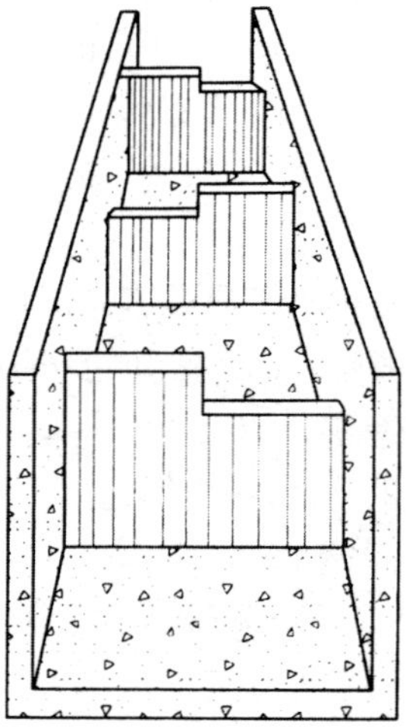

图 10-29 隔板式鱼道

隔板式鱼道的主要优点是:水流条件易于控制,能用于水位差较大的地方;各级水池是鱼类休息的良好场所且可通过调整“过鱼孔”的形式、位置、大小来适应不同习性鱼类的上溯要求;结构简单,维修方便。

主要缺点是:鱼类需要逐级克服“过鱼孔”中的流速方能上溯,过鱼速度较慢;断面尺寸较大,造价较高。

2 鱼闸

鱼闸的工作原理与船闸相似。其上下游各有一段导渠与闸室相连,水流经过放水管进入闸室与导渠中,引诱鱼类进入导渠,用驱鱼栅将鱼推入闸室;关闭下游闸门,随着闸室内水位上升,提升闸室底板上的升降栅,迫使鱼随水位一起上升,待闸室水位与上游水位齐平后,打开上游闸门,启动上游驱鱼栅,将鱼推入水库内。

3　升鱼机

升鱼机是利用机械设备过鱼过坝。可适用于高水头的水利枢纽,能适应水库水位变幅较大的情况;但机械设备易发生故障,可能耽误鱼过坝,不便于大量过鱼。升鱼机有湿式和干式两种,前者是一个利用缆车起吊的水厢,水厢可上下移动,当厢中水面与下游水位齐平时,开启与下游连通的厢门,诱鱼进入鱼厢,然后关闭厢门,把水厢水面提升到与上游水位齐平后,打开与上游连通的厢门,鱼即可进入上游水库。干式升鱼机是一个上下移动的鱼网,工作原理与湿式相似。

升鱼机的使用关键在于下游的集鱼效果,一般常在下游修建拦鱼堰,以诱导鱼类游进集鱼设备。

4　过鱼建筑物的布置

过鱼建筑物的进口,应布置在不断有活水流出,而且容易被鱼类发现且易于进入的地方;进口的流速应比附近的水流流速略大,造成一种诱鱼流速,但不超过鱼所能克服的流速;一般要求水流平稳顺直,没有漩涡、水跃等现象;为适应下游水位涨落,进口高程应当适宜,以保证过鱼季节在进口处有一定的水深,当水位变化较大时,可设置不同高程的几个入口;进口常布置在岸边或电站、溢洪道出口附近。

过鱼建筑物的出口与溢流坝和水电站进水口之间,应留有足够的距离,以防止过坝的鱼再被水流带回下游;出口应靠近岸边,且水流平顺,以便鱼类能沿着水流和岸边线顺利上溯;出口应远离水质有污染的水区,防止泥沙淤塞,并有不小于 1.0 m 的水深和一定的流速,以确保鱼类能迅速地被引入水库内。对于幼鱼的洄游,也可以通过鱼道、船闸、中低水头的溢洪道以及直径较大的水轮机过坝。

小　结

知识点	目的	原理
船闸	通航	利用水力将船队(舶)浮送过坝,通过能力大
升船机	通航	需要过坝的船只进入引航道后,驶入承船厢,利用水力或机械力沿竖直或斜面的方向提升或降落承船厢,使船只过坝
过木建筑物	运输木材	利用水力或机械力浮运木材
过鱼建筑物	鱼类洄游	诱使鱼类进入鱼道或升鱼机,利用鱼类洄游能力或机械力使之到达上下游

知识技能训练

一、填空题

1.船闸一般由________、________和________组成。

2.升船机一般有______、______、______、______、______和______等几部分组成。

3.鱼道是用水槽或渠道做成的水道,使鱼类在水道中逆水而上或顺水而下。鱼道按结构形式可分为________、________和________。

二、判断题

1.升船机的作用是利用机械力量将船只运送过坝,其耗水量大、运送速度慢、运输能力低。(　　)

2.筏道是一种泄水的陡槽,用于浮运木排。筏道的运量小,使用不方便,建筑技术要求高,运费高,故应用较少。(　　)

3.鱼闸的工作原理与船闸相似。(　　)

三、思考题

1.船闸的工作原理是什么?

2.船闸的基本尺寸主要包括哪些?说明各自的主要影响因素。

3.船闸的布置形式有哪些?

4.船闸输水系统的基本要求是什么?

5.升船机有哪几部分组成?升船机的工作原理是什么?

6.过木建筑物主要包括哪几种形式?说明各自的主要特点。

7.过鱼建筑物主要包括哪几种形式?说明各自的主要特点。

参考文献

[1] 郑万勇,杨振华,等.水工建筑物[M].郑州:黄河水利出版社,2003.
[2] 杨邦柱,焦爱萍,等.水工建筑物[M].北京:中国水利水电出版社,2005.
[3] 白继中,王长运,等.水工建筑物设计与习题[M].北京:地图出版社,2006.
[4] 程兴奇,王志凯,等.水工建筑物[M].北京:中国水利水电出版社,2007.
[5] 祁庆和,等.水工建筑物[M] . 3 版. 北京:中国水利水电出版社,1997.
[6] 张光斗,王光伦,等.水工建筑物[M].北京:水利电力出版社,1992.
[7] 左东启,王世夏,林益才,等.水工建筑物[M].南京:河海大学出版社,1996.
[8] 郭宗闵,等.水工建筑物[M].北京:水利电力出版社,1987.
[9] 华东水利学院.水工设计手册[M].北京:水利电力出版社,1983.
[10] 张玉福,薛建荣,等.水利工程施工组织与管理[M].郑州:黄河水利出版社,2009.
[11] 钱家欢,等.土力学[M]. 南京:河海大学出版社,1988.
[12] 潘家铮,等.重力坝[M]. 北京:水利电力出版社,1983.
[13] 水利电力部第五工程局,等. 土坝设计[M]. 北京:水利电力出版社,1978.